올림피아드 수학의 지름길 중급-상

감수위원

중학 1학년 문제 | 한현진 선생님 E-mail : fractalh@hanmail.net
　　　　　　　신성환 선생님 E-mail : shindink@naver.com
　　　　　　　한승우 선생님 E-mail : hotman@postech.edu
　　　　　　　한송이 선생님 E-mail : ssong_han@mathwin.net
중학 2학년 문제 | 위성희 선생님 E-mail : math-blue@hanmail.net
　　　　　　　정원용 선생님 E-mail : areekaree@daum.net
　　　　　　　정현정 선생님 E-mail : hj-1113@hanmail.net
　　　　　　　정호진 선생님 E-mail : chj2595@naver.com
중학 3학년 문제 | 안치연 선생님 E-mail : lounge79@naver.com
　　　　　　　변영석 선생님 E-mail : youngaer@paran.com
　　　　　　　김강식 선생님 E-mail : kangshikkim@hotmail.com
　　　　　　　신인숙 선생님 E-mail : isshin@ajou.ac.kr
　　　　　　　이주형 선생님 E-mail : moldlee@dreamwiz.com
　　　　　　　이석민 선생님 E-mail : smillusion@naver.com

책임감수

정호영 선생님 E-mail : allpassid@naver.com

의문사항이나 궁금한 점이 있으시면 위의 감수위원에게 E-mail로 문의하시기 바랍니다.

• 예제와 연습문제의 다른 방식의 풀이는 www.sehwapub.co.kr의 학서서 자료실에서 내려받으실 수
  있습니다.

올림피아드 수학의 지름길 | 중급-상

도서출판세화	1판	1쇄 발행 1994년 7월 30일		㈜씨실과 날실	5판	1쇄 발행 2015년	7월 30일
	1판	11쇄 발행 2003년 1월 10일			6판	1쇄 발행 2017년	1월 15일
	2판	9쇄 발행 2008년 6월 10일			7판	1쇄 발행 2018년	1월 30일
㈜씨실과 날실	1판	1쇄 발행 2009년 3월 10일			8판	1쇄 발행 2019년	1월 25일
	1판	4쇄 발행 2012년 4월 30일			9판	1쇄 발행 2020년	1월 30일
	2판	1쇄 발행 2012년 6월 10일			9판	2쇄 발행 2021년	3월 20일
	3판	1쇄 발행 2013년 6월 30일 (개정판)			10판	1쇄 발행 2022년	12월 20일
	4판	1쇄 발행 2014년 5월 10일			11판	1쇄 발행 2024년	9월 10일

정가 20,000원

저자 | 중국사천대학 편   옮긴이 | 최승범   펴낸이 | 구정자
펴낸곳 | (주)씨실과 날실   출판등록 | (등록번호: 2007.6.15 제302-2007-000035호)
펴낸곳 | 경기도 파주시 회동길 325-22(서패동 469-2) 1층   전화 | (031)955-9445   fax | (031)955-9446

판매대행 | 도서출판 세화   출판등록 | (등록번호: 1978.12.26 제1-338호)
편집부 | (031)955-9333   영업부 | (031)955-9331~2   fax | (031)955-9334
주소 | 경기도 파주시 회동길 325-22(서패동 469-2) 1층

ISBN 979-11-89017-51-4 53410

*물가상승률 등 원자재 상승에 따라 가격은 변동될수 있습니다. 독자여러분의 의견을 기다립니다. *잘못된 책은 바꾸어드립니다.

올림피아드 수학의 지름길 중급-상

중국 사천대학 지음 | 최승범 옮김

씨실과 날실은 도서출판 세화의 자매브랜드입니다.

지은이의 말...

'올림피아드 수학의 지름길(중급)'이 독자들과 대면하게 되었다.

중학생을 위한 '올림피아드 수학의 지름길(초급)'과 이어지게 하기 위하여 이번에는 '올림피아드 수학의 지름길(중급)'이라고 하였다. '올림피아드 수학의 지름길(중급)'의 편찬 기준은 다음과 같다. 중국 수학 학회 교육 위원회에서 제기한 수학 교육 사업은 '교육을 위주로 하고 교육의 토대 위에서 제고하는 방침과 중학교 수학 경시 요강'의 정신을 관철하며, 중학교 수학 교사의 질을 넓히는 사업을 보다 더 촉진하고 공부에 여력이 있는 학생들의 지식의욕을 더 만족시켜야 한다. '올림피아드 수학의 지름길(초급)'의 부족한 점을 극복하고 장점을 살려 '올림피아드 수학의 지름길(중급)'이 커다란 적용성과 실용성을 가지게 되었다.

1 더 엄밀하게 학년에 따라서 편찬하였다. 특히 상권의 37장은 1, 2학년에 부분적인 경시 전문 강의를 넣은 외에 그 나머지는 대부분 교과서에서 나왔으나 교과서보다 높은 강의로 함으로써 독자들이 더 깊이, 융통성 있게 중학교 수학 각 부분의 기초 지식을 공부할 수 있도록 하였다. 이 부분의 내용을 습득하면 '진학시험'과 경시 제 1차 시험에서 좋은 성적을 얻을 수 있다. 하권에서는 경시 전문 강의를 위주로 하고 교재 내용의 제고와 강의를 보충한 것인데 이는 이 책의 제고 부분이다.

2 지식상에서 좀 낮은 기점으로부터 출발하여 점차적으로 심화하면서 전면적으로 심도있게 체계적으로 중학 올림피아드 수학 경시 요강에 나열한 지식 요점을 설명하고 나중에 전국 올림피아드 수학 경시 수준의 높이에 도달한 것이 이 책의 또 하나의 특징이다. 그러므로 이 책은 학생들의 보다 높은 요구에 대하여 하권의 부분적 전문 강의는 반드시 만족을 주리라고 믿는다.

3 수학 올림피아드를 준비할 기초 교재로서 학생들과 교사들에게 지도 자료와 교육 지침을 주는 것은 필요한 일이며, '올림피아드 수학의 지름길(중급)'은 이 면에서 대규모 사업을 하였다. 각 장에 상응한 연습문제를 배치한 외에 하권에는 또 10개(제1, 2차 시험)의 모의고사를 배치하였고, 이들은 각 장의 내용과 함께 이 책의 내용을 전면적으로 충실하게 하고 더욱 풍부하게 하였고, 연습문제와 모의고사는 모두 해답이 있다.

4 언어 서술상에서 알기 쉽게 '대중화' 하여 자습하기 좋게 하였다. 이 특징은 '올림피아드 수학의 지름길(중급)'에서 더 잘 구현되어 독자들이 공부할 때의 어려움을 많이 덜어주게 될 것이다.

지금 여러 가지 수학 올림피아드 활동은 중국에서 보편적으로 전개되고 있으며 각급 관계 부문에서 중시와 지지를 받고 있다. 교사들의 헌신적 정신과 실사구시적인 내용으로 하여 이 활동은 사회 각계의 학생, 학부형들의 좋은 평판을 받고 있다. 우리는 이 교재가 반드시 이러한 활동이 건강하게 발전하는 데 도움을 주리라고 믿는다.

수준의 제한으로 하여 편찬에서 오류가 생기지 않을 수 없다. 여기서 독자들에게 비판, 시정하여 주시기를 희망한다.

중국 사천대학

위 유 덕

옮긴이의 말...

　우리의 우수한 인적 자원을 국제 사회에 대응할 인재로 키우기 위해서는 좀더 창의적이며 생각할 기회를 주는 교육 제도의 혁신과 정립이 필요하다고 생각한다.

　이에 미약하나마 국제적 흐름을 느끼고 흡수할 수 있도록 국제 수학 올림피아드의 기출 문제 유형을 모아 펴 놓게 되었다.

　올림피아드 수학에서 항상 최상위의 성적을 차지하는 중국의 수학 교재를 사천 대학과의 협의하에 미비점을 보완하고 다듬어 출판하게 되었다. 영재 교육에 있어 우리보다 앞서 나가는 중국의 교육을 받아들여 우리것에 융화, 발전시킨다면 더 좋은 발전이 있으리라 믿는다.

　한 문제를 풀더라도 완전한 이해를 얻고 창의적 해결 방법을 모색하기 바라며, 우리 나라 우수 학생들의 지적 만족이 충족되길 바란다.

　올림피아드 수학의 지름길을 번역 출간한지 어느덧 26여년이 지났다.
이 책을 소개한 이후에 세계수학 올림피아드 대회(IMO)에 우리나라가 중국을 제치고 1등을 하는 등 눈부신 성과가 이루어져 정말 보람되고 기쁘게 생각한다.

　이번에 올림피아드 수학의 지름길을 개정하면서 중학교 수학용어에 맞게 부족한 부분을 고치고 다듬었다.

　끝으로 이 책을 통하여 자라나는 우리나라의 훌륭한 초 · 중학교 학생들의 수학 능력 개발에 큰 도움이 되길 바라면서 출판되기까지 도와 주신 중국 사천 대학 출판사와 올림피아드 수학의 지름길을 사랑해주시는 여러 학원계 종사자 및 교육 일선에 계시는 선생님들 및 학부모, 학생님께 감사드린다.

최승범

올림피아드 수학의 지름길은...

초급(상,하), 중급(상,하), 고급(상,하)의 6권으로 되어 있습니다.

초급

초등학교 3학년 이상의 과정을 다루었으며 수학에 자신있는 초등학생이
각종 경시대회에 참가하기 위한 준비서로 적합합니다.

중급

중학교 전학년 과정

각 편마다 각 학년 과정의 문제를 다루었고(상권), 4편(하권)은 특별히 경
시대회를 준비하는 우수 학생을 대상으로 하고 있습니다. 중학생뿐만 아니
라 고등학생으로서 중등수학의 기초가 부족한 학생에게 적합합니다.

고급

고등학교 수학 교재의 내용을 확실히 정리하였고, 수학 올림피아드 경시
대회 수준의 난이도가 높은 문제를 수록하여, 대입을 위한 수학 문제집으
로뿐만 아니라, 일선 교사에게도 좋은 참고 자료가 될 것입니다.

구성 및 활용...

중학 최상위 수학 과정의 반복정리와 수학에 대한 통합적인 창의적 사고력 향상에 도움이 되도록 하였습니다.

핵심요점 정리

각 단원의 핵심내용과 개념을 체계적으로 정리하고 예제 문제에 들어가기에 앞서 내신심화에서 이어지는 단원의 개념을 정리해 주었습니다.

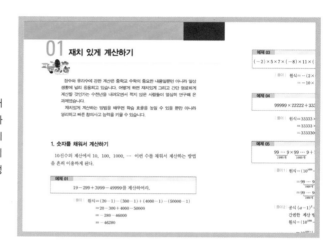

단원 예제 연습

단원의 중요 개념을 정확히 이해하도록 기본적이고 대표적인 문제들을 수록하였습니다.

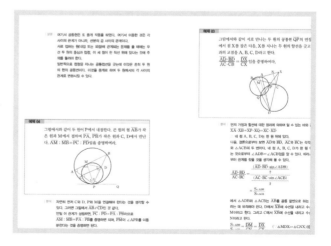

단원 연습문제
단원별 예제에 나왔던 유형의 문제에서 좀 더 응용발전된 문제들로 구성하여 중학과정의 최상위학습과 경시대회 준비를 할수 있도록 하였습니다.

연습문제 해답/보충설명
다양한 연습문제 해답 풀이 및 보충설명을 통해 연습문제 해답의 부족한 부분을 채워주고 풀이과정을 통해 문제의 원리를 깨우치게 하였습니다.

Contents

Ⅱ. 중학교 2학년

Ⅲ. 중학교 3학년

연습문제 해답과 보충설명

올림피아드 수학의 진수를 느껴보시기 바랍니다.

인생의 목적은 끊임없는 전진이다.

인생의 목적은 끊임없는 전진이다. 앞에 언덕이 있고, 냇물이 있
고, 진흙도 있다. 나그네가 걷기 좋은 평탄한 길만 걸을 수 없고,
먼 바다를 항해하는 배가 풍파를 만나지 않고 순조롭게 갈 수만
은 없다. 고난을 이기면 기쁨이 온다.

프리드리히 빌헬름 니체 _독일의 철학자

중학교 1학년

01 재치 있게 계산하기

정수와 유리수에 관한 계산은 중학교 수학의 중요한 내용일뿐만 아니라 일상 생활에 널리 응용되고 있습니다. 어떻게 하면 재치 있게 그리고 간단 명료하게 계산할 것인가는 수천년을 내려오면서 적지 않은 사람들이 열심히 연구해 온 과제였습니다.

재치 있게 계산하는 방법을 배우면 학습 효율을 높일 수 있을 뿐만 아니라 영리하고 빠른 창의사고 능력을 키울 수 있습니다.

1. 숫자를 채워서 계산하기

10진수의 계산에서 10, 100, 1000, ⋯ 이런 수를 채워서 계산하는 방법을 흔히 이용하게 된다.

예제 01

$19 - 299 + 3999 - 49999$를 계산하여라.

| 풀이 | 원식 $= (20 - 1) - (300 - 1) + (4000 - 1) - (50000 - 1)$

$= 20 - 300 + 4000 - 50000$

$= -280 - 46000$

$= -46280$

예제 02

$38\dfrac{19}{23} - 61\dfrac{4}{23} \times \dfrac{1}{4} - 0.625 \times 61\dfrac{4}{23} - \dfrac{1}{8} \times 61\dfrac{4}{23}$를 계산하여라.

| 풀이 | 원식 $= 38\dfrac{19}{23} - 61\dfrac{4}{23} \times \left(\dfrac{1}{4} + \dfrac{5}{8} + \dfrac{1}{8} \right)$

$= 38\dfrac{19}{23} - 61\dfrac{4}{23} \times 1 = -22\dfrac{8}{23}$

예제 03

$(-2) \times 5 \times 7 \times (-8) \times 11 \times (-13) \times 17 \times 125 \times (-1)^{18}$을 계산하여라.

| 풀이 | 원식 $= -(2 \times 5) \times (7 \times 11 \times 13) \times 17 \times (8 \times 125)$
$\qquad = -10 \times 1001 \times 17 \times 1000 = -170170000$

예제 04

$99999 \times 22222 + 33333 \times 33334$를 계산하여라.

| 풀이 | 원식 $= 33333 \times (3 \times 22222) + 33333 \times 33334$
$\qquad = 33333 \times (66666 + 33334)$
$\qquad = 3333300000$

예제 05

$\underbrace{99 \cdots 9}_{1990개} \times \underbrace{99 \cdots 9}_{1990개} + \underbrace{199 \cdots 9}_{9가\ 1990개}$ 를 계산하여라.

| 풀이 1 | 원식 $= (10^{1990} - 1) \times \underbrace{99 \cdots 9}_{1990개} + \underbrace{199 \cdots 9}_{9가\ 1990개}$

$\qquad = \underbrace{99 \cdots 9}_{1990개}\underbrace{00 \cdots 0}_{0이\ 1990개} - \underbrace{99 \cdots 9}_{1990개} + \underbrace{199 \cdots 9}_{9가\ 1990개}$

$\qquad = \underbrace{99 \cdots 9}_{1990개}\underbrace{00 \cdots 0}_{0이\ 1990개} + \underbrace{100 \cdots 0}_{0이\ 1990개} = \underbrace{100 \cdots 0}_{0이\ 2 \times 1990개}$

| 풀이 2 | 공식 $(a-1)^2 = a^2 - 2a + 1$을 응용한다면 다음과 같은 보다
간편한 계산 방법이 얻어진다.

$\qquad$ 원식 $= (10^{1990} - 1)^2 + \underbrace{199 \cdots 9}_{1990개}$

$\qquad = 10^{1990 \times 2} - 2 \times 10^{1990} + 1 + \underbrace{199 \cdots 9}_{1990개}$

$\qquad = 10^{1990 \times 2} - 2 \times 10^{1990} + 2 \times 10^{1990}$

$\qquad = 10^{1990 \times 2}$

위의 예제에서는 '**숫자를 채우는 방법**'을 이용하여 아주 복잡한 문제들을
재치 있게 풀었다. 수학 문제의 풀이 능력은 보다 간편하게, 보다 재치 있게,
보다 완벽한 풀이법을 끊임없이 추구하는 가운데 높아진다.

$347+683+456+248+311+194$를 계산하여라.

|분석| 한 덧수에서 얼마를 꾸어다가 다른 덧수에 주어 숫자를 채우는 방법을 이용할 수 있다.

|풀이| $347+683+456+248+311+194$
　　　$\underset{17}{\llcorner\quad\lrcorner}\quad\underset{44}{\llcorner\quad\lrcorner}\quad\underset{6}{\llcorner\quad\lrcorner}$

$=330+700+500+204+305+200$

$=1030+704+505=2239$

$1991\div25-1992\times1.25+1993\times0.5$를 계산하여라.

|분석| $25\times4=100$, $1.25\times8=10$, $0.5\times2=1$이기 때문에 다음의 방법으로 계산할 수 있다.

|풀이| 원식$=1991\times4\div(25\times4)-(1992\div8)\times1.25\times8$
　　　　　$+(1993\div2)\times0.5\times2$

$=79.64-2490+996.5=76.14-2490+1000$
　　$\underset{3.5}{\llcorner\qquad\lrcorner}$

$=1076.14-2490=-1413.86$

$(-75)\times256\times(-125)$를 계산하여라.

|분석| 먼저 분해한 다음 숫자를 채우는 방법을 이용할 수 있다.

|풀이| 원식$=3\times25\times4\times8\times8\times125$

$=3\times100\times8\times1000$

$=2400000$

다음에 다른 유형의 재치 있게 계산하는 예를 들어 보자.

양의 유리수를 다음과 같은 순서로 배열하였다(중복은 허용하나 약분은 하지 않음).

$$\left(\frac{1}{1}\right), \quad \left(\frac{2}{1}, \frac{1}{2}\right), \quad \left(\frac{3}{1}, \frac{2}{2}, \frac{1}{3}\right), \quad \left(\frac{4}{1}, \frac{3}{2}, \frac{2}{3}, \frac{1}{4}\right), \quad \cdots,$$

이때 $\frac{53}{49}$이 이 수열의 제 몇 항인가를 구하여라.

(예) $\frac{1}{3}$은 이 수열의 제 6항임)

| 풀이 | 먼저 이 수열의 수들이 어떻게 배열되었는가를 살펴보자.

괄호 "(   )"는 수열 중의 수들을 여러 개 군으로 나누었다. 즉 제 1군에는 수가 1개이고 분자와 분모의 합이 2이며, 제 2군에는 수가 2개이고, 분자와 분모의 합이 3이며, 제 3군에는 수가 3개이고 분자와 분모의 합이 4이다. 또한 각 군의 수의 분모는 1로부터 시작해서 차례로 1씩 증가하나 분자의 경우는 이와 정반대이다.

이와 같은 규칙성에 따른다면 $\frac{53}{49}$이 제 몇 항인가를 어렵지 않게 구해낼 수 있다.

$53+49=102$이므로 $\frac{53}{49}$은 제101군에 있는 수임을 알 수 있다.

이 군의 수들을 차례로 써내면

$$\frac{101}{1}, \quad \frac{100}{2}, \quad \frac{99}{3}, \quad \cdots, \quad \frac{53}{49}, \quad \cdots, \quad \frac{1}{101}$$

그러므로 $\frac{53}{49}$은 제101군의 제49번째 자리에 있는 수라고 말할 수 있다. 이로부터 $\frac{53}{49}$이 수열의 제 몇 항인가를 구할 수 있다. 즉,

$$1+2+3+ \cdots +99+100+49$$
$$=\{(1+100)+(2+99)+\cdots(99+2)+(100+1)\}\div2+49$$
$$=100\times101\div2+49=5099$$

위의 예제의 풀이를 통하여 **'규칙성'**을 찾는 것이 문제 풀이의 열쇠임을 알 수 있다.

예제 10

소수 $x = 0.123456789101112 \cdots 998999$가 있는데 이 소수의 소수점 아래의 숫자는 정수 1로부터 999까지의 수들로 이루어 졌다. 소수점 아래 제1986번째 자리의 숫자를 구하여라.

| 풀이 | 먼저 소수점 아래 제1986번째 자리의 숫자를 y라고 가정한 다음 소수점 아래의 숫자들을 한 자리 수, 두 자리 수, 세 자리 수, 이런 규칙성에 따라 3개 마디로 나눈다. 즉,

$$\underbrace{123456789}_{A\text{마디}} \; \underbrace{101112 \cdots 9899}_{B\text{마디}} \; \underbrace{100101102 \cdots y}_{C\text{마디}}$$

위에서 볼 수 있는 바와 같이 A마디에는 9개의 숫자가 있고, B마디에는 $2 \times 90 = 180$개의 숫자가 있다.

그러므로 C마디에는 $1986 - (9 + 180) = 1797$개의 숫자가 있다고 할 수 있다.

그런데 C마디의 수들은 모두 세 자리 수이고 $1797 = 3 \times 599$이므로 C마디는 599개의 세 자리 수로 이루어 졌음을 알 수 있다.

첫 세 자리 수가 100이므로 제599번째 세 자리 수는 698이다.

그러므로 $y = 8$임을 알 수 있다.

01   $34.3+27.6-64.1+65.7-25.9+42.4$

02   $1991-2784+629-1217+999$

03   $47.8-(29.3+27.8)+109.3-14.6-15.4$

04   $1\frac{1}{3}\times18\frac{1}{2}-10\frac{1}{4}\times1\frac{1}{3}+3\frac{5}{7}-\left(2.1-1\frac{2}{7}\right)$

05   $99999\times77778+33333\times66666$

06   $(-75)\times24+125\times64+45\times18$

07   $37000\div125-351\div25-647\div25$

08   $1111111111\times(-9999999999)$

09   $(3333333333)^2$

10   $39976^2-19976^2$

11   6295^2-3705^2

12   $(-997)^2\div25-3694\times3692+3693^2$

13   $1990\times20002000-2000\times19901990$

14   $1987\times19861986-1986\times19871987$

15   수 N＝123456789101112 … 9899100이 주어졌을 때 그 중에서
100개의 숫자를 지워 버리고 나머지 숫자들로 이루어진 새로운 수
N_1이 최대가 되게 하여라.

2. 가르기

가르기란 계산 과정에서 하나의 수 또는 몇 개의 수를 두 개(또는 여러 개)의 수의 합 또는 차로 갈라 놓는 것을 말한다. 이렇게 가르는 목적은 계산을 빠르게 하기 위한 것이다.

예제 11

$$57\frac{1}{13} \div 7 + 31\frac{11}{26} \times 2$$ 를 계산하여라.

| 풀이 | 원식 $= \left(56 + \frac{14}{13}\right) \div 7 + \left(31 + \frac{11}{26}\right) \times 2$

$$= 8 + \frac{2}{13} + 62 + \frac{11}{13} = 71$$

예제 12

$$1\frac{1}{3} - \frac{7}{12} + \frac{9}{20} - \frac{11}{30} + \frac{13}{42} - \frac{15}{56}$$ 를 계산하여라.

| 풀이 | 원식 $= 1 + \frac{1}{3} - \left(\frac{1}{3} + \frac{1}{4}\right) + \frac{1}{4} + \frac{1}{5} - \left(\frac{1}{5} + \frac{1}{6}\right)$

$$+ \frac{1}{6} + \frac{1}{7} - \left(\frac{1}{7} + \frac{1}{8}\right) = 1 - \frac{1}{8} = \frac{7}{8}$$

예제 12에서는 다음의 관계식을 이용했다.

$$\frac{m+n}{mn} = \frac{1}{n} + \frac{1}{m}$$

위의 관계식 외에 다음과 같은 관계식이 계산에 흔히 이용된다.

(1) $\dfrac{1}{n(n+1)} = \dfrac{1}{n} - \dfrac{1}{n+1}$

(2) $\dfrac{m}{n(n+m)} = \dfrac{1}{n} - \dfrac{1}{n+m}$

또는 $\dfrac{1}{n(n+m)} = \dfrac{1}{m}\left(\dfrac{1}{n} - \dfrac{1}{n+m}\right)$

(3) $\dfrac{2}{n(n+1)(n+2)} = \dfrac{1}{n(n+1)} - \dfrac{1}{(n+1)(n+2)}$

(4) $\dfrac{3}{n(n+1)(n+2)(n+3)} = \dfrac{1}{n(n+1)(n+2)} - \dfrac{1}{(n+1)(n+2)(n+3)}$

예제 13

$\dfrac{1}{1\times 2} + \dfrac{1}{2\times 3} + \dfrac{1}{3\times 4} + \cdots + \dfrac{1}{1990\times 1991}$ 을 계산하여라.

| 풀이 | 원식 $= \left(\dfrac{1}{1} - \dfrac{1}{2}\right) + \left(\dfrac{1}{2} - \dfrac{1}{3}\right) + \left(\dfrac{1}{3} - \dfrac{1}{4}\right) + \cdots + \left(\dfrac{1}{1990} - \dfrac{1}{1991}\right)$

$\qquad\qquad = 1 - \dfrac{1}{1991} = \dfrac{1990}{1991}$

예제 14

$1 - \dfrac{2}{1\times(1+2)} - \dfrac{3}{(1+2)\times(1+2+3)} - \dfrac{4}{(1+2+3)\times(1+2+3+4)}$

$- \cdots - \dfrac{10}{(1+2+\cdots+9)\times(1+2+\cdots+9+10)}$

을 계산하여라.

| 풀이 | 원식 $= 1 - \left(1 - \dfrac{1}{1+2}\right) - \left(\dfrac{1}{1+2} - \dfrac{1}{1+2+3}\right)$

$\qquad\qquad - \left(\dfrac{1}{1+2+3} - \dfrac{1}{1+2+3+4}\right) - \cdots$

$\qquad\qquad - \left(\dfrac{1}{1+2+\cdots+9} - \dfrac{1}{1+2+\cdots+9+10}\right)$

$\qquad\quad = \dfrac{1}{1+2+\cdots+9+10}$

$\qquad\quad = \dfrac{1}{55}$

가르기를 한 다음 중학교에서 배운 곱셈 계산에 관계되는 일부 법칙·공식을 이용한다면 계산 속도를 빠르게 할 수 있다.

$1991 \times 1999 - 1990 \times 2000$을 계산하여라.

| 풀이 | 원식$= (1990+1) \times (2000-1) - 1990 \times 2000$

$= 1990 \times 2000 + 2000 - 1990 - 1 - 1990 \times 2000$

$= 2000 - 1990 - 1 = 9$

$$\frac{9876543210}{(9876543211)^2 - (9876543210) \times (9876543212)}$$
을 계산하여라.

| 풀이 | 원식$= \dfrac{9876543210}{(9876543211)^2 - (9876543211-1) \times (9876543211+1)}$

$= \dfrac{9876543210}{(9876543211)^2 - (9876543211)^2 + 1}$

$= 9876543210$

01 $64\dfrac{1}{17} \div 9 - 13\dfrac{1}{17} \times 2$

02 $59\dfrac{9}{11} \times 4 - 1688\dfrac{10}{11} \div 7$

03 $\dfrac{1}{6} + \dfrac{8}{15} + \dfrac{3}{28} - \dfrac{2}{35} - \dfrac{7}{44}$

04 $3\dfrac{1}{3} - 9\dfrac{7}{12} + 4\dfrac{9}{20} - 16\dfrac{11}{30} + 7\dfrac{13}{42} - 5\dfrac{15}{56}$

05 $\dfrac{2}{1 \times 3} + \dfrac{2}{3 \times 5} + \dfrac{2}{5 \times 7} + \cdots\cdots + \dfrac{2}{1989 \times 1991}$

06 $\dfrac{2}{1 \times 2 \times 3} + \dfrac{2}{2 \times 3 \times 4} + \dfrac{2}{3 \times 4 \times 5} + \cdots\cdots + \dfrac{2}{1989 \times 1990 \times 1991}$

07 $\dfrac{3}{1 \times 2 \times 3 \times 4} + \dfrac{3}{2 \times 3 \times 4 \times 5} + \dfrac{3}{3 \times 4 \times 5 \times 6} + \cdots\cdots + \dfrac{3}{10 \times 11 \times 12 \times 13}$

08 $\dfrac{1234567890}{(1234567891)^2 - 1234567890 \times 1234567892}$

3. 반수와 절댓값을 재치 있게 이용하기

반수(절댓값이 같고 부호가 반대인 수)의 대수합이 0인 성질을 이용하면 계산을 간편하게 할 수 있다.

예제 17

어느 학급 학생 20명의 기말 시험 성적은 다음과 같다.
학생들의 총점과 평균 점수를 계산하여라.

81, 72, 77, 83, 73, 85, 92, 84, 75, 63,
76, 97, 80, 90, 76, 91, 86, 78, 74, 85

| 분석 | 만일 20개의 수를 직접 더한다면 계산량이 아주 많다. 그러나 이 수들이 80 근방에 있다는 점에 유의하면서 이런 수와 80의 차를 계산한 다음 반수들을 소거한다면 계산을 간단하게 할 수 있다.

$$1, \ -8, \ -3, \ 3, \ -7, \ 5, \ 12, \ 4, \ -5, \ -17$$
$$-4, \ 17, \ 0, \ 10, \ -4, \ 11, \ 6, \ -2, \ -6, \ 5$$

| 풀이 | 위의 밑줄을 그은 수들을 소거한 다음 나머지 수의 대수합을 구하면 다음과 같다.

$$1-8-7+12+10-4+11-2+5=39-21=18$$
$$\therefore \ 총점=80\times20+18=1618$$
$$평균점수=80+18\div20=80.9$$

절댓값 역시 중학교 수학의 중요한 내용이다. 절댓값의 정의에 의해 임의의 유리수의 절댓값은 음수로 될 수 없음을 알 수 있다. 절댓값의 정의를 이용하여 다음의 예제를 풀 수 있다.

예제 18

$|a+1|+|2b-1|=0$일 때, $a^{1991}-b^2a$의 값을 구하여라.

| 풀이 | 음이 아닌 수 $|a+1|$과 $|2b-1|$의 합이 0으로 되려면
$a+1=0$, $2b-1=0$이라는 조건을 만족시켜야 한다.
즉, $a=-1$, $b=\dfrac{1}{2}$이어야 한다. 그러므로
$$a^{1991}-b^2a=(-1)^{1991}-\left(\dfrac{1}{2}\right)^2\cdot(-1)$$
$$=-1+\dfrac{1}{4}=-\dfrac{3}{4}$$

예제 19

절댓값이 1000보다 작지 않고 1000000보다 크지 않은 모든 정수의 합을 구하여라.

| 풀이 | 만일 정수 n이 문제의 조건을 만족시킨다면 다음과 같음을 알 수 있다.

    ① n이 양수일 때 $1000 \le |n| \le 1000000$

    ② n이 음수일 때 $-1000000 \le |n| \le -1000$

그러므로 조건을 만족시키는 모든 정수를 써 보면
$$n=\pm1000, \quad \pm1001, \quad \pm1002, \quad \cdots, \quad \pm1000000$$
따라서 이 수들의 합은 반수의 합이기 때문에 0임을 쉽게 알 수 있다.

예제 20

$(x+|x|)+(x-|x|)+x\cdot|x|+\dfrac{x}{|x|}$를 계산하여라.

| 풀이 | $x=0$일 때 원식은 의미가 없다.

    ① $x>0$일 때 원식$=2x+0+x^2+1=(x+1)^2$

    ② $x<0$일 때 원식$=0+2x-x^2-1=-(x-1)^2$

앞의 예제들에서 절댓값의 정의를 이용하였다. 만일 여기에 수직선을 결합 (즉 '수'와 '형'의 결합)시킨다면 절댓값의 의의를 더 깊이 이해할 수 있고 재치있는 계산 방법들을 이끌어 낼 수 있다.

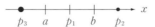

위의 수직선 그림에서 볼 수 있는 바와 같이 임의의 수의 절댓값은 바로 **이 수를 나타내는 점으로부터 원점까지의 거리**이다.

이로부터 다음의 결론을 얻을 수 있다.

① $a < b$이면 $|b-a| = |a-b| = b-a$

　이는 수 a, b에 대응하는 두 점 사이의 거리를 나타낸다.

② $a \le p_1 \le b$이면 $|p_1 - a| + |p_1 - b| = b-a$

　이는 p_1으로부터 a까지의 거리에 p_1으로부터 b까지의 거리를 더한 것이 a와 b 사이의 거리와 같음을 나타낸다.

③ $a < b \le p_2$라 하면 $|p_2 - a| - |p_2 - b| = b-a$

④ $p_3 \le a < b$라 하면 $|p_3 - b| - |p_3 - a| = b-a$

위의 결론들을 이용한다면 다음 예제들을 아주 간편하게 풀 수 있다.

예제 21

$x = 2\dfrac{17}{31}$일 때 다음 식의 값을 구하여라.

$|x| + |x-1| + |x-2| + |x-3| + |x-4| + |x-5|$

| 풀이 | 위의 결론 ②를 이용하면

$$\text{원식} = (|x| + |x-5|) + (|x-1| + |x-4|)$$
$$+ (|x-2| + |x-3|)$$
$$= (5-0) + (4-1) + (3-2)$$
$$= 5+3+1 = 9$$

예제 22

수직선에서 점 (-100)과의 거리와 점 (100)과의 거리의 합이 200이 되는 모든 정수점 x를 구한 다음 이 정수들의 합을 구하여라.

| 풀이 | 조건에서 알 수 있듯이 구하려는 정수 x는
$|x+100|+|x-100|=200$을 만족시킨다.
따라서 위의 결론 ②로부터 부등식 $-100\leq x\leq100$을 만족하는 모든 정수 x는 모두 조건에 맞는다는 것을 알 수 있다.
이런 점 x는 모두 201개 있다. 즉
$$x=0,\ \pm1,\ \pm2,\ \cdots,\ \pm100$$
따라서 이런 정수들의 합이 0임을 쉽게 알 수 있다.

예제 23

정수 n이 다음의 두 가지 조건을 만족한다.
(1) $0\leq n\leq100$ (2) $\left|n+\dfrac{1}{2}\right|-\left|n-\dfrac{1}{2}\right|=1$
이 정수들의 합을 구하여라.

| 풀이 | 조건 (1)로부터 모두 101개의 정수가 있음을 알 수 있다. 즉
$$0,\quad 1,\quad 2,\quad 3,\quad \cdots\cdots,\ 100$$
위의 정수들이 조건 (2)를 만족하는지 하나하나 살펴보자.
앞의 결론 ③으로부터 0을 제외한 정수 1, 2, 3, $\cdots$, 100은 모두 조건 (2)를 만족함을 알 수 있다. 그러므로 이 정수들의 합은
$$1+2+3+\ \cdots\cdots\ +100=5050$$

01 $(2a-3)^2+(b+2)^2+|a-b+c|=0$일 때, 대수식 $ab^2-\dfrac{c^2}{a}$의 값을 구하여라.

02 절댓값이 9π보다 작은 모든 정수의 곱을 구하여라.

03 절댓값이 3보다 작지 않고 5보다 크지 않은 모든 정수의 곱을 구하여라.

04 $x<-3$일 때, $x+|x+3|-\dfrac{|x+3|}{(x+3)}$을 계산하여라.

05   $1 < x < 2$일 때, $|x| + |x-3|$을 계산하여라.

06   공식 $1+3+5+7+ \cdots +(2n-1)=n^2$과 절댓값에 관한 성질을 이용하여
      $|x-1| + |x-2| + |x-3| + \cdots + |x-1990|$의 값을 구하여라.
      $\left(\text{단}, \ x = 995\dfrac{995}{996} \right)$

07   $1991 < x < 1999$일 때,
      $(|x-1| - |x-1991|) \times (|x-1990| + |x-2000|)$의 값을 구하여라.

08   $x = -\dfrac{1}{\pi}$일 때,
      $|x-1| + |x-3| + \cdots + |x-1991| - |x-0| - |x-2| - \cdots - |x-1990|$의
      값을 구하여라.

02 정수의 나누어떨어짐 특성

1. 정수의 표기법

자연수(또는 양의 정수), 영(0), 음의 정수를 합하여 **정수**라고 부른다.

음이 아닌 정수란 0과 양의 정수 전체를 가리킨다.

어떤 세 자리 정수의 각 자릿수가 a, b, c로 이루어져 있을 때, 이를 abc로 적는다면 대수의 $a \cdot b \cdot c$와 혼동되기 쉽기 때문에 $\overline{abc}$로 표기한다. 그러나 문제 풀이의 편리를 위해 흔히 숫자 및 그 숫자가 있는 자리의 단위를 함께 나타낸다. 즉,

$$\overline{abc} = a \cdot 100 + b \cdot 10 + c = a \cdot 10^2 + b \cdot 10 + c$$

일반적으로 10진법으로 표시한 k자리 수 $\overline{a_k a_{k-1} \cdots a_2 a_1}$을 다음과 같이 나타낸다.

$$\overline{a_k a_{k-1} \cdots a_2 a_1} = a_k \times 10^{k-1} + a_{k-1} \times 10^{k-2} + \cdots + a_2 \times 10 + a_1$$

(10의 거듭제곱 표시법)

단, a_1, a_2, $\cdots$, a_k는 모두 10보다 작은 음이 아닌 정수이며, $a_k \neq 0$일 때 a_k를 **정수의 첫째 자리 숫자**, a_1을 **일의 자릿수** 또는 **마지막 자리 숫자**라고 부른다.

예제 01

어떤 두 자리 수가 있는데 각 자리 숫자의 합의 3배에 이 수를 더하면 숫자의 위치가 서로 바뀐다. 이를 만족하는 모든 두 자리 수를 구하여라.

| 풀이 | 만일 구하려는 두 자리 수를 $10x + y$라고 가정한다면 주어진 조건으로부터

$$3(x+y) + 10x + y = 10y + x$$
$$\therefore 2x = y$$

또 $0 < x \leq 9$, $0 \leq y \leq 9$이므로

$$\begin{cases} x_1 = 1 \\ y_1 = 2 \end{cases} \quad \begin{cases} x_2 = 2 \\ y_2 = 4 \end{cases} \quad \begin{cases} x_3 = 3 \\ y_3 = 6 \end{cases} \quad \begin{cases} x_4 = 4 \\ y_4 = 8 \end{cases}$$

따라서 구하려는 두 자리 수는 12, 24, 36, 48이다.

2. 정수의 나누어떨어짐 특성

만일 임의의 자연수 a로 다른 한 자연수 b를 나누어서 얻은 몫이 정수이고 나머지가 0이라면 b는 a로 나누어떨어진다고 말하고 $a \mid b$로 나타낸다.

다음에 간단하고 자주 쓰이는 수의 나누어떨어짐 특성을 소개한다.

① 2 또는 5로 나누었을 때 나머지가 0인 수의 특징

이런 수의 마지막 자리의 수는 2 또는 5로 나누면 나누어떨어진다.

② 4 또는 25로 나누었을 때 나머지가 0인 수의 특징

이런 수의 마지막 두 자리에 있는 숫자로 이루어진 수는 4 또는 25로 나누면 나누어떨어진다.

③ 8 또는 125로 나누었을 때 나머지가 0인 수의 특징

이런 수의 마지막 세 자리에 있는 숫자로 이루어진 수는 8 또는 125로 나누면 나누어떨어진다.

④ 3 또는 9로 나누었을 때 나머지가 0인 수의 특징

이런 수의 각 자리에 있는 숫자의 합은 3 또는 9로 나누어떨어진다.

⑤ 7로 나누었을 때 나머지가 0인 수의 특징

이런 수의 일의 자리의 수를 지워버린 후 이 일의 자리의 수의 2배를 뺀 차는 7로 나누면 나누어떨어진다.

⑥ 11로 나누었을 때 나머지가 0인 수의 특징

이런 수의 홀수 자리에 있는 숫자의 합에서 짝수 자리에 있는 숫자의 합을 뺀 차는 11로 나누면 나누어떨어진다.

⑦ 7, 11, 13으로 나누었을 때 나머지가 0인 수의 특징

이런 수의 마지막 세 자리에 있는 숫자로 이루어진 수에서 그 앞의 숫자들로 이루어진 수를 뺀 차는 7, 11, 13으로 나누면 나누어떨어진다.

위의 7가지 결론을 정수의 다항식 표시법으로 증명할 수 있으나 여기서는 생략한다.

예제 02

다섯 자리 수 $\overline{4x97x}$가 3으로 나누어떨어지고, 마지막 두 자리에 있는 숫자로 이루어진 수 $\overline{7x}$가 6으로 나누어떨어진다고 한다. 이 다섯 자리 수를 구하여라.

| 풀이 | $\overline{4x97x}$가 3으로 나누어떨어지므로 $4+x+9+7+x=20+2x$는 3으로 나누면 나머지가 0이다.

$0 \leq x \leq 9$이므로 계산을 거쳐 x는 2, 5 또는 8을 취할 수 있음을 알 수 있다.

또, $\overline{7x}$가 6으로 나누어떨어지므로 x는 2 또는 8을 취할 수 있다.

그러므로 구하려는 다섯 자리 수는 42972 또는 48978이다.

예제 03

$\{3(230+t)\}^2 = \overline{492a04}$임을 알았을 때 자연수 a를 구하여라.

| 풀이 | $\{3(230+t)\}^2 = 9(230+t)^2$이 9로 나누어떨어지므로 우변도 9로 나누면 나머지가 0이다. 즉,

$4+9+2+a+0+4=19+a$도 9로 나누면 나누어떨어져야 한다.

그런데 $0 \leq a \leq 9$이므로 $a=8$이다.

예제 04

여섯 자리 수 중 $\overline{abcabc}$의 꼴을 가진 수는 반드시 7, 11, 13으로 나누어떨어짐을 증명하여라.

| 증명 | $\overline{abcabc} = 1000 \cdot \overline{abc} + \overline{abc}$
$= \overline{abc} \cdot 1001 = 11 \cdot 13 \cdot 7 \cdot \overline{abc}$
$\therefore \overline{abcabc}$ 의 꼴을 가진 수는 반드시 7, 11, 13으로 나누어 떨어진다.

| 설명 | 이 예제는 일곱번째 결론을 직접 이용하여도 증명할 수 있다.

예제 05

네 자리 수 $\overline{abcd}$가 있는데 $2c + d = 16$이다. 이 수는 4로 나누어떨어짐을 증명하여라.

| 증명 | $\overline{cd} = 10c + d = 8c + 2c + d = 8c + 16$이 4로 나누어떨어지므로 $\overline{abcd}$는 4로 나누면 나머지가 0이다.

예제 06

568 뒤에 3개의 숫자를 붙여서 얻은 여섯 자리 수가 3, 4, 5로 나누어 떨어지며 최소로 되었다. 이 여섯 자리 수를 구하여라.

| 풀이 | 구하려는 여섯 자리수를 $N = \overline{568abc}$라 하면
(1) N이 5로 나누어떨어지므로 c는 0 또는 5밖에 취할 수 없다.
(2) N이 4로 나누어떨어지므로 $\overline{bc}$는 4의 배수이다.
(1)과 (2)에서 c는 0일 수밖에 없음을 알 수 있다.
N이 최소로 되면서도 (1)과 (2)를 만족시키려면 $\overline{bc}$는 20 또는 00일 수 밖에 없다. 즉, b는 2 또는 0이어야 한다.
(3) N이 3으로 나누어떨어진다면 $b = 2$일 때,
$5 + 6 + 8 + a + 2 + 0 = 21 + a$는 3의 배수이어야 한다.
이때, 최소로 되려면 $a = 0$이어야 한다. $b = 0$일 때 $a = 2$.
따라서 568020과 568200이 얻어진다.
$\therefore$ 구하려는 여섯 자리 수는 568020이다.

다섯 자리 수 $\boxed{}679*$를 72로 나누면 나머지가 0이라고 한다.
이 다섯 자리 수를 구하여라.

| 풀이 | $\boxed{}679*$는 72로 나누어떨어지고 또, $72=9\times8$이므로
$\boxed{}679*$는 9와 8로 나누어떨어진다.
$\boxed{}679*$는 8로 나누어떨어지므로 또, $79*$는 8로 나누어떨
어진다. 따라서 $*$는 2임을 알 수 있다.
또 $\boxed{}6792$가 9로 나누어떨어지므로
$\boxed{}+6+7+9+2=\boxed{}+24$는 9로 나누어떨어진다.
따라서 $\boxed{}$는 3임을 알 수 있다.
∴ 이 다섯 자리 수는 36792이다.

01 등식 $12 \times 231 = 132 \times 21$에서 등호 양변의 숫자는 서로 대칭되게 배열되어 있다. 다음 각 식의 ☐ 안에 적당한 숫자를 써 넣어 등식이 성립되면서도 양변의 숫자가 서로 대칭되게 하여라.

(1) $12 \times 46\boxed{} = \boxed{}64 \times 21$

(2) $24 \times 2\boxed{}1 = 1\boxed{}2 \times 42$

02 네 자리 수 $\overline{dcba}$에서 $4c + 2b + a = 32$라 하면 이 네 자리 수는 8로 나누어떨어짐을 증명하여라.

03 $\overline{xyz}$가 세 자리 수이고 $x + y + z = 7$이라 하면 $y = z$일 때 $\overline{xyz}$가 7로 나누어떨어짐을 증명하여라.

04 네 자리 수 $\overline{3xx1}$은 9로 나누어떨어진다. 이 네 자리 수를 구하여라.

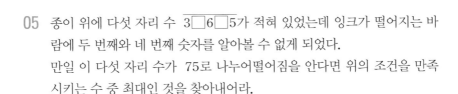

05 종이 위에 다섯 자리 수 $\overline{3\square6\square5}$가 적혀 있었는데 잉크가 떨어지는 바람에 두 번째와 네 번째 숫자를 알아볼 수 없게 되었다.
만일 이 다섯 자리 수가 75로 나누어떨어짐을 안다면 위의 조건을 만족시키는 수 중 최대인 것을 찾아내어라.

06 임의로 네 자리 수 1개를 써낸 다음 이 네 자리 수의 숫자의 순서를 뒤바꾸어 놓으면 다른 네 자리 수가 얻어진다. 다음, 큰 네 자리 수에서 작은 네 자리 수를 빼면 새로운 네 자리 수가 얻어진다.
이 새로운 네 자리 수 중 임의로 0이 아닌 숫자 1개를 지워 버리고 나머지 세 숫자를 안다면 지운 숫자가 몇인가를 알아맞출 수 있다. 그 이유를 설명하여라.

07 자연수 N을 자연수 각각의 뒤에 써 넣을 때(예 2를 35 뒤에 쓰면 352가 얻어짐), 만일 얻어진 새로운 수가 모두 N으로 나누어떨어진다면 N을 마술수라고 부르기로 하자.
130보다 작은 자연수 중에 이런 마술수가 몇 개 있을까?

08 1, 2, 3, 4, 5, 6의 6개 숫자로 여섯 자리 수 $\overline{abcdef}$(서로 다른 알파벳
은 1~6 중의 서로 다른 숫자를 대표함)를 구성하였더니 $2\,|\,\overline{ab}$, $3\,|\,\overline{abc}$,
$4\,|\,\overline{abcd}$, $5\,|\,\overline{abcde}$, $6\,|\,\overline{abcdef}$ 가 성립하였다.
위의 모든 조건을 만족하는 여섯 자리 수를 찾아내어라.

09 여덟 자리 수 $\overline{810ab315}$가 7로 나누어떨어지고 $a+b$가 소수인 것을
안다면 이 여덟 자리 수는 몇일까?

10 일곱 자리 수 $\overline{13ab45c}$가 792로 나누어떨어짐을 알고 a, b, c를 구하
여라.

03 절댓값에 관한 문제

대수식의 값을 구하거나, 대수식을 간단히 하거나, 대수식의 항등 관계를 증명할 때 절댓값 기호가 있는 대수식을 만난다면, 절댓값의 정의에 따라 절댓값 기호를 소거한 계산을 할 수 있다. 만일 절댓값 기호 안의 대수식의 값이 음수가 아니라면 절댓값 기호를 소거한 후 원래 대수식의 값으로 되고, 절댓값 기호 안의 대수식의 값이 음수라면 절댓값 기호를 소거한 후 원래 대수식의 값의 반수를 취하면 된다.

만일 절댓값 기호 안의 대수식의 값이 확정된 수가 아니라면, 또는 그 부호를 확정할 수 없다면, 변수가 취할 수 있는 값의 부호가 다른 범위에 의거하여 해결해야 한다. 다음에 몇 가지 예제를 들어 설명하기로 하겠다.

예제 01

1 $< x <$ 3일 때 다음 식들을 간단히 하여라.

(1) $\dfrac{|x-3|}{(x-3)} - \dfrac{|x-1|}{(1-x)}$　　(2) $|x-1| + |3-x|$

| 풀이 |　(1) $x<3$이므로 $|x-3| = 3-x$

또 $x>1$이므로 $|x-1| = x-1$

∴ 원식 $= \dfrac{(3-x)}{(x-3)} - \dfrac{(x-1)}{(1-x)}$

$= -1 - (-1) = 0$

(2) (1)과 유사한 방법으로 풀면

원식 $= x-1+3-x = 2$

예제 02

1 $< x <$ 3일 때 다음 식을 간단히 하여라.

$$|x-2| + 2|x|$$

| 풀이 | $1 < x < 2$일 때

$$|x-2|+2|x|=2-x+2x=x+2$$

$2 \le x < 3$일 때

$$|x-2|+2|x|=x-2+2x=3x-2$$

| 설명 | 이 예제도 예제 01과 마찬가지로 x가 취할 수 있는 값의 범위를 규정하였으나, 규정한 값의 범위 내에서 절댓값 기호 안의 대수식의 값의 부호를 확정할 수 없다.

$1 < x < 2$일 때 $x-2 < 0$, $2 \le x < 3$일 때 $x-2 \ge 0$이므로

x가 취할 수 있는 값의 부호가 다른 경우에 대하여 각각 계산해야 한다.

예제 03

다음 식을 간단히 하여라.

$$|x+2|-|3x-4|$$

| 분석 | 위 식을 간단히 하려면 절댓값 기호를 소거한 후 동류항끼리 계산해야 한다. 그러나 이 예제에서는 x가 취할 수 있는 값의 범위를 주지 않았다. 다시 말해서 x는 모든 수를 다 취할 수 있다.

이런 경우 x가 취할 수 있는 값의 범위를 어떻게 확정하고 그 해를 어떻게 구할까? 위 식은 절댓값 기호를 가진 대수식 $|x+2|$와 $|3x-4|$로 이루어졌다. $x+2$에 대해 말하면 x의 값이 -2보다 작지 않은가 아니면 -2보다 작은가가 문제가 된다.

만일 x의 값이 -2보다 작지 않다면 $x+2$는 음수가 아닐 것이고, 이와 반대인 경우라면 $x+2$는 음수일 것이다. 그러므로 $|x+2|$에 대해 말하면 -2는 '분계점'이라고 할 수 있다.

그러므로 $x \ge -2$와 $x < -2$의 두 가지 경우로 나누어서 따로따로 계산해야 한다. 이와 비슷한 $|3x-4|$에 대해 말하면 $\frac{4}{3}$가 '분계점'이 되므로 $x \ge \frac{4}{3}$와 $x < \frac{4}{3}$의 두 가지 경우로 나누어서 계산해야 한다. 이제 아래 그림의 수직선 위의 점으로 -2와 $\frac{4}{3}$를 표시하면 수직선은 3개 부분$\left(즉, \; x < -2, \; -2 \le x < \frac{4}{3}, \; x \ge \frac{4}{3}\right)$으로 나누어지게 된다. 따라서 x가 취할 수 있는 값의 부호가 다른 범위에서 각각 계산하여야 한다.

| 풀이 | $x<-2$일 때

$$|x+2|-|3x-4|=-(x+2)+(3x-4)=2x-6$$

$-2\leq x<\dfrac{4}{3}$일 때

$$|x+2|-|3x-4|=(x+2)+(3x-4)=4x-2$$

$x\geq\dfrac{4}{3}$일 때

$$|x+2|-|3x-4|=(x+2)-(3x-4)=-2x+6$$

위의 예제로부터 알 수 있는 바와 같이 이런 유형의 문제를 풀 때 먼저 각 절댓값이 0으로 되게 하는 변수의 값을 구한 다음, 수직선 위의 점으로 이런 수들을 표시하면 수직선은 이런 점들에 의해 몇 개의 부분으로 나뉘어지게 된다.

다음 변수가 취할 수 있는 값의 범위에 의거하여 몇 가지 경우로 나누어서 계산하면 구하려는 답을 얻을 수 있다. 이런 방법을 '**0점 분단법**' 또는 '**0점 구분법**'이라 한다.

예제 04

등식 $\left|\dfrac{(a-b)}{a}\right|=\dfrac{(b-a)}{a}$ 가 성립하는 조건을 구하여라.
(단, $a\neq 0$)

| 풀이 | $\left|\dfrac{(a-b)}{a}\right|=\dfrac{(b-a)}{a}=\dfrac{-(a-b)}{a}$ 이므로

$$\dfrac{(a-b)}{a}\leq 0$$

a, b가 $\dfrac{(a-b)}{a} \leq 0$을 만족시키려면

$a>0$일 때 $a-b \leq 0$ (즉, $a \leq b$),

$a<0$일 때 $a-b \geq 0$ (즉, $a \geq b$)

그러므로 $b \leq a < 0$ 또는 $b \geq a > 0$일 때 등식이 성립한다.

절댓값 기호를 가진 대수식을 계산할 때 '0점 분단법'을 이용할 수 있으며, 그 외에 조건에 의하여 $|x \pm a|$의 기하학적 의의를 이용하여도 때로는 풀이가 간편해진다(기하학적 의의로 말할 때 $|x \pm a|$는 수직선 위의 한 점 x로부터 다른 한 점 $\mp a$까지의 거리를 나타낸다).

예제 05

$a<b<c$일 때 $y=|x-a|+|x-b|+|x-c|$의 최솟값을 구하여라.

| 분석 | 이 예제도 '0점 분단법'을 이용하여 풀 수 있지만 비교적 복잡하다. 그러나 $|x-a|$, $|x-b|$, $|x-c|$의 기하학적 의의를 이용하여 푼다면 아주 편리하다.

| 풀이 | a, b, c, x의 수직선 위의 대응점을 각각 A, B, C, X라 한다면 $|x-a|$는 선분 AX의 길이를 나타낸다. 같은 이유로 $|x-b|$, $|x-c|$는 각각 $\overline{\mathrm{BX}}$, $\overline{\mathrm{CX}}$의 길이를 나타낸다.

이제 $|x-a|$, $|x-b|$, $|x-c|$ 합의 최솟값을 구하려면 수직선 위에서 한 점 X를 찾아 그 점으로부터 A, B, C 세 점까지의 거리의 합이 최소로 되게 하면 된다.

관찰을 통하여 X점과 B점이 겹쳐졌을 때 위에서 말한 거리의 합이 최소임을 알 수 있다(왜냐하면 B점은 A와 C 사이에 있기 때문이다). 이 최솟값은 $(c-a)$이다.

$$\begin{array}{ccccc} & \mathrm{A}(a) & \mathrm{B}(b) & \mathrm{C}(c) & x \end{array}$$

$\therefore y$의 최솟값은 $c-a$이다.

$x>0$, $y<0$, $z<0$, $|x|>|y|$, $|z|>|x|$일 때 다음 식을 간단히 하여라.

$$|x+z|-|y+z|-|x+y|$$

| 풀이 | 주어진 조건으로부터 $x>-y$, $-z>x$임을 알 수 있다.
따라서
$$\therefore x+y>0, \quad x+z<0, \quad y+z<0$$
$$\therefore \text{원식}=-(x+z)+(y+z)-(x+y)=-2x$$

$2x+|4-5x|+|1-3x|+4$의 값이 항상 상수라 할 때 x가 만족해야 할 조건과 이 상수를 구하여라.

| 풀이 | 위 식이 임의의 x에 대해서 항상 상수가 되려면 x가 들어 있는 항의 합이 0(즉, 계수의 합이 0)으로 되어야 한다.
다시 말해서 다음 식이 성립되어야 한다.
$$|4-5x|=4-5x, \quad |1-3x|=3x-1$$
그러므로 x가 만족해야 할 조건은 $4-5x\geq0$, $1-3x\leq0$
이때, 원식$=2x+(4-5x)+(3x-1)+4=7$이다.

01 x가 어떤 조건을 만족할 때 다음 등식이 성립하겠는가?

(1) $|(x-5)+(x-8)|=|x-5|+|x-8|$

(2) $|(5x+4)(7x-3)|=(5x+4)(3-7x)$

02 다음 식을 간단히 하여라.

(1) $|2x-1|+x$ (2) $|x-5|+|x+1|$

(3) $|x+5|+|x-7|+|x-10|+|x+3|$

03 수직선 위에 수 a, b, c를 표시하는 점이 있다. 이때 a와 c를 표시하는 점은 원점의 왼쪽, b를 표시하는 점은 원점의 오른쪽에 있다. c를 표시하는 점은 a를 표시하는 점보다 원점까지의 거리가 멀다고 할 때 다음 식을 간단히 하여라.

$$|a|+|c|-|a-c|-|2a-b|+|3b-a|$$

04 $|a-1|+|b-2|=0$일 때

$$\frac{1}{ab}+\frac{1}{(a+1)(b+1)}+\frac{1}{(a+2)(b+2)}+\cdots+\frac{1}{(a+1991)(b+1991)}$$의

값을 구하여라.

05 $0<p<15$, $p\leq x\leq15$일 때 $T=|x-p|+|x-15|+|x-p-15|$의 최솟값을 구하여라.

06 $a<b$일 때 $|x-a|+|x-b|$의 최솟값을 구하여라.

07 $a<b<c<d$일 때 $|x-a|+|x-b|+|x-c|+|x-d|$의 최솟값을 구하여라.

04 미지수가 1개인 일차방정식과 부등식

1. 미지수가 1개인 일차방정식

(1) 표준형

임의의 미지수가 1개인 일차방정식은 $ax=b(a\neq0)$의 형태로 변형할 수 있다. 이를 미지수가 1개인 **일차방정식의 표준형**이라 한다.

(2) 해법

미지수가 1개인 일차방정식 $ax=b$의 해는 a, b의 값에 의해서 정해진다.

① $a\neq0$, $b=0$일 때 방정식의 해는 0이다.

$a\neq0$, $b\neq0$일 때 방정식의 해는 $\dfrac{b}{a}$이다.

② $a=0$, $b=0$일 때 방정식은 $0\cdot x=0$으로 되므로 방정식은 무수히 많은 해를 가진다.

③ $a=0$, $b\neq0$일 때 방정식은 $0\cdot x=b$로 되므로 해를 가지지 않는다.

예제 01

x에 관한 방정식 $m(x-1)=5x-2$를 풀어라.

| 풀이 | 주어진 방정식을 정리하면

$$(m-5)x=m-2$$

$m\neq5$일 때, $x=\dfrac{(m-2)}{(m-5)}$

$m=5$일 때, 방정식은 해가 없다.

예제 02

방정식 $k^2x - k^2 = 2kx - 5k$의 해가 양수이기 위해서 k는 어떤 수이어야 하겠는가?

| 풀이 | 이항하고 정리하면

$$k(k-2)x = k(k-5)$$

$k=0$일때 : 부정이므로 양이 아닌 해도 갖는다.

$k=2$일때 : 불능이므로 양수해를 가지지 못한다.

$k \neq 0,\ 2$일때 $x = \dfrac{k-5}{k-2}$

이때, 해가 양수이기 위해서는 $k < 2$ 또는 $k > 5$(단 $k \neq 0$)

예제 03

x에 관한 방정식 $(a-1)(a-4)x = a - 2(x+1)$을 풀어라.

| 풀이 | 위 방정식을 표준형으로 변형한 다음 계산한다.

이항하여 정리하면

$$(a^2 - 5a + 6)x = a - 2$$

즉, $(a-2)(a-3)x = a-2$

$a-2=0$일 때 위 방정식은 무수히 많은 해를 가진다.

$a-2 \neq 0$일 때 위 식의 양변을 동시에 $a-2$로 나누면

$(a-3) \cdot x = 1$

$a \neq 3$이면 $x = \dfrac{1}{(a-3)}$, $a=3$이면 방정식은 해가 없다.

$\therefore$
$\begin{cases}
a \neq 2,\ a \neq 3 \text{일 때 방정식의 해 } x = \dfrac{1}{(a-3)} \\
a = 2 \text{일 때 방정식은 무수히 많은 해를 가짐 (부정)} \\
a = 3 \text{일 때 방정식은 해가 없음 (불능)}
\end{cases}$

흔히 보는 문자 계수 방정식은 다음과 같은 두 가지 경우가 있다.

① 미지수를 나타내는 변수의 값의 범위를 준 것

이 경우의 풀이법은 숫자 계수 방정식의 풀이법과 기본적으로 같고 주어진 변수의 값의 범위에만 주의하면 된다.

② 미지수를 나타내는 변수의 값의 범위가 주어지지 않은 것

이 경우에는 방정식에 해가 있다, 없다, 무수히 많은 해가 있다, 이 3가지 경우에 대하여 각각 생각해야 한다.

(3) 절댓값 기호를 가진 방정식

절댓값은 중학교 수학에 나오는 중요한 개념의 하나이다.

절댓값 기호를 가진 미지수가 1개인 일차방정식을 풀 때, 절댓값의 의의에 따라서 절댓값 기호를 소거한 후 해를 구해야 한다.

예제 04

방정식 $|x-2|+|2x+1|=7$의 근을 구하여라.

| 분석 | 절댓값 기호를 가진 방정식을 푸는 열쇠는 절댓값 기호를 벗기는 것인데 '0점 구분법'을 이용할 수 있다.

$x-2=0$, $2x+1=0$이라 가정하면 $x=2$, $x=-\dfrac{1}{2}$을 얻게 되는데,

2, $-\dfrac{1}{2}$은 수직선을 세 부분, 즉 $x \geq 2$, $-\dfrac{1}{2}<x<2$, $x \leq -\dfrac{1}{2}$로

나눈다. 이제 각 부분의 절댓값 기호를 소거한후 해를 구하면 된다.

| 풀이 | ① $x \geq 2$일 때, 원 방정식은 $(x-2)+(2x+1)=7$과 동치이다.

따라서 $x=\dfrac{8}{3}$

$\dfrac{8}{3}$은 주어진 범위 $x \geq 2$ 내에 있으므로 근으로 된다.

② $-\dfrac{1}{2} \leq x < 2$일 때, 원 방정식은

방정식 $-(x-2)+(2x+1)=7$과 동치이다.

따라서 $x=4$. 그러나 4는 주어진 범위

$-\dfrac{1}{2} \leq x < 2$ 내에 있지 않으므로 근이 될 수 없다.

③ $x < -\dfrac{1}{2}$일 때, 원 방정식은

방정식 $-(x-2)-(2x+1)=7$과 동치이다.

따라서 $x=-2$. -2는 주어진 범위 $x \leq -\dfrac{1}{2}$ 내에 있으

므로 근으로 된다.

∴ 원 방정식의 근은 $x=\dfrac{8}{3}$, $x=-2$이다.

(4) 응용 문제

지금까지 배운 풀이법을 이용하여 생활 중의 구체적 문제를 풀어 보도록 하자.

예제 05

> 형의 나이는 20살이고, 둘째 동생의 나이의 2배에 셋째 동생의 나이의 5배를 더하면 97살이다. 둘째 동생과 셋째 동생의 나이는 각각 얼마일까?

| 분석 | 둘째 동생의 나이를 x살, 셋째 동생의 나이를 y살이라 하면 방정식을 세울 수 있다.

이제 $20 > x > y$를 만족하는 정수해를 구하면 된다.

| 풀이 | 둘째 동생과 셋째 동생의 나이를 각각 x살, y살이라 하면 조건에 의하여

$$2x + 5y = 97$$

y를 x로 표시하면 $x = \dfrac{(97 - 5y)}{2}$ $\cdots\cdots$ ①

형의 나이가 20살이므로 $x < 20$

$\therefore \dfrac{(97 - 5y)}{2} < 20, \quad 97 - 5y < 40.$ 따라서 $5y > 57$

즉, $y > \dfrac{57}{5}$

또, ①로부터 x가 정수이기 위해서는 y는 반드시 홀수이어야 함을 알 수 있다. 그러므로 $y = 7,\ 9,\ 11,\ 13,\ \cdots\cdots$. 그런데

$\dfrac{57}{5} < y < x$

$\therefore y = 13,\ x = 16$

🗌 둘째 동생은 16살, 셋째 동생은 13살이다.

일정한 속력으로 달리는 열차가 길이 300m되는 터널을 지나는 데 20초 걸렸고, 터널 천장에 붙어 있는 전등 하나가 열차 위를 10초간 비추었다면 이 열차의 길이는 얼마인가?

| 분석 | 열차의 길이를 $x(m)$라고 하면 열차가 $(300+x)$m를 통과하는 데 40초가 걸렸다고 할 수 있다. 또 전등빛이 열차 위를 10초간 비추었다 하므로 속력이 일정하다는 것을 이용하여 방정식을 세울 수 있다.

| 풀이 | 열차의 길이를 $x(m)$라고 하면 조건에 의하여

$$\frac{(x+300)}{20} = \frac{x}{10}$$

이것을 풀면 $x=300$

📋 이 열차의 길이는 300m이다.

동연이가 자전거를 타고 A에서 출발하여 시속 12km 속력으로 내리막길을 달린 후 시속 9km로 평평한 길을 달려 B로 가는 데 모두 55분이 걸렸다. 돌아올 때는 시속 8km로 평평한 길을 통과한 후 시속 4km로 오르막길을 달려 A로 오는 데 $1\frac{1}{2}$시간이 걸렸다. A와 B 사이의 거리는 몇 km일까?

| 분석 | 비탈길의 길이를 $x(km)$라 하고 비탈길을 달리는 데 걸린 시간의 관계식을 각각 나열한 다음 평평한 길의 길이가 같다는 것을 이용하여 방정식을 세울 수 있다. 이 문제는 연립방정식을 세워서 풀 수도 있다.

| 풀이 | 비탈길의 길이를 $x(km)$라 하면 내리막길을 달리는 데 걸린 시간은 $\frac{x}{12}$시간, 오르막길을 달리는 데 걸린 시간은 $\frac{x}{4}$시간, 내리막길을 달린 후 평평한 길을 통과하는 데 걸린 시간은 $\left(\frac{11}{12} - \frac{x}{12}\right)$시간, 돌아올 때 평평한 길을 통과하는 데 걸린 시간은

$\left(\dfrac{3}{2}-\dfrac{x}{4}\right)$ 시간으로 표시할 수 있다.

따라서 평평한 길의 길이는 $9\left(\dfrac{11}{12}-\dfrac{x}{12}\right)$ 시간 또는

$8\left(\dfrac{3}{2}-\dfrac{x}{4}\right)$ 시간으로 표시된다. 조건에 의하여

$$9\left(\dfrac{11}{12}-\dfrac{x}{12}\right)=8\left(\dfrac{3}{2}-\dfrac{x}{4}\right)$$

이를 풀면 $x=3$

🔲 A와 B 사이의 거리는 9km이다.

2. 미지수가 1개인 일차부등식

미지수가 1개인 일차부등식을 해결하는 중요한 부등식의 3가지 성질이다. 즉

① $a<b$라 하면 $a+c<b+c$, $a>b$라면 $a+c>b+c$

② $a>b$, $c>0$이라 하면 $ac>bc$

③ $a>b$, $c<0$이라 하면 $ac<bc$

특히 주의해야 할 것은 미지수가 아닌 변수가 들어 있는 부등식을 풀 때 경우에 따라 계산해야 한다는 점이다.

예제 08

부등식 $a(x-a)>x-1$을 풀어라.

| 풀이 | 원 부등식을 변형하면

$$(a-1)x>a^2-1$$

∴ $a-1>0$ 즉 $a>1$일 때, 부등식의 해는 $x>a+1$

$a-1=0$ 즉 $a=1$일 때, 부등식은 $0\cdot x>0$으로 되므로 해가 없다.

$a-1<0$ 즉 $a<1$일 때, 부등식의 해는 $x<a+1$

부등식 $|x-5|-|2x+3|<1$을 풀어라

| 풀이 | 먼저 '0점 분단법'을 이용하여 절댓값 기호를 소거한다.

$$x-5=0, \quad 2x+3=0 \text{으로부터 } x=5, \quad x=-\frac{3}{2}$$

① $x<-\frac{3}{2}$일 때, 원 부등식은 $5-x+2x+3<1$로 되므로

해는 $x<-7$

② $-\frac{3}{2}\leq x\leq 5$일 때, 원 부등식은 $5-x-2x-3<1$로 되므로

해는 $x>\frac{1}{3}$. 따라서 해는 $\frac{1}{3}<x\leq 5$

③ $x>5$일 때, 원 부등식은 $x-5-2x-3<1$로 되므로

$x>-9$.

따라서 해는 $x>5$

위의 것을 종합하면 부등식의 해는 $x<-7$ 또는 $x>\frac{1}{3}$

01 다음 방정식을 풀어라.

(1) $|x-2|-3|x+1|=2x-9$

(2) $x+\dfrac{ax}{b}=a+b$

(3) $\dfrac{(m+x)}{n}+2=\dfrac{(x-n)}{m}$

(4) $x=\dfrac{bx}{(a+b)}+\dfrac{a}{(a-b)}$

(5) $\left(\dfrac{m}{n}+\dfrac{n}{m}\right)x=\dfrac{m}{n}-\dfrac{n}{m}-2x \quad (m+n\neq 0)$

02 다음 물음에 답하여라.

(1) m이 어떤 수일 때 방정식 $(m^2-8m+15)x=m^2-2m-3$의 해가 음수인가?

(2) 방정식 $\dfrac{x}{3}+a=\dfrac{x}{2}-\dfrac{(x-12)}{6}$가 무수히 많은 해를 가질 때와 해를 가지지 않을 때의 a의 값을 구하여라.

03 **방정식을 세워서 다음의 응용 문제를 풀어라.**

(1) 일곱 자리 양의 정수의 첫째 자릿수가 5이다. 이 5를 일의 자릿수의 뒤로 옮겨 놓는다면 원래 수는 새로운 수의 3배보다 8이 더 크다. 이 일곱 자리 수를 구하여라.

(2) 영남이가 태어난 날의 2배에 5를 더하고, 다시 그 결과의 5배에 태어난 달을 더한 다음, 25를 빼면 43이 된다. 영남이는 어느 달, 어느 날에 태어났겠는가?

(3) 아버지와 아들이 한 회사에 다니고 있다. 아버지가 집에서 출발하여 회사로 가는 데는 30분이 걸리고, 아들이 회사로 가는 데는 20분이 걸린다. 아버지가 아들보다 5분 일찍 출발하였다. 얼마나 지나면 아들이 아버지를 따라잡겠는가?

04 부등식 $|x+7| - |3x-4| > 0$을 풀어라.

05 밤 몇 개를 몇 마리의 원숭이에게 나누어 주려 한다. 원숭이 한 마리에게
     3알씩 나누어 주면 8알이 남고, 5알씩 나누어 주려면 마지막 한 마리의
     원숭이에게는 5알이 돌아가지 않는다. 원숭이는 몇 마리이고 밤은 몇 알
     인가?

05 미지수가 2개인 일차연립방정식 및 응용

1. 미지수가 2개인 일차연립방정식의 표준형

연립방정식의 표준형은 다음과 같다.

$$\begin{cases} a_1x + b_1y = c_1 & \cdots\cdots ① \\ a_2x + b_2y = c_2 & \cdots\cdots ② \end{cases}$$

2. 미지수가 2개인 일차연립방정식의 해

가감법에 의해 위의 미지수가 2개인 일차연립방정식의 해가 다음과 같음을 알 수 있다.

① $a_1b_2 - a_2b_1 \neq 0$, 즉 $\dfrac{a_1}{a_2} \neq \dfrac{b_1}{b_2}$ 일 때(x의 계수와 y의 계수가 비례하지 않음) 연립방정식은 다음의 해를 가진다.

$$\begin{cases} x = \dfrac{(c_1b_2 - c_2b_1)}{(a_1b_2 - a_2b_1)} \\ y = \dfrac{(a_1c_2 - a_2c_1)}{(a_1b_2 - a_2b_1)} \end{cases}$$

② $a_1b_2 - a_2b_1 = 0$이지만 $c_1b_2 - c_2b_1 \neq 0$, 또는 $a_1c_2 - a_2c_1 \neq 0$,

즉 $\dfrac{a_1}{a_2} = \dfrac{b_1}{b_2} \neq \dfrac{c_1}{c_2}$ 일 때(x의 계수와 y의 계수가 비례하나 상수항과는 비례하지 않음)

연립방정식은 해가 없다.

③ $a_1b_2 - a_2b_1 = 0$, $c_1b_2 - c_2b_1 = 0$, $a_1c_2 - a_2c_1 = 0$, 즉 $\dfrac{a_1}{a_2} = \dfrac{b_1}{b_2} = \dfrac{c_1}{c_2}$ 일 때 (x의 계수, y의 계수, 상수항이 서로 비례함) 연립방정식은 무수히 많은 해가 있다.

예제 01

연립방정식 $\begin{cases} x+y=1 \\ x+k^2y=k \end{cases}$ 에 하나의 해, 무수히 많은 해가 있을 조건은 무엇인가? 또, 해가 없을 때의 k의 값을 구하여라.

| 풀이 | ① $\dfrac{a_1}{a_2} \neq \dfrac{b_1}{b_2}$, 즉 $\dfrac{1}{1} \neq \dfrac{1}{k^2}$ 일 때 연립방정식은 해가 하나밖에 없다. 그러므로 $k^2 \neq 1$, 즉 $k \neq \pm 1$일 때 원 연립방정식은 해가 하나밖에 없다.

② $\dfrac{a_1}{a_2} = \dfrac{b_1}{b_2} = \dfrac{c_1}{c_2}$, 즉 $\dfrac{1}{1} = \dfrac{1}{k^2} = \dfrac{1}{k}$ 일 때 연립방정식은 무수히 많은 해가 있다. 그러므로 $k^2 = k = 1$, 즉 $k = 1$일 때 원 연립방정식은 무수히 많은 해가 있다.

③ $\dfrac{a_1}{a_2} = \dfrac{b_1}{b_2} \neq \dfrac{c_1}{c_2}$, 즉 $\dfrac{1}{1} = \dfrac{1}{k^2} \neq \dfrac{1}{k}$ 일 때 연립방정식은 해가 없다. 그러므로 $k^2 \neq k$임과 동시에 $k^2 = 1$일 때, 즉 $k = -1$일 때 원 연립방정식은 해가 없다.

예제 02

연립방정식

$\begin{cases} (5m+11)x-(m+4)y+12=0 & \cdots\cdots ① \\ (m+15)x+(2m-1)y-20=0 & \cdots\cdots ② \end{cases}$

를 만족시키는 y의 값이 x의 값의 3배일 때 m의 값을 구하여라. 이때, x와 y의 값은 각각 얼마일까?

| 분석 | y의 값이 x의 값의 3배라는 이 주어진 조건을 충분히 이용하면 $\dfrac{y}{x} = 3$을 원 연립방정식에 대입하여 m과 $\dfrac{1}{x}$에 관한 연립방정식을 얻은 다음 이를 풀면 된다. 또는 $y = 3x$를 원 연립방정식에 대입하여 mx, x에 관한 연립방정식을 얻은 다음 mx항을 소거하고, x와 y를 구하면 자연히 m을 구할 수 있다.

| 풀이 | ①과 ②의 양변을 x로 나눈 다음 $\dfrac{1}{x}=z$라고 가정하면,

$\dfrac{y}{x}=3$이기 때문에 다음의 연립방정식이 얻어진다.

$$\begin{cases} (5m+11)-(m+4)\cdot 3+12z=0 \\ (m+15)+(2m-1)\cdot 3-20z=0 \end{cases}$$

즉 $$\begin{cases} 2m+12z-1=0 \\ 7m-20z+12=0 \end{cases}$$

이 연립방정식을 풀면 $m=-1$, $z=\dfrac{1}{4}$

$\therefore x=4$, $y=12$

그러므로 원 연립방정식에 $m=-1$일 때, y의 값이 x의 값의 3배로 되며 이때 $x=4$, $y=12$이다.

3. 절댓값 기호를 가진 연립방정식

만일 연립방정식 중 어느 1개 또는 2개에 절댓값 기호가 있다면 절댓값 기호를 가진 미지수가 1개인 일차방정식인 경우와 같이 절댓값 기호를 없앤 다음 풀면 된다.

예제 03

연립방정식 $\begin{cases} y=|x|+|x-3| & \cdots\cdots ① \\ y-x=1 & \cdots\cdots ② \end{cases}$ 를 풀어라.

| 분석 | ①에서 $x\geq 3$, $3>x>0$, $x\leq 0$의 3가지 경우에 따라 절댓값 기호를 없앤 다음 ②와 함께 새로운 연립방정식을 구성하여 풀면 된다.

| 풀이 | $x\geq 3$일 때, ①은 $y=x+x-3$, 즉 $y-2x=-3$으로 된다. 따라서

$$\begin{cases} y-2x=-3 \\ y-x=1 \end{cases}$$

이를 풀면 $x=4$, 이때 $y=5$

$\therefore x=4$, $y=5$는 원 방정식의 해이다.

$0 < x < 3$ 일 때, ①은 $y = x - x + 3$, 즉 $y = 3$으로 된다.

$y - x = 1$로부터 $x = 2$가 얻어진다.

$\therefore x = 2$, $y = 3$은 원 방정식의 해이다.

$x \leq 0$일 때, ①은 $y = -x - x + 3$, 즉 $y + 2x = 3$으로 된다. 따라서

$$\begin{cases} y + 2x = 3 \\ y - x = 1 \end{cases}$$

이를 풀면 $x = \dfrac{2}{3}$

그런데 $x = \dfrac{2}{3}$가 $x \leq 0$의 범위에 있지 않으므로 $x = \dfrac{2}{3}$는 원 방정식의 해가 아니다.

$\therefore$ 원 방정식의 해는 $\begin{cases} x = 4 \\ y = 5 \end{cases}$ $\begin{cases} x = 2 \\ y = 3 \end{cases}$

4. 응용 문제

예제 04

연립방정식을 세워서 다음을 풀어라.

봉걸이가 자전거를 타고 A에서 출발하여 시속 12km 속력으로 내리막길을 달린 후 9km의 시속으로 평평한 길을 달려 B로 가는 데 모두 55분이 걸렸다. 돌아올 때는 8km의 시속으로 평평한 길을 통과한 후 4km의 시속으로 오르막길을 달려 A로 오는 데 $1\dfrac{1}{2}$시간이 걸렸다. A와 B 사이의 거리는 몇 km일까?

| 분석 | (1) 오르막길의 길이를 $x(\text{km})$, A와 B 두 곳 사이의 거리를 $y(\text{km})$라 하면 다음의 연립방정식이 얻어진다.

$$\begin{cases} \dfrac{x}{12} + \dfrac{(y - x)}{9} = \dfrac{11}{12} \\ \dfrac{x}{4} + \dfrac{(y - x)}{8} = \dfrac{3}{2} \end{cases}$$

(2) 내리막길을 달리는 데 x시간, 오르막길을 달리는 데 y시간이 걸린다면 다음의 연립방정식이 얻어진다.

$$\begin{cases} 12x=4y \\ 9\left(\dfrac{11}{12}-x\right)=8\left(\dfrac{3}{2}-y\right) \end{cases}$$

| 풀이 | 생략

예제 05

한 저수지가 있는데, 단위 시간 내에 일정한 양의 물이 흘러듦과 동시에 일정한 양의 물이 배출된다. 지금의 배출량에 따르면 저수지의 물을 40일 쓸 수 있다. 그런데 최근에 비가 많이 내리는 바람에 저수지에 흘러드는 물의 양이 20% 증가되었다. 그러나 만일 배수량을 10% 늘린다면 저수지의 물을 여전히 40일 분량으로 유지할 수 있다. 만일 원래의 배수량대로 물을 배출한다면 저수지의 물을 며칠간 쓸 수 있을까?

| 분석 | (저수량)+(유입량)=(배수량)이므로 등량관계를 설립하고 연립방정식을 세운다.

| 풀이 | 저수지에 있는 지금의 저수량을 a, 하루의 유입량을 b, 하루의 배수량을 c, 원래의 배수량대로 물을 배출한다면 x일 쓸 수 있다고 가정하자.

그러면 다음의 연립방정식이 얻어진다.

$$\begin{cases} a+40b=40c & \cdots\cdots ① \\ a+40(1+0.2)b=40(1+0.1)c & \cdots\cdots ② \\ a+(1+0.2)bx=cx & \cdots\cdots ③ \end{cases}$$

②−①에서 $c=2b$ $\qquad\qquad\cdots\cdots$ ④

이를 ①에 대입하면 $a=40b$ $\qquad\cdots\cdots$ ⑤

④, ⑤를 ③에 대입하면

$40b+1.2bx=2bx$

$\therefore 0.8bx=40b$, 따라서 $x=50$

🔲 원래의 배수량대로 물을 배출한다면 50일간 쓸 수 있다.

예제 06

3가지 상품의 값이 각각 200원, 400원, 600원이다. 6000원
으로 이 3가지 상품 16개를 사면 거스름돈이 남지 않는다.
600원짜리 상품은 최대 몇 개까지 살 수 있는가? 또 200원짜리
상품은 최대 몇개까지 살 수 있을까?(단, 각 상품을 적어도 1개
이상은 사야한다.)

| 분석 | 3가지 상품을 각각 x, y, z개 산다고 가정하면 2개의 방정식을 세
운 후 1개의 미지수를 소거하면 된다. 이때, 상품의 개수가 양의
정수이어야 함에 유의해야 한다.

| 풀이 | 200원, 400원, 600원짜리 상품을 각각 x개, y개, z개 산다고
가정하면 조건에 의하여 다음의 연립방정식이 얻어진다.

$$\begin{cases} x+y+z=16 & \cdots\cdots ① \\ 2x+4y+6z=60 & \cdots\cdots ② \end{cases}$$

①×4−②에서 $x=z+2$ $\cdots\cdots$ ③

③을 ①에 대입하면 $y=14-2z$ $\cdots\cdots$ ④

④를 ②에 대입하면 $x=z+2$ $\cdots\cdots$ ⑤

$y \geq 1$, $z \geq 1$이고 모두 양의 정수이므로

④, ⑤에서 $z \leq 6$, $x \geq 3$

따라서 $z=6$일 때 $x=8$, $y=2$

$x=3$일 때 $y=12$, $z=1$

🔲 600원짜리 상품은 최대 6개, 200원짜리 상품은 최대 8개를
살 수 있다.

연습문제 05

01 다음의 연립방정식을 풀어라.

(1) $\begin{cases} 4x+5y+2z=40 \\ x:y:z=1:2:3 \end{cases}$

(2) $\begin{cases} |y+1|=x+1 \\ x-3y=1 \end{cases}$

(3) $\begin{cases} ax+2y=a \\ x+(a+1)y=a+3 \end{cases}$

(4) $\begin{cases} a(ax-1)=b(y+1) \\ b(bx+1)=ay(ab \neq 0) \end{cases}$

02 연립방정식 $\begin{cases} 3x+5y=k+2 \\ 2x+3y=k \end{cases}$ 를 만족시키는 x와 y의 값의 합이 2이다. k의 값은 얼마인가?

03 갑, 을 두 학생이 연립방정식 $\begin{cases} ax+5y=13 & \cdots\cdots ① \\ 4x-by=-2 & \cdots\cdots ② \end{cases}$ 를 풀었다.

그런데 갑은 ①에서 x의 계수를 잘못 보았고 을은 ②에서 y의 계수를 잘못 보았다. 그 결과 각각 틀린 답 $x=\dfrac{107}{47}$, $y=\dfrac{58}{47}$ 또는 $x=\dfrac{81}{76}$, $y=\dfrac{17}{19}$을 얻었다. 이 연립방정식의 계수를 확정한 후 정확한 답을 구하여라.

04 연립방정식을 세워서 다음의 응용 문제를 풀어 보아라.

(1) 특상, 상, 보통의 쌀을 서로 다른 비율로 혼합하여 A, B, C 3가지 유형의 쌀을 얻었다.
A종 쌀의 혼합 비율은 4 : 3 : 2, B종 쌀의 혼합 비율은 3 : 1 : 5, C종 쌀의 혼합 비율은 2 : 6 : 1이다. 이제 A, B, C에서 각각 몇 kg씩 취하면 특상, 상, 보통의 쌀의 함량이 똑같은 혼합쌀 50kg을 얻을 수 있을까?

(2) A, B, C 자동차 3대가 갑에서 출발하여 을로 가고 있다. 그런데 B는 C보다 5분 늦게 출발하여 20분 만에 C를 따라잡았고, A는 B보다 10분 늦게 출발하여 50분 만에 C를 따라잡았다. A는 출발 후 몇 분 만에 B를 따라잡을 수 있을까?

(3) 강의 양 기슭에 A, B 두 나루터가 있다. 갑, 을 나룻배가 같은 시각에 서로 다른 속도로 각각 A, B 두 나루터에서 출발하여 반대편 나루터를 향해 일정한 속도로 달린다. 두 나룻배가 처음 만났을 때 나룻배 갑과 나루터 A와의 거리는 800m였다. 두 나룻배는 각각 반대편의 나루터에 도착한 후 즉시 뱃머리를 돌려 반대편을 향해 달렸다. 두 나룻배가 두번째로 만났을 때 나룻배 갑과 나루터 B와의 거리는 500m였다. 이 강의 폭은 얼마일까?

(4) 갑, 을 두 사람의 현재 나이의 합은 63살이다. 갑의 나이가 을의 지금의 나이의 절반으로 되었을 때, 을의 나이는 바로 갑의 지금의 나이만큼 된다. 갑, 을의 지금 나이는 각각 얼마일까?

(5) $bm - an \neq 0$, $a \neq 0$, $m \neq 0$, $ax^2 + bx + c = 0$, $mx^2 + nx + p = 0$ 일 때 $(cm - ap)^2 = (bp - cn)(an - bm)$임을 증명하여라.

06 정식의 계산

대수식은 수의 개념에 대한 추상화로서, 문자로 수를 표시하면 수량 관계를 밝히는 데 편리하다.

중학교 대수에서는 주로 정식, 분수식과 무리식을 다루게 된다.

정식의 계산은 분수식과 무리식을 배우는 기초이다.

1. 다항식의 제곱

다항식의 제곱은 이 다항식의 각 항의 제곱의 합에 이 다항식의 각 항의 곱에 2배를 더한 것과 같다. 즉,

$$(a_1+a_2+\cdots+a_{n-1}+a_n)^2$$
$$=a_1^2+a_2^2+\cdots+a_{n-1}^2+a_n^2+2a_1a_2+\cdots+2a_1a_n+2a_2a_3$$
$$+\cdots+2a_2a_n+\cdots+2a_{n-1}a_n$$

이 공식의 증명은 여기에서 생략한다.

예제 01

$(x^3-2x^2+x-3)^2$을 계산하여라.

| 풀이 | 원식$=(x^3)^2+(-2x^2)^2+x^2+(-3)^2$
$\qquad\qquad -4x^5+2x^4-6x^3-4x^3+12x^2-6x$
$\qquad =x^6-4x^5+6x^4-10x^3+13x^2-6x+9$

| 설명 | 다항식의 제곱을 계산할 때 각 항의 제곱의 합을 차례로 써낸 다음, 먼저 제 1항과 제 2, 제 3, …… 항의 곱의 2배를 써내고, 다음에 제 2항과 제 3, 제 4, …… 항의 곱의 2배를 써내고, …… 이런 식으로 써내면 누락과 중복을 피할 수 있다.

2. $(a+b)^n$전개식

$$(a+b)^1 = \qquad a+b$$
$$(a+b)^2 = \qquad a^2+2ab+b^2$$
$$(a+b)^3 = \qquad a^3+3a^2b+3ab^2+b^3$$
$$(a+b)^4 = \qquad a^4+4a^3b+6a^2b^2+4ab^3+b^4$$
$$(a+b)^5 = \qquad a^5+5a^4b+10a^3b^2+10a^2b^3+5ab^4+b^5$$

$$\cdots\cdots \qquad\qquad \cdots\cdots$$

위의 각 식에서 각 항의 문자와 곱하기 기호를 생략하고 각 항의 계수를 $(a+b)^0$부터 차례로 써낸다면 아래 그림과 같은 삼각형을 얻게 되는데 이를 **양휘**(1261년, 중국의 수학자) **삼각형**이라 부른다.

이 삼각형에서 $(a+b)$의 n제곱의 각 항의 계수에 다음과 같은 규칙성이 있음을 찾아낼 수 있다.

$$
\begin{matrix}
 & & & & 1 & & & & \\
 & & & 1 & & 1 & & & \\
 & & 1 & & 2 & & 1 & & \\
 & 1 & & 3 & & 3 & & 1 & \\
 1 & & 4 & & 6 & & 4 & & 1 \\
1 & 5 & & 10 & & 10 & & 5 & 1
\end{matrix}
$$

$$\cdots \qquad \cdots \qquad \cdots$$

① 0제곱은 제외하고 첫 항과 마지막 항의 계수는 모두 1이다.
② 기타 각 항의 계수는 모두 윗줄의 좌우 양쪽의 수의 합과 같다.

위에서 설명한 것과 $(a+b)^5$의 계수로부터

$$(a-b)^6 = \{a+(-b)\}^6$$
$$= a^6+6a^5(-b)+15a^4(-b)^2+20a^3(-b)^3+15a^2(-b)^4$$
$$+6a(-b)^5+(-b)^6$$
$$= a^6-6a^5b+15a^4b^2-20a^3b^3+15a^2b^4-6ab^5+b^6$$

임을 알 수 있다.

3. 나머지가 있는 나눗셈

다항식 $f(x)$를 $g(x)$로 나누었을 때 몫을 $p(x)$, 나머지를 $r(x)$라 하면
$$f(x)=g(x)p(x)+r(x)$$
여기에서 $p(x)$의 차수는 $f(x)$와 $g(x)$의 차수의 차와 같고, $r(x)$의 차수는 $g(x)$의 차수보다 낮다. $r(x)=0$이라면 $f(x)$는 $g(x)$로 나누어떨어진다($f(x)$, $g(x)$, …… 는 각각 x의 다항식이다).

예제 02

다항식 $f(x)$를 x^2+1, x^2+2로 나누었을 때의 나머지가 각각 $4x+4$, $4x+8$이다. $f(x)$를 $(x^2+1)(x^2+2)$로 나누었을 때의 나머지를 구하여라.

| 풀이 | $(x^2+1)(x^2+2)$가 4차다항식이므로 구하려는 나머지는 3차 다항식 이하일 것이다.

$r(x)=ax^3+bx^2+cx+d$라 하면 $f(x)$를 x^2+1로 나누었을 때의 나머지는 $r(x)$를 x^2+1로 나누었을 때의 나머지 $(c-a)x+(d-b)$이다.

조건에 의하여 이 나머지는 $4x+4$이다.

$\therefore c-a=4, \quad d-b=4$

같은 이유로 $f(x)$를 x^2+2로 나누었을 때의 나머지는 $(c-2a)x+(d-2b)$임을 알 수 있다.

조건에 의하여 이 나머지는 $4x+8$이다.

$\therefore c-2a=4, \quad d-2b=8$

이 4개의 식을 풀면 $a=0, \quad b=-4, \quad c=4, \quad d=0$

$\therefore r(x)=-4x^2+4x$

4. 조립제법

다항식의 나눗셈으로부터 $f(x)$를 $x-b$로 나누었을 때, 몫의 계수와 나머지에 다음과 같은 규칙성이 있음을 알 수 있다. 즉, 몫에서 차수가 가장 높은 항의 계수는 $f(x)$(내림차순으로 정리한 후)의 제 1항의 계수와 같고 이 수에

b를 곱한 후 $f(x)$의 제 2항의 계수를 더하면 몫에서 차수가 두 번째로 높은 항의 계수가 얻어진다.

이런 식으로 거듭해서 나누면 나중에 나머지가 얻어진다.

예제 03

$(3x^3+5x^2-2) \div (x+3)$을 계산하여라.

| 분석 | 나누는 식을 $(x-b)$의 형식으로 변형한 후 조립제법을 이용한다.

| 풀이 | $x+3=x-(-3)$이므로 몫은 $3x^2-4x+12$,
나머지는 -38이다.

$$
\begin{array}{r|rrrr}
-3 & 3 & 5 & 0 & -2 \\
  &   & -9 & 12 & -36 \\
\hline
  & 3 & -4 & 12 & -38
\end{array}
$$

| 설명 | 조립제법을 이용하여 계산할 때 다음과 같은 두 가지에 주의해야 한다.
(1) 나누어지는 식과 나누는 식을 내림차순으로 정리한 후 빠진 항이 있으면 0으로 보충해야 한다.
(2) 나누는 식은 $(x-b)$의 형식으로 변형해야 한다.

5. 나머지정리

다항식의 $f(x)$를 $(x-b)$로 나누었을 때의 몫을 $p(x)$, 나머지를 r이라 하면

$$f(x)=(x-b)p(x)+r$$

$x=b$일 때, $f(b)=0 \cdot p(b)+r$. 이로부터 다음의 나머지정리가 얻어진다. 즉,

> 다항식 $f(x)$를 $(x-b)$로 나누었을 때 나머지는 $f(b)$와 같다
> ($f(b)$는 $x=b$일 때 $f(x)$의 값이다).

나머지정리로부터 $f(b)=0$이라면 $f(x)$는 $(x-b)$로 나누어떨어짐을 알 수 있다.

나머지정리의 유추 과정으로부터 다항식 $f(x)$를 $ax-b(a \neq 0)$로 나누었을 때의 나머지는 $x=\dfrac{b}{a}$일 때의 다항식 $f(x)$의 값 $f\left(\dfrac{b}{a}\right)$임을 알 수 있다.

나머지정리를 이용하여 나눗셈을 하지 않고 $f(x)$를 $(x-b)$로 나누었을 때의 나머지를 구할 수 있고, 반대로 $f(b)$를 계산하기 어려울 때 조립제법을 이용하여 $f(b)$를 구할 수 있음을 알 수 있다.

예제 04

> 나머지정리를 이용하여 a^n-b^n이 $a-b$, $a+b$로 나누어떨어질 수 있는가를 증명하여라.

| 증명 | a^n-b^n은 미지수 a가 들어 있는 다항식 $f(a)$로 볼 수 있다.

$a=b$일 때 $f(b)=b^n-b^n=0$이므로 a^n-b^n은 $a-b$로 나누어떨어질 수 있다.

$a=-b$일 때

$$f(-b)=(-b)^n-b^n=\begin{cases} 0 & (n\text{은 짝수}) \\ -2b^n & (n\text{은 홀수}) \end{cases}$$

n이 짝수일 때 a^n-b^n은 $a+b$로 나누어떨어진다.

n이 홀수일 때 a^n-b^n은 $a+b$로 나누어떨어지지 않고 나머지 $-2b^n$이 나온다.

---

6. 정식의 계산

예제 05

> $(a+b+c)(a^2+b^2+c^2-ab-bc-ca)$를 계산하여라.

| 분석 | 미지수가 3개 이상인 두 다항식을 곱할 때 어떤 한 개의 미지수를 기준으로 내림차순으로 정리한 후 미지수가 1개인 다항식처럼 곱하면 된다.

| 풀이 | 원식$=\{a+(b+c)\}\{a^2-(b+c)a+(b^2-bc+c^2)\}$
$=a^3-(b+c)a^2+(b^2-bc+c^2)a+(b+c)a^2$
$\quad-(b+c)^2a+(b+c)(b^2-bc+c^2)$
$=a^3-3bca+b^3+c^3=a^3+b^3+c^3-3abc$

| 설명 | 이 문제의 결과는 공식으로 이용할 수 있다.

예제 06

84×86, 98×92, …의 간편한 계산 방법을 찾은 후 정식 계산
의 형식으로 이 간편한 계산의 규칙성을 나타내어라.

| 분석 | 84×86, 98×92, …를 보면 10의 자리의 숫자가 같고 1의 자리
숫자의 합이 10이다. 그러므로 다음과 같은 방법으로 풀 수 있다.

| 풀이 | 두 수의 10의 자리 숫자를 x라 하고 1의 자리 숫자를 각각
y, y_0라 하면 $y+y_0=10$. 이런 유형의 곱셈 계산의 규칙성은
다음과 같다.
$$(10x+y)(10x+y_0)=100x^2+10x(y+y_0)+yy_0$$
$$=100x(x+1)+yy_0$$

| 설명 | 이런 유형의 문제는 위의 규칙성을 이용하여 풀면 아주 간편하다.

예 $84\times86=100\times8\times(8+1)+4\times6$
$=7200+24=7224$
$98\times92=100\times9\times(9+1)+8\times2$
$=9000+16=9016$

예제 07

$x^2+4x-3=0$일 때, $2x^3+9x^2+3x+5$의 값을 구하여라.

| 분석 | 주어진 조건을 이용하여 x를 구한 다음 원식에 대입하면 그 값을 구할 수 있으나 계산이 좀 복잡하다. 다항식의 나눗셈을 이용하여 원식을 x^2+4x-3으로 나누면 원식을 $A(x^2+4x-3)+B$의 형태로 변형시킬 수 있다.
$x^2+4x-3=0$이므로 나머지 B의 값만 구하면 된다.

| 풀이 | $x^2+4x-3=0$을 풀면
$$x=\frac{(-4\pm\sqrt{16+12})}{2}$$
$$=\frac{(-4\pm2\sqrt{7})}{2}$$
$$=-2\pm\sqrt{7}$$
다항식의 나눗셈을 이용하여 풀면
$$원식=(x^2+4x-3)(2x+1)+(5x+8)$$
$$=0\cdot(2x+1)+5\cdot(-2\pm\sqrt{7})+8$$
$$=-2\pm5\sqrt{7}$$

| 설명 | 다항식의 값을 구할 때에는 먼저 다항식을 간단히 한 후 대입법으로 그 값을 구할 수 있으나, 위에서와 같은 간편한 방법으로 구할 수도 있다.

예제 08

다음 항등식이 성립함을 증명하여라.
$$(b+c-2a)^3+(c+a-2b)^3+(a+b-2c)^3$$
$$=3(b+c-2a)(c+a-2b)(a+b-2c)$$

| 분석 | 이 항등식을 증명하려면 식의 좌변과 우변의 차가 0임을 증명하면 된다. 증명을 편리하게 하기 위하여 $(b+c-2a)$, $(c+a-2b)$, $(a+b-2c)$를 각각 A, B, C로 치환할 수 있다.

| 증명 | $b+c-2a=\text{A}, \quad c+a-2b=\text{B}, \quad a+b-2c=\text{C}$ 라 하면

(좌변) $-$ (우변) $=\text{A}^3+\text{B}^3+\text{C}^3-3\text{ABC}$

$\quad\quad\quad\quad\quad\quad\quad =(\text{A}+\text{B}+\text{C})(\text{A}^2+\text{B}^2+\text{C}^2-\text{AB}-\text{BC}-\text{CA})=0$

$\therefore$ 항등식이다.

예제 09

$x=\dfrac{2}{\sqrt{3}-1}$ 일 때 $\dfrac{x^3}{2}-x^2-x+2$ 의 값을 구하여라.

| 풀이 | 직접 대입하여 계산하면 복잡할 뿐만 아니라 틀리기 쉽다.

$x=\dfrac{2}{\sqrt{3}-1}=\sqrt{3}+1$, 즉 $x-1=\sqrt{3}$ 이라는 점에

유의한다면 다음과 같은 간편한 풀이법을 찾아 원식을

$(x-1)$ 로 나타낼 수 있다. 즉,

$$\text{원식}=\frac{x^3-2x^2-2x+4}{2}$$

$$=\frac{(x-1)(x^2-x-3)+1}{2}$$

$$=\frac{(x-1)\{x(x-1)-3\}+1}{2}$$

$$=\frac{\sqrt{3}\{(\sqrt{3}+1)\sqrt{3}-3\}+1}{2}=2$$

예제 10

$x+y=1, \quad x^2+y^2=2$ 일 때 x^7+y^7 의 값을 구하여라.

| 풀이 | $x^2+y^2=(x+y)^2-2xy$ 이고 조건에 의하여

$xy=-\dfrac{1}{2}$ 임을 알 수 있으므로

$$x^3+y^3=(x+y)^3-3xy(x+y)=\frac{5}{2}$$

$$x^4+y^4=(x^2+y^2)^2-2(xy)^2=\frac{7}{2}$$

$$\therefore x^7+y^7=(x^3+y^3)(x^4+y^4)-(xy)^3(x+y)=\frac{71}{8}$$

01 $(2a+3b+c)(2a+c-3b)(2a-3b-c)(2a-c+3b)$를 계산하여라.

02 $a-b=2$, $a-c=\dfrac{1}{2}$일 때, $(b-c)^3-3(b-c)+\dfrac{9}{4}$의 값을 구하여라.

03 a, b가 10보다 작은 양의 정수일 때 0, a, b를 이용하여 100보다 큰 수를 모두 써내고 이런 수들의 합이 211로 나누어떨어짐을 증명하여라.

04 조립제법으로 $(2x^3+x-7)\div(2x+1)$의 몫과 나머지를 구하여라.

05 $3\cdot5\cdot17\cdots(2^{2^{n-1}}+1)$을 계산하여라.

06 다음 각 식의 값을 관찰하면서 규칙성을 찾고 그것을 증명하여라.
$1\times2\times3\times4+1$, $2\times3\times4\times5+1$
$3\times4\times5\times6+1$, $4\times5\times6\times7+1$

07 임의의 두 자리 수가 각 자리 숫자의 합의 k배와 같을 때 이 두 자리수의 숫자를 서로 바꾸어 놓는다면 새로운 수는 그 각 자리 숫자의 합의 (   ) 배와 같다.
(A) $(9-k)$ (B) $(10-k)$
(C) $(11-k)$ (D) $(k+1)$

08 다항식 $x^4+ax^3-3x^2+bx+3$을 $(x-1)^2$으로 나누어 얻은 나머지가 $x+1$일 때, a, b의 값을 구하여라.

09 $x^3+3ax^2+3bx+c$가 $x^2+2ax+b$로 나누어떨어질 때 앞식은 완전세제곱식, 뒷식은 완전제곱식임을 증명하여라.

10 임의의 자연수 m에 관하여 곱 $(x^{m-1}-1)\cdot(x^{m+1}-1)\cdot(x^m-1)$이 $(x-1)(x^2-1)(x^3-1)$로 나누어떨어짐을 증명하여라.

11 a, b, c, d가 모두 정수이고, $m=a^2+b^2$, $n=c^2+d^2$이라 하면 mn도 두 정수의 제곱의 합으로 표시할 수 있다. 이때의 mn을 a, b, c, d로 표시하여라.

12 $x=\sqrt{19-8\sqrt{3}}$ 이라 하면, $x^4-6x^3-2x^2+18x+23$의 값을 구하여라.

13 n이 자연수이고 $x_0=\dfrac{1}{n}$, $x_k=\dfrac{(x_0+x_1+\cdots+x_{k-1})}{(n-k)}$, $(k=1,\ 2,\ \cdots,\ n-1)$일 때 $x_0+x_1+\cdots+x_{n-1}$의 값을 구하여라.

07 인수분해 (1)

1. 인수분해의 의의

임의의 다항식을 몇 개의 다항식의 곱의 형태로 변형시키는 것을 **인수분해** 또는 **인수를 분해**한다고 말한다. 이때 개개의 다항식을 **곱의 인수**라고 부른다.

인수분해의 의의에서 볼 때 다항식을 인수분해하는 과정은 실질적으로 말하면 다항식의 곱셈 계산의 역연산임을 알 수 있다.

> **예** $(a+b)(a-b)$를 a^2-b^2으로 변형시키는 것을 다항식의 곱셈 계산이라한다면 a^2-b^2을 $(a+b)(a-b)$로 변형시키는 것을 인수분해라고 할 수 있다. 즉,
>
> $$(a+b)(a-b) \xleftarrow[\text{인수분해}]{\text{정식의 곱셈}} a^2-b^2$$

2. 인수분해의 사용 방법

흔히 사용하는 인수분해 방법으로는 공통인수를 묶는 법, 공식법, 짝을 지어 분해하는 법, '×'형으로 곱하는 법 등이 있다.

(1) 공통인수를 묶는 법

공통인수를 묶는 법은 인수분해의 가장 기본적인 방법의 하나이다.

인수분해할 때 먼저 다항식의 각 항에 밖으로 내놓을 공통인수가 있는가를 관찰하고, 만일 공통인수가 있다면 먼저 공통인수를 묶으되 한 번에 남김없이 다 묶어야 한다.

예제 01

다음 식을 인수분해하여라.

$2a^2b(x+y)^2(b+c)-6a^3b^2(x+y)(b+c)^2$

| 풀이 | 원식$=2a^2b(x+y)(b+c)\{(x+y)-3ab(b+c)\}$
$\quad\quad\quad\quad =2a^2b(x+y)(b+c)(x+y-3ab^2-3abc)$

예제 02

다음 식을 인수분해하여라.

$(ax+by)^2+(ay-bx)^2+c^2x^2+c^2y^2$

| 풀이 | 원식$=a^2x^2+2abxy+b^2y^2+a^2y^2-2abxy+b^2x^2+c^2x^2+c^2y^2$
$\quad\quad\quad\quad =a^2x^2+b^2y^2+a^2y^2+b^2x^2+c^2x^2+c^2y^2$
$\quad\quad\quad\quad =x^2(a^2+b^2+c^2)+y^2(a^2+b^2+c^2)$
$\quad\quad\quad\quad =(a^2+b^2+c^2)(x^2+y^2)$

| 설명 | $a^2x^2+b^2y^2+a^2y^2+b^2x^2+c^2x^2+c^2y^2$에서 먼저 공통인수
$\quad\quad\quad a^2,b^2,c^2$을 묶고 인수분해할 수도 있다.

(2) 공식법

다항식의 곱셈 공식을 반대로 이용하면 인수분해 공식이 얻어진다.

공식법을 이용하여 인수분해할 때는 공식의 형식과 특징을 파악하여야 한다.
다음의 7개 공식은 인수분해에 늘 쓰이는 것들이다.

$$a^2-b^2=(a+b)(a-b)$$
$$a^2\pm2ab+b^2=(a\pm b)^2$$
$$a^3\pm b^3=(a\pm b)(a^2\mp ab+b^2)$$
$$a^3\pm3a^2b+3ab^2\pm b^3=(a\pm b)^3$$

이 밖에 $x^2+(a+b)x+ab$의 꼴을 가진 2차 3항식을 인수분해하면
$(x+a)(x+b)$, 즉 $x^2+(a+b)x+ab=(x+a)(x+b)$의 꼴로 된다는 점
도 반드시 기억해야 한다.

x^6-y^6을 인수분해하여라.

| 풀이1 | $x^6-y^6=(x^3)^2-(y^3)^2=(x^3+y^3)(x^3-y^3)$
$\qquad\qquad =(x+y)(x^2-xy+y^2)(x-y)(x^2+xy+y^2)$

| 풀이2 | $x^6-y^6=(x^2)^3-(y^2)^3$
$\qquad\qquad =(x^2-y^2)\{(x^2)^2+x^2y^2+(y^2)^2\}$
$\qquad\qquad =(x+y)(x-y)\{(x^2+y^2)^2-x^2y^2\}$
$\qquad\qquad =(x+y)(x-y)(x^2+y^2+xy)(x^2+y^2-xy)$

🖥 $x^4+x^2y^2+y^4=(x^2+xy+y^2)(x^2-xy+y^2)$은 인수분해에 늘 쓰이는 공식이므로 잘 기억할 필요가 있다.

$(x^2+y^2)^3+(z^2-x^2)^3-(y^2+z^2)^3$을 인수분해하여라.

| 분석 | 원식 중 (x^2+y^2)과 (z^2-x^2)의 합이 y^2+z^2과 같으므로 세제곱 합의 공식 $a^3+b^3=(a+b)^3-3ab(a+b)$를 이용하여 변형한 후 인수분해하는 것이 바람직하다.

| 풀이 | 원식$=(x^2+y^2+z^2-x^2)^3-3(x^2+y^2)(z^2-x^2)\cdot$
$\qquad\qquad (x^2+y^2+z^2-x^2)-(y^2+z^2)^3$
$\qquad =-3(x^2+y^2)(z+x)(z-x)(y^2+z^2)$

세 소수(素數)의 곱이 그것들 합의 5배와 같다. 이 세 소수를 구하여라.

| 풀이 | 이 세 소수를 각각 a,b,c라고 가정하면 조건에 의하여
$abc=5(a+b+c)$
정수와 소수의 성질로부터 a,b,c 중 5가 1개 있음을 알 수 있다.
$a=5$라 하면 $bc=5+b+c$, 즉 $(b-1)(c-1)=6$

$b > c$라 하면

$$\begin{cases} b-1=6 \\ c-1=1 \end{cases} \text{또는} \quad \begin{cases} b-1=3 \\ c-1=2 \end{cases}$$

이를 풀면

$$\begin{cases} b=7 \\ c=2 \end{cases} \text{또는} \quad \begin{cases} b=4 \\ c=3 \end{cases} \quad \text{(조건에 부적합하다)}$$

그러므로 구하려는 세 소수는 2, 5, 7이다.

(3) 짝을 지어 인수분해하는 법

임의의 다항식에 밖으로 내놓을 공통인수가 없는데다가 인수분해 공식법을 직접 이용할 수 없을 경우에는 짝을 지어 인수분해하는 법을 생각할 수 있다.

그러나 짝을 지을 때는 세심한 관찰과 분석을 통해 다음 절차, 나아가서 그 다음 절차까지 예측해야 한다.

예제 06

$x^5 + x^4 + x^3 + x^2 + x + 1$을 인수분해하여라.

| 풀이 | 원식 $= (x^5 + x^4 + x^3) + (x^2 + x + 1)$
$= x^3(x^2 + x + 1) + (x^2 + x + 1)$
$= (x^2 + x + 1)(x^3 + 1)$
$= (x^2 + x + 1)(x + 1)(x^2 - x + 1)$

예제 07

$x^4 - 6x^2 - 7x - 6$을 인수분해하여라.

| 분석 | 관찰을 통해
$-7x = -x - 6x$, $x^4 - x = x(x^3 - 1) = x(x-1)(x^2 + x + 1)$,
$-6x^2 - 6x - 6 = -6(x^2 + x + 1)$임을 알 수 있다. 그러므로
$-7x$를 $-x$와 $-6x$로 분류한 후 짝을 지어 인수분해할 수 있다.

| 풀이 | 원식 $= (x^2 + x + 1)(x^2 - x - 6)$
$= (x^2 + x + 1)(x + 2)(x - 3)$

예제 08

$x^4 - 23x^2 + 1$을 인수분해하여라.

| 풀이 |　원식 $= x^4 + 2x^2 + 1 - 25x^2$
$= (x^2 + 1)^2 - (5x)^2$
$= (x^2 + 5x + 1)(x^2 - 5x + 1)$

| 설명 |　짝을 지어 인수분해하는 법을 이용하는 목적은 적당하게 짝을 지어서 인수분해에 유리하게 하자는 데 있다. 다항식의 곱셈 계산에서는 항상 동류항을 합하게 되므로 짝을 지을 때 때로는 항을 쪼개거나 첨가하는 방법을 사용할 수 있다.

(4) × 자형으로 곱하는 법

2차 3항식 $ax^2 + bx + c$를 2개의 1차 인수, 즉

$ax^2 + bx + c = (a_1 x + c_1)(a_2 x + c_2)$의 형태로 인수분해할 수 있다면

다음 식을 만족시켜야 한다.

즉,

$$a_1 \cdot a_2 = a, \quad c_1 \cdot c_2 = c, \quad a_1 c_2 + a_2 c_1 = b$$

위의 3개 식을 × 자형으로 곱하는 형태로 쓰면 아래와 같다.

$$
\begin{array}{cc}
a_1 & c_1 \\
a_2 & c_2 \\
\hline
\multicolumn{2}{c}{a_1 c_2 + a_2 c_1 = b}
\end{array}
$$

× 자형으로 곱하는 법은 계수가 유리수인 2차 3항식의 인수분해에서 가장 간단하고 효과적인 방법이다.

예 2차 3항식 $6x^2 - 7x + 2$를 인수분해함에 있어서 6을 2×3으로 인수분해해서 제 1열에 쓰고 2를 $-1 \times (-2)$로 인수분해해서 제 2열에 쓴 다음 × 자형으로 곱하고 그 곱을 더하면 합이 -7이 된다. 그러므로 $6x^2 - 7x^2 + 2 = (2x - 1)(3x - 2)$라는 결과가 얻어진다.

$$
\begin{array}{cc}
2 & -1 \\
3 & -2
\end{array}
$$

× 자형으로 곱하는 법으로 미지수가 2개인 다항식의 인수분해도 할 수 있다.

예제 09

$x^2-2xy-3y^2+2x+10y-8$을 인수분해하여라.

| 풀이 | 원식$=(x-3y)(x+y)+2x+10y-8$
$\qquad =(x-3y+4)(x+y-2)$

$$x-3y \diagdown\kern-1.2em\diagup\ 4$$
$$x+y \diagdown\kern-1.2em\diagup\ -2$$

예제 10

$4x-y$가 3의 배수일 때 $4x^2+7xy-2y^2$이 9의 배수임을 증명하여라.

| 증명 | 원식$=4x^2+7xy-2y^2=(4x-y)(x+2y)$이고 $(4x-y)$가 3의 배수, $x+2y=(4x-y)+3(y-x)$ 역시 3의 배수이기 때문에 $4x^2+7xy-2y^2=(4x-y)\{4x-y+3(y-x)\}$는 9의 배수라고 할 수 있다.

인수분해 문제는 그 유형이 많고 풀이 방법도 다양하다.

그러므로 위의 방법을 배움에 있어서 문제 풀이의 특수성을 알아야 하고, 문제 풀이의 일반 방법을 알아야 한다.

이렇게 해야만 문제 풀이 경로를 찾아 여러 가지 인수분해 능력을 높일 수 있다.

01 다음 식들을 인수분해하여라.

(1) $6a(x-1)^3 - 8a^2(x-1)^2 - 2a(1-x)^2$

(2) $(ab+1)(a+1)(b+1) + ab$

(3) $x^2(a+b)^2 - 2xy(a^2-b^2) + y^2(a-b)^2$

(4) $(a^2-3a+2)x^2 + (2a^2-4a+1)xy + (a^2-a)y^2$

(5) $a^2b^3 - abc^2d + ab^2cd - c^3d^2$

(6) $3xy + y^2 + 3x - 4y - 5$

(7) $(a+b)^2 + (a+c)^2 - (c+d)^2 - (b+d)^2$

(8) $x^8 + x^4 + 1$

(9) $x^2 - y^2 + 2x + 6y - 8$

(10) $a^2 - 3b^2 - 3c^2 + 10bc - 2ca - 2ab$

(11) $(a-b)x^2 + 2ax + a + b$

(12) $(ay+bx)^3 + (ax+by)^3 - (a^3+b^3)(x^3+y^3)$

(13) $(x^2+xy+y^2)(x^2+xy+2y^2) - 12y^4$

(14) $(2x^2-3x+1)^2 - 22x^2 + 33x - 1$

(15) $(x^2+4x+3)(x^2+12x+35) + 15$

02 $a=123456783$, $b=123456785$, $c=123456789$일 때
$\mathrm{A}=a^2+b^2+c^2-ab-bc-ca$의 값을 구하여라.

03 직각삼각형에서 빗변이 아닌 변의 길이가 11이고 다른 두 변의 길이
역시 자연수일 때 둘레의 길이를 구하여라.

04 a가 자연수라면 a^4-3a^2+9는 소수인가 아니면 합성수인가? 그 이유를
말하여라.

05 **다음을 증명하여라.**
(1) $a^2+b^2+c^2+2ab+2bc+2ca=(a+b+c)^2$

(2) $a^2+b^2+c^2+2ab-2bc-2ca=(a+b-c)^2$

(3) $a^2+b^2+c^2-2ab+2bc-2ca=(a-b-c)^2$

08 분수식의 계산

대수식에는 다항식, 분수식, 무리식의 3가지 유형이 있다.

앞의 장에서 다항식의 계산을 배운 기초 위에서 이 장에서는 분수식의 계산을 배우기로 하자.

분수식을 계산할 때에는 통분, 약분 등 분수식의 항등변형을 이용해야 한다.

분수식의 항등변형의 기초 이론은 분수식의 기본 성질이다.

1. 분수식의 개념 및 기본 성질

나눗셈을 포함한 유리식으로 분모에 문자를 포함한 것을 **분수식**이라 한다.

여기서 주의할 것은 위의 정의는 어느 확정된 문자를 놓고 말한다는 것이다.

예 유리식 $\dfrac{x^2}{a^2} \div \dfrac{y^2}{b^2}$은 전체 문자를 두고 말하면 분수식이지만, 문자 x, y에 관하여 말하면 x, y에 관한 정식(이때 a^2, b^2은 상수로 본다)이다.

두 다항식의 비는 가장 간단한 분수식이다. 그러므로 임의의 다항식은 모두 분모가 1인 특수한 '분수식'이라 할 수 있다.

분수식의 분자와 분모에 동시에 0이 아닌 같은 대수식을 곱하면 그 값이 변하지 않는다. 이것이 바로 분수식의 기본 성질이다. 기본 성질을 이용할 때는 곱하는 대수식의 값이 0이 아닌가에 대하여 주의해야 한다.

예제 01

$\dfrac{a^3-a^2-a+1}{1-2|a|+a^2}$ 을 간단히 하여라.

| 풀이 | 원식 $= \dfrac{a^2(a-1)-(a-1)}{(1-|a|)^2} = \dfrac{(a-1)^2\,(a+1)}{(|a|-1)^2}$

(1) $a \geq 0$임과 동시에 $a \neq 1$일 때

$$\text{원식} = \frac{(a-1)^2 (a+1)}{(a-1)^2} = a+1$$

(2) $a < 0$임과 동시에 $a \neq -1$일 때

$$\text{원식} = \frac{(a-1)^2 (a+1)}{(-a-1)^2} = \frac{(a-1)^2 (a+1)}{(a+1)^2}$$

$$= \frac{(a-1)^2}{(a+1)}$$

| 설명 | 분모에 절댓값 기호가 들어 있는 분수식을 간단히 할 때 몇 가지 경우로 나누어 해결해야 한다.

특히, 약분하는 인수의 값을 0으로 되게 하는 값에 대하여 주의해야 한다.

예제 02

$\dfrac{a}{b} = \dfrac{c}{d}$일 때 다음 등식이 성립함을 증명하여라.

(단, a, b, c, d는 모두 양수이다.)

$$\frac{a^{2021} + b^{2021}}{c^{2021} + d^{2021}} = \frac{(a+b)^{2021}}{(c+d)^{2021}}$$

| 증명 | $\dfrac{a}{b} = \dfrac{c}{d} = k$라 하면 $a = bk$, $c = dk$

$$(\text{좌변}) = \frac{k^{2021}b^{2021} + b^{2021}}{k^{2021}d^{2021} + d^{2021}} = \frac{b^{2021}(k^{2021}+1)}{d^{2021}(k^{2021}+1)} = \frac{b^{2021}}{d^{2021}}$$

$$(\text{우변}) = \frac{(kb+b)^{2021}}{(kd+d)^{2021}} = \frac{b^{2021}(k+1)^{2021}}{d^{2021}(k+1)^{2021}} = \frac{b^{2021}}{d^{2021}}$$

$(\text{좌변}) = (\text{우변})$ $\therefore$ 원식이 성립한다.

예제 03

$a^2 + 2b^2 = 3ab$일 때, $\dfrac{a}{b - \dfrac{a}{1 + \dfrac{2b}{a}}}$의 값을 구하여라.

| 풀이 |

$$\dfrac{a}{b-\dfrac{a}{1+\dfrac{2b}{a}}}=\dfrac{a}{b-\dfrac{a}{\dfrac{a+2b}{a}}}$$

$$=\dfrac{a}{b-\dfrac{a^2}{a+2b}}=\dfrac{a}{\dfrac{ab+2b^2-a^2}{a+2b}}$$

$$=\dfrac{a^2+2ab}{ab+2b^2-a^2}$$

$a^2+2b^2=3ab$이므로 $a^2-3ab+2b^2=0$

즉 $(a-2b)(a-b)=0$

$\therefore a=b$ 또는 $a=2b$

그런데 원식이 의미를 가지려면

$a\neq0,\ a+2b\neq0,\ ab+2b^2-a^2=-(a^2-ab-2b^2)$

$=-(a-2b)(a+b)\neq0$이어야 한다.

즉, $a\neq2b,\ a\neq-b$

$\therefore a=2b$일 때 원식은 의미가 없다.

따라서 $a=b$일 때

$$원식=\dfrac{a^2+2a\cdot a}{a\cdot a+2a^2-a^2}$$

$$=\dfrac{3a^2}{2a^2}=\dfrac{3}{2}$$

2. 분수식의 계산

분수식의 사칙연산은 정식의 사칙연산의 발전이며 중요한 항등변형이다.

예제 04

다음 등식을 계산하여라.

$$\dfrac{(y-x)(z-x)}{(x-2y+z)(x+y-2z)}+\dfrac{(z-y)(x-y)}{(x+y-2z)(y+z-2x)}$$

$$+\dfrac{(x-z)(y-z)}{(y+z-2x)(x-2y+z)}$$

| 풀이 | $x - 2y + z = (x - y) - (y - z)$

$x + y - 2z = (y - z) - (z - x)$

$y + z - 2x = (z - x) - (x - y)$

$x - y = a, \quad y - z = b, \quad z - x = c$ 라고 가정하면

$$원식 = -\frac{ca}{(a-b)(b-c)} - \frac{ab}{(b-c)(c-a)}$$

$$- \frac{bc}{(c-a)(a-b)}$$

$$= -\frac{ca(c-a) + ab(a-b) + bc(b-c)}{(a-b)(b-c)(c-a)}$$

$$= -\frac{c^2 a - ca^2 + a^2 b - ab^2 + b^2 c - bc^2}{(a-b)(b-c)(c-a)}$$

$$= -\frac{c^2(a-b) - c(a^2 - b^2) + ab(a-b)}{(a-b)(b-c)(c-a)}$$

$$= -\frac{(a-b)(c^2 - ca - cb + ab)}{(a-b)(b-c)(c-a)}$$

$$= \frac{(a-b)(b-c)(c-a)}{(a-b)(b-c)(c-a)}$$

$$= 1$$

| 설명 | 문제의 특징에 따라서 가정을 잘 이용하면 계산이 간편해진다.

예제 05

다음 식을 계산하여라.

$$\frac{3abc}{bc + ca + ab} - \left(\frac{a-1}{a} + \frac{b-1}{b} + \frac{c-1}{c} \right) \div \left(\frac{1}{a} + \frac{1}{b} + \frac{1}{c} \right)$$

| 풀이 | $$원식 = \frac{3abc}{bc + ca + ab} - \left\{ 3 - \left(\frac{1}{a} + \frac{1}{b} + \frac{1}{c} \right) \right\} \div \left(\frac{1}{a} + \frac{1}{b} + \frac{1}{c} \right)$$

$$= \frac{3abc}{bc + ca + ab} - \frac{3abc}{ab + bc + ca} + 1$$

$$= 1$$

다음 분수식을 간단히 하여라.

$$\left(\frac{b^2-bc+c^2}{a}+\frac{a^2}{b+c}-\frac{3}{\frac{1}{b}+\frac{1}{c}}\right)\times\frac{\frac{2}{b}+\frac{2}{c}}{\frac{1}{bc}+\frac{1}{ca}+\frac{1}{ab}}+(a+b+c)^2$$

| 풀이 |

$$\begin{aligned}
\text{원식}&=\left(\frac{b^2-bc+c^2}{a}+\frac{a^2}{b+c}-\frac{3bc}{b+c}\right)\cdot\frac{2a(b+c)}{a+b+c}+(a+b+c)^2\\
&=\frac{b^3+c^3+a^3-3abc}{a(b+c)}\cdot\frac{2a(b+c)}{a+b+c}+(a+b+c)^2\\
&=\frac{2(a+b+c)(a^2+b^2+c^2-ab-bc-ca)}{a+b+c}+(a+b+c)^2\\
&=2(a^2+b^2+c^2-ab-bc-ca)+a^2+b^2+c^2+2(ab+bc+ca)\\
&=3(a^2+b^2+c^2)
\end{aligned}$$

| 설명 | 공식 $a^3+b^3=(a+b)^3-3ab(a+b)$를 이용하여
$a^3+b^3+c^3-3abc=(a+b+c)(a^2+b^2+c^2-ab-bc-ca)$임을 증명할
수 있다. 위의 공식은 대수식의 항등변형, 특히 인수분해에 늘 쓰인다.

3. 분수식으로 된 항등식의 증명

두 분수식 $\dfrac{P}{Q}$와 $\dfrac{P_1}{Q_1}$이 같으면 $\dfrac{P}{Q}=\dfrac{P_1}{Q_1}$로 표현한다.

단, $P_1Q=PQ_1$임과 동시에 $Q\neq0$, $Q_1\neq0$일 때만 위 식이 성립한다.

위의 정의에 따라 분수식으로 된 항등식의 증명을 다항식의 항등을 증명하
는 것으로 바꿀 수 있다.

예제 07

$\dfrac{1}{a}+\dfrac{1}{b}+\dfrac{1}{c}=0$일 때 다음이 성립함을 증명하여라.

$$a^2+b^2+c^2=(a+b+c)^2$$

| 증명 | $\dfrac{1}{a}+\dfrac{1}{b}+\dfrac{1}{c}=\dfrac{bc+ac+ab}{abc}=0$이므로

$bc+ac+ab=0$

$\therefore a^2+b^2+c^2=a^2+b^2+c^2+2(bc+ca+ab)$

$\qquad\qquad =(a+b+c)^2$

예제 08

$\dfrac{x}{a}+\dfrac{y}{b}+\dfrac{z}{c}=1,\quad \dfrac{a}{x}+\dfrac{b}{y}+\dfrac{c}{z}=0$일 때, 다음 식의 값이 일정함을 증명하여라.

$$\dfrac{x^2}{a^2}+\dfrac{y^2}{b^2}+\dfrac{z^2}{c^2}$$

| 증명 | $\dfrac{x}{a}+\dfrac{y}{b}+\dfrac{z}{c}=1$이므로 $\left(\dfrac{x}{a}+\dfrac{y}{b}+\dfrac{z}{c}\right)^2=1$

즉, $\dfrac{x^2}{a^2}+\dfrac{y^2}{b^2}+\dfrac{z^2}{c^2}+2\left(\dfrac{yz}{bc}+\dfrac{zx}{ca}+\dfrac{xy}{ab}\right)=1,$

$\dfrac{x^2}{a^2}+\dfrac{y^2}{b^2}+\dfrac{z^2}{c^2}=1-2\cdot\dfrac{ayz+bxz+cxy}{abc}$

또, $\dfrac{a}{x}+\dfrac{b}{y}+\dfrac{c}{z}=0$

즉 $\dfrac{ayz+bxz+cxy}{xyz}=0$이므로

$ayz+bxz+cxy=0$

따라서 $\dfrac{x^2}{a^2}+\dfrac{y^2}{b^2}+\dfrac{z^2}{c^2}=1$(값이 일정함)이다.

| 설명 | 예제 07, 예제 08은 조건등식의 증명에 속한다. 조건등식을 증명할 때에는 일반적으로 조건으로부터 시작하여 항등변형을 거쳐 증명의 결과를 이끌어낸다.

$\dfrac{1}{a}+\dfrac{1}{b}+\dfrac{1}{c}=\dfrac{1}{a+b+c}$ 일 때 다음 등식이 성립함을 증명하여라.

$$\dfrac{1}{a^{2n+1}}+\dfrac{1}{b^{2n+1}}+\dfrac{1}{c^{2n+1}}=\dfrac{1}{a^{2n+1}+b^{2n+1}+c^{2n+1}}$$

$$=\dfrac{1}{(a+b+c)^{2n+1}}=\left(\dfrac{1}{a}+\dfrac{1}{b}+\dfrac{1}{c}\right)^{2n+1}$$

| 증명 | $\dfrac{1}{a}+\dfrac{1}{b}+\dfrac{1}{c}=\dfrac{1}{a+b+c}$ 이므로

$\dfrac{1}{a}+\dfrac{1}{b}=\dfrac{1}{a+b+c}-\dfrac{1}{c}$, 즉 $\dfrac{a+b}{ab}=\dfrac{-(a+b)}{c(a+b+c)}$

$\therefore (a+b)\{c^2+(a+b)c+ab\}=0$

즉, $(a+b)(b+c)(c+a)=0$

$\therefore a=-b$ 또는 $b=-c$ 또는 $c=-a$임과 동시에

a, b, c가 모두 0이 아니다.

따라서 $a=-b$일 때

$$\dfrac{1}{a^{2n+1}}+\dfrac{1}{b^{2n+1}}+\dfrac{1}{c^{2n+1}}=\dfrac{1}{a^{2n+1}}-\dfrac{1}{a^{2n+1}}+\dfrac{1}{c^{2n+1}}$$

$$=\dfrac{1}{c^{2n+1}}$$

$$\dfrac{1}{a^{2n+1}+b^{2n+1}+c^{2n+1}}=\dfrac{1}{a^{2n+1}-a^{2n+1}+c^{2n+1}}$$

$$=\dfrac{1}{c^{2n+1}}$$

$$\dfrac{1}{(a+b+c)^{2n+1}}=\dfrac{1}{(a-a+c)^{2n+1}}=\dfrac{1}{c^{2n+1}}$$

$$\left(\dfrac{1}{a}+\dfrac{1}{b}+\dfrac{1}{c}\right)^{2n+1}=\left(\dfrac{1}{a}-\dfrac{1}{a}+\dfrac{1}{c}\right)^{2n+1}=\dfrac{1}{c^{2n+1}}$$

그러므로 원식이 성립한다.

같은 이유로 $b=-c$ 또는 $c=-b$일 때 원식이 성립함을 증명할 수 있다.

01 다음 식을 계산하여라.

$$\left(\frac{4x^n-4}{x^{2n}-2}+\frac{x^{2n}-2}{x^n+1}\right)\cdot\frac{x^{3n}+5x^{2n}-2x^n-10}{3x^{2n-2}-12x^{n-4}}\div\frac{x^{4n+1}+5x^{3n+1}}{x^{n+2}-4}$$

02 다음 식을 간단히 하여라.

$$\frac{\left(\dfrac{1}{a}+\dfrac{1}{b}\right)^2-\dfrac{1}{ab}-\dfrac{4}{(a-b)^2}}{\left(\dfrac{1}{a}-\dfrac{1}{b}\right)^2-\dfrac{1}{ab}}$$

03 $a+b+c=\dfrac{1}{a}+\dfrac{1}{b}+\dfrac{1}{c}=1$일 때 a, b, c 중 적어도 1개가 1임을 증명하여라.

04 $xyz\neq0$이고 $\dfrac{(x+y-z)}{z}=\dfrac{(x-y+z)}{y}=\dfrac{(-x+y+z)}{x}$ 일 때

다음 식의 값을 구하여라.

$$\frac{(x+y)(y+z)(z+x)}{xyz}$$

05 $a+b+c=0$일 때 다음 식의 값을 구하여라.

$$\left\{\frac{(b-c)}{a}+\frac{(c-a)}{b}+\frac{(a-b)}{c}\right\}\left\{\frac{a}{(b-c)}+\frac{b}{(c-a)}+\frac{c}{(a-b)}\right\}$$

06 $x+y=2$, $2y^2-y-4=0$일 때 $y-\dfrac{x}{y}$의 값을 구하여라.

09 정수의 나누어떨어짐

1. 나누어떨어짐

[정의] a, b는 정수이며 a를 $b(b \neq 0)$로 나눈 몫이 q일 때 $a = bq$가 성립한다면
a는 b로 나누어떨어진다고 말하고 $b \mid a$라고 나타낸다.
이때 a는 b의 배수, b는 a의 약수(또는 인수)라 한다.
a가 b로 나누어떨어지지 않을 때 $b \nmid a$로 표시한다.

여기서 b를 제외하고 a와 q는 0이 될 수 있음을 알 수 있다.

또, $a = 0$일 때 $q = 0$이므로 0은 임의의 0이 아닌 정수의 배수,
$a = (\pm 1) \times (\pm a)$로부터 ± 1은 임의의 정수의 약수임을 알 수 있다. 또한, 0을 제외한 각각의 정수는 모두 그 자신의 약수임을 알 수 있다.

나누어떨어짐에 관한 몇 개의 결론

1. $b \mid a$, $c \mid b$라 하면 $c \mid a$이다.
   왜냐하면, $b \mid a$로부터 $a = bq_1$, $c \mid b$로부터 $b = cq_2$가 얻어지므로
   $a = (cq_2)q_1 = (q_1q_2)c$, 즉 $c \mid a$ 임을 알 수 있다.

2. $b \mid a_i$, x_i를 정수$(i = 1, 2, \cdots, k)$라 하면 $b \mid (a_1x_1 + a_2x_2 + \cdots + a_kx_k)$이다.
   왜냐하면 주어진 조건으로부터 $a_1 = c_1b$, $a_2 = c_2b$, $\cdots$, $a_k = c_kb$가 얻어지므로 $a_1x_1 + a_2x_2 + \cdots + a_kx_k = b(c_1x_1 + c_2x_2 + \cdots c_kx_k)$
   즉, $b \mid (a_1x_1 + a_2x_2 + \cdots + a_kx_k)$임을 알 수 있다.

3. $b \mid a$, $a \neq 0$이라 하면 $|a| \geq |b|$이다.

4. $b \mid a$, $a \mid b$라 하면 $|a| = |b|$이다.

5. $b \mid a$, $c \neq 0$이라 하면 $bc \mid ac$이다.

위의 결론 3, 4, 5는 쉽게 증명할 수 있으므로 여기서는 생략한다.

여기서 기호 $n!$을 도입하는데 그 의미는 다음과 같다.

$$n! = n \times (n-1) \times (n-2) \times \cdots \times 3 \times 2 \times 1$$

다음의 결론 6도 여기서 증명하지 않는다.

6. n개의 연속하는 자연수의 곱은 반드시 $n!$으로 나누어떨어진다.

예제 01

같은 숫자로 이루어진 세 자리 수는 모두 37의 배수임을 증명하여라.

| 증명 | $111 = 37 \times 3$으로부터 $37 \mid 111$임을 알 수 있고 또,

$222 = 111 \times 2$로부터 $111 \mid 222$임을 알 수 있다. 결론 1에 의해 $37 \mid 222$가 얻어진다.

같은 이유로 $37 \mid 333$, $37 \mid 444$, ⋯, $37 \mid 999$임을 알 수 있다. 그러므로 같은 숫자로 이루어진 세 자리 수는 모두 37의 배수이다.

예제 02

a, b, c, d가 정수이고, $ab+cd$가 $a-c$로 나누어떨어질 때, $ad+bc$도 $a-c$로 나누어떨어짐을 증명하여라.

| 증명 | 주어진 식을 변형하면

$$ad+bc = ad+bc+ab-ab+cd-cd$$
$$= (ab+cd)+(a-c)(d-b)$$

또, $(a-c) \mid (ab+cd)$, $(a-c) \mid (a-c)(d-b)$이기 때문에 결론 2에 의하여 $(a-c) \mid (ab+cd)+(a-c)(d-b)$

즉, $(a-c) \mid (ad+bc)$임을 알 수 있다.

예제 03

임의의 자연수 n에 대하여 $n^3 + \dfrac{3n^2}{2} + \dfrac{n}{2}$은 3으로 나누어떨어지는 정수임을 증명하여라.

| 증명 | 주어진 식을 변형하면

$$n^3 + \frac{3n^2}{2} + \frac{n}{2} = \frac{(2n^3+3n^2+n)}{2}$$
$$= \frac{n(n+1)(2n+1)}{2}$$
$$= \frac{n(n+1)(n+2)+(n-1)n(n+1)}{2}$$

또, $n(n+1)(n+2)$, $(n-1)n(n+1)$은 모두 3개의 연속하는 정수의 곱이기 때문에 결론 6에 의하여 $3!=6$으로 나누어떨어짐을 알 수 있다. 또, 결론 2에 의하여 $2n^3+3n^2+n$은 6으로 나누어떨어짐을 알 수 있다.

그러므로 $n^3+\dfrac{3n^2}{2}+\dfrac{n}{2}$은 3으로 나누어떨어진다.

예제 04

$7^{82}+8^{161}$이 57로 나누어떨어짐을 이용하여 $7^{83}+8^{163}$도 57로 나누어떨어짐을 증명하여라.

| 분석 | 이 문제를 직접 거듭제곱을 계산하는 방법으로 증명하려면 대단히 복잡하다. 이 예제에서는 3개의 연속하는 정수의 곱으로 변형시키는 방법을 썼다. 여기서는 주어진 조건을 이용하여 7^{83} 위주로 변형시켜서 결론을 얻을 수 있다.

여러분은 8^{163} 위주로 변형시켜 보아도 좋다.

| 증명 | 주어진 식을 변형하면
$$7^{83}+8^{163}=(7^{82}+8^{161})\times 7-7\times 8^{161}+8^{163}$$
$$=7(7^{82}+8^{161})+8^{161}(8^2-7)$$
$$=7(7^{82}+8^{161})+57\cdot 8^{161}$$
$7^{82}+8^{161}$이 57로 나누어떨어지므로 $7^{83}+8^{163}$도 57로 나누어떨어진다.

2. 나눗셈 정리

정수 a를 정수 $b(b\neq 0)$로 나누었을 때 몫을 q, 나머지를 r이라고 한다면 다음 식이 성립한다.
$$a=bq+r \quad (0\leq r<b)$$
위의 식에서 q와 r은 유일하게 결정되는데 이를 **나눗셈 정리**라고 한다.

나누는 수 b와 나머지 r의 크기에 따라 모든 자연수를 분류할 수 있다.

자연수 a를 b로 나누었을 때 나머지는 0, 1, 2, $\cdots$, $b-1$ 중의 하나일 가능성밖에 없다. 이는 모든 자연수를 b가지 유형으로 나눈 셈이다.

> 예 $b=2$일 때, 즉 자연수를 2로 나눌 때 나머지는 0과 1의 두 가지 가능성 밖에 없다. 이는 자연수를 2개의 유형으로 나눈 셈이다. 한 가지 유형의 자연수는 2로 나누었을 때 나머지가 0으로, $2k$라 적고 **짝수**라 부른다.
> 다른 한 유형의 자연수는 2로 나누었을 때 나머지가 1로, $2k-1$이라 적고 **홀수**라 부른다. 이렇게 임의의 자연수는 이 두 유형 중 어느 한 유형에 속한다. 여기서 $k=1$, 2, 3, $\cdots$이다.

같은 이유로 $b=3$일 때 모든 자연수는 $3k+1$, $3k+2$, $3k+3$의 3가지 유형으로 나누어진다($k=0$, 1, 2, $\cdots$).

이때 $3k+1=3(k+1)-2$, $3k+2=3(k+1)-1$, $3k+3=3(k+1)$ 이기 때문에 이 3가지 유형을 $3k-2$, $3k-1$, $3k(k=1, 2, \cdots)$ 또는 $3n$, $3n+1$, $3n+2$ 등의 형식으로 나타낼 수 있다.

$b=5$일 때 전체 자연수는 $5k$, $5k+1$, $5k+2$, $5k+3$, $5k+4$의 5가지 유형으로 나뉘어지고 $5k$, $5k\pm1$, $5k\pm2$의 5가지 형태로 나타낼 수 있다.

이와 같이 나머지를 이용하여 자연수를 분류하는 방법은 문제 풀이에 널리 응용된다.

예제 05

23보다 큰 임의의 자연수는 모두 몇 개의 5와 7을 더하여 얻을 수 있음을 증명하여라.

| 증명 | 23보다 큰 임의의 자연수를 N이라 하자. $N=24$일 때
$N=24=2\times7+2\times5$이므로 결론이 성립한다.
$N\geq25$일 때 $N=5k+r(k\geq5)$라 하면
$\qquad r=0$일 때 $N=5k$
$\qquad r=1$일 때 $N=5k+1=5(k-4)+3\times7$
$\qquad r=2$일 때 $N=5k+2=5(k-1)+7$
$\qquad r=3$일 때 $N=5k+3=5(k-5)+4\times7$
$\qquad r=4$일 때 $N=5k+4=5(k-2)+2\times7$

예제 06

두 자연수를 동일한 양의 정수로 나누었을 때 그 나머지가 같다면 이 두 자연수의 차는 이 양의 정수로 나누어떨어짐을 증명하여라.

| 증명 | 이 두 자연수를 각각 x, y라 하고 동일한 양의 정수 b로 나누었을 때의 나머지를 r이라 하면

$$x=bq_1+r, \quad y=bq_2+r$$

두 식의 양변을 빼면

$$x-y=b(q_1-q_2)$$

그러므로 $b|(x-y)$이다.

예제 07

a, b가 정수일 때 $a+b$, ab, $a-b$ 중 적어도 어느 하나는 3의 배수임을 증명하여라.

| 증명 | a, b에 대해서 적어도 어느 하나가 3의 배수라면 ab는 3의 배수일 것이다.

만일 a, b가 모두 3의 배수가 아니라면

① $a=3m+1$, $b=3n+1$일 때 $a-b=3(m-n)$

② $a=3m+1$, $b=3n+2$일 때 $a+b=3(m+n+1)$

③ $a=3m+2$, $b=3n+1$일 때 $a+b=3(m+n+1)$

④ $a=3m+2$, $b=3n+2$일 때 $a-b=3(m-n)$

위의 것을 종합하면 명제가 성립함을 알 수 있다.

예제 08

2613, 2243, 1503, 985의 네 수를 동일한 양의 정수로 나누었을 때 그 나머지가 같다면(단, 0이 아님) 나누는 수와 나머지는 각각 얼마이겠는가?

| 풀이 | 나누는 수를 m, 나머지를 r이라 하면

$2613=am+r$ ··· ① $2243=bm+r$ ··· ②

$1503=cm+r$ ··· ③ $985=dm+r$ ··· ④

①−②에서 $(a-b)m=370=2\times5\times37$

③−④에서 $(c-d)m=518=2\times7\times37$

370, 518이 모두 m으로 나누어떨어지기 때문에

m은 370과 518의 공약수이다.

따라서 $m=2$ 또는 37 또는 74. 이때 r은 각각 1, 23, 23

그러므로 나누는 수가 2일 때 나머지가 1, 나누는 수가 37일 때 나머지가 23, 나누는 수가 74일 때 나머지가 23이다.

3. 소수와 합성수

양의 정수에 대해서 다음의 3가지 경우가 있다.

① 1은 1개의 약수 1밖에 없다.

② 2, 3, 5, 7, 11 ···은 1과 그 수 자신의 두 약수가 있다.

③ 4, 6, 8, 9, ···는 1과 그 자신 이외에 다른 약수도 있다.

〔정의〕 1보다 큰 자연수로 오로지 1과 그 수 자신에 의해서만 나누어떨어지는 양수를 **소수**라 하고, 1 이외의 소수가 아닌 자연수를 **합성수**라 한다.

그러므로 자연수는 소수, 합성수, 1의 3가지 유형으로 나눌 수 있다.

단, 1은 소수도 합성수도 아닌 **단위수**라 한다.

만일 b가 a의 약수임과 동시에 소수라면 b를 a의 **소인수**라 한다.

이 정의에 의해 소수 중에 짝수는 2 하나뿐이고 다른 소수는 모두 홀수임을 알 수 있다. 2는 가장 작은 소수이다.

한 소수의 제곱과 한 홀수의 합이 125일 때 이 두 수를 구하여라.

| 풀이 | 구하려는 소수를 p, 홀수를 q라 하면
$$p^2+q=125, \quad p^2=125-q$$
$\therefore p^2$은 짝수, 즉 p는 짝수이다.

2가 짝수 중 유일한 소수이기 때문에 $p=2$.

$\therefore q=125-4=121$

$100 \underbrace{\cdots}_{2021개 0} 01$이 합성수임을 증명하여라.

| 증명 | $100 \underbrace{\cdots}_{2021개 0} 01 = 10^{2022}+1 = (10^{674})^3+1$

$$= (10^{674}+1)(10^{1348}-10^{674}+1)$$

$10^{674}+1 \neq 1, \quad 10^{1348}-10^{674}+1 \neq 1$이므로

$\therefore 100 \underbrace{\cdots}_{2021개 0} 01$은 합성수이다.

4. 최소공배수와 최대공약수

(1) 최소공배수

양의 정수 a_1, a_2, $\cdots a_n$의 곱 $a_1 a_2 \cdots a_n$이 그 중의 각각의 양의 정수로 나누어떨어진다면 $a_1 a_2 \cdots a_n$을 그것들의 **공배수**라 한다.

이때 임의의 정수 k에 대해서 $k a_1 a_2 \cdots a_n$ 역시 그것들의 공배수이므로 이런 수들의 공배수는 무수히 많다. 그런데 각각의 공배수가 모두 이런 양의 정수 중 최대인 것보다 작지 않으므로 이런 수들의 최소공배수가 있게 된다.

〔정의〕 a_1, $a_2 \cdots$, a_n의 모든 공배수 중 제일 작은 것을 a_1, a_2, $\cdots$, a_n의 **최소공배수**라 하고 $m=[a_1, a_2, \cdots, a_n]$이라고 나타낸다.

• 최소공배수를 구하는 법

각각의 수를 소인수의 곱으로 분해했을 때 이런 수 중 차수가 가장 높은 거듭제곱의 곱이 바로 이런 수들의 최소공배수가 된다.

(2) 최대공약수

임의의 양의 정수 몇 개에는 항상 1과 같은 공약수가 있게 된다.

만일 1 이외에 또 다른 공약수가 있다면 각 공약수가 모두 주어진 수 중 가장 작은 것보다 크지 않으므로 이런 공약수의 개수는 언제나 유한하다. 따라서 최대의 공약수가 반드시 하나 있게 된다.

〔정의〕 a_1, a_2, $\cdots$, a_n의 공약수 중 가장 큰 것을 이 n개 수의 **최대공약수**라 하고 $d = (a_1, a_2, \cdots, a_n)$이라고 나타낸다. 최대공약수는 이런 수의 공약수의 배수임이 틀림없다.

만일 $(a_1, a_2, \cdots, a_n) = 1$이라 하면 a_1, a_2, $\cdots$, a_n을 **서로소**라 한다.

• 최대공약수를 구하는 법

각각의 수를 소인수의 곱으로 분해했을 때, 이런 소인수 중 같은 인수의 차수가 가장 낮은 거듭제곱의 곱이 이런 수의 최대공약수가 된다.

예제 11

정기 화물선 3척이 6월 1일에 부산항으로부터 각자의 목적지를 향하여 출발하였는데 한 번 왕복하는 데 각각 8일, 12일, 18일이 걸린다. 이 배들이 며칠 후에 다시 부산항에서 만날 수 있을까?

│풀이│ [8, 12, 18] = 72이므로 배들은 72일 후, 즉 8월 12일에 다시 부산항에서 만나게 된다.

예제 12

세 자연수의 합이 1111이라면 이 세 자연수의 가능한 최대공약수의 최댓값은 얼마인가?

│풀이│ 1111 = 11 × 101로부터 이 세 수에는 약수로 11 또는 101 또는 1이 있음을 알 수 있다. 그러므로 세 자연수의 가능한 최대공약수는 101이다.

400을 초과하지 않는 한 수를 2, 3, 4, 5, 6으로 나누면 나머지 가 모두 1이고 7로 나누어떨어진다. 이 수를 구하여라.

| 풀이 | 이 수를 x라 하면 다음의 3개 조건을 만족한다.

① $x \leq 400$

② x는 2, 3, 4, 5, 6의 최소공배수의 어느 배수보다 1이 크다.

③ $7 | x$

그런데 $[2, 3, 4, 5, 6] = 60$이므로 ①과 ②를 만족하는 수로는 61, 121, 181, 241, 301, 361이 있음을 알 수 있다. 그러나 조건 ③을 만족하는 수는 301밖에 없다. 그러므로 구하려는 수는 301이다.

5. 숫자 수수께끼

주어진 조건을 이용하여 어떤 정수를 확정하는 문제를 숫자 수수께끼 문제라 한다.

다음 나눗셈 계산식에 의하여 각 숫자를 구하여라.

| 풀이 | 먼저 몫을 확정한다. 계산식의 ③으로부터 몫의 10의 자리 숫자가 0임을 알 수 있다. 나누는 수가 세 자리 수이고 몫의 1000의 자리 숫자가 7인데다가 몫의 10000의 자리 숫자, 1의 자리 숫자와

나누는 수의 곱이 네 자리 수이므로 몫의 10000의 자리 숫자와 1의 자리 숫자는 모두 7보다 크다.

세 자리 수—나누는 수×7＝세 자리 수,

네 자리 수—나누는 수×100의 자리 숫자＝두 자리 수,

몫의 100의 자리 숫자＞7,

나누는 수×100의 자리 숫자＝세 자리 수

그러므로 몫의 100의 자리 숫자는 8, 10000의 자리 숫자와 1의 자리 숫자는 9, 몫은 97809이다.

다음 나누는 수를 확정한다. 나누는 수×8＝세 자리 수이므로 나누는 수≤124. 124×9＝1116이므로 ③의 왼쪽 두 자리 수는 11, ①의 왼쪽 첫 자리 숫자는 1.

따라서 ①—②≤11, 즉 ②≥①—11≥1000—11＝989,

②＝나누는 수×8, 123×8＝984＜989,

124×8＝992＞989이므로 나누는 수는 124, 나누어지는 수는 12128316

예제 15

다음 성질을 가진 가장 작은 양의 정수 n을 구하여라.

(1) n의 일의 자릿수는 6

(2) 일의 자릿수 6을 첫 자릿수 앞에 옮겨서 얻은 새 수는 원래 수의 4배

| 풀이 | 일의 자릿수 6을 소거한 후 나머지 수를 x, x를 m자리의 수라 하면 원래 수 $n=10x+6$

조건에 의하면

$$4(10x+6)=6\times10^m+x$$

위의 방정식을 풀면

$$x=\frac{1}{13}\times2\times(10^m-4)$$

n이 최소로 되려면 m이 최소로 됨과 동시에 $2(10^m-4)$가 13으로 나누어떨어져야 한다. m에 1, 2, 3, …을 차례로 대입하면 m이 최소로 5이어야 함을 알 수 있다.

그러므로 $x=15384$.

따라서 구하려는 가장 작은 수는 153846이다.

6. 여러 가지 예

예제 16

123456789101112 ⋯ 979899100은 192자리의 수이다.
이제 그 중에서 100개의 숫자를 지워서 남는 92자리의 수가
최소로 되게 하려 한다. 나머지 수는 얼마일까?

| 풀이 | 남는 수가 최소로 되려면 첫 자리는 1을, 두번째 자리부터는
되도록 0을 취해야 한다.

이를 위하여 2, 3, 4, 5, 6, 7, 8, 9, 1, 11, 12, ⋯, 19, 2, 21,
22, ⋯, 29, 3, 31, ⋯, 39, 4, 41, ⋯, 49, 5
도합 $9+19 \times 4 = 85$개의 수를 지워 버릴 수 있다.
아직도 15개의 수를 더 지워야 한다.
51부터 시작해서 15개의 수를 지워서 0에 이를 수 없으므로
5를 하나 지워서 1에 이르러야 한다. 이제 뒤에 오는 수가 최소
로 되게 하려면, 5, 5, 5, 5, 5, 55565758596을 지워야 한다.
그러므로 나머지 수는 100000123406162 ⋯ 99100이다.

예제 17

1, 2, ⋯, 2021의 2021개 자연수 중에서 가장 많이 몇 개의 자
연수를 취하면 취한 수 중 임의의 두 수의 합이 100으로 나누어
떨어지겠는가?

| 풀이 | 취한 수 중 임의의 두 수의 합이 모두 100으로 나누어떨어지게
하려면 다음의 두 가지 방법으로 취할 수밖에 없다.
즉,
⑴ 100, 200, 300, ⋯, 2000의 20개 수를 취할 수 있다.
⑵ 50, 150, ⋯, 250, ⋯, 1950의 20개 수를 취할 수 있다.
그러므로 문제의 요구를 만족시키려면 가장 많이 20개 수를
취할 수 있다.

1, 2, 3, ···, 2021의 2021개의 수 중에 3으로 나누어도 5로 나누어도 2가 남는 수가 모두 몇 개나 있을까?

| 풀이 | 3과 5로 나누어 2가 남는 수는 반드시 15로 나누면 2가 남는 수일 것이다. 반대로 15로 나누어 2가 남는 수는 반드시 3과 5로 나누면 2가 남게 된다. 그러므로 15로 나누면 2가 남는 수의 개수만 구하면 된다.

연속하는 15개의 수 중에 15로 나누어떨어지는 수가 반드시 한 개 있다. 그런데 2021÷15=134(나머지 11)이므로 2021개의 수 중에는 15로 나누어떨어지는 수가 모두 134개이다.

1, 2, ···, 2010의 2010개의 수 중에는 15로 나누면 2가 남는 수가 134개 있다. 이 밖에 2012도 15로 나누면 2가 남으므로 2021개의 수 중에는 15로 나누면 2가 남는 수가 모두 135개 있다(📌 2를 15로 나누면 몫이 0, 나머지가 2이다).

$n!$을 전개하여 그 값의 끝에 0이 50개 있다면 n의 최대의 값은 얼마이겠는가?

| 풀이 | $n!$에 인수 2의 개수가 인수 5의 개수보다 많으므로 끝에 있는 0의 개수는 곱에 있는 인수 5의 개수와 같다. 따라서 $n!$에는 인수 5가 50개 있다.

연속하는 자연수 5개에 5의 배수가 1개 있으므로 n의 값으로 5×50=250을 생각할 수 있다.

그러나 25=5×5, 50=2×5×5, 75=3×5×5, 100=4×5×5, 125=5×5×5, 150=6×5×5, 175=7×5×5, 200=8×5×5이므로 n이 200일 때 5가 49개, 205일 때 5가 50개, 210일 때 5가 51개 있게 된다. 그러므로 n=209이다.

예제 20

어떤 네 자리 수가 있는데 그의 백의 자리 숫자에 1을 더하면 십의 자리 숫자와 같게 되고, 십의 자리 숫자의 반이 일의 자리 숫자와 같으며, 이 네 자리 수의 4개 숫자의 순서를 반대로 배열하여 얻은 수에 원래 수를 더하면 8657이 된다. 이 네 자리 수를 구하여라.

| 풀이 | 이 네 자리 수를 $a \times 10^3 + b \times 10^2 + c \times 10 + d$라 하면 조건에 의하여

$$(a \times 10^3 + b \times 10^2 + c \times 10 + d)$$
$$+ (d \times 10^3 + c \times 10^2 + b \times 10 + a) = 8657$$

즉,

$$(a+d) \times 10^3 + (b+c) \times 10^2 + (b+c) \times 10 + (a+d)$$
$$= 8657$$

주어진 조건에 의하여 등식 양변의 각 자리 숫자를 비교하면

$$a+d=7, \quad b+c=15, \quad b+1=c, \quad c=2d$$

위의 것을 풀면

$$a=3, \quad b=7, \quad c=8, \quad d=4$$

∴ 구하려는 수는 3784이다.

01 $3^{32}+5\times2^{31}$이 19의 배수임을 알고 $3^{35}+5\times2^{34}$ 역시 19의 배수임을 증명하여라.

02 1000027을 소인수의 곱의 형태로 분해하여라.

03 a, b가 양의 정수일 때, ab, a^2+b^2, a^2-b^2 중 적어도 어느 하나가 5의 배수임을 증명하여라.

04 붉은 꽃 96송이와 노란 꽃 72송이를 배합하여 몇 개의 꽃묶음을 만들려 한다. 만약 각 묶음 속의 붉은 꽃의 수가 같고, 노란 꽃의 수가 같게 한다면 각 묶음에는 최소한 몇 송이씩의 꽃이 있어야 할까?

05 3보다 큰 자연수 n에 대하여 n과 $n+2$가 모두 소수일 때 $n+1$이 6의 배수임을 증명하여라.

06 방정식 $x^2-4y^2=3$에 x, y가 모두 정수인 해는 없음을 증명하여라.

07 각각이 다 합성수인 연속하는 자연수를 10개 써내어라. 각각이 다 합성수인 연속하는 자연수를 N개 써낼 수 있을까?

08 $\underbrace{44\cdots\cdots48}_{n개의\ 4}\underbrace{\cdots}_{(n-1)개의\ 8}89$는 어떤 정수의 제곱의 꼴로 나타낼 수 있음을 증명하여라.

10 홀수, 짝수 및 간단한 이색 문제

인류는 연산을 알기 시작해서부터 줄곧 자연수와 접촉하여 왔다.

자연수란 바로 원시인들이 생활 속에서 '자연적으로' 알게 된 수, 즉 1, 2, 3, …을 가리킨다.

'0은 자연수인가?' 이 문제는 틀리게 대답하기 쉬운 문제이다.

사실상 '0은 자연수가 아니다'. 역사적으로 보면 지금 쓰고 있는 수 '0'이 나온 시대가 오래 전이고 그 당시 문자로 씌어진 것이 없는 탓으로 어느 민족이 먼저 시작했는지 알 길이 없다. 그러나 영국의 한 과학자의 고증에 의하면 그것이 중국과 인도의 접경 지대에서 가장 먼저 발견된 것으로 보아 두 나라 국민들이 공동으로 창조한 것일 수 있다.

인류가 '1'을 인식하고 나서 '0'을 인식하기까지는 무려 5000년의 시간이 흘렀다. 이로 보아 '0'의 발견은 퍽 부자연스러운 것 같다.

자연수 및 그의 반수와 0을 합쳐서 **정수**라 한다. 자연수는 **양의 정수**라고도 한다. 따라서 그의 반수는 **음의 정수**라고 한다.

수 0은 양의 정수도 음의 정수도 아닌 유일한 **중성수**이다.

이것을 종합하면 정수를 수 0과의 대소관계에 따라 양의 정수, 음의 정수, 0의 3가지 유형으로 나눌 수 있음을 알 수 있다.

정수 중에서 2로 나누어떨어지는 수를 **짝수**, 2로 나누어떨어지지 않는 수를 **홀수**라 한다. 그러므로 정수를 2로 나누어떨어지느냐에 의해 홀수와 짝수, 두 가지 유형으로 나눌 수 있다. **예** ± 2, ± 4, ± 6, … 및 수 0은 모두 짝수이다.

짝수는 보통 $2k$ (k는 정수)로 표시한다. 물론 $2k+2$, $2k-2$, $2(k+1)$ 등으로 짝수를 표시할 수도 있다. ± 1, ± 3, ± 5, …는 모두 홀수이다.

홀수는 보통 $2k+1$ 또는 $2k-1$ (k는 정수)로 표시한다. 물론 $2k-3$, $2k-5$ 등으로 홀수를 표시할 수도 있다.

1. 홀수와 짝수의 성질

수학 문제를 풀 때 홀수와 짝수의 일부 계산 성질을 자주 이용하게 된다.

> **예** 1 $(-1)^n$의 값을 구할 때 n이 짝수이면 $(-1)^n = 1$일 것이고 n이 홀수이면 $(-1)^n = -1$일 것이다.
>
> **예** 2 $1 - 1 + 1 - 1 + \cdots + (-1)^{n-1}$을 계산할 때 n이 짝수이면 그 값이 0이고 n이 홀수이면 그 값이 1이다.

위의 간단한 예에 의해 수학 문제를 정확하게 풀려면 먼저 홀수와 짝수의 계산 성질을 반드시 알아야 함을 알 수 있다.

홀수와 짝수의 계산 성질을 나열하면 다음과 같다.

1. 홀수±홀수＝짝수
2. 짝수±짝수＝짝수
3. 홀수±짝수＝홀수
4. 홀수×홀수＝홀수
5. 짝수×짝수＝짝수
6. 홀수×짝수＝짝수
7. 임의의 정수 m과 홀수 a의 대수적 합 $m±a$의 홀짝성은 m과 반대이고, 임의의 정수 m과 짝수 b의 대수적 합 $m±b$의 홀짝성은 m과 같다.
8. 임의의 정수 m과 홀수 a의 곱 am의 홀짝성은 m과 같고 임의의 정수 m과 짝수 b의 곱 bm은 늘 짝수이다.

위의 성질들은 모두 명백한 것으로 증명을 거치지 않고 직접 문제 풀이에 적용할 수 있다. 그러나 이런 성질들을 더 잘 파악하고 동시에 이런 명제들을 증명하는 방법을 알기 위하여 여기서 성질 1과 4를 택하여 증명하기로 한다.

먼저 명제 1, 즉 홀수±홀수＝짝수라는 명제를 증명해 보자.

두 홀수를 각각 $2m+1$, $2n+1$(m과 n은 모두 정수임)이라 하면 이 두 홀수의 대수적 합은

$$(2m+1)+(2n+1)=2(m+n+1)$$

$$또는 \ (2m+1)-(2n+1)=2(m-n)$$

그런데 $m+n+1$, $m-n$은 모두 정수이므로 $2(m+n+1)$, $2(m-n)$은 모두 짝수이다. 이로써 성질 1의 증명은 끝났다.

다음 성질 4, 즉 홀수×홀수＝홀수라는 명제를 증명해 보자.

이 두 홀수를 각각 $2m+1$, $2n+1$(m, n은 모두 정수)이라면 두 홀수의 곱은

$$(2m+1)(2n+1)=4mn+2m+2n+1$$
$$=2(2mn+m+n)+1$$

그런데 $2mn+m+n$이 정수이므로 $2(2mn+m+n)+1$은 홀수이다. 이로써 성질 4의 증명이 끝났다.

성질 7과 성질 8은 각각 성질 1~3과 성질 4~6에 의해 이해할 수 있다.

홀수와 짝수의 성질은 비록 간단하나 알맞게 이용한다면 재미있는 수학 문제나 수학 경시 대회에 나오는 문제를 푸는 데 도움이 된다.

예제 01

> 29개 탁구팀이 시합을 하게 되는데 모든 팀이 홀수번 시합할 수 있게 시합을 짤 수 있을까? 답에 대한 이유를 증명하여라.

| 증명 | 문제의 요구대로 시합을 짤 수 없다. 그 이유는 다음과 같다.

모든 경기 횟수를 n이라 하면 모든 경기가 두 팀 사이에서 진행되므로 시합을 한 모든 팀차는 $2n$이다. 그런데 모든 팀이 홀수번 시합한다고 하므로 29개 홀수의 합은 홀수로 된다.

이는 시합을 한 팀차가 홀수이어야 함을 말해 준다. 그러나 홀수가 짝수 $2n$과 같을 수 없다. 이로써 증명이 끝났다.

예제 02

> 어떤 모임에서 홀수번 악수한 사람의 총수가 짝수임을 증명하여라.

| 증명1 | 설명을 편리하게 하기 위하여 홀수번 악수한 사람을 홀수인, 짝수번 악수한 사람을 짝수인이라 하자.

악수를 시작하기 전 모든 사람의 악수 횟수는 0이므로 그 때의 사람은 짝수인이다. 따라서 홀수인의 총수는 짝수 0이다.

첫 악수 후에 홀수인이 2명 나타난다. 따라서 홀수인의 총수는 짝수 2이다.

첫 악수 후의 매번 악수의 가능성은 다음 세 가지 경우 중 어느 한 가지에 속할 것이다.

  (1) 두 홀수인이 악수한다.

  (2) 두 짝수인이 악수한다.

  (3) 홀수인과 짝수인이 악수한다.

만일에 경우 (1)에 속한다면 홀수인의 총수가 2 줄어들 것이고, 경우 (2)에 속한다면 홀수인의 총수가 2 늘어날 것이고, 경우 (3)에 속한다면 이때 홀수인이 짝수인으로, 짝수인이 홀수인으로 변하므로 홀수인의 총수는 여전히 변하지 않을 것이다.

위의 것을 종합하면 사람들의 악수 횟수가 어떻게 늘어나든 홀수인의 총수가 짝수라는 결론만은 변하지 않는다는 것을 알 수 있다.

| 증명2 | 모임에서 홀수번 악수한 사람의 총수를 n, 짝수번 악수한 사람의 총수를 m이라 하면 악수를 한 총 횟수는 n개 홀수와 m개 짝수의 합이다. 이로부터 악수를 한 총 횟수와 n은 같은 홀짝성을 가짐을 알 수 있다. 그런데 악수란 두 사람이 하는 일이므로 매번 악수한 후 총 횟수는 2씩 늘어나게 된다. 그러므로 악수한 총 횟수는 반드시 짝수, 즉 n은 반드시 짝수이다. 이로써 증명이 끝났다.

예제 03

k가 1보다 큰 정수일 때 수

$$m = k + (k^2-1)^{\frac{1-(-1)^k}{2}}$$ 가 반드시 홀수임을 증명하여라.

| 증명 | k가 1보다 큰 정수이므로 홀수와 짝수 두 가지 경우로 나누어 증명하면 된다.

(1) k가 홀수일 때

$(-1)^k = -1$

$\therefore \dfrac{1-(-1)^k}{2} = \dfrac{1-(-1)}{2} = 1$

그런데 $m = k + (k^2-1) = k^2 + k - 1 = k(k+1) - 1$

또 k가 홀수, 1 역시 홀수이므로 $k+1$은 짝수, $k(k+1)$은 짝수, $k(k+1)-1$은 홀수이다. 이는 k가 홀수일 때 m이 홀수임을 설명한다.

(2) k가 짝수일 때

$(-1)^k = 1$, $\dfrac{1-(-1)^k}{2} = 0$

그런데 $k^2-1 > 0$이므로 $(k^2-1)^0 = 1$

따라서 $m = k + (k^2-1)^0 = k+1$

그런데 k는 짝수, 1은 홀수이므로 $k+1$은 홀수이다.

이는 k가 짝수일 때 m 역시 홀수임을 설명한다.

위의 것을 종합하면 k가 1보다 큰 임의의 정수일 때

$$m = k + (k^2-1)^{\frac{1-(-1)^k}{2}}$$ 는 반드시 홀수임을 알 수 있다.

예제 04

연속하는 자연수 99개를 더하면 그 합이 짝수이겠는가 아니면 홀수이겠는가?

| 풀이 | 첫 자연수를 a, 연속하는 자연수 99개의 합을 s라 하면

$$s=a+(a+1)+(a+2)+\cdots+(a+98)$$
$$=99a+(1+2+\cdots+98)=99a+99\cdot49$$
$$=99(a+49)$$

∴ a가 홀수일 때 s는 짝수, a가 짝수일 때 s는 홀수이다.

예제 05

수학 경시 대회에 출제된 문제가 30문제인데 채점 기준은 다음과 같다. 기본 점수(누구에게나 다 주는 것) 15점, 문제 하나를 옳게 답하면 5점, 문제 하나를 답하지 않으면 1점, 문제 하나를 틀리게 답하면 −1점이다. 만일 121명이 경시 대회에 참가하였다면 득점 총수가 홀수이겠는가 아니면 짝수이겠는가?

| 풀이 | 경시 대회에 참가한 모든 학생이 모든 문제를 다 옳게 답하였다면 165점, 즉 홀수 점수를 얻을 것이다.

만일 문제 하나를 틀리게 답하였다면 165점에서 5+1=6점을 빼야 하므로 몇 문제를 틀리게 답했는가에 관계없이 165에서 항상 6의 배수를 빼게 된다. 따라서 이때에도 홀수가 얻어진다.

만일 문제 하나를 답하지 않는다면 5−1=4점을 빼야 하므로 몇 문제를 답하지 않았는가에 관계없이 항상 165에서 4의 배수를 빼게 된다.

따라서 여전히 홀수를 얻게 된다. 위의 것을 종합하면 경시 대회에 참가한 각각의 학생이 어떻게 답했는가에 관계없이 득점수는 항상 홀수임을 알 수 있다.

그런데 경시 대회에 121명(홀수)이 참가하였다 하므로 득점 총수는 홀수이다.

원 위에 1991개의 점이 있는데 각 점을 두 부분으로 나누어 각 점에 붉은색 또는 푸른색을 칠하였다. 칠한 결과 붉은색 칠을 한 점이 1991개, 푸른색 칠을 한 점이 1991개였다면 제 1부분과 제 2부분에 칠한 색깔이 다른 점이 적어도 1개 있음을 증명하여라.

| 증명 | 반대의 각도에서 문제를 고찰해 보자.

가령 모든 점을 제 1부분과 제 2부분에 같은 색깔로 칠했다면, 또 제 1부분에 $m(m > 1991)$개 점에 붉은색을 칠했다면 제 2부분에도 이 m개 점에 붉은색을 칠했을 것이다. 따라서 두 부분에 칠한 붉은점의 개수는 $2m$(짝수)이어야 한다.

그러나 두 부분에 걸쳐 붉은색을 칠한 점의 개수가 1991(홀수)이라는 것이 주어졌다. 홀수$\neq$짝수이므로 $2m \neq 1991$.

이는 가설과 주어진 조건이 서로 어긋남을 뜻한다. 그러므로 이렇게 가정하는 것은 옳지 않다. 따라서 제 1부분과 제 2부분에 칠한 색깔이 다른 점이 적어도 1개 있다고 할 수 있다.

| 설명 | 위의 문제에서는 **귀류법**을 이용했다. 귀류법에서는 먼저 명제의 결론이 성립하지 않는다고 가정한 다음 이와 모순되는 현상을 추리해 내어 명제의 결론이 성립한다고 증명한다.

홀수+짝수라는 결론은 문제의 증명에 늘 쓰인다.

2. 간단한 이색 문제

이색 문제를 알면 홀짝성 분석을 보다 직관적으로 하는 데 도움이 된다. 먼저 아주 간단한 예부터 들기로 하자.

25(5×5)개 방으로 이루어진 전람회장이 있는데 이웃한 두 방 사이에 통하는 문이 하나씩 있으나 바깥으로 통하는 출입문만은 한 방에만 있다. 어떤 사람이 입구로 들어가서 중복도 누락도 없이 모든 방을 다 지나 바깥으로 나오려 한다. 소원대로 할 수 있을까?

| 분석 | 가능한 노선을 하나하나 다 그려 본다는 것은 현명하지 못한 방법이다. 왜냐하면 노선이 하도 많아서 빠뜨리기 쉽기 때문이다. 설사 알아 맞추었다 해도 실현할 수 없는 일이고 또 다른 사람이 믿을 수 있도록 논리적으로 설명할 수도 없는 일이다.

하지만 색깔을 구분하는 방법을 이용한다면 아주 간단하고도 논리적으로 답할 수 있다.

| 풀이 | 먼저 25개 방을 아래 그림에서처럼 흑백이 엇갈리게 칠을 한다고 생각하자.

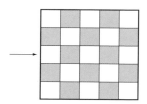

이 사람이 소원 성취하려면 흰 칠을 한 방으로부터 검은 칠을 한 방으로 들어갔다가 다시 흰 칠을 한 방으로 …이런 식으로 25개 문을 지나서 나중에 흰 칠을 한 방으로 되돌아 나와야 한다.

그러나 어떤 노선을 택해도 그가 걸어간 결과는 반드시 다음과 같게 된다.

$$1 \quad 2 \quad 3 \quad 4 \quad 5 \quad\quad 24 \quad 25$$
$$백 \to 흑 \to 백 \to 흑 \to 백 \to \cdots \to 백 \to 흑$$

즉, 25개 문을 지난 후 다다른 방은 흰 칠을 한 방이 아니라 검은 칠을 한 방이다. 그러므로 그 사람의 소원은 실현될 수 없다.

위의 해법은 실질적으로 말해서 25개 방을 1, 2, 3, …, 25 이런 순서로 번호를 붙인 후 홀짝성 분석을 한 것이다.

그러나 방의 번호를 어떻게 붙이는가, 통일적인 노선을 어떻게 그려낼 것인가 하는 문제는 한두 마디로 설명하기 어렵다.

그러므로 위에서와 같이 색깔로 구분하는 방법을 이용하면 아주 간단 명료해진다.

예제 08

어떤 학급의 49명 학생이 7행 7열로 앉아 있다. 각 좌석의 전, 후, 좌, 우의 좌석을 그 좌석의 이웃한 좌석이라 할 때, 49명 학생 이 모두 제자리를 떠나서 이웃한 좌석에 가서 앉을 수 있는가? 그 이유를 설명하여라.

| 풀이 | 얼핏 보면 모든 좌석에 모두 2 또는 3 또는 4개의 이웃한 좌석 이 있어서 조건대로 바꾸어 앉을 수 있을 것 같다.

앞의 예제 **07**의 방법(좌석에 흑백이 엇갈리게 칠을 한다)을 이 용한다면 조건대로 앉을 수 없음을 알 수 있다.

왜냐하면 검은색 칠을 한 좌석에 앉은 사람과 흰색을 칠한 좌 석에 앉은 사람이 누구도 빠짐없이 서로 바꾸어 앉아야 하는데 흑색 좌석과 백색 좌석의 개수가 1개 차이나기 때문이다.

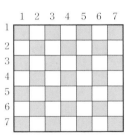

이 예제를 통해 이 색을 물들이는 방법으로 홀짝성 분석을 대 체한다면 일부 문제는 아주 쉽게 풀 수 있음을 알 수 있다.

8×8개의 칸을 가진 모눈종이에서 왼쪽 맨 아래의 모퉁이칸과 오른쪽 맨 위의 모퉁이칸을 잘라버렸다. 1×2칸을 가진 작은 모눈종이 31장으로 위에서 말한 큰 모눈종이를 완전히 덮을 수 없음을 증명하여라.

| 증명 | 먼저 8×8칸을 가진 모눈종이를 예제 **07**의 그림과 같이 흑백이 엇갈리게 칠을 한다. 그러면 잘려 버린 2칸은 같은 색일 것이고 나머지 흑색 칸과 백색 칸의 개수 차이는 2일 것이다.

이때 흑색 칸이 32개, 백색 칸이 30개라 해도 무방하다.

1×2개 칸을 가진 작은 모눈종이로 큰 모눈종이를 덮는다면 덮이는 칸은 하나는 흑색 칸일 것이고 다른 하나는 백색 칸일 것이다.

이제 1×2칸을 가진 작은 모눈종이로 큰 모눈종이를 덮는다면 31개 흑색 칸과 30개 백색 칸(백색 칸 1개는 잘라낸 칸 위에 겹쳐지게 된다)만이 덮이고 흑색 칸 1개가 남게 된다.

이로써 증명이 끝났다.

01 n은 홀수, a_1, a_2, $\cdots$, a_n은 1, 2, $\cdots$, n을 임의로 배열한 것이라 할 때 곱 $(a_1 \pm 1)(a_2 \pm 2) \cdots (a_n \pm n)$이 반드시 짝수로 됨을 증명하여라.

02 선분 AB의 양끝에 각각 붉은색과 푸른색을 칠하였다. 이제 선분 위에 1991개 분점을 임의로 집어 넣고 모든 분점에 임의로 붉은색 또는 푸른색을 칠하여 1992개의 중복되지 않는 작은 선분을 얻었다. 만일 양끝의 색깔이 서로 다른 선분을 표준선분이라 한다면 표준선분의 개수는 홀수인가 아니면 짝수인가?

03 입구가 아래로 향한 컵이 홀수개 있다. 몇 번 짝수개 컵을 입구가 위로 향하게 뒤집어 놓는다면 모든 컵의 입구가 위로 향하게 할 수 있을까? 그 이유를 설명하여라.

04 a, b, c가 임의의 세 정수일 때 $\dfrac{(a+b)}{2}$, $\dfrac{(b+c)}{2}$, $\dfrac{(c+a)}{2}$ 중 적어도 1개가 정수임을 증명하여라.

05 좌석이 1991개인 영화관에서 오전과 오후에 영화를 각각 한 번씩 상영한다. 갑, 을 두 학교에 학생이 각각 1991명 있는데 모든 학생이 오전이나 오후에 영화를 한 번씩 보게 되었다. 이 영화관에 오전과 오후에 서로 다른 학교의 학생이 앉은 적이 있는 좌석이 반드시 있음을 증명하여라.

06 방정식 $x^2 - y^2 = 1988$의 정수해를 구하여라.

07 아래 그림은 14개의 크기가 같은 정사각형으로 이루어져 있다.
이제 어떤 방식을 취하든 그림의 직선을 따라 자른다면 이웃한 2개의 정사각형으로 이루어진 직사각형을 7개 잘라낼 수 없음을 증명하여라.

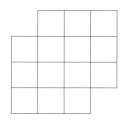

08 2×2개 칸으로 이루어진 모눈종이 1장과 1×4개 칸으로 이루어진 모눈종이 15장으로 8×8개 칸으로 이루어진 모눈종이를 완전히 덮을 수 없음을 증명하여라.

09 1×10개 칸을 가진 띠 모양의 모눈종이가 2장 있다. 이제 각 모눈종이의 모든 칸 안에 흑백 두 가지 색깔 중의 어느 하나를 칠하여(이웃한 몇 개 칸 안에 같은 색을 칠해도 무방함) 두 모눈종이의 흑색 칸수의 홀짝성을 같게 한 다음 둘을 중복되게 놓는다. 이때 짝수쌍의 색깔이 다른 칸이 중복됨을 증명하여라.

10 규격이 $1 \times 1 \times 2$인 직육면체 13개로 규격이 $3 \times 3 \times 3$인 속이 비어 있는 정육면체를 만들 수 없겠는가?

11 1차 부정방정식의 해법

옛부터 전해지는 재미있는 부정방정식 문제가 적지 않다.

『장구건산경』에 나오는 '동전 100냥으로 닭 100 마리를 사다' 가 바로 그 중의 하나이다.

〔문제〕 동전 100냥으로 닭 100마리를 샀다. 병아리 세 마리의 값은 동전 1냥, 암탉 한 마리의 값은 동전 3냥, 수탉 한 마리의 값은 동전 5냥이다. 병아리, 암탉, 수탉을 각각 몇 마리 샀을까?

위의 문제를 방정식을 세워서 풀어보자. 병아리, 암탉, 수탉을 각각 x마리, y마리, z마리 샀다고 하면 조건에 의하여

$$\begin{cases} x+y+z=100 & \cdots\cdots ① \\ x/3+3y+5z=100 & \cdots\cdots ② \end{cases}$$

①×15−②×3, 양변을 2로 나누면

$$7x+3y=600 \qquad \cdots\cdots ③$$

방정식 ③에는 미지수가 2개 있다. 이제 x에 임의의 값을 대입하면 대응하는 y의 값을 구할 수 있다. 그러므로 방정식 ③의 해는 무수히 많다.

③에서와 같이 2개 또는 그 이상의 미지수가 들어 있는 방정식을 **부정방정식**이라 하고 ①과 ②로 이루어진 연립방정식에서와 같이 미지수의 개수가 방정식의 개수보다 많은 연립방정식을 **연립부정식**이라 한다.

'부정' 이라 하는 것은 무수히 많은 해가 있기 때문이다.

방정식 ③으로부터 닭을 사는 문제로 되돌아간다면 미지수 x, y, z는 0 또는 양의 정수라는 제약을 받게 된다. 제약이 있으므로 부정방정식의 해에는 다음의 3가지 경우가 있게 된다. 즉

① 무수히 많은 해

② 유한한 해 (유일한 해도 포함함)

③ 해가 존재하지 않음

부정방정식 문제에서는 흔히 양의 정수해 또는 정수해만을 구하게 된다.

이 장에서는 양의 정수해를 구하는 면에 중점을 둔다. 부정방정식을 푸는 데 있어서 '계수 분리법'이 일반성을 띠기는 하지만 복잡하고 어렵기 때문에 나중에 배우기로 하고 여기서는 간단하고 실용적인 특수해법을 소개하기로 한다.

부정방정식 $3x + 5y = 28$의 양의 정수해를 구하여라.

| 풀이 | 주어진 식을 변형하면

$$y = (28 - 3x) \div 5$$

위 식에서 $x = 1$일 때 $y = 5$, 즉 특수해 $x_0 = 1$, $y_0 = 5$가 존재함을 쉽게 알아낼 수 있다. 해의 표시 방식을 간단히 하기 위해 위의 해를 $(1, 5)$로 적는다.

존재할 수 있는 해를 전부 구하기 위하여 다음과 같이 가정한다.

$$\begin{cases} x = 1 + m \\ y = 5 + n \end{cases} \quad (단, \ m, \ n은 \ 정수)$$

위의 것을 원 방정식에 대입하면

$$3(1 + m) + 5(5 + n) = 28$$

즉 $3m + 5n = 0$, $\dfrac{m}{(-5)} = \dfrac{n}{3}$

위의 비의 값을 정수 k라 하면 $m = -5k$, $n = 3k$이다.

따라서 원 방정식의 일반해의 형식은

$$\begin{cases} x = 1 - 5k \\ y = 5 + 3k \end{cases}$$

x, y가 양의 정수이므로 다음 부등식이 성립한다. 즉

$$1 - 5k > 0, \quad 5 + 3k > 0$$

이를 풀면 $-\dfrac{5}{3} < k < \dfrac{1}{5}$이다.

이 범위 내의 정수값은 -1과 0 둘뿐이다. 따라서

$k = -1$일 때 해는 $(6, 2)$

$k = 0$일 때 해는 $(1, 5)$

그러므로 이 문제의 양의 정수해는 $(6, 2)$와 $(1, 5)$이다.

예제 02

부정방정식 $6x-5y=13$의 양의 정수해를 구하여라.

| 풀이 | ① 특수해를 구한다.

$x=\dfrac{(5y+13)}{6}$이므로 특수해는 $(3, 1)$이다.

② 일반해의 형식을 구한다.

$x=3+m$, $y=1+n$이라 하고 원 방정식에 대입하면

$6(3+m)-5(1+n)=13$, 즉 $6m-5n=0$

따라서 $\dfrac{m}{5}=\dfrac{n}{6}=k$, $m=5k$, $n=6k$(단, k는 정수)

∴ 일반해의 형식은 $\begin{cases} x=3+5k \\ y=1+6k \end{cases}$

③ k값의 범위를 구한다.

$3+5k>0$, $1+6k>0$이므로 $k>-\dfrac{1}{6}$이다.

④ 해를 구성한다.

$k=0, 1, 2, 3, \cdots\cdots$ 일 때 무수히 많은 양의 정수해가 얻어진다. 그 중 $k=0$일 때 최소의 양의 정수해 $(3, 1)$이 얻어진다.

이상의 예제를 통하여 특수해법으로 부정방정식 $ax+by=c$를 푸는 일반 절차는 다음과 같음을 알 수 있다.

1. 어느 한 특수해 (x_0, y_0)를 구한다.

2. 일반해의 형식을 구한다(구하는 과정은 생략하고 직접 써낼 수 있음).

$\begin{cases} x=x_0-bk \\ y=y_0+ak \end{cases}$　　(k는 정수)

위의 일반해의 형식은 임의의 양의 정수를 포함할 뿐만 아니라 임의의 정수해도 포함한다 (예제 **01**을 참조하라).

3. 부등식 $x_0-bk>0$과 $y_0+ak>0$을 풀어서 k값의 범위를 구한다.

4. k값을 나열하여 해를 확정한다.

여기에서 모든 문제를 위의 절차에 따라 해결하라는 것이 아님을 강조하고

싶다. 때로는 a, b, c의 부호에 따라서 해의 조건을 신속하게 판명할 수 있다. 즉,

(ⅰ) $a>0,\ b>0,\ c<0\ (a<0, b<0, c>0)$일 때 $ax+by=c$에 양의 정수해가 없다.

(ⅱ) $a>0, b>0, c>0$일 때 방정식에는 특수해가 없거나 특수해 (x_0, y_0)가 있게 된다.

이때, $-\dfrac{y_0}{a}<k<\dfrac{x_0}{b}$ 를 얻는다.

정수 k는 유한개의 값밖에 취할 수 없으므로 양의 정수해는 유한개의 쌍이다.

(ⅲ) $ab<0,\ c>0$이라 하면

$a<0$일 때 k는 $-\dfrac{y_0}{a}$와 $\dfrac{x_0}{b}$ 중 보다 작은 것보다 작다.

$a>0$일 때 k는 $-\dfrac{y_0}{a}$와 $\dfrac{x_0}{b}$ 중 보다 큰 것보다 크다.

정수 k의 값은 무한개 취할 수 있으므로 양의 정수해는 무수히 많다.

예제 03

부정방정식 $4x+9y=-7$의 양의 정수해를 구하여라.

│풀이│ 위의 (ⅰ)의 경우에 속하므로 양의 정수해는 존재하지 않는다.

예제 04

부정방정식 $6x+5y=7$의 양의 정수해를 구하여라.

│풀이│ 위의 (ⅱ)의 경우에 속하므로 양의 정수해가 없거나 유한개 있을 수 있다.

$x=\dfrac{(7-5y)}{6}$ 로부터 특수해가 없음을 알 수 있으므로 양의 정수해는 없다.

예제 05

부정방정식 $4x+3y=13$의 양의 정수해를 구하여라.

| 풀이 | 계수가 모두 양수이므로 앞의 (ⅱ)의 경우에 속한다.

$x=\dfrac{(13-3y)}{4}$ 로부터 y는 3밖에 취할 수 없음을 알 수 있다.

따라서 유일한 양의 정수해 $(1,\,3)$이 얻어진다.

예제 06

부정방정식 $4x+5y=37$의 양의 정수해를 구하여라.

| 풀이 | $x=\dfrac{(37-5y)}{4}$ 로부터 y의 값은 1과 5밖에 취할 수 없음을 알수 있다. 따라서 해 $(8,\,1)$과 $(3,\,5)$가 얻어진다.

예제 07

부정방정식 $7x-8y=-41$의 양의 정수해를 구하여라.

| 풀이 | $x=\dfrac{(8y-41)}{7}$ 로부터 특수해 $(1,\,6)$이 얻어진다.

$x,\ y$의 일반해의 형식을 가정하고 부등식을 풀면

(주 $a=-7,\ \ b=8,\ \ c=41$)

$$\begin{cases} x=1-8k \\ y=6-7k \end{cases} \left(k<\dfrac{1}{8}\right)$$

k가 $0,\ -1,\ -2,\ -3,\ \cdots\cdots$일 때 무수히 많은 양의 정수해가 얻어진다. 그 중 최소의 양의 정수해는 $(1,\,6)$이다.

예제 **05**와 예제 **06**으로부터 (ⅱ)의 경우 해가 아주 적을 때 일반해를 가정하고 해를 구하지 않아도 됨을 알 수 있다.

이제 다시 닭 사는 문제로 되돌아가자. 방정식 $7x+3y=600$에서 미지수의 계수가 모두 양수이므로 0 또는 0보다 큰 정수해는 유한개이다.

$x=\dfrac{(600-3y)}{7}$ 로부터 특수해 $(84, 4)$가 있음을 알 수 있다.

일반해의 형식을 써 내면

$$x=84-3k\geq0, \quad y=4+7k\geq0$$

위 식을 풀면 $-\dfrac{4}{7}\leq k\leq\dfrac{84}{3}=28.$ k의 가능한 값에 대응하는 해를 표로 나타내면 다음과 같다(z도 포함해야 함).

k	0	1	2	3	4	……
x	84	81	78	75	72	
y	4	11	18	25	32	
z	12	8	4	0	-4	

$k=4$일 때부터 z는 음수이므로 이 문제의 해는 4쌍이다. 즉,

$$(84, 4, 12), \quad (81, 11, 8), \quad (78, 18, 4), \quad (75, 25, 0)$$

예제 08

어떤 사람의 생일날의 2배에 5를 더하고, 다시 얻은 결과의 5배에 태어난 달을 더하면 68이 된다. 이 사람은 어느 달 어느 날에 태어났겠는가?

| 풀이 | 이 사람이 x월 y일에 태어났다면

$$5(2y+5)+x=68, \ \text{즉} \ x=43-10y$$

그런데 $1\leq x\leq12$이므로 y는 4밖에 취할 수 없다.

이때 $x=3$이다. 그러므로 이 사람은 3월 4일에 태어났다.

예제 08은 일부 문제에서 계산 과정을 크게 줄일 수 있다는 것을 말해 준다.

몇 개인지 모르는 물건이 있다. 셋씩 세면 둘이 남고 다섯씩 세면
셋이 남고 일곱씩 세면 둘이 남는다. 물건은 모두 몇 개일까?
(중국 고대의 수학 저서 『손자산경』에 나오는 문제)

| 풀이 | 구하려는 양의 정수를 x라 하고, u, v, w를 양의 정수라 하면

$$\begin{cases} x=3u+2 & \cdots\cdots ① \\ x=5v+3 & \cdots\cdots ② \\ x=7w+2 & \cdots\cdots ③ \end{cases}$$

②와 ③에서 비교하면 $7w-5v=1$이 얻어진다.

이때 특수해는 $(3, 4)$이다. 그러므로 일반해의 형식은

$$\begin{cases} w=3+5k \\ v=4+7k \end{cases} \qquad (단,\ k는\ 정수)$$

다음 u의 값의 범위를 고려해야 한다.

①과 ③을 비교하면 $u=\dfrac{7w}{3}$가 얻어진다.

u가 양의 정수이므로 w는 3의 배수임을 알 수 있다.

그러므로 $w=3+5k$에서 k는 반드시 3의 배수이다.

$k=3m$이라 하면 $w=3+15m(m$은 정수$)$

이를 ③에 대입하면 $x=23+105m$

이제 $0, 1, 2, 3, \cdots$ 을 차례로 m에 대입하면 조건을 만족하는
모든 x의 값이 얻어진다.

그 중 최소의 양의 정수해는 23이다.

$25x+13y+7z=4$의 정수해를 구하여라.

| 풀이 | 한 개의 방정식에 3개의 미지수가 있을 때 해를 구하려면 특수해를 쓰는 것이 바람직하다.

$25x+13y=u$ (먼저 u를 미지수로 본다)라 하면 관찰을 통하여

$$\begin{cases} x=-u \\ y=2u \end{cases}$$

가 특수해임을 알 수 있다.

이때 일반해의 형식은

$$\begin{cases} x=-u-13k_1 \\ y=2u+25k_1 \end{cases} \qquad (k_1 \text{은 정수})$$

$25x+13y=u$일 때 미지수가 2개인 일차방정식 $u+7z=4$의 특수해는

$$\begin{cases} u=-3 \\ z=1 \end{cases}$$

일반해는

$$\begin{cases} u=-3-7k_2 \\ z=1+k_2 \end{cases} \qquad (\text{단, } k_2 \text{는 정수})$$

$u=-3-7k_2$를 앞의 x, y의 식에 대입하면

$$\begin{cases} x=3+7k_2-13k_1 \\ y=-6-14k_2+25k_1 \\ z=1+k_2 \end{cases} \qquad (k_1, k_2 \text{는 정수})$$

여기서 특수해법은 부정방정식을 푸는 기본 방법의 하나에 불과하다는 것을 강조해 둔다. 그러므로 실제 문제에 대하여 부정방정식의 서로 다른 경우에 따라 능동적으로 처리해야 계산이 간편해진다.

이 밖에 서로 다른 방정식은 물론 동일한 방정식일지라도 일반해의 형식은 서로 다를 수 있다.

01 다음 방정식의 양의 정수해를 구하여라.
　(1) $7x - 8y = 41$
　(2) $24x + 15y = 20$
　(3) $5x - 14y = 11$

02 $2x + 3y = 763$의 양의 정수해는 모두 몇 쌍이겠는가?

03 13과의 합이 5의 배수, 13과의 차가 6의 배수인 자연수가 있다.
　이런 자연수 중 최소인 3개 수를 구하여라.

04 어느 청년이 1992년에 자신의 나이와 태어난 해의 숫자의 합이 같음을
　발견했다. 이 청년은 어느 해에 출생했겠는가?

05 100원으로 우표 15장을 샀는데 그 중에 4원짜리, 8원짜리, 10원짜리가
　들어 있다. 몇 가지 방법으로 살 수 있을까?

06 $2x + 3y + 7z = 23$의 양의 정수해를 구하여라.

07 $4x + 7y + 14z = 40$의 정수해를 구하여라.

08 1학년 학생 104명이 공원에 가서 뱃놀이를 하려고 한다. 큰 배는 정원이
    12명, 작은 배는 5명인데 큰 배나 작은 배나 일인당 표값은 같고 정원이
    차나 안 차나 정원에 해당하는 값을 내게 되어 있다. 큰 배와 작은 배를
    각각 몇 척 빌려야 전체 학생이 다 타면서도 비용이 가장 적게 들겠는가?

09 길남이에게는 원래 1만원짜리 지폐 몇 장, 500원짜리 동전 몇 개 해서 모
    두 10만원이 있었는데 학용품을 사느라고 6만원 이상(정수원) 쓰고 나니
    거스름돈으로 1000원짜리 지폐 몇 장이 남았다. 그런데 남은 1000원짜
    리 지폐의 장수가 원래 있던 동전의 개수와 같았다. 길남이에게는 원래
    지폐가 몇 장, 동전 몇 개가 있었겠는가?
    그리고 학용품을 사는 데 얼마나 썼겠는가?

10 일정한 속력으로 달리는 차에서 어느 순간 주행거리계측기를 보니 두 자
    리 수였다. 1시간 지난 후 다시 보니 주행거리계측기의 수가 처음 본 수
    와 순서가 정반대인 두 자리 수였다. 또, 1시간 지나서 세 번째로 보니 주
    행거리계측기의 수가 처음 본 두 자리 수 사이에 0이 끼인 세 자리 수였
    다. 3개 주행거리계측기의 수는 각각 얼마일까?

12 답안 선택 문제의 풀이에 대하여 (1)

답안 선택 문제는 최근 몇십년 사이에 발전되어 온 새로운 문제 형식으로 출제, 해답, 채점 등 여러 방면에서 전통적 시험 문제보다 많은 장점을 갖고 있다. 그러므로 이런 문제 형식은 점차 일반화되고 있다.

1. 답안 선택 문제의 구조

답안 선택 문제는 모두 다음의 3개 부분으로 이루어진다.

제1부분 지시어(指示語)로 주어진 약간 개의 답에서 정확한 것이 몇 개인가, 문제 풀이 요구와 채점 방법이 어떠한가를 알려준다.

제2부분 본격적인 문제로 한 개의 물음이거나 한 개의 완전하지 않은 구절일 수 있다. 이는 실제로 답안 선택 문제의 제시 조건이다.

제3부분 선택 종목으로 제시, 조건 뒤에 열거하는 약간 개의 선택 답안으로 이루어진다. 우리나라에서는 흔히 정확한 답을 하나만 고르게 한다. 그러므로 선택 문제에는 '주어진 몇 개 답안 중 1개만 정확함'이란 지령성 문구가 따른다. 답안 선택 문제를 풀 때 이 지령성 문구를 잘 이용해야 한다.

2. 답안 선택 문제의 풀이법

(1) 직접 풀이법

문제의 조건으로부터 직접 시작해서 관련있는 공리, 정리, 성질, 법칙과 공식을 응용하여 추리, 계산함으로써 그에 따른 결론을 얻어 정확한 선택을 한다. 이는 수학 선택 문제 풀이에 주로 쓰이는 방법이다.

예제 01

a, b는 모두 자연수이며 a는 7로 나누었을 때 나머지가 2, b는 7로 나누었을 때 나머지가 5이다.

$a^2 > 3b$일 때 $(a^2 - 3b)$를 7로 나눈 나머지는?

(A) 1   (B) 3   (C) 4   (D) 6

| 풀이 | 주어진 조건에 의해서 a, b를 각각 표시하면

$$a = 7x + 2, \quad b = 7y + 5 \ (x, y는 \ 모두 \ 양의 \ 정수)$$

따라서 $a^2 = (7x + 2)^2 = 49x^2 + 28x + 4$

$$3b = 3(7y + 5) = 21y + 15$$

그런데 $a^2 > 3b$이므로

$$a^2 - 3b = 49x^2 + 28x - 21y - 11$$
$$= 7(7x^2 + 4x - 3y - 2) + 3$$

위의 식으로부터 $(a^2 - 3b)$를 7로 나누면 나머지가 3임을 알 수 있다.

∴ (B)를 선택해야 한다.

(2) 개념에 의한 분석 식별법

이미 주어진 조건으로부터 출발해서 개념, 정의, 정리, 성질 또는 법칙을 적용하여 판단함으로써 정확한 선택을 한다.

예제 02

$|x - 5| \div (x - 5) = -1$일 때 x가 취할 수 있는 값의 범위는?

(A) $x > 5$ (B) $x < 5$

(C) $x = 5$ (D) 확정 불능

| 풀이 | $|x - 5| \geq 0$, 분수식의 값이 -1이기 때문에

$$|x - 5| > 0, \ x - 5 < 0. \ 따라서 \ x < 5$$

∴ (B)를 선택해야 함

(3) 대입 검증법

주어진 답안을 하나하나 조건에 대입하여 검증함으로써 정확한 선택을 한다.

예제 03

방정식 $x - \dfrac{1 - \dfrac{3x}{2}}{4} - \dfrac{2 - \dfrac{x}{4}}{3} = 2$의 해는?

(A) 1   (B) -1 (C) 2   (D) -2

| 풀이 | (A)를 방정식에 대입하면 좌변$=\dfrac{13}{24} \neq 2$

(B)를 방정식에 대입하면 좌변$=-2\dfrac{9}{24} \neq 2$

(C)를 방정식에 대입하면 좌변$=2=$우변

(D)를 방정식에 대입하면 좌변$=-3\dfrac{5}{6} \neq 2$

$\therefore$ (C)을 선택해야 함(☎ C가 정확하다는 것을 검증한 후 나머지 선택 항목은 검증하지 않아도 무방함)

| 설명 | 계산량이 비교적 많은 방정식 풀이와 같은 문제에 대해서 이 방법을 이용하면 정확한 답안을 재빨리 확인할 수 있다.
검증은 간단한 것으로부터 복잡한 것으로 나아가면서 해야 한다.

(4) 수치 대입법

주어진 답안을 하나하나 조건에 대입하여 검증함으로써 정확한 선택을 한다.

예제 04

$x < 0$, $-1 < y < 0$일 때 x, xy, xy^2 의 대소관계는?

(A) $x > xy > xy^2$ (B) $xy^2 > xy > x$

(C) $xy > x > xy^2$ (D) $xy > xy^2 > x$

| 풀이 | $x = -2$, $y = -\dfrac{1}{2}$을 취하면 $xy = 1$, $xy^2 = -\dfrac{1}{2}$

$\therefore$ (D)를 선택해야 함

| 설명 | 수치 대입법은 수학 선택 문제를 푸는 효과적인 방법이기는 하나 선택한 값이 주어진 조건에 맞지 않으면 그릇된 결론을 얻을 수 있다.

(5) 도형 직관법(또는 도해법)

주어진 조건에 맞는 도형을 그린 다음 도형의 직관성을 빌어서 정확한 선택을 한다.

예제 05

$a>0$, $b<0$, $a+b>0$일 때 다음 각 식 중 성립하는 것은?

(A) $a>-b>-a>b$ (B) $a>-b>b>-a$

(C) $-b>a>b>-a$ (D) $-b>a>-a>b$

| 풀이 | $a>0$, $b<0$, $a+b>0$이므로 $|a|>|b|$. 그래프 위에 a, b 두 수와 대응하는 점을 찍고 상반수의 기하학적 의의에 따라 $-a$, $-b$ 두 수와 대응하는 점을 찍는다(다음 그림).

그림에서 a, b, $-a$, $-b$의 대소관계가 $a>-b>b>-a$ 임을 직접 찾을 수 있다.

∴ (B)를 선택해야 함

위의 문제는 수치 대입법으로 풀어도 비교적 간편하다.

$a=2$, $b=-1$을 취하면 $-a=-2$, $-b=1$

따라서 $a>-b>b>-a$

∴ (B)를 선택해야 함

(6) 배제법(또는 도태법)

문제의 조건 또는 관련된 성질, 정리, 법칙 등 수학 지식에 의해서 주어진 답안 중 일부가 잘못된 것임을 판정하여 배제 또는 도태시키고, 또 정답은 하나뿐이므로 나중에 남은 답이 정확한지를 확인한다.

a, b와 c가 모두 -1보다 큰 음수일 때 다음 관계식 중 성립하는 것은?

(A) $a^2+b^2+c^2<0$ (B) $a+b+c>0$

(C) $-1<abc<0$ (D) $(abc)^2>1$

| 풀이 | a, b, c는 모두 음수, 음수의 합은 음수이므로 (B)를 배제할 수 있다. 음수의 제곱은 양수, 그 합 역시 양수, 또 그것(몇 개의 진분수)들의 곱은 1보다 작으므로 (A)와 (D)도 배제할 수 있다.

∴ (C)를 선택해야 함

이 문제는 개념에 의한 분석 식별법으로 풀어도 간단하다.

$-1<a$, b, $c<0$일 때

$abc<0$, $|a|\cdot|b|\cdot|c|<1$

∴ (C)를 선택해야 함

(7) 전환법

풀려는 문제를 쉽게 풀 수 있는 문제로 전환시킴으로써 정확한 선택을 한다.

수 3^{555}, 4^{444}, 5^{333}의 대소관계는?

(A) $3^{555}<4^{444}<5^{333}$ (B) $4^{444}<3^{555}<5^{333}$

(C) $5^{333}<4^{444}<3^{555}$ (D) $5^{333}<3^{555}<4^{444}$

| 풀이 | 주어진 수를 변형하면 $3^{555}=(3^5)^{111}$, $4^{444}=(4^4)^{111}$, $5^{333}=(5^3)^{111}$

위의 수의 지수가 모두 111이므로 그것들의 대소관계를 확정하려면 밑수의 크기만 비교하면 된다.

그런데 $3^5=243$, $4^4=256$, $5^3=125$이다.

즉 $5^3<3^5<4^4$이다.

따라서 $5^{333}<3^{555}<4^{444}$이다.

∴ (D)를 선택해야 함

(8) 매개법

매개변수를 통하여 정확한 답안을 확정한다.

예제 08

> m, n은 정수이며 $m>n>1$, $\quad a=\dfrac{1}{\dfrac{n}{m}}$, $\quad b=\dfrac{1}{\dfrac{mn}{m+n}}$
>
> 일 때 a와 b의 대소관계는?
>
> (A) $a=b$ (B) $a>b$ (C) $a<b$ (D) 확정 불능

| 풀이 | m, n은 모두 정수, $m>n>1$이므로 $a=\dfrac{1}{\dfrac{n}{m}}=\dfrac{m}{n}>1$,

$$b=\dfrac{1}{\dfrac{mn}{m+n}}=\dfrac{(m+n)}{mn}=\dfrac{1}{m}+\dfrac{1}{n}<1$$

따라서 $a>b$이다.

∴ (B)를 선택해야 함

01 5개의 연속하는 자연수의 합이 26보다 작다면 이러한 자연수의 쌍은
모두 몇 개인가?
(A) 1개　　　　(B) 2개　　　　(C) 3개　　　　(D) 4개

02 어떤 수의 반수와 역수의 합이 0이라면 이 수의 절댓값은?
(A) 0　　　　(B) $\dfrac{1}{2}$　　　　(C) 1　　　　(D) 2

03 m, n은 각각 1부터 100까지의 자연수 중 모든 홀수의 합, 모든 짝수의
합을 표시한다면 $m-n$은?
(A) 0　　　　(B) 50　　　　(C) -50　　　　(D) 100

04 $x<-2$일 때 $|1-|1+x||$는?
(A) $2+x$　　　(B) $-2-x$　　　(C) x　　　(D) $-x$

05 a명이 b일 동안에 부속품을 c개 만들 수 있다면(각 개인이 만드는 속도가 같다고 가정함), b명이 같은 속도로 a개의 부속품을 만드는 데 걸리는 일 수는?

(A) $\dfrac{a^2}{c}$
(B) $\dfrac{c}{a^2}$
(C) $\dfrac{c^2}{a}$
(D) $\dfrac{a}{c^2}$

06 $0<x<1$, $y<-1$일 때 다음 결론 중 성립하는 것은?

(A) $4x^2=y^2+3$
(B) $4x^2>y^2+3$
(C) $4x^2<y^2+3$
(D) 확정 불능

07 부등식 $\dfrac{y-1}{2}-\dfrac{y+1}{3}<\dfrac{1-2y}{6}$의 음수가 아닌 정수해는?

(A) 1, 2
(B) 0, 1
(C) 0, 1, 2
(D) 확정 불능

08 $m<n<0$일 때 다음 식 중 성립하는 것은?

(A) $mn<1$
(B) $\dfrac{m}{n}<1$
(C) $\dfrac{m}{n}>1$
(D) $\dfrac{1}{m}<\dfrac{1}{n}$

09 방정식 $|x+2|+|x-3|=5$의 해는?

    (A) $x=3$ (B) $x=-2$

    (C) $x=3$ 또는 -2 (D) $3\geq x\geq-2$

10   $a<b$, $c<0$일 때 다음 결론 중 잘못된 것은?

    (A) $a-c<b-c$ (B) $ac^2<bc^2$

    (C) $\dfrac{a}{c}>\dfrac{b}{c}$ (D) $a+c^2>b+c^2$

11   x와 y가 $x=1+\dfrac{1}{y}$과 $y=1+\dfrac{1}{x}$을 동시에 만족하는 0이 아닌 수일 때 y는?

    (A) $x-1$ (B) x (C) $1-x$ (D) $1+x$

12   $\dfrac{x}{3}=\dfrac{y}{1}=\dfrac{z}{2}$, $xy+yz+zx=99$일 때 $x^2+y^2+z^2$은?

    (A) 96   (B) 120   (C) 126   (D) 54

13 방정식 $|x+3|+(y-2)^2=0$의 해는?

(A) $\begin{cases} x=3 \\ y=2 \end{cases}$ (B) $\begin{cases} x=3 \\ y=-2 \end{cases}$

(C) $\begin{cases} x=-3 \\ y=2 \end{cases}$ (D) $\begin{cases} x=-3 \\ y=-2 \end{cases}$

14 $x^2-3x+1=0$일 때 $x^4+\dfrac{1}{x^4}$의 값은?

(A) 49   (B) 47   (C) 81   (D) 79

15 $6<a<10$, $\dfrac{a}{2}<b<2a$, $c=a+b$ 일 때 다음 부등식 중 성립하는 것은?

(A) $6<c<10$ (B) $5<c<20$

(C) $5<c<18$ (D) $9<c<30$

16 $a>b>c>0$, $m>n>0$(m, n은 정수)일 때 다음 관계식 중 성립하는 것은?

(A) $a^m b^n>b^n c^m>c^n a^m$ (B) $a^m b^n>c^n a^m>b^n c^m$

(C) $a^m c^n>a^m b^n>b^n c^m$ (D) $b^n c^m>c^n a^m>a^m b^n$

13 여러 가지 문제

1. '새 연산'에 관한 정의

(1) 정수를 취하는 연산

[x]는 x보다 크지 않은 최대 정수를 나타낸다.

즉, [x]는 x에 대해서 정수 부분만을 취했음을 의미한다.

> **예** [3.2]=3, [-3.2]=[$-4+0.8$]=-4, [5]=5, [-6]=-6,
> [0]=0, [π]=3, [$-\pi$]=-4

[x]의 정의에 의해 [x]$\leq x <$[x]$+1$임을 알 수 있다.

예제 01

다음을 읽고 물음에 답하여라.

(1) $\left[\dfrac{x}{2}\right]=2$를 만족하는 정수해를 구하여라.

(2) 방정식 [$3y$]$-2=0$을 풀어라.

(3) $x<y$일 때 [x]$\leq$[y]임을 증명하여라.

| 풀이 |

(1) $\left[\dfrac{x}{2}\right]=2$로부터 $\dfrac{4}{2}=2$, $\dfrac{5}{2}=2.5$, $\dfrac{5.9}{2}=2.95$임을 알 수 있다. 일반적으로 정의에 의해 $2\leq\dfrac{x}{2}<3$이 성립한다.

따라서 $4\leq x<6$. 그러므로 방정식의 정수해는 4, 5이다.

(2) [$3y$]$-2=0$으로부터 [$3y$]$=2$가 얻어진다.

따라서 $2\leq 3y<3$, 즉 $\dfrac{2}{3}\leq y<1$임을 알 수 있다.

(3) $x<y$, [x]$\leq x$, $y<$[y]$+1$이므로 [x]$\leq x<y<$[y]$+1$, 또, [x], [y]가 정수이므로 [x]$\leq$[y]이다.

(2) 몇 가지 '새 연산'

예제 02

a와 b 두 수에 대해서 연산 기호 "$\triangledown$"는 다음과 같이 규정된다.
즉 $a\triangledown b=3b-a$

(1) $(-5)\triangledown 8$을 계산하여라.
(2) 방정식 $3\triangledown x=27$의 해를 구하여라.

| 풀이 | (1) 연산 규칙에 의해
$$(-5)\triangledown 8=3\cdot 8-(-5)=3\cdot 8+5$$
$$=24+5=29$$
(2) 연산 규칙에 의해 $3\triangledown x=3x-3$이므로 원 방정식은
$3x-3=27$로 변형할 수 있다. 이를 풀면 $x=10$이다.

예제 03

두 수 a와 b에 대해서 "$\triangle$"는 그것들의 최대공약수를 구하는
연산임을 나타낼 때 $(42\triangle 105)\triangle(126\triangle 189)$를 계산하여라.

| 풀이 | $42=2\times 3\times 7$, $105=3\times 5\times 7$이므로 $42\triangle 105=3\times 7$.
또 $126=2\times 3^2\times 7$, $189=3^3\times 7$이므로 $126\triangle 189=3^2\times 7$.
그런데 $(3\times 7)\triangle(3^2\times 7)=3\times 7=21$이므로
$(42\triangle 105)\triangle(126\triangle 189)=21$이다.

예제 04

두 유리수 a와 b에 대해서 기호 "$*$"가 $a*b=a^2-b^2+a+b$
임을 나타낼 때 방정식 $(x+2)*x=26$을 풀어라.

| 풀이 | 정의에 의해 주어진 방정식을 변형하면
$$(x+2)^2-x^2+(x+2)+x=26, \ \text{즉} \ 6x+6=26$$
이를 풀면 $x=3\frac{1}{3}$이다.

예제 05

두 유리수 a와 b에 대해서 기호 "$<\ >$"가 $<a, b>=a(b-1)$
임을 나타낼 때 다음 연립방정식을 풀어라.

$$\begin{cases} y=<3,\ x> \\ <x,\ y>=<y,\ x> \end{cases}$$

| 풀이 | 정의에 의해

$<3,\ x>=3(x-1)=3x-3$

$<x,\ y>=x(y-1)=xy-x$

$<y,\ x>=y(x-1)=xy-y$임을 알 수 있다.

따라서 원 방정식은

$$\begin{cases} y=3x-3 \\ y=x \end{cases}$$ 로 변형할 수 있다.

이를 풀면 $x=y=\dfrac{3}{2}$이다.

2. 간단한 매거법 증명 문제

매거법이란 문제에 존재할 수 있는 모든 경우(중복과 누락을 피해야 함)에
대하여 하나하나 설명 또는 논증함으로써 문제의 일반적 결론을 얻는 방법이다.

예제 06

연속하는 홀수 3개의 제곱의 합에 1을 더하여 얻은 수는 24로
나누어떨어지지 않음을 증명하여라.

| 증명 | 3개의 연속하는 홀수를 각각 $2n+1, 2n+3, 2n+5$라 하면

$$(2n+1)^2+(2n+3)^2+(2n+5)^2+1$$
$$=12n^2+36n+36=12(n^2+3n+3)$$

(1) n이 홀수일 때 n^2, $3n$은 모두 홀수이다. 따라서 n^2+3n+3
역시 홀수로서 2로 나누어떨어지지 않는다.

(2) n이 짝수일 때 n^2, $3n$은 모두 짝수이다. 따라서
n^2+3n+3은 홀수로서 2로 나누어떨어지지 않는다.

$\therefore 12(n^2+3n+3)$은 2로 나누어떨어지지 않는다.

이로부터 3개 연속하는 홀수의 제곱합에 1을 더하여 얻은 수는 24로 나누어떨어지지 않음을 알 수 있다.

예제 07

a, b가 10보다 작은 자연수일 때 방정식 $ax=b$의 해가 $\dfrac{1}{3}$보다 크고, $\dfrac{1}{2}$보다 작게 하는 a, b의 값을 구하여라.

| 풀이 | $x=\dfrac{b}{a}$, 즉 $\dfrac{1}{3}<\dfrac{b}{a}<\dfrac{1}{2}$이므로 $2a<6b<3a$

$\begin{cases} a=5 \text{일 때} \\ b=2 \end{cases}$ $\quad$ $\begin{cases} a=7 \text{일 때} \\ b=3 \end{cases}$

$\begin{cases} a=8 \text{일 때} \\ b=3 \end{cases}$ $\quad$ $\begin{cases} a=9 \text{일 때} \\ b=4 \end{cases}$

예제 08

$[x]$가 x보다 크지 않은 최대의 정수일 때 $\mathrm{A}=\left[\dfrac{x}{3}\right]\cdot\left[\dfrac{-3}{x}\right]$ $(0<x<10)$의 값이 양수가 아닌 정수임을 증명하여라.

| 분석 | 조건에 의해 $0<x<3$, $x=3$, $3<x<10$일 때의 A값을 각각 고찰하면 됨을 알 수 있다.

| 증명 | (1) $0<x<3$일 때 $\mathrm{A}=0\cdot\left[\dfrac{-3}{x}\right]=0$

(2) $x=3$일 때 $\mathrm{A}=1\cdot(-1)=-1$

(3) $3<x<10$일 때 $\left[\dfrac{-3}{x}\right]=-1$. 그러므로 $\mathrm{A}=-\left[\dfrac{x}{3}\right]$

그런데 $1<\dfrac{x}{3}<\dfrac{10}{3}$이므로 $\mathrm{A}=-n(n=1,\ 2,\ 3)$

이로부터 $0<x<10$일 때 A값은 $0,\ -1,\ -2,\ -3$, 즉 양수가 아닌 정수임을 알 수 있다.

3. 소인수분해

예제 09

$-3a^{m+1}b+9a^{m}b^{2}+12a^{m-1}b^{3}$을 인수분해하여라.
(단, m은 양의 정수)

| 풀이 | 원식$=-3a^{m-1}b(a^{2}-3ab-4b^{2})$
$\qquad\quad =-3a^{m-1}b(a-4b)(a+b)$

예제 10

$x^{5}+x+1$을 인수분해하여라.

| 분석 | 주어진 다항식은 공통인수도 없고 또 공식법, ×자형으로 곱하는 법, 짝을 지어 분해하는 법도 직접 이용할 수 없다. 그러나 다항식 의 특성에 의하여 적당히 변형하기만 하면 쉽게 풀 수 있다.

| 풀이1 | 원식$=x^{5}-x^{2}+x^{2}+x+1$
$\qquad\quad =x^{2}(x^{3}-1)+(x^{2}+x+1)$
$\qquad\quad =x^{2}(x-1)(x^{2}+x+1)+(x^{2}+x+1)$
$\qquad\quad =(x^{2}+x+1)(x^{3}-x^{2}+1)$

| 풀이2 | 원식$=x^{5}+x^{4}+x^{3}-x^{4}-x^{3}+x+1$
$\qquad\quad =x^{3}(x^{2}+x+1)-x^{3}(x+1)+(x+1)$
$\qquad\quad =x^{3}(x^{2}+x+1)-(x+1)(x^{3}-1)$
$\qquad\quad =x^{3}(x^{2}+x+1)-(x+1)(x-1)(x^{2}+x+1)$
$\qquad\quad =(x^{2}+x+1)(x^{3}-x^{2}+1)$

예제 11

$(a^{2}+2b^{2})(x^{2}+y^{2})-6(a^{2}+2b^{2})^{2}+(x^{2}+y^{2})^{2}$을 인수분해하 여라.

| 분석 | 주어진 다항식에서 $a^{2}+2b^{2}$과 $x^{2}+y^{2}$이 거듭 나타남을 쉽게 발견 할 수 있다. 따라서 $a^{2}+2b^{2}$과 $x^{2}+y^{2}$을 각각 하나의 문자로 치 환하여 푼다면 문제가 간단해진다.

| 풀이 | $A = a^2 + 2b^2$, $B = x^2 + y^2$이라 하면 원식은

$$AB - 6A^2 + B^2 = B^2 + AB - 6A^2 = (B + 3A)(B - 2A)$$
$$= \{x^2 + y^2 + 3(a^2 + 2b^2)\} \{x^2 + y^2 - 2(a^2 + 2b^2)\}$$
$$= (x^2 + y^2 + 3a^2 + 6b^2)(x^2 + y^2 - 2a^2 - 4b^2)$$

4. 기타 문제

(1) 저울 문제

예제 12

> 양팔저울에 사용하는 13g짜리 분동이 땅에 떨어지는 바람에 세 조각이 났다. 후에 각 조각의 무게가 정수 그램이라는 것과 이 세 조각으로 1~13g짜리 임의의 물체를 달 수 있다는 것을 발견했다. 세 조각의 무게는 각각 몇 그램일까?

| 분석 | 분동 하나로는 한 가지 무게밖에 달 수 없으나 서로 다른 무게의 분동 2개로는 네 가지 서로 다른 무게를 달 수 있다. 즉 두 분동의 무게와 같은 두 가지 무게와 두 분동의 무게합과 두 분동의 무게차와 같은 무게를 달 수 있다.

| 풀이 | 조건에 의해 깨어진 분동 두 조각의 무게가 각각 1g과 3g이라 가정하면 1~4g 사이의 임의의 정수 그램 무게,
즉 1g, $3 - 1 = 2$g, 3g, $3 + 1 = 4$g을 달 수 있다.
또, 조건에 의해 세번째 조각의 무게를 x(x는 자연수)그램이라 하면 x는 다음 조건을 만족해야 한다. 즉,

$$x - 4 = 5, \quad x - 3 = 6, \quad x - 2 = 7, \quad x - 1 = 8$$

이로부터 $x = 9$(g)임을 알 수 있다. 그러므로 분동 조각 3개로는 1g, 2g, 3g, 4g, $(9-4)$g, $(9-3)$g, $(9-2)$g, $(9-1)$g, 9g, $(9+1)$g, $(9+2)$g, $(9+3)$g, $(9+4)$g의 무게를 달 수 있다. 이로부터 분동 조각 3개의 무게가 각각 1g, 3g, 9g임을 알 수 있다.

(2) 시계 문제

예제 13

3시와 4시 사이에 시계의 긴 바늘과 짧은 바늘이 어느 시각에 겹쳐지겠는가?

| 풀이 | 긴 바늘(시침)의 회전 속도는 짧은 바늘(분침)의 $\frac{1}{12}$이다.

긴 바늘과 짧은 바늘이 겹쳐지는 시각을 3시 x분이라 하면, 긴 바늘이 x눈금 회전했을 때 짧은 바늘은 $\frac{x}{12}$ 눈금 회전하게 된다. 따라서 다음 방정식이 얻어진다.

$$x - \frac{x}{12} = 15$$

이를 풀면 $x = 16\frac{4}{11}$이다.

∴ 두 시계 바늘이 겹쳐지는 시각은 3시 $16\frac{4}{11}$분이다.

(3) 기타

예제 14

$n^3 + 100$을 $n + 10$으로 나누어떨어지게 하는 양의 정수 n의 최댓값은 얼마인가?

| 풀이 | $(n^3 + 100) \div (n + 10) = (n^3 + 1000 - 900) \div (n + 10)$

$$= \left(\frac{n^3 + 10^3}{n + 10} \right) - \frac{900}{n + 10} = n^2 - 10n + 100 - 900 \div (n + 10)$$

으로부터 $n^3 + 100$이 $n + 10$으로 나누어떨어진다면 900이 $n + 10$으로 나누어떨어짐을 알 수 있다.

이때, n의 최댓값은 890이다.

즉, $n = 890$이다.

$$\left(x+\frac{1}{x}\right)\left(x^2+\frac{1}{x^2}\right)\cdots\left(x^{2^{n-1}}+\frac{1}{x^{2^{n-1}}}\right)$$을 계산하여라. (단, $x^2\neq 1$)

| 풀이 | $$\left(x-\frac{1}{x}\right)\left(x+\frac{1}{x}\right)\left(x^2+\frac{1}{x^2}\right)\left(x^4+\frac{1}{x^4}\right)\cdots\left(x^{2^{n-1}}+\frac{1}{x^{2^{n-1}}}\right)$$

$$=\left(x^2-\frac{1}{x^2}\right)\left(x^2+\frac{1}{x^2}\right)\left(x^4+\frac{1}{x^4}\right)\cdots\left(x^{2^{n-1}}+\frac{1}{x^{2^{n-1}}}\right)$$

$$=(x^{2^{n-1}})^2-\left(\frac{1}{x^{2^{n-1}}}\right)^2$$

$$=x^{2^n}-\frac{1}{x^{2^n}}=\frac{x^{2^{n+1}}-1}{x^{2^n}}$$

$$\therefore \text{원식}=\frac{x^{2^{n+1}}-1}{x^{2^n}}\div\left(x-\frac{1}{x}\right)=\frac{x^{2^{n+1}}-1}{x^{2^{n}-1}(x^2-1)}$$

01 x가 유리수일 때 다음을 구하여라.

   (1) 방정식 $\left[\dfrac{x}{3}\right]=-1$의 정수해

   (2) 방정식 $[3x]+2=0$의 해

   단, $[x]$는 x보다 크지 않은 최대 정수이다.

02 두 유리수 a, b에 대해서 연산 $<a,\ b>$는 다음과 같이 정의된다.

   (1) $a \geq b$라 하면 $<a,\ b>=b$

   (2) $a < b$라 하면 $<a,\ b>=a$

   이때, 다음 방정식을 풀어라.

   (1) $<\dfrac{x}{3}-1,\ 4>=0$

   (2) $\dfrac{<6,\ 9>}{<5,\ 9-3x>}=2$

03 정수 n이 $0 \leq n \leq 4$를 만족할 때 $F_n=2^{2^n}+1$ 이 소수임을 증명하여라.

04 **다음을 구하여라.**

   (1) $\dfrac{1}{x}-\dfrac{1}{y}=3$일 때 $\dfrac{2x+3xy-2y}{x-2xy-y}$를 계산하여라.

   (2) $y_1=2x$, $y_2=\dfrac{2}{y_1}$, $y_3=\dfrac{2}{y_2}$, $y_4=\dfrac{2}{y_3}$, $\cdots$, $y_{1992}=\dfrac{2}{y_{1991}}$일 때

   $y_1 \cdot y_{1992}$를 계산하여라.

05 x, y가 서로 다른 양의 정수일 때 x^5+y^5와 x^4y+xy^4의 크기를 비교하
여라.

06 $\dfrac{1}{a}+\dfrac{1}{b}+\dfrac{1}{c}=\dfrac{1}{(a+b+c)}$ 일 때 a, b, c 중 적어도 두 수가 반수임
을 증명하여라. 단, 반수란 합이 0인 두 수의 관계를 말한다.

07 무게의 합이 40g인 4개의 분동으로 1~40g 사이의 물체를 달 수 있다.
이 4개 분동의 무게는 각각 몇 g일까?(단, 분동과 물체의 무게는 모두 정
수 그램이다)

08 $|2x-1|+|x+3|$ 의 최솟값을 구하여라.

09 9시와 10시 사이의 어느 시각에 시계의 시침과 분침이 동일 직선상에 놓였다. 이 시각은 몇 시 몇 분일까?

10 다음 연립방정식을 풀어라.

$$\begin{cases} x_1+x_2+x_3=6 & \cdots\cdots① \\ x_2+x_3+x_4=9 & \cdots\cdots② \\ x_3+x_4+x_5=3 & \cdots\cdots③ \\ x_4+x_5+x_6=-3 & \cdots\cdots④ \\ x_5+x_6+x_7=-9 & \cdots\cdots⑤ \\ x_6+x_7+x_8=-6 & \cdots\cdots⑥ \\ x_7+x_8+x_1=-2 & \cdots\cdots⑦ \\ x_8+x_1+x_2=2 & \cdots\cdots⑧ \end{cases}$$

11 (1) x, y는 모두 정수이며 $5\,|\,(x+9y)$일 때 $5\,|\,(8x+7y)$임을 증명하여라.

(2) x, y, z가 모두 정수, $11\,|\,(7x+2y-5z)$일 때 $11\,|\,(3x-7y+12z)$임을 증명하여라.

12 p, q, $\dfrac{(2p-1)}{q}$, $\dfrac{(2q-1)}{p}$이 모두 정수, $p>1$, $q>1$일 때 $p+q$의 값을 구하여라.

13 임의의 자연수 n에 대해서 $\dfrac{(21n+4)}{(14n+3)}$ 는 기약분수임을 증명하여라.

14 $\dfrac{(5n+6)}{(8n+7)}$ 을 기약분수가 아니게 하는 모든 정수 n을 구하여라.

15 각 변의 길이가 정수인 직사각형이 있는데 둘레의 길이와 넓이의 수치가 같다. 위의 조건을 만족시키는 모든 직사각형을 구하여라.

16 어린이 7명이 버섯을 100송이 땄는데 어떤 두 어린이가 딴 버섯수가 모두 같지 않다. 이때 어떤 세 어린이가 딴 버섯수의 합이 50보다 작지 않은 경우가 반드시 있음을 증명하여라.

좋은 일을 계획하고 실행에 옮겨라.
진실한 마음으로 좋은 일을 계획하고 그 일을 실행에 옮기는 것이
가장 좋은 생활이다. 당신은 오늘의 계획을 가져야 하고 또 내일의
설계를 가져야 한다. 그리고 성실한 마음으로 그 계획을 차근차근
실행에 옮겨야 한다.
스탕달 _프랑스의 소설가 · 비평가

중학교 2학년

14 실수

중학교 수학 경시 대회의 출제 경향을 살펴보면 실수에 관한 지식을 적용해서 푸는 문제가 적지 않음을 알 수 있다. 그러나 중학교 수학 교과서에서는 실수에 관한 지식을 전문적으로는 취급하지 않고 있다. 경시 대회의 문제에 적응하기 위하여 이 장에서는 실수에 관한 전형적인 예제의 풀이를 통하여 실수에 관한 기초 지식과 이런 지식을 적용해서 관련된 문제를 푸는 기본 방법을 소개하기로 한다.

1. 실수의 성질 및 그 응용

유리수와 무리수를 일괄해서 **실수**라 한다.

유리수는 분수 $\dfrac{m}{n}$(m, n은 정수이고 $n \neq 0$)으로 나타낼 수 있는 수, 또는 유한소수나 순환소수 형식으로 나타낼 수 있는 수이다.

(예) $\dfrac{1}{2} = 0.5$, $\dfrac{2}{3} = 0.\dot{6}$ 등은 모두 **유리수**이다.

무리수는 분수(분모가 1인 경우를 포함함)로 나타낼 수 없고 무한 비순환소수로만 나타낼 수 있는 수이다.

(예) $\sqrt{2} = 1.4142\cdots$, $\pi = 3.1415\cdots$ 등은 모두 **무리수**이다.

수의 사칙연산 지식에 의하여 유리수와 무리수에 관한 다음과 같은 두 가지 기본 연산 성질을 얻을 수 있다.

〔성질 1〕 임의의 두 유리수(또는 유한개의 유리수)의 대수적 합, 곱, 몫(분모≠0)은 여전히 유리수이다.

두 무리수 사이에는 일반적으로 위의 성질이 존재하지 않는다.

(예) $\sqrt{2} - \sqrt{2} = 0$, $\sqrt{2} \times \sqrt{2} = 2$, $\sqrt{2} \div \sqrt{2} = 1$은 모두 **유리수**이다.

물론 두 유리수의 대수적 합, 곱, 몫이 무리수인 경우도 있다.

즉, 두 무리수의 합, 곱, 몫은 무리수인 경우와 유리수인 경우가 있다.

〔성질 2〕 한 유리수와 한 무리수의 대수적 합, 곱(단, 유리수≠0), 몫(단, 분모≠0)은
　　　　 무리수이다.

위의 성질에 대수적 합을 예로 들어 증명해 보자. p는 유리수, q는 무리수
일 때 만일 $p \pm q$가 무리수가 아니라면 어떤 유리수 r일 것이다.

이때 $p \pm q = r$로부터 $q = \pm(r - p)$가 얻어진다.

그러나 위의 등식은 성립하지 않는다. 왜냐하면 이 식의 좌변은 무리수, 우
변은 유리수(성질 1로부터 알 수 있음)이며 무리수≠유리수이기 때문이다.

그러므로 $p \pm q$는 무리수이다.

유리수와 무리수의 기타 성질에 대해서는 다음의 예제들을 통하여 소개하
기로 하자.

예제 01

$\sqrt[3]{2}$ 는 유리수가 아님을 증명하여라.

| 분석 | $\sqrt[3]{2}$가 무리수임을 증명하려면 그것을 분수 $\dfrac{m}{n}$(m, $n \in N$(자
연수의 집합)임과 동시에 서로소임)의 형식으로 나타낼 수 없음을
증명하면 된다.

| 증명 | m^3이 짝수라면 m 역시 짝수이다.

만일 $\sqrt[3]{2}$가 유리수라면 $\sqrt[3]{2} = \dfrac{m}{n}$($m$, n은 자연수임과 동시
에 서로소임)의 형식으로 나타낼 수 있다.

그러므로 $2 = \dfrac{m^3}{n^3}$ $m^3 = 2n^3$.

따라서 m^3이 짝수이므로 m 역시 짝수이다.

$m = 2m_1$($m_1 \in N$)이라 하고 위 식에 대입하면 $(2m_1)^3 = 2n^3$,
즉 $n^3 = 4m_1^3$ 이 얻어진다. 그러므로 n^3은 짝수, n 역시 짝수이다.

따라서 m, n은 공약수 2를 갖게 된다.

이는 m, n이 서로소라는 주어진 조건과 어긋난다.

그러므로 $\sqrt[3]{2}$는 유리수가 아니라 무리수이다.

| 설명 | 임의의 수가 무리수임을 증명할 때에는 흔히 위에서와 같이 **귀류
법**을 이용한다.

예제 02

a, b, c, d는 모두 0이 아닌 유리수, x는 무리수일 때
$S=\dfrac{(ax+b)}{(cx+d)}$이다. 다음 결론이 성립함을 증명하여라.

(1) $ad=bc$일 때, S는 유리수

(2) $ad \neq bc$일 때, S는 무리수

| 증명 | (1) $ad=bc$일 때 $\dfrac{a}{b}=\dfrac{c}{d}=k$, 즉 $a=bk$, $c=dk$. 따라서

$$S=\frac{(bkx+b)}{(dkx+d)}=\frac{b(kx+1)}{d(kx+1)}=\frac{b}{d}$$

∴ S는 유리수

(2) 조건에 의해 S가 실수임을 알 수 있다. $ad \neq bc$일 때 결론을 부정하면,

만일 S가 무리수가 아니라면 유리수일 것이다. 원식으로부터 $ax+b=Scx+Sd$, 즉 $(a-Sc)x+(b-Sd)=0$ 이 얻어진다. x는 무리수, 그외의 문자는 유리수이므로 위의 등식이 성립하려면 $a-Sc=0$, $b-Sd=0$, 즉 $a=Sc$, $b=Sd$여야 한다. 따라서 $ad=Scd=bc$. 그러나 이는 주어진 조건에 어긋난다.

∴ S=무리수

예제 03

임의의 서로 다른 두 유리수 사이에 적어도 유리수가 하나 있음을 증명하여라.

| 증명 | 임의의 두 유리수 a, b가 $a<b$라 하면

$$a=\frac{(a+a)}{2}<\frac{(a+b)}{2}<\frac{(b+b)}{2}=b$$이므로 유리수

$c=\dfrac{(a+b)}{2}$가 존재한다.

즉, 유리수 a, b 사이에 유리수 c가 있다.

예제 **03**은 실질적으로 임의의 서로 다른 두 유리수 사이에 무수히 많은 유리수가 존재함을 증명한 셈이다. 일반적으로 이 성질을 **유리수의 조밀성**이라 한다.

〔성질 3〕 유리수는 조밀성을 갖고 있다.

예제 04

> a, b는 유리수, $a<b$일 때 $a<a<b$를 만족하는 무리수 α가 반드시 존재함을 증명하여라.

| 증명 | $a<b$, $\sqrt{2}-1>0$이므로

$(\sqrt{2}-1)a<(\sqrt{2}-1)b$, 즉 $\sqrt{2}a<(\sqrt{2}-1)b+a$ ······ ①

또, $a-b=(\sqrt{2}-1)b+a-\sqrt{2}b<0$이므로

$(\sqrt{2}-1)b+a<\sqrt{2}b$ ······ ②

①과 ②를 종합하면

$\sqrt{2}a<(\sqrt{2}-1)b+a<\sqrt{2}b$

$\therefore a<\dfrac{(\sqrt{2}-1)b+a}{\sqrt{2}}<b$

또, $\alpha=\dfrac{(\sqrt{2}-1)b+a}{\sqrt{2}}=\dfrac{2b+\sqrt{2}(a-b)}{2}$이므로 a, b 사이에 무리수 α가 존재한다.

a, b의 임의성에 예제 **03**을 합한다면 예제 **04**는 실제적으로 다음의 성질을 증명했음을 알 수 있다.

〔성질 4〕 임의의 서로 다른 두 유리수 사이에는 무리수가 한없이 많이 존재한다.

연산 성질 1, 2를 응용하기 전에 먼저 다음의 예제 **05**, 예제 **06**을 통하여 아주 실용적인 다른 한 연산 성질을 증명해 보자.

예제 05

> a, b는 유리수, α는 무리수, $a+b\alpha=0$이라 하면 $a=b=0$임을 증명하여라. 또, 그의 역도 성립함을 증명하여라.

| 증명 | $a+b\alpha=0$으로부터 $a=-b\alpha$가 얻어진다. $b\neq0$이라 하면 $-\dfrac{a}{b}=\alpha$여야 한다. 그러나 사실상 이 식은 성립하지 않는다. 왜냐하면 식의 좌변은 유리수, 우변은 무리수인데 유리수 $\neq$ 무리수이기 때문이다. 그러므로 $b=0$, 따라서 $a=0$이다. 반대로 $a=b=0$이면 $a+b\alpha=0$임이 명백하다.

예제 06

〔성질 5〕 $a_1+b_1\alpha=a_2+b_2\alpha(a_1, a_2, b_1, b_2$는 유리수, α는 무리수)라면 $a_1=a_2$, $b_1=b_2$임을 증명하여라. 또 그의 역도 성립함을 증명하여라.

| 증명 | $b_1\neq b_2$라면 $a_1+b_1\alpha=a_2+b_2\alpha$로부터 $\alpha=\dfrac{(a_2-a_1)}{(b_1-b_2)}$이 얻어진다. 그러나 이 식은 실상 성립하지 않는다.

왜냐하면 좌변은 무리수, 우변은 유리수이기 때문이다.

그러므로 $b_1=b_2$, $a_1=a_2$이다. 반대로 $a_1=a_2$, $b_1=b_2$이면 $a_1+b_1\alpha=a_2+b_2\alpha$가 성립함이 명백하다.

예제 **06**은 예제 **05**에 비해 보다 보편성을 띤 연산 성질이다(🔺 예제 **05**의 결론은 예제 **06**으로부터 직접 얻을 수 있다).

예제 **06**에서와 같은 방법으로 유사한 연산 성질을 쉽게 증명할 수 있다.

예제 07

〔성질 6〕 $a_1+\sqrt{b_1}=a_2+\sqrt{b_2}(a_1, a_2, b_1, b_2$는 유리수, $\sqrt{b_1}$, $\sqrt{b_2}$는 무리수)라면 $a_1=a_2$, $b_1=b_2$임을 증명하여라. 또 그의 역도 성립함을 증명하여라.

| 증명 | $a_1\neq a_2$이고 $a_1=a_2+m(m$은 0이 아닌 유리수)이라면 주어진 식에 대입하면 $m+\sqrt{b_1}=\sqrt{b_2}$(명백히 $b_1\neq b_2$이다. 그렇지 않으면 $m=0$이므로 가정에 어긋난다)가 얻어진다. 양변을 제곱해서 정리하면 $\sqrt{b_1}=\dfrac{(b_2-b_1-m^2)}{2m}$이 얻어진다.

그러나 이 식은 성립하지 않는다. 그러므로 $a_1=a_2$, $b_1=b_2$이다. 반대로 $a_1=a_2$, $b_1=b_2$이면 $a_1+\sqrt{b_1}=a_2+\sqrt{b_2}$가 성립함이 명백하다.

위의 연산 성질 1, 2, 5, 6은 유리수와 무리수에 관한 문제를 풀 때 늘 쓰인다.

예제 08

x_1, x_2가 방정식 $x^2+px+q=0$의 유리근이고
$2x_1-x_2+\sqrt{x_1+3x_2}=1+\sqrt{11}$일 때 p, q의 값을 구하여라.

| 풀이 | x_1, x_2가 유리수, $\sqrt{11}$이 무리수이므로 $2x_1-x_2+\sqrt{x_1+3x_2}$
$=1+\sqrt{11}$로부터 $\sqrt{x_1+3x_2}$가 무리수임을 알 수 있다.

따라서 성질 6에 의해 x_1+x_2는 다음 방정식을 만족함을 알 수 있다.

$$\begin{cases} 2x_1-x_2=1 \\ x_1+3x_2=11 \end{cases} \qquad \text{이를 풀면} \qquad \begin{cases} x_1=2 \\ x_2=3 \end{cases}$$

∴ 근과 계수와의 관계로부터 $p=-(2+3)=-5$, $q=2\cdot3=6$ 임을 알 수 있다.

예제 09

$\sqrt{a-2\sqrt{6}}=\sqrt{x}-\sqrt{y}$를 만족하는 자연수 a, x, y의 값을 구하여라.

| 풀이 | 주어진 등식을 제곱하면

$a-2\sqrt{6}=x+y-2\sqrt{xy}$

a, x, y는 유리수이고 $\sqrt{6}$은 무리수이므로 위 식으로부터 $\sqrt{xy}$는 무리수임을 알 수 있다. 그러므로 a, x, y는 다음 등식을 만족한다.

$x+y=a$, $xy=6=1\times6$ 또는 2×3

또, $\sqrt{x}-\sqrt{y}=\sqrt{a-2\sqrt{6}}\geq0$이므로 $x\geq y$

∴ $x=6$, $y=1$, $a=7$ 또는 $x=3$, $y=2$, $a=5$

2. 실수의 대소관계

임의의 두 실수 사이에는 대소관계가 존재한다. 즉, 임의의 두 실수 a, b 사이에는 다음 3가지 관계 중의 어느 한 가지가 성립한다.

$a>b$ 또는 $a=b$ 또는 $a<b$

위의 관계 중의 어느 하나가 성립되는가를 알려면 그 차 $a-b$가 0보다 큰가, 아니면 0과 같은가, 아니면 0보다 작은가만 보면 된다.

예제 10

$a>b>0$, $-1<k<1$일 때 다음 수의 대소를 비교하여라.

$$\frac{a-b}{a+b},\quad \frac{a+b}{a-b},\quad \frac{a+kb}{a-kb}$$

| 풀이 |

$$\frac{a+kb}{a-kb}-\frac{a-b}{a+b}$$

$$=\frac{(a+kb)(a+b)-(a-b)(a-kb)}{(a+b)(a-kb)}=\frac{2ab(k+1)}{(a+b)(a-kb)}$$

그런데 $a>b>0$, $-1<k<1$이므로

$ab>0$, $a+b>0$, $k+1>0$

또, $a-kb>a-1\cdot b=a-b>0$이므로

$$\frac{a+kb}{a-kb}-\frac{a-b}{a+b}=\frac{2ab(k+1)}{(a+b)(a-kb)}>0$$

즉 $\dfrac{a+kb}{a-kb}>\dfrac{a-b}{a+b}$이다.

같은 이유로 $\dfrac{a+b}{a-b}>\dfrac{a+kb}{a-kb}$ 임을 증명할 수 있다.

$$\therefore \frac{a-b}{a+b}<\frac{a+kb}{a-kb}<\frac{a+b}{a-b}$$

주 위의 문제는 분자가 커지고 분모가 작아지면 분수의 값이 커지고, 분자가 작아지고 분모가 커지면 분수의 값이 작아지는 원리를 이용하여 대소관계를 직접 얻을 수도 있다.

3개의 분수식이 모두 양수이므로

$$\frac{a-b}{a+b}=\frac{a+(-1)b}{a-(-1)b}<\frac{a+k\cdot b}{a-k\cdot b}<\frac{a+1\cdot b}{a-1\cdot b}=\frac{a+b}{a-b}$$

예제 11

다음 각 수 중 가장 큰 것은?

(A) 1 (B) $\sqrt{29}-\sqrt{21}$ (C) $5.1\sqrt{0.0361}$

(D) $\dfrac{\pi}{3.142}$ (E) $\dfrac{6}{\sqrt{13}+\sqrt{7}}$

| 풀이 | $\sqrt{29}-\sqrt{21}=\dfrac{8}{\sqrt{29}+\sqrt{21}}<\dfrac{8}{5+4}<1$

$$\frac{\pi}{3.142}<1$$

$$5.1\times\sqrt{0.0361}=5.1\times0.19=0.969<1$$

또, $(\sqrt{13}+\sqrt{7})^2=20+2\sqrt{91}>20+2\times8=36$이므로

$$\sqrt{13}+\sqrt{7}>6, \quad \frac{6}{\sqrt{13}+\sqrt{7}}<1$$

∴ 가장 큰 것은 (A)

3. 음이 아닌 수

실수 중에서 0과 같거나, 0보다 큰 수를 일컬어 **음이 아닌 수**라 한다.
음이 아닌 수의 성질로는 다음과 같은 것들이 있다.

① 실수의 절댓값 : $|a|\geq0$ (a는 임의의 실수)

② 실수의 짝수차 제곱 : $a^{2n}\geq0$ (a는 임의의 실수, n은 자연수)

③ 음이 아닌 실수의 산술적 거듭제곱근 : $\sqrt[n]{a}\geq0$ ($a\geq0$, n은 자연수)

• 음이 아닌 수의 중요한 성질

유한개의 음이 아닌 수의 합이 0이라면 모든 음이 아닌 수는 반드시 0이다.
그 역도 성립한다.

예제 12

x, y, z는 실수, $2|x+1|+\sqrt{0.5+y}+\left(z+\dfrac{x}{z}+2\right)^2=0$일 때

$x^{101}-128y^8-\left|z^2+\dfrac{x}{z^2}\right|$의 값을 구하여라.

| 풀이 | 조건에 의해 다음 연립방정식이 성립한다.

$$\begin{cases} x+1=0 \\ 0.5+y=0 \\ z+\dfrac{x}{z}+2=0 \end{cases} \quad \text{이를 풀면} \quad \begin{cases} x=-1 \\ y=-\dfrac{1}{2} \\ z=-1\pm\sqrt{2} \end{cases}$$

x, y, z의 값을 주어진 식에 대입하면

$$x^{101}-128y^8-\left|z^2+\frac{x}{z^2}\right|=-\frac{3}{2}-4\sqrt{2}$$

예제 13

$|(m-3)+(m-8)|=|m-3|+|m-8|$일 때, m의 값을 구하여라.

| 분석 | 절댓값의 성질로부터 a와 b가 같은 부호이거나 그 중의 하나가 0일 때만 $|a+b|\leq|a|+|b|$의 등호가 성립함을 알 수 있다.

| 풀이 | 주어진 조건에 의하면 m은 다음 조건 중의 어느 하나를 만족 시켜야 한다.

(1) $\begin{cases} m-3>0 \\ m-8>0 \end{cases}$ 이를 풀면 $m>8$

(2) $\begin{cases} m-8<0 \\ m-3<0 \end{cases}$ 이를 풀면 $m<3$

(3) $m-3=0$ 또는 $m-8=0$ 즉 $m=3$ 또는 $m=8$

$\therefore m\geq8$ 또는 $m\leq3$

예제 14

a, b, c, d는 실수, $a^2+b^2=1$, $c^2+d^2=1$, $ac+bd=0$일 때 다음 식이 성립함을 증명하여라.
$$a^2+c^2=1, \quad b^2+d^2=1, \quad ab+cd=0$$

| 분석 | 결론이 성립함을 증명하려면 주어진 조건 및 음이 아닌 수의 성질 을 이용하여

$(a^2+c^2-1)^2+(b^2+d^2-1)^2+2(ab+cd)^2=0$임을 증명하면 된다.

| 증명 | $a^2+b^2=1$이므로 $a^4+b^4+2a^2b^2=1$ ······①

$c^2+d^2=1$이므로 $c^4+d^4+2c^2d^2=1$ ······②

$ac+bd=0$이므로 $2a^2c^2+2b^2d^2+4abcd=0$ ······③

①+②+③에서

$a^4+b^4+2a^2b^2+c^4+d^4+2c^2d^2+2a^2c^2+2b^2d^2+4abcd=2$ ······④

④+2에서

$a^4+b^4+2a^2b^2+c^4+d^4+2c^2d^2+2a^2c^2+2b^2d^2+4abcd+2=4$ ······⑤

$2(a^2+b^2)+2(c^2+d^2)=4$를 ⑤의 우변에 대입하여 좌변으로 이항하면

$(a^4+c^4+2a^2c^2-2a^2-2c^2+1)+(b^4+d^4+2b^2d^2-2b^2-2d^2+1)$
$\quad+(2a^2b^2+2c^2d^2+4abcd)=0$ ......⑥

⑥의 ( )를 완전제곱하면

$(a^2+c^2-1)^2+(b^2+d^2-1)^2+2(ab+cd)^2=0$

$\therefore a^2+c^2=1, \quad b^2+d^2=1, \quad ab+cd=0$

예제 15

두 수의 절댓값의 합이 그 두 수의 절댓값의 곱과 같고, 이 두 수가 모두 0과 같지 않을 때 이 두 수가 모두 -1과 1 사이에 있지 않음을 증명하여라.

| 증명 | 두 수를 a, b라 하면 주어진 조건에 의하여

$$|a|+|b|=|a|\cdot|b|$$

$$\therefore |a|=|b|(|a|-1)$$

그런데 $a\neq0$, $b\neq0$이고 $|a|>0$, $|b|>0$

$$\therefore |a|-1=\frac{|a|}{|b|}>0, \ \ \text{즉} \ \ |a|>1$$

같은 방법으로 $|b|>1$

$\quad\therefore a, b$는 -1과 1 사이에 있지 않다.

---

4. 여러 가지 문제

예제 16

유리수 c, d가 $\sqrt[3]{7+5\sqrt{2}}=c+d\sqrt{2}$를 만족할 때, $c=d=1$임을 증명하여라.

| 증명 | 등식의 양변을 세제곱해서 정리하면
$$7 + 5\sqrt{2} = c^3 + 6cd^2 + (3c^2 d + 2d^3)\sqrt{2}$$
그런데 c, d는 유리수, $\sqrt{2}$는 무리수이므로
$$c^3 + 6cd^2 = 7 \qquad \cdots\cdots ①$$
$$3c^2 d + 2d^3 = 5 \qquad \cdots\cdots ②$$
①×5−②×7에서 $5c^3 - 21c^2 d + 30cd^2 - 14d^3 = 0$
즉, $(c-d)(5c^2 - 16cd + 14d^2) = 0$이다.
①, ②에서 $c \neq 0$, $d \neq 0$. 따라서 $d^2 > 0$
그런데 $5c^2 - 16cd + 14d^2$
$$= \left(\sqrt{5}c - \frac{8\sqrt{5}d}{5}\right)^2 + \frac{6d^2}{5} > 0$$
이므로 $c - d = 0$, 즉 $c = d$이다.
이를 ①에 대입하면 $c^3 = 1$이다.
$$\therefore c = d = 1$$

예제 17

a, b, c, d, p는 유리수, $\sqrt{p}$는 무리수, $a \neq 0$일 때 등식
$\dfrac{(a+c\sqrt{p})}{(a+b\sqrt{p})} = \dfrac{(a+d\sqrt{p})}{(a+c\sqrt{p})}$ 가 성립할 조건을 구하여라.

| 풀이 | 주어진 등식을 분모를 없애고 간단히 하면
$$c^2 p - bdp - (ab + ad - 2ac)\sqrt{p} = 0$$
따라서 $\begin{cases} ab + ad - 2ac = 0 \\ c^2 p - bdp = 0 \end{cases}$
그런데 $a \neq 0$, $p \neq 0$ (그렇지 않으면 $\sqrt{p}$가 유리수로 됨)
$\therefore b + d = 2c$, $c^2 = bd$. 따라서 $b = d$, $b = c = d$이다.
반대로 $b = c = d$일 때 주어진 등식은 분명히 성립한다.
$\therefore$ 주어진 등식이 성립할 조건은 $b = c = d$이다.

01 $\sqrt{2}$가 무리수임을 증명하여라.

02 다음 각 식에 적합한 유리수 x, y를 구하여라.

   (1) $\sqrt{x - \sqrt{50}} = y - \sqrt{2}$

   (2) $\sqrt[3]{25 + \sqrt{2}x} = 1 + \sqrt{2}y$

03 실수 범위 내에서 $y = \left| \left| \sqrt{-(x-1)^2} \pm 2 \right| \pm 5 \right|$의 값은?

   (A) 확정 불능   (B) 7

   (C) 3   (D) 7 또는 3

04 $\sqrt{28 - 10\sqrt{3}}$이 방정식 $x^2 + ax + b = 0$ (a, b는 유리수)의 한 근이라면 ab는?

   (A) $-220 + \sqrt{3}$ (B) $220 - \sqrt{3}$

   (C) -220 (D) 220

05 a, b가 유리수일 때 $\sqrt{3}$이 x에 관한 방정식 $x^3 + ax^2 - ax + b = 0$의 한 근일 때 a, b의 값을 구하여라.

06 a, b는 $(\sqrt{3}a + \sqrt{2})a + (\sqrt{3}b - \sqrt{2})b - \sqrt{2} - 25\sqrt{3} = 0$을 만족하는 양의 유리수일 때, a, b의 값을 구하여라.

07 3개의 실수가 둘씩 서로 반수 관계일 때 이 세 수가 모두 0임을 증명하여라.

15 거듭제곱근식과 지수

이 장의 내용을 잘 배우려면 거듭제곱근식, 가장 간단한 거듭제곱근식, 동류 거듭제곱근식, 영 지수, 음의 정수지수, 분수지수 거듭제곱의 개념 및 성질을 이해하고 분수지수식과 거듭제곱근식의 상호 전환관계를 잘 알아야 한다.

1. 거듭제곱근식과 지수에 관련된 성질

거듭제곱근식과 지수의 성질을 적용하여 관련된 계산을 정확하게 하려면 무엇보다 먼저 관련된 개념, 성질, 연산법칙과 기본공식에 숙달해야 한다.

(1) 거듭제곱근식에 관련된 개념과 성질
n차 거듭제곱근의 정의에 의해 $(\sqrt[n]{a})^n = a$

① $\sqrt[n]{a^n} = \begin{cases} a \ (n\text{이 홀수일 때}) \\ |a| = \begin{cases} a \ (a \geq 0) \\ -a \ (a < 0) \end{cases} (n\text{이 짝수일 때}) \end{cases}$

$\sqrt[n]{ab} = \sqrt[n]{a} \cdot \sqrt[n]{b} \ (a \geq 0, \ b \geq 0)$

$\sqrt[n]{\dfrac{a}{b}} = \dfrac{\sqrt[n]{a}}{\sqrt[n]{b}} \ (a \geq 0, \ b > 0)$

$(\sqrt[n]{a})^m = \sqrt[n]{a^m} \ (a \geq 0)$

$\sqrt[m]{\sqrt[n]{a}} = \sqrt[mn]{a} \ (a \geq 0)$

(2) 지수에 관련된 개념, 성질과 연산법칙
① 지수개념의 확장

$a^0 = 1 (a \neq 0) : a^{-m} = \dfrac{1}{a^m} \ (a \neq 0, \ m\text{은 양의 정수})$

$a^{\frac{m}{n}} = \sqrt[n]{a^m} \ (a \geq 0, \ m, \ n\text{은 양의 정수}, \ n > 1)$

$a^{-\frac{m}{n}} = \dfrac{1}{a^{\frac{m}{n}}} = \dfrac{1}{\sqrt[n]{a^m}} \ (a > 0, \ m, \ n\text{은 양의 정수}, \ n > 1)$

② 거듭제곱의 연산법칙

지수거듭제곱의 연산법칙 (m, n은 양의 정수)	거듭제곱의 연산법칙 (m, n은 유리수, $a>0$, $b>0$)
$a^m \cdot a^n = a^{m+n}$	
$a^m \div a^n \begin{cases} a^{m-n} & (m>n) \\ 1\,(a\neq 0,\ m=n) \\ 1/a^{n-m} & (m<n) \end{cases}$	$a^m \cdot a^n = a^{m+n}$
$(a^m)^n = a^{mn}$	$(a^m)^n = a^{mn}$
$(ab)^n = a^n \cdot b^n$	
$(a/b)^n = a^n/b^n$	$(ab)^n = a^n \cdot b^n$

2. 문제 유형과 풀이법

(1) 제곱근식에 관한 문제

예제 01

다음 거듭제곱근식이 의미를 갖도록 x의 범위를 구하여라.

(1) $\sqrt[3]{2x-10}$　　　　(2) $\dfrac{1}{(1-\sqrt{x+3}\,)}$

| 풀이 | (1) x가 임의의 실수일 때 $\sqrt[3]{2x-10}$은 모두 의미를 갖는다.

(2) $\sqrt{x+3}$이 의미를 갖기 위해서는 $x+3 \geq 0$이어야 한다.
따라서 $x \geq -3$이다.
그런데 $x=-2$일 때 $\sqrt{x+3}=1$이므로 분모 $(1-\sqrt{x+3}\,)$
이 0으로 된다.
$\therefore x \geq -3$, 단 $x \neq -2$일 때 의미를 갖는다.

| 설명 | 실수 범위 내에서 음수의 짝수차 거듭제곱근은 무의미하므로 짝수차 거듭제곱근식의 피개방수(거듭제곱근 안의 수)는 반드시 0과 같거나 0보다 커야 한다. 홀수차 거듭제곱근식에 있어서 피개방수가 어떤 수라도 거듭제곱식은 모두 의미를 가진다.

다음 각 식을 간단히 하여라.

(1) $\dfrac{2}{(1-\sqrt{2}+\sqrt{3}\,)}$

(2) $\dfrac{1}{\sqrt{7-2\sqrt{6}}}$

(3) $\sqrt{15-4\sqrt{14}}$

(4) $\sqrt{4+\sqrt{7}}$

| 분석 | 제곱근식을 간단히 하고 계산할 때에는 먼저 제곱근식이 의미를 가지는가를 검토해야 한다. 분모의 유리화는 제곱근식 연산의 중요한 내용의 하나이므로 숙달해야 한다.

첫 번째 문제에서는 분모의 유리화를 잘하는 것뿐만 아니라 계산 방법에 주의해야 정답을 재빨리 구해낼 수 있다.

두 번째 문제는 풀이법이 비교적 많은데 그 중에서 보다 간단한 것은 먼저 분모의 근호 안을 유리화하거나 먼저 분모의 제곱근을 구하는 것이다.

세 번째와 네 번째 문제는 이중근호법에 의해 먼저 원식을 $\sqrt{A\pm2\sqrt{B}}$ 형태로 바꾼 다음 B를 두 개 인수로 분해하여 두 인수의 곱이 B와 같고 두 인수의 합을 A와 같게 하면 된다.

| 풀이 |

(1) 원식 $=\dfrac{2(1-\sqrt{2}-\sqrt{3})}{\{(1-\sqrt{2}\,)+\sqrt{3}\}\{(1-\sqrt{2}\,)-\sqrt{3}\}}$

$=\dfrac{2(1-\sqrt{2}-\sqrt{3})}{(1-\sqrt{2}\,)^2-(\sqrt{3}\,)^2}=-\dfrac{2(1-\sqrt{2}-\sqrt{3})}{2\sqrt{2}}$

$=-\dfrac{\sqrt{2}-2-\sqrt{6}}{2}=1-\dfrac{\sqrt{2}}{2}+\dfrac{\sqrt{6}}{2}$

(2) 원식 $=\dfrac{\sqrt{7+2\sqrt{6}}}{\sqrt{7-2\sqrt{6}}\cdot\sqrt{7+2\sqrt{6}}}$

$=\dfrac{\sqrt{(\sqrt{6}+1)^2}}{\sqrt{25}}=\dfrac{\sqrt{6}+1}{5}=\dfrac{1}{5}+\dfrac{\sqrt{6}}{5}$

(3) 원식 $=\sqrt{15-2\sqrt{56}}=\sqrt{(\sqrt{8}-\sqrt{7}\,)^2}=2\sqrt{2}-\sqrt{7}$

(4) 원식 $=\sqrt{\dfrac{8+2\sqrt{7}}{2}}=\dfrac{\sqrt{(1+\sqrt{7}\,)^2}}{\sqrt{2}}=\dfrac{\sqrt{7}+1}{\sqrt{2}}$

$=\dfrac{(\sqrt{14}+\sqrt{2}\,)}{2}=\dfrac{\sqrt{14}}{2}+\dfrac{\sqrt{2}}{2}$

예제 03

$x = \dfrac{5}{\sqrt{5}}$ 일 때, $\dfrac{x+\sqrt{x^2-1}}{x-\sqrt{x^2-1}} - \dfrac{x-\sqrt{x^2-1}}{x+\sqrt{x^2-1}}$ 의 값을 구하여라.

| 분석 | 값을 구하는 문제는 일반적으로 대수식을 가장 간단한 형태로 바꾼 다음 주어진 조건을 대입하면 계산이 간편해진다.

| 풀이 | 원식 $= \dfrac{(x+\sqrt{x^2-1})^2 - (x-\sqrt{x^2-1})^2}{(x-\sqrt{x^2-1})(x+\sqrt{x^2-1})}$

$\qquad = 4x \cdot \sqrt{x^2-1}$

그런데 $x = \dfrac{5}{\sqrt{5}} = \sqrt{5}$ 이므로

원식 $= 4 \cdot \sqrt{5} \cdot \sqrt{(\sqrt{5})^2 - 1} = 8\sqrt{5}$

(2) 거듭제곱근식에 관한 문제

예제 04

$\sqrt{1-2x+x^2} + \sqrt[4]{(x^2-6x+9)^2}$ $(1 < x < 3)$ 을 간단히 하여라.

| 분석 | 짝수차 거듭제곱근식의 성질에 따르면 피개방수는 반드시 음이 아닌 실수이어야 하며 계산 결과는 반드시 산술적 제곱근을 취해야 한다. 그러므로 반드시 피개방수(식)에 대하여 유의해야 한다.

| 풀이 | 원식 $= \sqrt{(1-x)^2} + \sqrt[4]{\{(x-3)^2\}^2}$

$\qquad = |1-x| + \sqrt{(x-3)^2}$

$\qquad = x-1 + (3-x) \ (\because 1 < x < 3)$

$\qquad = 2$

예제 05

y가 $\sqrt{\dfrac{1}{\sqrt[3]{2}-1}+\sqrt[3]{2}}$ 에 가장 가까운 정수일 때, $\sqrt{3-2\sqrt{y}}$의
값을 구하여라.

| 분석 | 먼저 $\sqrt{\dfrac{1}{\sqrt[3]{2}-1}+\sqrt[3]{2}}$ 를 간단히 하면 y를 구할 수 있고, 따라서

$\sqrt{3-2\sqrt{y}}$의 값을 쉽게 구할 수 있다. 이때, $\sqrt[3]{2}-1$의 유리화 인수가
$(\sqrt[3]{2})^2+\sqrt[3]{2}+1$이라는 점에 유의해야 한다.

| 풀이 | $\sqrt{\dfrac{1}{\sqrt[3]{2}-1}+\sqrt[3]{2}}$

$=\sqrt{(\sqrt[3]{2})^2+\sqrt[3]{2}+1+\sqrt[3]{2}}=\sqrt[3]{2}+1$

또, $1<\sqrt[3]{2}<\sqrt{2}=1.414\cdots\cdots$이므로 $\sqrt[3]{2}$와 가장 가까운 정수는 1
따라서 $\sqrt[3]{2}+1$에 가장 가까운 정수는 2이다.
$y=2$를 대입하면
$\sqrt{3-2\sqrt{y}}=\sqrt{3-2\sqrt{2}}=\sqrt{(\sqrt{2}-1)^2}=\sqrt{2}-1$

예제 06

$\sqrt{x}=\sqrt{a}-\dfrac{1}{\sqrt{a}}$ 일 때 $\dfrac{(x+2+\sqrt{4x+x^2})}{(x+2-\sqrt{4x+x^2})}$ 의 값을 구하여라.

| 분석 | 먼저 값을 구하려는 식을 간단히 한 다음 주어진 조건과 비교해서
그들간의 관계를 찾는다. 다음 주어진 조건으로부터
$x+2=a+\dfrac{1}{a}$을 얻어 값을 구하려는 식에 대입한다.

| 풀이 | $\sqrt{x}=\sqrt{a}-\dfrac{1}{\sqrt{a}}$ 의 양변을 제곱하면

$x=a+\dfrac{1}{a}-2$, 즉 $x+2=a+\dfrac{1}{a}$

$\therefore \sqrt{4x+x^2}=\sqrt{(x+2)^2-4}=\sqrt{(a+\dfrac{1}{a})^2-4}=\sqrt{(a-\dfrac{1}{a})^2}$

주어진 조건으로부터 $x\geq 0,\ a>0$

즉 $\sqrt{x}=\sqrt{a}-\dfrac{1}{\sqrt{a}}=\dfrac{(a-1)}{\sqrt{a}}\geq 0$임을 알 수 있다.

위 식을 풀면 $a\geq 1$

$$\therefore a - \frac{1}{a} \geq 0, \quad \text{따라서} \quad \sqrt{4x+x^2} = a - \frac{1}{a}$$

$$\therefore \text{원식} = \frac{a + \frac{1}{a} + a - \frac{1}{a}}{a + \frac{1}{a} - a + \frac{1}{a}} = a^2$$

(3) 유리지수 거듭제곱에 관한 문제

지수 계산을 할 때 먼저 밑수를 확인하고 정리함에 주의함으로써 밑수를 간단히 하고 통일하는 목적에 도달해야 한다. 특히, 밑수가 구체적 숫자일 때 밑수의 정리가 더욱 중요하다.

① 밑수가 소수일 때는 분수로 고치고 밑수가 대분수일 때는 가분수로 고침으로써 음의 정수지수와 분수지수 거듭제곱을 사용하는 데 편리하게 해야 한다.

例 $0.001^{-\frac{2}{3}} = (10^{-3})^{-\frac{2}{3}}, \quad \left(2\frac{7}{9}\right)^{-\frac{1}{2}} = \left(\frac{25}{9}\right)^{-\frac{1}{2}}$

② 밑수를 거듭제곱의 형식으로 고칠 수 있다면 먼저 그렇게 고친 다음 거듭제곱의 지수법칙에 따라 간단히 해야 한다. 이렇게 하면 때로는 분수지수 거듭제곱 또는 음의 정수지수 거듭제곱의 정의를 사용하지 않아도 된다.

例 $25^{\frac{1}{2}} = (5^2)^{\frac{1}{2}}, \quad -8^{-\frac{1}{3}} = -(2^3)^{-\frac{1}{3}}, \quad \left(\frac{16}{81}\right)^{-\frac{3}{4}} = \left\{\left(\frac{2}{3}\right)^4\right\}^{-\frac{3}{4}}$

③ 인수분해를 이용하여 밑수를 통일함에 주의해야 한다.

例 $6^4 \div 15^3 = \frac{(2^4 \cdot 3^4)}{(3^3 \cdot 5^3)} = \frac{48}{125}$

例 $0.1^{-3} \times 20^{-2} = \left(\frac{1}{10}\right)^{-3} \times (2 \times 10)^{-2} = \frac{10^3}{(2^2 \cdot 10^2)} = 2\frac{1}{2}$

④ 밑수가 음수인 분수지수 거듭제곱의

例 $\left(-\frac{1}{27}\right)^{\frac{1}{3}}$ 과 같은 경우에는 지수의 분모가 홀수이어야

$\left(-\frac{1}{27}\right)^{\frac{1}{3}} = -\frac{1}{3}$ 이 얻어진다.

분수지수 거듭제곱의 정의에 의하여 밑수가 음수이고 지수의 분모가 짝수일 때는 무의미 하므로 $(-16)^{\frac{1}{4}}$ 은 무의미하다.

다음 각 식을 계산하여라.

(1) $\dfrac{(a^2 \cdot \sqrt[4]{a^3})}{(\sqrt[3]{a} \cdot \sqrt[6]{a^5})}$

(2) $\sqrt{x^3 \cdot \sqrt[4]{x^5 \cdot \sqrt[6]{x^7}}}$

(3) $(-7.8)^0 + (1.5)^{-2} \cdot \left(3\dfrac{3}{8}\right)^{\frac{2}{3}} - (0.01)^{-0.5} + 9^{\frac{3}{2}}$

(4) $\left\{(a^{-\frac{3}{2}} b^2)^{-1} \cdot (ab^{-3})^{\frac{1}{2}} (b^{\frac{1}{2}})^7\right\}^{\frac{1}{3}}$

(5) $\left(x^{\frac{a}{(a-b)}}\right)^{\frac{1}{(c-a)}} \cdot \left(x^{\frac{b}{(b-c)}}\right)^{\frac{1}{(a-b)}} \cdot \left(x^{\frac{c}{(c-a)}}\right)^{\frac{1}{(b-c)}}$

| 분석 | 거듭제곱근식의 곱셈, 나눗셈, 거듭제곱, 개방 계산을 할 때 일반
적으로 분수지수 거듭제곱을 이용하여 계산하면 비교적 간편하다.
그러므로 문제 (1)과 (2)를 계산할 때는 분수지수 거듭제곱을 이용
하고 문제 (3), (4)와 (5)를 계산할 때는 관계있는 연관 성질을 표
시함과 동시에 같은 밑수의 곱셈 계산과 덧셈 계산을 혼동하여
$a^{\frac{2}{3}} + a^{\frac{1}{3}} = a^{\frac{2}{3} + \frac{1}{3}} = a$ 와 같은 계산 착오가 생기지 않도록 주의해
야 한다.

| 풀이 | (1) 원식 $= a^{2 + \frac{3}{4} - \frac{1}{3} - \frac{5}{6}} = a^{\frac{19}{12}} = a\sqrt[12]{a^7}$

(2) 원식 $= \sqrt{x^3 \cdot \sqrt[4]{x^{\frac{37}{6}}}} = \sqrt{x^3 \cdot x^{\frac{37}{24}}} = x^{\frac{109}{48}}$

$\qquad = x^2 \sqrt[48]{x^{13}}$

원식이 거듭제곱근식이므로 계산 결과도 거듭제곱근식이어야 함
과 동시에 가장 간단한 거듭제곱근식이어야 한다.

(3) 원식 $= 1 + \left(\dfrac{3}{2}\right)^{-2} \cdot \left(\dfrac{27}{8}\right)^{\frac{2}{3}} - \left(\dfrac{1}{100}\right)^{-\frac{1}{2}} + \left(3^2\right)^{\frac{3}{2}}$

$\qquad = 1 + \left(\dfrac{3}{2}\right)^{-2} \cdot \left\{\left(\dfrac{3}{2}\right)^3\right\}^{\frac{2}{3}} - (10^{-2})^{-\frac{1}{2}} + 3^{2 \times \frac{3}{2}}$

$\qquad = 1 + \left(\dfrac{3}{2}\right)^{-2} \cdot \left(\dfrac{3}{2}\right)^{3 \times \frac{2}{3}} - 10^{(-2) \times \left(-\frac{1}{2}\right)} + 3^3$

$\qquad = 28 + \left(\dfrac{3}{2}\right)^{(-2)+2} - 10 = 18 + \left(\dfrac{3}{2}\right)^0 = 19$

$$(4) \text{ 원식} = \left\{ a^{\left(-\frac{3}{2}\right)\cdot(-1)} b^{2\cdot(-1)} a^{\frac{1}{2}} b^{(-3)\cdot\frac{1}{2}} \cdot b^{\left(\frac{1}{2}\right)\cdot 7} \right\}^{\frac{1}{3}}$$

$$= \left\{ a^{\frac{3}{2}+\frac{1}{2}} \cdot b^{(-2)-\left(\frac{3}{2}\right)+\frac{7}{2}} \right\}^{\frac{1}{3}}$$

$$= (a^2 b^0)^{\frac{1}{3}} = a^{\frac{2}{3}}$$

$$(5) \text{ 원식} = x^{\frac{a}{(a-b)(c-a)}} \cdot x^{\frac{b}{(b-c)(a-b)}} \cdot x^{\frac{c}{(c-a)(b-c)}}$$

$$= x^{\frac{a}{(a-b)(c-a)} + \frac{b}{(b-c)(a-b)} + \frac{c}{(c-a)(b-c)}}$$

$$= x^{\frac{a(b-c)+b(c-a)+c(a-b)}{(a-b)(b-c)(c-a)}}$$

$$= x^0$$

$$= 1$$

(4) 근삿값을 나타내는 방법

근삿값의 유효숫자를 명백하게 나타내기 위해 $\pm a \times 10^n$의 형식으로 기입한다(단, n은 정수, $1 \leq a \leq 10$). 이를 **유효숫자표기법**이라 하자.

원 수의 절댓값이 1보다 클 때 n은 음이 아닌 정수임과 동시에 원 수의 정수부분의 자리에서 1을 뺀 것과 같다.

원 수의 절댓값이 1보다 작을 때 n은 음이 아닌 정수임과 동시에 그 절댓값이 원 정수에서 첫번째 0이 아닌 숫자 앞에 있는 모든 0의 개수(소수점 앞의 0을 포함함)와 같다. 그러나 유효숫자 중간의 0은 포함하지 않는다.

예제 08

유효숫자표기법으로 다음 각 수를 표시하여라.

(1) -732.48　　　　　(2) 0.00000302

| 풀이 |　(1) $-732.48 = -7.3248 \times 100 = -7.3248 \times 10^2$

　　　(2) $0.00000302 = 3.02 \times 0.000001 = 3.02 \times 10^{-6}$

(5) 기타 문제

예제 09

(1) $0.2^x = 125$일 때 x의 값을 구하여라.

(2) $x + x^{-1} = 3$일 때 $x^2 + x^{-2}$과 $x^3 + x^{-3}$의 값을 구하여라.

| 분석 | (1) 같은 밑수의 거듭제곱이 같다면 지수도 같아야 한다는 이유에 의해서 0.2와 125를 다음과 같이 변환하면 x를 쉽게 구할 수 있다. 즉, $0.2 = \dfrac{1}{5} = 5^{-1}$, $125 = 5^3$ 이다.

(2) $x \cdot \dfrac{1}{x} = x \cdot x^{-1} = 1$, $(x + x^{-1})^2 = 3^2$로부터 $x^2 + x^{-2}$의 값을 구할 수 있다.

| 풀이 | (1) $0.2^x = 125$이므로 $\dfrac{1}{5^x} = 5^3$, $(5^{-1})^x = 5^3$

즉 $5^{-x} = 5^3$. 따라서 $-x = 3$, 즉 $x = -3$이다.

(2) $x + x^{-1} = 3$이므로 $(x + x^{-1})^2 = 9$, 즉 $x^2 + 2 + x^{-2} = 9$

$\therefore x^2 + x^{-2} = 9 - 2 = 7$

$(x + x^{-1})^3 = 27$, 즉 $x^3 + x^{-3} + 3(x + x^{-1}) = 27$이므로

$x^3 + x^{-3} = 27 - 3 \times 3 = 18$

예제 10

(1) $\sqrt{x^2 + \sqrt[3]{x^4 y^2}} + \sqrt{y^2 + \sqrt[3]{x^2 y^4}} = a$일 때 $x^{\frac{2}{3}} + y^{\frac{2}{3}} = a^{\frac{2}{3}}$임을 증명하여라.

(2) $A = \sqrt[n]{x^n + \sqrt[n+1]{a^n x^{n^2}}} + \sqrt[n]{a^n + \sqrt[n+1]{x^n a^{n^2}}} - b$,

$x = (b^{\frac{n}{n+1}} - a^{\frac{n}{n+1}})^{\frac{n+1}{n}}$일 때 A의 값을 구하여라.

| 분석 | 위의 두 가지 문제에서 주어진 조건은 모두 거듭제곱근식의 형태로 나타나 있고 증명하려는 식과 구하려는 식은 또 거듭제곱의 형태로 나타나 있다. 그러므로 주어진 거듭제곱근식을 간단히 한 후 거듭제곱근식과 거듭제곱의 상호 전환관계를 이용하여 결과를 얻을 수 있다.

| 풀이 |　(1)　$\sqrt{x^2+\sqrt[3]{x^4y^2}}+\sqrt{y^2+\sqrt[3]{x^2y^4}}$

$$=\sqrt{\sqrt[3]{x^4}(\sqrt[3]{x^2}+\sqrt[3]{y^2})}+\sqrt{\sqrt[3]{y^4}(\sqrt[3]{y^2}+\sqrt[3]{x^2})}$$

$$=\sqrt{\sqrt[3]{x^2}+\sqrt[3]{y^2}}\,(\sqrt[3]{x^2}+\sqrt[3]{y^2})$$

$$=\sqrt{(\sqrt[3]{x^2}+\sqrt[3]{y^2})(\sqrt[3]{x^2}+\sqrt[3]{y^2})^2}$$

$$=(\sqrt[3]{x^2}+\sqrt[3]{y^2})^{\frac{3}{2}}=a$$

$$\therefore x^{\frac{2}{3}}+y^{\frac{2}{3}}=a^{\frac{2}{3}}$$

(2)　$A=\sqrt[n]{x^{\frac{n^2}{n+1}}(x^{\frac{n}{n+1}}+a^{\frac{n}{n+1}})}+\sqrt[n]{a^{\frac{n^2}{n+1}}(a^{\frac{n}{n+1}}+x^{\frac{n}{n+1}})}-b$

$$=\sqrt[n]{x^{\frac{n}{n+1}}+a^{\frac{n}{n+1}}}\,(\sqrt[n]{(x^{\frac{n}{n+1}})^n}+\sqrt[n]{(a^{\frac{n}{n+1}})^n})-b$$

$$=\sqrt[n]{x^{\frac{n}{n+1}}+a^{\frac{n}{n+1}}}\,(x^{\frac{n}{n+1}}+a^{\frac{n}{n+1}})-b$$

$$=\sqrt[n]{(x^{\frac{n}{n+1}}+a^{\frac{n}{n+1}})(x^{\frac{n}{n+1}}+a^{\frac{n}{n+1}})^n}-b$$

$$=(x^{\frac{n}{n+1}}+a^{\frac{n}{n+1}})^{\frac{n+1}{n}}-b$$

또, $x=(b^{\frac{n}{n+1}}-a^{\frac{n}{n+1}})^{\frac{n+1}{n}},\ x^{\frac{n}{n+1}}=b^{\frac{n}{n+1}}-a^{\frac{n}{n+1}}$

즉 $x^{\frac{n}{n+1}}+a^{\frac{n}{n+1}}=b^{\frac{n}{n+1}}$이므로

$$A=(b^{\frac{n}{n+1}})^{\frac{n+1}{n}}-b=0$$

01 다음 _____을 채워라.

(1) $(1-\sqrt{2})^0 + \sqrt{(-2)^2} - \left(\frac{1}{2}\right)^{-1} =$ _____

(2) $x<1$일 때 $\sqrt{x^2-2x+1} =$ _____

(3) $\left(\frac{5}{4}\right)^{-1.2} - \left(\frac{5}{4}\right)^{-2.3}$의 부호는 _____

(4) $y = (3x-2)^{\frac{1}{2}} + (2-3x)^{\frac{1}{2}} + \frac{\sqrt{6}}{2}$ 일 때 $x=$ _____, $y=$ _____

(5) 수 10^{-2}, $10^{\frac{1}{3}}$, $10^{-1.5}$, 0.1^0, 0.1^{-2}, 0.0001을 크기 순으로 배열하면

_____

(6) $x = a^{-3} + b^{-2}$일 때 $x^2 - 2a^{-3}x + a^{-6} =$ _____

(7) $(-8 \times 16^{-1})^{-2} - (-2^2)^2 =$ _____

$\left[1 + \left\{1 - \left(\frac{1}{2}\right)^{-2}\right\}^{-2}\right]^{-2} =$ _____

(8) $x = \frac{1}{2}\left(1991^{\frac{1}{n}} - 1991^{\frac{1}{n}}\right)$ (n은 자연수)일 때 $(x - \sqrt{1+x^2})^n$

$=$ _____

02 다음 각 식을 계산하여라.

(1) $\dfrac{\sqrt{(-2)^2}}{3\sqrt{3} + \dfrac{1}{2\sqrt{2} - \dfrac{1}{\sqrt{3}-\sqrt{2}}}}$

(2) $-2^2\left\{3 \times \left(\frac{7}{8}\right)^0\right\}^{-1} \cdot \left\{81^{-0.25} + \left(3\frac{3}{8}\right)^{-\frac{1}{3}}\right\}^{0.5}$

(3) $\left(6\frac{1}{4}\right)^{-\frac{1}{2}} + 0.027^{-\frac{1}{3}} - \left(-\frac{1}{6}\right)^{-2} + 256^{0.75} - 3^{-1} + \pi^0 + 0.2^4 \times 5^4$

(4) $2x = \sqrt{2-\sqrt{3}}$ 일 때, $\dfrac{x}{\sqrt{1-x^2}} + \dfrac{\sqrt{1-x^2}}{x}$ 의 값을 구하여라.

03 다음 각 식을 간단히 하여라.

(1) $(x^{\frac{2}{3}} y^{\frac{1}{4}} z^{-1}) (x^{-1} y^{\frac{3}{4}} z^3)^{-\frac{1}{3}}$

(2) $\dfrac{(2^n a)^2 \{ 1 - (\frac{a}{b})^{-2} \}}{(-4)^n (a^2 - 4ab - a + 3b^2 + b)} \div \left\{ \dfrac{2a + 9b^2 - a^2 - 1}{\left(\dfrac{a\sqrt{a} - b\sqrt{b}}{a + \sqrt{ab} + b} \right)^2 + 2\sqrt{ab}} \right\}^{-1}$

$(a > 0,\ b > 0,\ n$은 자연수$)$

04 $a = (2 + \sqrt{3})^{-1}$, $b = (2 - \sqrt{3})^{-1}$일 때, $(a+1)^{-2} + (b+1)^{-2}$의 값을 구하여라.

05 $|x| < 3$일 때, $\sqrt{x^2 - 2x + 1} - \sqrt{x^2 + 6x + 9}$의 값을 구하여라.

06 $3^{2x} + 9 = 10 \cdot (3^x)$일 때, $(x^2 + 1)$의 값을 구하여라.
(Hint 먼저 방정식 $(3^x)^2 - 10 \cdot (3^x) + 9 = 0$의 근을 구함)

07 양의 정수 $a, b, c\ (a \le b \le c)$와 실수 x, y, z, w에 대해서
$a^x = b^y = c^z = 70^w$, $\dfrac{1}{x} + \dfrac{1}{y} + \dfrac{1}{z} = \dfrac{1}{w}$일 때 $a + b = c$임을 증명하여라.

16 미지수가 1개인 이차방정식 판별식과 비에트의 정리의 초보적 응용

계수가 실수이고 미지수가 1개인 이차방정식의 근과 계수와의 관계(비에트의 정리라고도 함)는 중학교 수학의 중요한 기초 지식의 하나로서 중학교 단계에 널리 응용된다.

1. 정리

미지수가 1개인 이차방정식 $ax^2 + bx + c = 0(a, b, c$는 모두 실수, $a \neq 0)$의 두 근을 x_1, x_2라 하고 판별식을 $D = b^2 - 4ac$라 하면

(1) $\begin{cases} x_1 + x_2 = -\dfrac{b}{a} \\ x_1 \cdot x_2 = \dfrac{c}{a} \end{cases}$

(2) $\begin{cases} D > 0 \text{ 일 때 } 2\text{개의 서로 다른 실근} \\ D = 0 \text{ 일 때 } 2\text{개의 같은 실근 (중근)} \\ D < 0 \text{ 일 때 } 2\text{개의 허근을 갖는다.} \end{cases}$

위의 각 결론의 역도 성립한다.

2. 응용

(1) 방정식의 근의 존재성 판정

예제 01

방정식 $x^2 - 2x - m = 0$이 실근을 갖지 않고 m이 실수일 때, 방정식 $x^2 + 2mx + m(m+1) = 0$이 실근을 갖는가를 판정하여라.

| 분석 | 첫 번째 방정식에서 $D_1 = 4 + 4m < 0$을 얻은 다음 D_1에 의해 두 번째 방정식의 D_2의 부호를 판단한다.

| 풀이 | 주어진 조건으로부터 $D_1 = 4 + 4m < 0$, 즉 $m < -1$임을 알 수 있다. 그런데 $D_2 = 4m^2 - 4m(m+1) = -4m$, $m < -1$ 이므로 $D_2 > 0$

∴ 두 번째 방정식은 2개의 서로 다른 실근을 갖는다.

예제 02

a가 음수일 때, 방정식 $\dfrac{1}{x} + \dfrac{1}{(x+a)} + \dfrac{1}{(x+a^2)} = 0$에 대해 다음 결론이 성립함을 증명하여라.

(1) 2개의 서로 다른 실근을 갖는다.

(2) 양의 근은 $-\dfrac{2a}{3}$ 보다 작다.

(3) 음의 근은 $-\dfrac{2a^2}{3}$ 보다 크다.

| 증명 | (1) $\dfrac{1}{x} + \dfrac{1}{(x+a)} + \dfrac{1}{(x+a^2)} = 0$ $\qquad$ …… ①

① 의 분모를 없애면 $3x^2 + 2a(a+1)x + a^3 = 0$ …… ②

$y = 3x^2 + 2a(a+1)x + a^3$이고 $x = 0$, $-a$, $-a^2$일 때 $y \neq 0$이므로 방정식 ①과 ②는 공통근을 갖는다.

방정식 ②의 판별식 $D = 4a^2(a+1)^2 - 12a^3$이다. 그런데 $a < 0$이면 $D > 0$이므로 방정식 ②는 2개의 서로 다른 실근을 갖는다.

x_1, x_2를 방정식 ②의 두 근이라 하면 x_1, x_2는 ①의 두 근 이라고도 할 수 있다.

그런데 $a < 0$이므로 $x_1 \cdot x_2 = \dfrac{a^3}{3} < 0$

∴ $x_1 \cdot x_2$는 부호가 서로 다른 실근이다.

(2) $a < 0$일 때 양의 근

$$x_1 = -\frac{a(a+1+\sqrt{a^2-a+1})}{3} < -\frac{a(a+1+\sqrt{a^2-2a+1})}{3}$$

$$= -\frac{2a}{3} \text{ 와 음의 근}$$

$$x_2 = \frac{a(-a-1+\sqrt{a^2-a+1})}{3} > \frac{a(-a-1+\sqrt{a^2-2a+1})}{3}$$

$$= -\frac{2a^2}{3} \text{ 을 갖는다}$$

(왜 x_1은 양의 근, x_2는 음의 근인가는 스스로 생각해 보라).

(2) 방정식 중의 미지수 구하기

예제 03

방정식 $x^2+px+q=0$의 두 근이 연속하는 정수이고 q가 소수
일 때 p, q의 값을 구하여라.

| 풀이 | 방정식의 두 근을 각각 $n, n+1 (n$은 정수$)$이라 하면

$$n+(n+1)=-p \qquad \cdots\cdots \text{①}$$

$$n(n+1)=q \qquad \cdots\cdots \text{②}$$

$$\therefore p^2-4q=1 \qquad \cdots\cdots \text{③}$$

②로부터 q가 짝수임을 알 수 있고 또 q가 소수라는 것이
주어졌으므로 $q=2$
이를 ③에 대입하면 $p=3$ 또는 -3
$p=3$일 때 ①로부터 $n=-2$, $n+1=-1$이 얻어지는데
이는 ②의 $n(n+1)=2$에 부합된다.
$p=-3$일 때 ①로부터 $n=1$, $n+1=2$가 얻어지는데
이 역시 ②의 $n(n+1)=2$에 부합된다.

$$\therefore p=\pm 3$$

예제 04

방정식 $x^2+4x+a=0$에 두 개의 서로 다른 실근 x_1과 x_2가
있을 때 $|x_1 \cdot x_2|$의 값의 범위를 구하여라.

| 풀이 | $D=16-4a>0, \quad a<4$ 이므로

$$|x_1 \cdot x_2| = |a| = \begin{cases} <4 \quad (-4<a<4) \\ \geq 4 \quad (a \leq -4) \end{cases}$$

예제 05

방정식 $(m-1)x^2+2mx+m+2=0$에 2개의 서로 다른 실근이 있을 때 m의 값의 범위를 구하여라.

| 풀이 | $D=4m^2-4(m-1)(m+2)>0$ 이므로 $m<2$이다.

그런데 $m-1 \neq 0$ 이므로 $m \neq 1$이다.

∴ $m<2, \quad m \neq 1$

(3) 방정식(또는 연립방정식) 풀기

예제 06

다음 방정식을 풀어라.

(1) $987x^2-251x-736=0$

(2) $\left(\dfrac{1}{a}-\dfrac{1}{b}\right)x^2+\left(\dfrac{1}{b}-\dfrac{1}{c}\right)x+\left(\dfrac{1}{c}-\dfrac{1}{a}\right)=0$

(단, a, b, c는 0이 아닌 서로 다른 실수이다)

(3) $\dfrac{1}{x}+\dfrac{1}{y}=-3, \ xy=\dfrac{1}{2}$

| 풀이 | 관찰을 통하여 방정식 (1)과 (2)의 한 근이 각각 1임을 알 수 있다. 그러므로

(1)의 해 $x_1=1, \quad x_2=-\dfrac{736}{987}$

(2)의 해 $x_1=1, \quad x_2=\dfrac{b(a-c)}{c(b-a)}$

일반적으로 말해서 이차방정식 $ax^2+bx+c=0$에서

$a+b+c=0$(즉, 한 근이 1)이라 하면 다른 근은 $\dfrac{c}{a}$,

$a-b+c=0$(즉, 한 근이 -1)이라 하면 다른 근은 $-\dfrac{c}{a}$이다.

(3) 원 연립방정식을 변형하면

$$\frac{1}{x}+\frac{1}{y}=-3, \quad \frac{1}{x}\cdot\frac{1}{y}=2$$

그러므로 $\dfrac{1}{x}$, $\dfrac{1}{y}$은 방정식 $z^2+3z+2=0$의 두 근이라 할 수 있다.

따라서 $z_1=-1$, $z_2=-2$

$$\therefore \begin{cases} \dfrac{1}{x}=-1 \\ \dfrac{1}{y}=-2 \end{cases} \quad \begin{cases} \dfrac{1}{x}=-2 \\ \dfrac{1}{y}=-1 \end{cases}$$

즉 $\begin{cases} x=-1 \\ y=-\dfrac{1}{2} \end{cases} \quad \begin{cases} x=-\dfrac{1}{2} \\ y=-1 \end{cases}$

검산을 통하여 위의 것들이 모두 **원 연립방정식의 해**임을 알 수 있다.

(4) 방정식 두 근의 대수식의 값을 구하기

예제 07

x_1, x_2가 방정식 $x^2-3x+1=0$의 두 근일 때 다음을 구하여라.

(1) $\dfrac{1}{x_1}+\dfrac{1}{x_2}$ (2) $|x_1-x_2|$

(3) $x_1{}^3+x_2{}^3$ (4) $x_1{}^3-x_2{}^3$

| 풀이 | 비에트의 정리로부터 $x_1+x_2=3$, $x_1x_2=1$임을 알 수 있다.

(1) $\dfrac{1}{x_1}+\dfrac{1}{x_2}=\dfrac{(x_1+x_2)}{x_1x_2}=3$

(2) $|x_1-x_2|=\sqrt{x_1{}^2+x_2{}^2-2x_1x_2}$
$\qquad\qquad =\sqrt{(x_1+x_2)^2-4x_1x_2}$
$\qquad\qquad =\sqrt{3^2-4}=\sqrt{5}$

(3) $x_1{}^3+x_2{}^3=(x_1+x_2)(x_1{}^2-x_1x_2+x_2{}^2)$
$\qquad\qquad =(x_1+x_2)\{(x_1+x_2)^2-3x_1x_2\}$
$\qquad\qquad =3(9-3)=18$

(4) $x_1{}^3-x_2{}^3=(x_1-x_2)(x_1{}^2+x_1x_2+x_2{}^2)$
$\qquad\qquad =(x_1-x_2)\{(x_1+x_2)^2-x_1x_2\}$
$\qquad\qquad =\pm\sqrt{5}(9-1)=\pm8\sqrt{5}$

예제 08

방정식 $(1991x)^2 - 1990 \cdot 1992x - 1 = 0$의 큰 근이 r, 방정식 $x^2 + 1990x - 1991 = 0$의 작은 근이 s일 때 $r-s$의 값을 구하여라.

| 풀이 | $(1991x)^2 - 1990 \cdot 1992x - 1 = 0$ …… ①

$x^2 + 1990x - 1991 = 0$ …… ②

그런데 $1991^2 + (-1990)(1992) + (-1) = 0$,

           $1 + 1990 + (-1991) = 0$이므로

①과 ②의 한 근은 각각 1이다.

①의 다른 근 $x = -\dfrac{1}{1991^2}$ 따라서 $r=1$

②의 다른 근 $x = -1991$ 따라서 $s = -1991$

$\therefore r - s = 1 + 1991 = 1992$

(5) 종합적 응용

예제 09

$x^2 - 8x + 15 = 0$의 두 근이 $a^2 + b^2$, $a-b$(a, b는 방정식 $x^2 + px = q$의 두 근임)일 때, $\sqrt{p^2 + q^2}$의 값을 구하여라.(단, 문자는 모두 실수이다.)

| 풀이1 | 방정식 $x^2 - 8x + 15 = 0$의 두 근은 3, 5이다.

만일, $a^2 + b^2 = 3$, $a - b = 5$라 하면 $(a+b)^2 = -19$이다.

그러나 이는 불가능하다.

$\therefore a^2 + b^2 = 5$, $a - b = 3$

이를 풀면 $a = 2$, $b = -1$ 또는 $a = 1$, $b = -2$

따라서 비에트의 정리에 의해 $p = -(a+b) = -1$ 또는 1,

$q = -ab = 2$임을 알 수 있다.

$\therefore \sqrt{p^2 + q^2} = \sqrt{(\pm 1)^2 + 2^2} = \sqrt{5}$

|풀이2| 비에트의 정리에 의해

$$\begin{cases} (a^2+b^2)+(a-b)=8 & \cdots ① \\ (a^2+b^2)(a-b)=15 & \cdots ② \end{cases} \quad \begin{cases} a+b=-p & \cdots ③ \\ ab=-q & \cdots ④ \end{cases}$$

임을 알 수 있다.

①, ②로부터 $a^2+b^2=5$, $a-b=3$이 얻어진다.

그 외의 절차는 풀이 1에서와 같다.

예제 10

자연수 n에 대해서 x에 관한 이차방정식 $x^2+(2n+1)x+n^2=0$
을 만들었을 때 두 근이 α_n, β_n이라면 다음 식의 값을 구하여라.

$$\frac{1}{(\alpha_3+1)(\beta_3+1)}+\frac{1}{(\alpha_4+1)(\beta_4+1)}+\cdots\cdots+\frac{1}{(\alpha_{20}+1)(\beta_{20}+1)}$$

|풀이| 비에트의 정리에 의해 $\alpha_n+\beta_n=-(2n+1)$, $\alpha_n\cdot\beta_n=n^2$임을 알 수 있다.

따라서 $\dfrac{1}{\{(\alpha_n+1)(\beta_n+1)\}}=\dfrac{1}{(\alpha_n\beta_n+\alpha_n+\beta_n+1)}$

$$=\frac{1}{(n^2-2n)}=\frac{1}{n(n-2)}=\frac{1}{2}\left\{\frac{1}{(n-2)}-\frac{1}{n}\right\}$$

$\therefore$ 원식$=\dfrac{1}{2}\left\{\left(1-\dfrac{1}{3}\right)+\left(\dfrac{1}{2}-\dfrac{1}{4}\right)+\cdots\cdots+\left(\dfrac{1}{18}-\dfrac{1}{20}\right)\right\}$

$$=\frac{1}{2}\left(1-\frac{1}{3}+\frac{1}{2}-\frac{1}{4}+\frac{1}{3}-\frac{1}{5}+\frac{1}{4}-\frac{1}{6}+\cdots\cdots+\frac{1}{18}-\frac{1}{20}\right)$$

$$=\frac{1}{2}\left(1+\frac{1}{2}-\frac{1}{19}-\frac{1}{20}\right)=\frac{531}{760}$$

예제 11

x_1, x_2는 방정식 $x^2+px+q=0$의 두 근, $\dfrac{1}{x_1}$, $\dfrac{1}{x_2}$은
$6x^2-5x+1=0$의 두 근일 때 p, q의 값을 구하여라.

| 풀이 | 비에트의 정리에 의해

$$\begin{cases} x_1+x_2=-p & \cdots ① \\ x_1 x_2=q & \cdots ② \end{cases} \qquad \begin{cases} \dfrac{1}{x_1}+\dfrac{1}{x_2}=\dfrac{5}{6} & \cdots ③ \\ \dfrac{1}{x_1}\cdot\dfrac{1}{x_2}=\dfrac{1}{6} & \cdots ④ \end{cases}$$

임을 알 수 있다.

③, ④로부터 $\begin{cases} x_1+x_2=5 \\ x_1\cdot x_2=6 \end{cases}$ 이 얻어진다.

$\therefore p=-5, \quad q=6$

예제 12

방정식 $x^2+px+q=0$의 두 근의 차가 방정식 $x^2+qx+p=0$의
두 근의 차와 같을 때, $p=q$ 또는 $p+q=-4$임을 증명하여라.

| 증명 | 예제 **07**의 (2)로부터 첫번째 방정식의 두 근의 차의 절댓값이
$\sqrt{p^2-4q}$, 두번째 방정식의 두 근의 차의 절댓값이 $\sqrt{q^2-4p}$임
을 알 수 있다.
주어진 조건에 의하면
$$\sqrt{p^2-4q}=\sqrt{q^2-4p}$$
이를 간단히 하면 $(p-q)(p+q+4)=0$
$\therefore p=q$ 또는 $q+p=-4$

01 $(m-1)x^2+\sqrt{2}(m-1)x+1=0$이 2개의 서로 같은 실근(중근)을 가질 때 m의 값을 구하여라.

02 방정식 $x^2+2hx=3$의 두 근의 제곱의 합이 10일 때 h의 절댓값은 (   ) 와 같다.

(A) $\dfrac{1}{2}$ (B) -1 (C) $\dfrac{3}{2}$

(D) 2   (E) 이상의 답은 모두 틀렸다.

03 이차 방정식 $x^2+2px+2q=0$ (p, q는 홀수)이 실근을 가질 때 그의 근은 (   )이다.

(A) 홀수   (B) 짝수   (C) 분수   (D) 무리수

04 방정식 $2x(kx-4)-x^2+6=0$이 실근을 가지지 않을 때 k의 최솟값은 (   )이다. (단, k는 양의 정수)

(A) -1 (B) 2   (C) 3   (D) 4

05 $x^2-3x+c=0$ (c는 실수)의 한 근의 반수가 $x^2+3x-c=0$의 한 근일 때 $x^2-3x+c=0$의 근은 (   )이다.

(A) 1, 2   (B) -1, -2 (C) 0, 3   (D) 0, -3

06 x에 관한 방정식 $mx^2-2(m+2)x+m+5=0$이 실근을 가지지 않는다면 x에 관한 방정식 $(m-5)x^2-2(m+2)x+m=0$의 실근의 개수는 (   ) 이다.

(A) 2   (B) 1   (C) 0   (D) 일정하지 않다.

07 이차방정식 $(b-c)x^2+(a-b)x+c-a=0 (b \neq c)$이 2개의 서로 같은 실근(중근)을 가질 때 a, b, c의 관계는 (   )이다.

(A) $b = \dfrac{(a-c)}{2}$ (B) $b = \dfrac{(a+c)}{2}$

(C) $c = \dfrac{(b+c)}{2}$ (D) $c = \dfrac{(a+b)}{2}$

08 x에 관한 방정식 $(a^2-1)x^2-2(a+1)x+1=0$이 1개의 실근을 가질 때 a의 값은 (   )이다.

09 α, β는 방정식 $x^2+(p-2)x+1=9$의 두 근이고,
$\{1+\alpha(p+\alpha)-\beta\} \cdot \{1+\beta(p+\beta)-\alpha\}=19$일 때, p의 값은 (   )이다.

10 방정식 $ax^2+bx+c=0 (a \neq 0)$의 두 근의 합은 S_1, 두 근의 제곱의 합은 S_2, 두 근의 세제곱의 합은 S_3일 때 $aS_3+bS_2+cS_1 = $ _____ 이다.

11 두 개의 소수 p, q가 정수 계수방정식 $x^2-99x+m=0$의 두 근일 때 $\dfrac{p}{q}+\dfrac{q}{p}$ 값을 구하여라.

12 k가 어떤 값을 취할 때 방정식 $x^2+kx+45=0$의 2개 실근의 차의 제곱이 16이 되겠는가?

13 x가 α, β, 1일 때 대수식 ax^2+bx+c의 값이 각각 β, α, 1(그 중 α, β는 이차방정식 $x^2-x-1=0$의 두 근임)이다. a, b, c를 구하여라.

14 n은 자연수이고 α_n, β_n은 이차방정식 $\{n+\sqrt{n(n-1)}\}x^2-\sqrt{n}x-\sqrt{n}=0$의 두 개의 실근일 때 다음 식의 값을 구하여라.
$$(\alpha_1+\alpha_2+\cdots+\alpha_{100})+(\beta_1+\beta_2+\cdots+\beta_{100})$$

15 방정식 $ax^2+bx+c=0$의 두 개의 서로 다른 실근의 차의 제곱과 방정식 $cx^2+bx+a=0$의 두 개의 서로 다른 실근의 차의 제곱이 같을 때 a, c는 무슨 관계를 만족시켜야 하겠는가?

16 방정식 $x^2 + ax + b = 0$의 근에 각각 1을 더한 것을 근으로 하는 새로운 방정식은 $x^2 - a^2 x + ab = 0 \,(a \neq 1)$이다. 원 방정식을 구하여라.

17 $x^2 + mx + n = 0$과 $x^2 + px + q = 0$이 서로 같은 한 근을 가질 때 $(n - q)^2 - (m - p)(np - mq)$의 값을 구하여라.

18 x에 관한 방정식 $x^2 - (m - 1)x + m^2 = 0$에서 다음 물음에 답하여라.

(1) m이 어떤 값을 취할 때 방정식의 한 개의 실근이 다른 실근의 역수의 $\dfrac{1}{9}$로 되겠는가?

(2) 방정식의 두 개의 실근이 서로 반수로 될 수 있겠는가? 이유는?

19 p, q가 모두 자연수이고 방정식 $px^2 - qx + 1985 = 0$의 두 근이 모두 소수일 때, $12p^2 + q$의 값을 구하여라.

17 미지수가 1개인 이차방정식의 몇 가지 특수해

미지수가 1개인 이차방정식은 중학교 수학 교육과 경시 대회의 중요한 내용으로서 관련되는 문제가 아주 많다. 앞 장에서 그 판별식과 비에트의 정리를 응용하는 기초를 소개하였다. 이 장에서는 그의 3가지 특수해 문제, 즉

(1) 정수근, 유리수근, 무리수근 문제
(2) 두 근이 비례하는 문제
(3) 공통근 문제를 소개하기로 한다.

1. 정수근, 유리수근, 무리수근 문제

미지수가 1개인 이차방정식에 대해서 때로는 실근을 가짐을 확인한 다음 근의 유리성, 무리성, 정수성을 파악하게 된다. 파악의 주요한 도구는 판별식, 비에트의 정리, 근의 공식과 수와 관련된 지식이다. 정수가 계수인 방정식 G, 즉 $ax^2+bx+c=0\,(a\neq0,\ a,\ b,\ c$는 정수)에 대해서 다음의 결론을 쉽게 얻을 수 있다.

〔결론1〕 방정식 G의 판별식 $D=b^2-4ac$가 완전제곱수일 때 방정식 G의 근은 유리수이다. 이 역도 성립한다.

〔증 명〕 $D=b^2-4ac=p^2\,(p$는 음이 아닌 정수)이라면 G의 두 근

$$x_{1,\,2}=\frac{(-b\pm p)}{2a}=\frac{(-b+p)}{2a}\ \text{또는}\ \frac{(-b-p)}{2a}\ \text{이다(두 근은 모두}$$

유리수임이 명백하다).

이와 반대로 두 근 $\dfrac{(-b\pm\sqrt{D})}{2a}$가 유리수 ($r$로 적는다)라면

$\pm\sqrt{D}=r\cdot2a+b$, 따라서 $D=(r\cdot2a+b)^2$이다. 그러므로 D는 반드시 완전제곱수이다.

〔결론2〕 방정식 G의 판별식 D>0이고 완전제곱수가 아니라면 방정식 G는 2개의 켤레무리수근 $\dfrac{b}{2a} \pm \dfrac{\sqrt{D}}{2a}$를 가진다(명백한 것이므로 증명은 생략함).

〔결론3〕 a, b를 짝수, c를 홀수라 하면 방정식 G는 정수근을 가지지 않는다. 이 결론은 홀짝성 분석에 의해 얻을 수 있다. 왜냐하면 x가 어떤 정수라도 $(ax^2+bx)+c=($짝$+$짝$)+$홀$\neq 0$이기 때문이다.

〔결론4〕 a, b, c를 홀수라 하면 방정식 G는 유리수근을 가지지 않는다(정수근을 가지지 않는 것은 물론이다). 이 결론은 여러 가지 방법으로 증명할 수 있지만 여기서는 그 중의 한 가지만 소개한다.

〔증 명〕 결론이 성립함을 증명하려면 판별식 $D=b^2-4ac$가 완전제곱수가 아니라는 것만 증명하면 된다. 그런데 D가 홀수라는 것을 알 수 있으므로 $D\neq 8k+1$(k가 정수일 때 홀수의 제곱은 $8k+1$의 형식으로 나타낼 수 있다)이라는 것만 증명하면 된다. 사실상
$a=2p+1$, $b=2m+1$, $c=2q+1$(p, q, m은 정수)이라 하면
$D=8\left(\dfrac{m(m+1)}{2}-2pq-p-q-1\right)+5\neq 8k+1$이다.

$\therefore$ 방정식 G는 유리수근을 가지지 않는다.

예제 01

m이 어떤 정수(단, $4<m<40$)일 때 방정식
$$x^2-2(2m-3)x+4m^2-14m+8=0$$
이 2개의 정수근을 가지겠는가?

| 풀이 | $4<m<40$일 때 방정식의 두 근 $x_{1,\,2}=(2m-3)\pm\sqrt{2m+1}$
이 정수로 되려면 $2m+1$이 완전제곱수이기만 하면 된다.
그런데 주어진 조건에서 $m=12$ 또는 24일 때만이 $2m+1$이 완전제곱수로 된다. 그러므로 $m=12$ 또는 24일 때 주어진 방정식이 2개의 정수근을 가진다.

m이 유리수일 때, k가 어떤 값을 취해야 방정식
$x^2-4mx+4x+3m^2-2m+4k=0$이 유리수근을 가지겠는가?

| 풀이 | 방정식을 정리하면 $x^2+(4-4m)x+(3m^2-2m+4k)=0$
판별식 $\mathrm{D}=4(m^2-6m+4-4k)$
방정식이 유리수근을 가지려면 D가 유리수의 제곱수이기만
하면 된다. 다시 말해서 $\dfrac{\mathrm{D}}{4}=m^2-6m+4-4k$가 m의 1차식
의 제곱이면 된다. 그러러면 $4-4k=\left(-\dfrac{6}{2}\right)^2$이어야 한다.
이를 풀면 $k=-\dfrac{5}{4}$. 그러므로 $k=-\dfrac{5}{4}$일 때 주어진 방정식이
유리수근을 가진다.

방정식 $x^2+2px+2q=0(p, q$는 홀수$)$이 실근을 가질 때 이
방정식의 근은 반드시 (켤레) 무리수근임을 증명하여라.

| 증명 | 방정식의 두 근 $x_1, x_2=-p\pm\sqrt{p^2-2q}$이다. 이로부터 방정
식이 유리수근을 가지면 반드시 정수근임을 알 수 있다.
x_1, x_2가 유리수근(즉 정수근)이라면 $x_1 \cdot x_2=2q(q$는 홀수$)$로
부터 x_1과 x_2가 동시에 홀수거나 짝수로 될 수 없고 하나는 홀
수, 다른 하나는 짝수이어야 함을 알 수 있다.
그러나 이때 $x_1+x_2=-2p$가 성립하지 않는다. 그러므로
x_1과 x_2는 유리수인 것이 아니라 무리수이다.

🟦 p^2-2q가 완전제곱수가 아니라는 것을 증명하여도 된다.
스스로 증명해 보기 바란다.

방정식 $x^2-(k+2)x+4k=0$이 두 개의 서로 다른 정수근을
가질 때 정수 k의 값을 구하여라.

| 풀이 | 방정식의 두 근 x_1, x_2(정수이며 동시에 $x_1 \neq x_2$)라 하면 $x_1 + x_2 = k + 2$로부터 k가 정수임을 알 수 있다. 또, 주어진 조건으로부터 판별식 $D = k^2 - 12k + 4$가 어떤 정수의 완전제곱수임을 알 수 있다. $k^2 - 12k + 4 = m^2$(m은 양의 정수)이라 하면 k에 관한 방정식 $k^2 - 12k + 4 - m^2 = 0$은 정수근을 가져야 한다. 따라서 판별식 $D_1 = 4(32 + m^2)$은 완전제곱수이어야 한다. 즉, $32 + m^2$은 완전제곱수이어야 한다. $32 + m^2 = (m + n)^2$(단, n은 양의 정수)이라 하면 $32 = n(2m + n)$. 그런데 $32 = 1 \times 32$, 2×16, 4×8이므로 다음의 3가지 경우밖에 있을 수 없다. 즉

① $\begin{cases} n = 1 \\ 2m + n = 32 \end{cases}$

② $\begin{cases} n = 2 \\ 2m + n = 16 \end{cases}$

③ $\begin{cases} n = 4 \\ 2m + n = 8 \end{cases}$

①은 근을 가지지 않는다(불능). ②로부터 $m = 7$이 얻어지고 ③으로부터 $m = 2$가 얻어진다.

$m = 7$일 때 $k^2 - 12k + 4 = 49$가 얻어진다. 따라서

$k = -3$ 또는 15

$m = 2$일 때 $k^2 - 12k + 4 = 4$가 얻어진다. 따라서

$k = 0$ 또는 12

$\therefore k = -3,\ 0,\ 12,\ 15$

2. 두 근이 비례하는 문제

어느 중학교 수학 경시 대회에 이런 문제가 출제되었다.

〔문제〕 $x^2 + px + q = 0$의 한 근이 다른 근의 2배일 때 p와 q는 어떤 관계를 만족시키겠는가?

이는 두 근이 비례하는 문제이다.

이차방정식 $ax^2 + bx + c = 0$($a \neq 0$)의 두 근의 비가 상수 k와 같다면 계수 a, b, c는 다음 관계를 만족시킨다. 즉, $kb^2 = (k + 1)^2 ac$ 이다.

〔증명〕 방정식의 두 근을 x_1, x_2라 하고, $x_2 \neq 0, x_1 : x_2 = k:1$라 하면 $x_1 = kx_2$

$$x_1 + x_2 = (k+1)x_2 = -\frac{b}{a}$$

$$x_1 x_2 = kx_2{}^2 = \frac{c}{a}$$

위 식으로부터 $x_2 = \dfrac{-b}{a(k+1)}\,(k \neq -1)$을 얻어 두번째 식에 대입

하면 $k\left(\dfrac{-b}{a(k+1)}\right)^2 = \dfrac{c}{a}$가 얻어진다.

$\therefore kb^2 = (k+1)^2 ac$

$k = -1$일 때 x_1과 x_2는 반수이므로 $b = 0$이다.

위의 식들은 $k = -1$일 때에도 성립한다. 이로써 증명이 끝났다.

이 정리로부터 위에서 말한 문제의 답이 $2p^2 = 9q$임을 알 수 있다.

정리의 결론은 기억할 필요가 없으나 그 증명 방법을 알아야 한다. 다시 말해서, 한 근이 x_0일 때 다른 근은 kx_0이고 이를 비에트의 정리의 두 개 식에 대입하면

$$(k+1)x_0 = -\frac{b}{a}\left(즉,\ x_0 = -\frac{b}{a(k+1)}\right),\quad kx_0{}^2 = \frac{c}{a}$$

가 얻어지며 전자를 후자에 대입하면 $kb^2 = (k+1)^2 ac$가 얻어진다는 것을 알아야 한다.

예제 05

m이 어떤 값을 취할 때 방정식 $x^2 - (2m+1)x + m^2 + 2 = 0$ 의 한 근이 다른 근의 절반으로 되겠는가?

| 풀이 | 한 근이 x_0라면 다른 근은 $\dfrac{x_0}{2}$이다. 비에트의 정리로부터

$$x_0 + \frac{x_0}{2} = 2m + 1\left(즉,\ ① \ x_0 = \frac{2(2m+1)}{3}\right),\quad x_0 \cdot \frac{x_0}{2} = m^2 + 2$$

(즉, ② $\dfrac{x_0{}^2}{2} = m^2 + 2$)가 얻어진다.

①을 ②에 대입하고 정리하면 $m^2 - 8m + 16 = 0$이 얻어진다.

$\therefore m = 4$

예제 06

방정식 $x^2-402x+k=0$의 한 근에 3을 더하면 다른 근의 80배로 된다. k의 값을 구하여라.

| 풀이 | 한 근을 x_0라 하면 다른 근은 $80x_0-3$이다.

비에트의 정리로부터 $x_0+(80x_0-3)=402$ (즉, $x_0=5$)

$x_0 \cdot (80x_0-3)=k$임을 알 수 있다.

$\therefore k=5(80 \times 5-3)=1985$

3. 공통근의 문제

α가 두 개 또는 그 이상의 방정식의 근이라면 α를 이런 방정식들의 **공통근**이라 한다.

〔정리〕 방정식 $a_1x^2+b_1x+c_1=0$과 $a_2x^2+b_2x+c_2=0(a_1a_2 \neq 0)$이 적어도 1개의 공통근을 가진다면 이 두 방정식의 계수는 다음 관계를 만족한다.

$$(a_1c_2-a_2c_1)^2=(a_1b_2-a_2b_1)(b_1c_2-b_2c_1) \qquad \cdots\cdots(E)$$

이와 반대로 (E)가 성립한다면 위의 두 방정식은 적어도 1개의 공통근을 가진다.

〔증명〕 공통근을 α라 하면

$a_1\alpha^2+b_1\alpha+c_1=0$ $\cdots$①,

$a_2\alpha^2+b_2\alpha+c_2=0$ $\cdots$②,

$a_1 \times$②$-a_2 \times$①에서 $(a_1b_2-a_2b_1)\alpha=-(a_1c_2-a_2c_1)$

$a_1b_2-a_2b_1=0$이라 하면 $a_1c_2-a_2c_1=0$이므로 (E)가 성립함이 명백하다.

$a_1b_2-a_2b_1 \neq 0$이라 하면 $\alpha=-\dfrac{(a_1c_2-a_2c_1)}{(a_1b_2-a_2b_1)}$이 얻어진다.

이제 α를 ① (또는 ②) 식에 대입한 후 정리하면 (E)가 얻어진다.

이 역도 성립한다.

정리의 증명 과정을 통하여 공통근에 관한 일반 문제를 푸는 방법을 알 수 있다.

예제 07

k가 어떤 값을 취할 때
방정식 $x^2-kx-7=0$과 $x^2-6x-(k+1)=0$이 공통근을
가지는가? 공통근과 공통이 아닌 근을 구하여라.

| 풀이 | 공통근을 α라 하면 $\alpha^2-k\alpha-7=0$, $\alpha^2-6\alpha-(k+1)=0$이다.
두 식을 변변 빼서 2차항을 소거하면
$(6-k)\alpha+k-6=0$, 즉 $(6-k)(\alpha-1)=0$
① $\alpha-1=0$(즉 $\alpha=1$)일 때
$1^2-k-7=0$[또는 $1^2-6-(k+1)=0$]이다.
이를 풀면 $k=-6$. 이때 두 방정식은 $x^2+6x-7=0$,
$x^2-6x+5=0$으로 된다. 따라서 공통근은 1, 공통이 아닌
근은 -7, 5임을 알 수 있다.
② $6-k=0$(즉, $k=6$)일 때 두 방정식은 모두 $x^2-6x-7=0$
으로 된다. 따라서 공통근은 -1, 7이고 공통이 아닌 근은
가지지 않음을 알 수 있다.

예제 08

2차항의 계수가 같지 않은 2개의 이차방정식
$(a-1)x^2-(a^2+2)x+(a^2+2a)=0$ ······①
$(b-1)x^2-(b^2+2)x+(b^2+2b)=0$ ······②
(a, b는 양의 정수)이 1개의 공통근을 가질 때 $\dfrac{(a^b+b^a)}{(a^{-b}+b^{-a})}$ 의
값을 구하여라.

| 풀이1 | 주어진 조건으로부터 $a>1$, $b>1$, $a\neq b$임을 알 수 있다.
방정식 ①, ②의 공통근을 α라 하면
$(a-1)\alpha^2-(a^2+2)\alpha+(a^2+2a)=0$ ······③
$(b-1)\alpha^2-(b^2+2)\alpha+(b^2+2b)=0$ ······④
①×$(b-1)$−②×$(a-1)$에서
$(a-b)(a-ab+b+2)(\alpha-1)=0$
그런데 $a\neq b$이므로 $\alpha=1$ 또는 $ab-a-b-2=0$이다.

$a=1$을 ①에 대입하면 $a=1$이 얻어져 $a>1$에 어긋난다.

$\therefore a \neq 1$, $ab-a-b-2=0$ 즉 $ab=a+b+2$이다.

$a>b>1$이라 하면 $b=1+\dfrac{b}{a}+\dfrac{2}{a}<3$이다.

$\therefore b=2$, $a=4$

$b>a>1$이라 하면 같은 이유로 $a=2$, $b=4$가 얻어진다.

$\therefore \dfrac{(a^b+b^a)}{(a^{-b}+b^{-a})}=a^b b^a=4^2 \cdot 2^4=256$

| 풀이2 | $a>1$, $b>1$, $a \neq b$이므로 방정식 ①의 두 근은 a, $\dfrac{(a+2)}{(a-1)}$ 이고 방정식 ②의 두 근은 b, $\dfrac{(b+2)}{(b-1)}$이다. $a \neq b$이고 공통 근을 가지므로 $a=\dfrac{(b+2)}{(b-1)}$ 또는 $b=\dfrac{(a+2)}{(a-1)}$이다.

위의 두 식을 간단히 하면 모두 $ab-a-b-2=0$이다(다음 의 절차는 풀이 1에서와 같다).

$(a-1)(b-1)=3$이고 a, b가 양의 정수이므로

$$\begin{cases} a-1=1 \\ b-1=3 \end{cases} \quad 또는 \quad \begin{cases} a-1=3 \\ b-1=1 \end{cases}$$

$$\begin{cases} a=2 \\ b=4 \end{cases} \quad 또는 \quad \begin{cases} a=4 \\ b=2 \end{cases}$$

$\therefore$ 원식 $=a^b b^a=256$

| 설명 | 위의 예제를 통하여 공통근에 관한 문제를 푸는 기본 방법은 다음 의 두 가지임을 알 수 있다.
① 제곱항을 소거하고
② 근을 구한다(근의 표현식이 비교적 간단할 때 적용됨).

예제 09

a가 어떤 값을 취할 때 다음의 3개 방정식이 공통근을 가지겠 는가?

① $x^2+2x+a=0$　　　② $2x^2+ax+1=0$

③ $ax^2+x+2=0$

| 분석 | ①, ②, ③의 공통근 α는 반드시 ①과 ②, ②와 ③의 공통근이다. 이와 반대로 ①과 ②의 공통근 α_1과 ②와 ③의 공통근 α_2가 같을 때, ①, ②, ③은 공통근을 가진다(물론 ①과 ③, ①과 ② 또는 ①과 ③, ②와 ③의 공통근이 같을 때에도 ①, ②, ③이 공통근을 가진다).

| 풀이 | ①과 ②에 공통근이 있다면 공통근은 다음의 조건을 만족한다.

$$x^2 + 2x + a = x^2 + \frac{ax}{2} + \frac{1}{2}$$

$$\therefore \text{①과 ②의 공통근 } x_1 = \frac{(1-2a)}{(4-a)}$$

$$\therefore \text{②와 ③의 공통근 } x_2 = \frac{(4-a)}{(a^2-2)}$$

$x_1 = x_2$이므로 $\dfrac{(1-2a)}{(4-a)} = \dfrac{(4-a)}{(a^2-2)}$

따라서 $a^3 - 6a + 9 = 0$이다.

$\Rightarrow a^3 - 9a + 3a + 9 = 0 \Rightarrow a(a^2-9) + 3(a+3) = 0$

$\Rightarrow (a+3)(a^2 - 3a + 3) = 0$

그런데 $a^2 - 3a + 3 = \left(a - \dfrac{3}{2}\right)^2 + \dfrac{3}{4} > 0$이므로 $a = -3$

또, $a = -3$ 일 때 방정식 ①, ②, ③은 모두 실근을 가진다.

$(D > 0)$

$\therefore a = -3$일 때 이 3개 이차방정식은 공통근 1을 가진다.

01 방정식 $x^2+px+q=0$의 근이 유리수일 때, 이 근은 반드시 정수임을 증명하여라. 단, p, q는 정수이다.

02 k가 어떤 정수일 때 이차방정식 $(k^2-1)x^2+6(3k-1)x+72=0$의 두 근이 모두 양의 정수이겠는가?

03 a, b가 임의의 정수일 때 방정식 $x^2+10ax+5b-3=0$이 정수근을 가지지 않음을 증명하여라.

04 방정식 $x^2+mx-6=0$의 두 근이 모두 정수일 때, m이 취할 수 있는 값의 개수는 (   )이다.

(A) 2   (B) 4   (C) 6   (D) 이상의 결론이 다 맞지 않는다.

05 k가 어떤 정수일 때 이차방정식 $(6-k)(9-k)x^2-(117-15k)x+54=0$의 두 근이 모두 정수이겠는가?

06   $(1+m^2)x^2-2m(1+n)x+m^2+n^2=0$이 정수근을 가질 때 정수 m, n이
만족하는 조건을 구하여라.

07   방정식 $x^2-3x+a+4=0$이 2개의 정수근을 가질 때

(1) 두 근 중 하나는 홀수이고 다른 하나는 짝수임을 증명하여라.

(2) a는 음의 짝수임을 증명하여라.

(3) 두 근의 부호가 같을 때 a의 값과 두 근을 구하여라.

08   k가 양의 정수이고 미지수가 1개인 이차방정식 $(k-1)x^2-px+k=0$이
2개의 양의 정수근을 가질 때, $k^{kp}(p^p+k^k)$의 값을 구하여라.

09   p, q가 모두 홀수일 때 방정식 $x^{10}+px^7+q=0$이 정수근을 가지지 않음을
증명하여라.

10   a가 어떤 값을 취할 때 연립방정식 $\begin{cases} x^2+2ay=5 \\ y-x=6a \end{cases}$ 가 양의 정수해를 가지겠
는가?

11 x, y가 실수이고 방정식 $9x^2+2xy+y^2-92x-20y+244=0$을 만족할 때 이 방정식의 정수해를 구하여라.

12 a, b, c가 유리수일 때 이차방정식 $abc^2x^2+3a^2cx+b^2cx+3a^2-ab+b^2=0$ 의 근 역시 유리수임을 증명하여라.

13 p, k, n이 유리수일 때 방정식 $(p+k+n)x^2-2(p+k)x+(p+k-n)=0$ 의 근이 언제나 유리수임을 증명하여라. 단 $n\neq0$이다.

14 대수식 $f(x)=x^2+x$이고, a, b가 양의 유리수일 때 a(또는 b)에 관한 이차 방정식 $4f(a)=f(b)$가 유리수의 근을 갖지 않을 수도 있음을 증명하여라.

15 방정식 $4x^2-(3n+2)x+n^2-1=0$의 한 근이 다른 근의 3배일 때 정수 n 을 구하여라.

16 방정식 $x^2+px+q=0$의 두 근의 비가 3 : 4이고 판별식이 $2-\sqrt{3}$과 같을 때 이 방정식을 구하여라.

17 방정식 $x^2+ax+b=0$의 한 근이 다른 근의 제곱과 같을 때 $3ab=a^3+b^2+b$ 가 성립함과 동시에 이 역도 성립함을 증명하여라.

18 방정식 $\dfrac{(3x+2a)}{(x+b)}=x$(a, b는 실수)의 두 근의 비가 -1일 때 a, b가 취할 수 있는 값의 범위는?

19 방정식 $x^2+bx+1=0$과 $x^2-x-b=0$이 한 개의 공통근을 가질 때 b의 값을 구하여라.

20 방정식 $x^2+px+q=0$과 $x^2+qx+p=0$이 1개의 공통근만 가질 때 $(p+q)^{20}$의 값 및 공통근, 공통근이 아닌 두 근의 합을 구하여라.

21 이차방정식 $ax^2+bx+c=0$과 $cx^2+bx+a=0$ $(a\neq0,\ c\neq0,\ a\neq\mathrm{c})$이
    한 개의 공통근을 가질 때 $(a+c)^2=b^2$임을 증명하여라.

22 방정식 $x^2+mx+1=0$과 $x^2+x+m=0$이 한 개의 공통근을 갖게 하는 m의
    값은 (   )이다.
    (A) 2   (B) 1   (C) 0   (D) -1 (E) -2

23 $m,\ n$은 양의 정수, $p,\ q$는 이차방정식 $4x^2+mx+n=0$의 서로 다른 실근,
    $p>q$일 때 방정식 $x^2-px+2q=0$과 $x^2-qx+2p=0$이 공통근을 가진다면
    다음의 것을 구하여라.
    ⑴ 공통근
    ⑵ m,n의 모든 양의 정수쌍 (m,n)
    ⑶ p,q가 모두 유리수일 때 방정식 $x^2-px+2q=0$의 다른 한 근

24 다음 세 개의 이차방정식 $ax^2+bx+c=0,\ bx^2+cx+a=0,$
    $cx^2+ax+b=0$이 공통실근을 가질 때
    ⑴ $a+b+c=0$임을 증명하여라.
    ⑵ $\dfrac{(a^3+b^3+c^3)}{abc}$의 값을 구하여라.

25 $x,\ y$에 관한 미지수가 1개인 일차방정식 $(a-1)x+(a+2)y+5-2a=0$
    이 있는데, 각각의 a의 값에 대응하여 1개의 방정식이 얻어진다. 만일 이런 방정
    식들이 공통근을 가진다면 이 공통근을 구하고, 그것이 임의의 a의 값에 대해서
    모든 방정식을 성립하게 함을 증명하여라.

18 고차방정식과 특수방정식

1. 고차방정식

교과서에서 우리는 이미 간단한 고차방정식의 풀이법을 배웠는데 그 주요 방법은 인수분해법과 치환법을 이용해서 고차방정식을 미지수가 1개인 일차방정식 또는 미지수가 1개인 이차방정식으로 바꾸는 것이다.

아래에서 일부 좀 복잡한 고차방정식의 풀이법을 배우기로 하자.

예제 01

방정식 $x^3 + 2x^2 - 5x - 6 = 0$을 풀어라.

| 풀이 | "미지수가 1개인 n차방정식의 홀수차항의 계수의 합과 짝수차항의 계수의 합이 같다면, -1이 이 방정식의 한 근으로 된다"는 성질에 의하여 주어진 방정식의 한 근은 -1임을 알 수 있다. 조립제법을 이용하여 원 방정식을

$(x+1)(x^2+x-6)=0$으로 변형할 수 있다.

$x^2+x-6=0$을 풀면 $x=-3$ 또는 $x=2$

∴ 원 방정식의 근은 $-1, 2, -3$

예제 02

x가 실수일 때 방정식 $x^4 - 12x + 325 = 0$을 풀어라.

| 풀이 | 원 방정식을 변형하면

$x^4 + 18^2 - 12x + 1 = 0$,

$(x^4 - 36x^2 + 18^2) + (36x^2 - 12x + 1) = 0$

즉, $(x^2 - 18)^2 + (6x-1)^2 = 0$

∴ 방정식의 근은 $x^2 - 18 = 0$과 $6x - 1 = 0$을 동시에 만족시켜야 한다. 그러나 사실상 위의 두 방정식을 동시에 만족시키

는 공통근은 있을 수 없다. 그러므로 원 방정식은 근을 가지지 않는다.

방정식 $ax^4 \pm bx^3 \pm cx^2 \pm bx + a = 0$을 살펴보면 셋째항을 중심으로 좌변의 항의 계수와 우변의 항의 계수가 대칭된다.

이런 꼴의 방정식은 x를 그의 역수 $\frac{1}{x}(x \neq 0)$로 바꾸어도 방정식이 변하지 않으므로 **상반방정식** 또는 **역수방정식**이라 한다. 상반방정식은 이차방정식으로 바꾸어 풀 수 있다.

예제 03

방정식 $12x^4 - 56x^3 + 89x^2 - 56x + 12 = 0$을 풀어라.

| 풀이 | 방정식의 양변을 $x^2(x \neq 0)$으로 나눈 다음 정리하면

$$12\left(x^2 + \frac{1}{x^2}\right) - 56\left(x + \frac{1}{x}\right) + 89 = 0$$

$x + \frac{1}{x} = y$라 하면 $x^2 + \frac{1}{x^2} = y^2 - 2$

따라서 원 방정식은 $12(y^2 - 2) - 56y + 89 = 0$

즉 $12y^2 - 56y + 65 = 0$으로 변형할 수 있다.

이를 풀면 $y = \frac{5}{2}$ 또는 $\frac{13}{6}$

$\therefore x + \frac{1}{x} = \frac{5}{2}$ 또는 $\frac{13}{6}$

이를 풀면 $x = 2, \frac{1}{2}, \frac{3}{2}, \frac{2}{3}$

어떤 방정식은 비록 상반방정식이 아니지만 상반방정식을 푸는 방법으로 풀 수 있다.

예제 04

방정식 $6x^4 - 25x^3 + 12x^2 + 25x + 6 = 0$을 풀어라.

| 풀이 | $x=0$이 방정식의 근이 아님이 분명하다. 방정식의 양변을 x^2으로 나눈 다음 정리하면

$$6\left(x^2+\frac{1}{x^2}\right)-25\left(x-\frac{1}{x}\right)+12=0$$

따라서 $6\left(x-\frac{1}{x}\right)^2-25\left(x-\frac{1}{x}\right)+24=0$

$x-\dfrac{1}{x}=y$라 하면 $6y^2-25y+24=0$

이를 풀면

$$y=\frac{3}{2} \ \text{또는} \ \frac{8}{3}$$

$$\therefore x-\frac{1}{x}=\frac{3}{2} \ \text{또는} \ \frac{8}{3}$$

이를 풀면

$$x=2, \ -\frac{1}{2}, \ 3, \ -\frac{1}{3}$$

예제 **03**과 예제 **04**에서는 치환법을 이용했다. 어떤 방정식은 직접 해를 구하기는 어렵지만 치환법을 이용해서 보조 미지수를 도입한다면 그 해를 어렵지 않게 구할 수 있다.

치환법에서는 보조 미지수 y로 방정식 중의 x에 관한 대수식을 대체(이를 $y=\phi(x)$로 적는다)하여 방정식 $f(x)=0$을 새로운 방정식 $g(y)=0$으로 변형시킨 다음 y를 구하고 다시 y와 x의 관계식 $y=\phi(x)$를 이용하여 x를 구한다.

2. 분수방정식

분수방정식을 풀 때에는 분모를 없애거나 치환법을 이용해서 분수방정식을 정방정식으로 바꾸어 풀게 된다.

무릇 적당한 변환을 거쳐

$$a\cdot\phi(x)+\frac{b}{\phi(x)}+c=0 \text{과} \ \frac{A}{\phi(x)}+\frac{B}{\phi(x)+a}+\frac{C}{\phi(x)+b}=0 \text{의 형태로}$$

전환시킬 수 있는 분수방정식은 환원법을 이용해서 미지수가 1개인 이차방정식으로 변형시켜 풀 수 있다. 사실상 $t=\phi(x)$라 가정한다면 위의 두 방정식은 다음과 같이 변형된다.

$$at^2+ct+b=0 \text{과} \quad \mathrm{A}_1t^2+\mathrm{B}_1t+\mathrm{C}_1=0$$

위의 방정식에서 t를 구한 다음, 다시 t와 x의 관계식을 이용하여 x를 구할 수 있다. 여기에서의 문제는 적당한 변환을 거쳐 $\phi(x)$를 확정하는 것이다.

예제 05

방정식 $\dfrac{3}{x}+\dfrac{1}{x-1}+\dfrac{4}{x-2}+\dfrac{4}{x-3}+\dfrac{1}{x-4}+\dfrac{3}{x-5}=0$
을 풀어라.

| 분석 | 직접 분모를 통분하여 없앤다면 아주 복잡하다.

분모의 특징에 따라 분모를 3개조로 나누고 각 조를 통분한 후
분모의 2차항과 1차항의 계수가 같게 한다. 즉, 주어진 방정식을

$$\frac{\mathrm{A}}{\phi(x)}+\frac{\mathrm{B}}{\phi(x)+a}+\frac{\mathrm{C}}{\phi(x)+b}=0 \text{의 형태로 변형한 다음}$$

치환법을 이용하여 풀면 된다.

| 풀이 | 원 방정식 좌변의 6개항을 3개조로 나누어 통분하면

$$\frac{3(x-5)+3x}{x(x-5)}+\frac{x-4+x-1}{(x-1)(x-4)}+\frac{4(x-3)+4(x-2)}{(x-2)(x-3)}=0$$

즉, $\dfrac{3(2x-5)}{x^2-5x}+\dfrac{2x-5}{x^2-5x+4}+\dfrac{4(2x-5)}{x^2-5x+6}=0$이다.

$2x-5=0$이라 하면 $x=\dfrac{5}{2}$이다.

또, $2x-5\neq0$이라 하면 $x^2-5x+4=\phi(x)=t$라 할 수 있다.

따라서 $\dfrac{3}{(t-4)}+\dfrac{1}{t}+\dfrac{4}{(t+2)}=0$이다.

분모를 통분하여 정리하면 $2t^2-3t-2=0$이다.

이를 풀면 $t=2,\ -\dfrac{1}{2}$

$x^2-5x+4=2$로부터 $x=\dfrac{(5\pm\sqrt{17})}{2}$이 얻어지고

$x^2-5x+4=-\dfrac{1}{2}$로부터 $x=\dfrac{(5\pm\sqrt{7})}{2}$이 얻어진다.

따라서 원 방정식의 근은 $\dfrac{5}{2},\ \dfrac{(5\pm\sqrt{17})}{2},\ \dfrac{(5\pm\sqrt{7})}{2}$임을 알 수 있다.

예제 06

방정식 $\dfrac{x}{x-2}+\dfrac{x-9}{x-7}=\dfrac{x+1}{x-1}+\dfrac{x-8}{x-6}$ 을 풀어라.

| 분석 | 주어진 방정식의 각각의 분수식은 모두 진분수식(분자의 차수가 분모의 차수보다 낮은 분수식이라 함)이 아니다.
이런 경우 먼저 그것들을 진분수식으로 변형하고 상수항을 소거한 후 각각 통분할 수 있다. 이렇게 하면 분자의 차수가 낮아져서 문제 풀이가 간단해진다.

| 풀이 | 원 방정식을 변형하면

$$\left(1+\frac{2}{x-2}\right)+\left(1-\frac{2}{x-7}\right)=\left(1+\frac{2}{x-1}\right)+\left(1-\frac{2}{x-6}\right)$$

즉, $\dfrac{1}{x-2}-\dfrac{1}{x-7}=\dfrac{1}{x-1}-\dfrac{1}{x-6}$

$$\frac{-5}{x^2-9x+14}=\frac{-5}{x^2-7x+6}$$

따라서 $x^2-9x+14=x^2-7x+6$이다.

$\therefore x=4$

따라서 $x=4$가 원 방정식의 근임을 알 수 있다.

| 설명 | 위의 문제는 예제 **05**의 방법으로 새롭게 묶고 각각 통분한 후 근을 구할 수도 있다.

예제 07

방정식 $\dfrac{1}{(x-5)(x-4)}+\dfrac{1}{(x-4)(x-3)}+\cdots+$

$\dfrac{1}{(x-1)x}+\dfrac{1}{x(x+1)}+\cdots+\dfrac{1}{(x+4)(x+5)}=\dfrac{10}{11}$ 을 풀어라.

| 풀이 | 주어진 방정식에서 분모를 소거한다는 것은 현명하지 못하다.
방정식 좌변의 분모의 규칙성에 유의한다면

등식 $\dfrac{1}{m(m+1)}=\dfrac{1}{m}-\dfrac{1}{m+1}$을 이용하여 원 방정식을

$\dfrac{1}{(x-5)}-\dfrac{1}{(x+5)}=\dfrac{10}{11}$으로 간단히 할 수 있다.

이를 풀면 $x = \pm 6$.

따라서 $x = \pm 6$이 원 방정식의 근임을 알 수 있다.

예제 08

방정식 $\dfrac{x-2}{3} + \dfrac{x-3}{2} = \dfrac{3}{x-2} + \dfrac{2}{x-3}$ 를 풀어라.

| 풀이 |

$u = \dfrac{(x-2)}{3}, \quad v = \dfrac{(x-3)}{2}$ 이라 하면

$u + v = \dfrac{1}{u} + \dfrac{1}{v}$

즉 $u + v = \dfrac{(u+v)}{uv}$

$\therefore (uv-1)(u+v) = 0$

따라서 $u + v = 0$ 또는 $uv = 1$

$\therefore \dfrac{(x-2)}{3} + \dfrac{(x-3)}{2} = 0$

또는 $\dfrac{(x-2)}{3} \cdot \dfrac{(x-3)}{2} = 1$

이를 풀면 $x_1 = \dfrac{13}{5}, \ x_2 = 0, \ x_3 = 5$

따라서 위의 근들이 원 방정식의 근임을 알 수 있다.

3. 무리방정식

근호 안에 미지수가 들어 있는 방정식을 **무리방정식**이라 한다.

무리방정식을 풀 때에는 보통 양변을 거듭제곱해서 근호를 벗기거나 치환법을 이용한다. 어떤 무리방정식은 특수 풀이법으로 풀 수 있다.

(1) 치환법의 이용(확인)

예제 09

방정식 $5\sqrt{x}+5\sqrt{2x+3}+2\sqrt{2x^2+3x}=11-3x$를 풀어라.

| 분석 | 직접 제곱해서 풀려면 아주 복잡하다. 자세히 관찰하면 3개 근식 사이에 일정한 관계가 있음을 발견할 수 있다. 즉,

$$\sqrt{2x^2+3x}=\sqrt{x}\cdot\sqrt{2x+3},\,(\sqrt{x}+\sqrt{2x+3})^2=3x+3+2\sqrt{2x^2+3x}$$

| 풀이 | 원 방정식을 변형하면

$5\sqrt{x}+5\sqrt{2x+3}+2\sqrt{2x^2+3x}+3x+3=14$

즉, $5(\sqrt{x}+\sqrt{2x+3})+(\sqrt{x}+\sqrt{2x+3})^2-14=0$

$t=\sqrt{x}+\sqrt{2x+3}$ 이라 하면 $t^2+5t-14=0$이다.

이를 풀면 $t_1=-7$, $t_2=2$이다.

따라서 $\sqrt{x}+\sqrt{2x+3}=-7$(좌변≠우변이므로 $t_1=-7$은 무연근임)

$\sqrt{x}+\sqrt{2x+3}=2$

이를 풀면 $x=9\pm4\sqrt{5}$.

검산을 거쳐 $9+4\sqrt{5}$는 무연근임을 알 수 있다.

∴ 원 방정식의 근은 $x=9-4\sqrt{5}$이다.

(2) ×자형으로 곱하는 법의 이용

예제 10

방정식 $2(x+1)-2\sqrt{x(x+8)}=\sqrt{x}-\sqrt{x+8}$을 풀어라.

| 풀이 | 원 방정식을 변형하면

$x-2\sqrt{x(x+8)}+(x+8)-(\sqrt{x}-\sqrt{x+8})-6=0$

$(\sqrt{x}-\sqrt{x+8})^2-(\sqrt{x}-\sqrt{x+8})-6=0$

$\{(\sqrt{x}-\sqrt{x+8})-3\}\{(\sqrt{x}-\sqrt{x+8})+2\}=0$

∴ $\sqrt{x}-\sqrt{x+8}=3$(근을 갖지 않는다), $\sqrt{x}-\sqrt{x+8}=-2$

이를 풀면 $x=1$.

검산을 거쳐 $x=1$은 원 방정식의 근임을 알 수 있다.

(3) 보조방정식과 보조항등식의 이용

예제 11

방정식 $\sqrt{9-2x}+\sqrt{3-2x}=3\sqrt{2}$를 풀어라.

| 풀이 | $y=\sqrt{9-2x}-\sqrt{3-2x}$라 하고 원 방정식과 곱하면

$3\sqrt{2}y=6$, $y=\sqrt{2}$, 즉 $\sqrt{9-2x}-\sqrt{3-2x}=\sqrt{2}$

위의 방정식과 원 방정식을 연립하여 풀면 $x=\dfrac{1}{2}$.

검산을 거쳐 $\dfrac{1}{2}$이 원 방정식의 근임을 알 수 있다.

| 설명 | 이런 유형의 방정식은 보통 양변을 제곱해서 유리방정식으로 변형
시킨 다음 근을 구한다. 그러나 여기에서는 원 방정식 좌변의 유
리화 인수를 보조방정식으로 하여 풀었다.

예제 12

방정식 $\sqrt{2x^2-7x+1}-\sqrt{2x^2-9x+4}=1$을 풀어라.

| 분석 | 이런 유형의 방정식은 양변을 제곱하면 풀이가 오히려 복잡해진다.
$(y=\sqrt{2x^2-7x+1}+\sqrt{2x^2-9x+4}\times(\sqrt{2x^2-7x+1}+\sqrt{2x^2-9x+4})$
$=2x-3$이라는 점을 고려한다면 다음의 두 가지 풀이법이 있다.

| 풀이1 | $y=\sqrt{2x^2-7x+1}+\sqrt{2x^2-9x+4}$라 하고 원 방정식과 곱하면
$y=2x-3$. 따라서
$(\sqrt{2x^2-7x+1})^2-(\sqrt{2x^2-9x+4})^2=2x-3$
이를 원 방정식과 연립해서 풀면 $x=0$, 5이다.
검산을 거쳐 $x=5$가 원 방정식의 근임을 알 수 있다.

| 풀이2 | 보조항등식
$(\sqrt{2x^2-7x+1})^2-(\sqrt{2x^2-9x+4})^2=2x-3$을 도입하여
그것을 원 방정식으로 나누면
$\sqrt{2x^2-7x+1}+\sqrt{2x^2-9x+4}=2x-3$
이것을 원 방정식과 연립하여 풀면 풀이 1에서와 같은 결과가
얻어진다.

(4) 연립방정식의 이용

예제 13

방정식 $\sqrt[3]{x+45}+\sqrt[3]{16-x}=1$을 풀어라.

| 풀이 | $u=\sqrt[3]{x+45},\quad v=\sqrt[3]{16-x}$로 놓으면

$u^3=x+45,\quad v^3=16-x$

$\therefore u^3+v^3=61,\quad u+v=1$

또, $(u+v)^3=u^3+v^3+3uv(u+v)$이므로 $uv=-20$

연립방정식 $\begin{cases} u+v=1 \\ uv=-20 \end{cases}$ 을 풀면

$\begin{cases} u_1=5 \\ v_1=-4 \end{cases} \begin{cases} u_2=-4 \\ v_2=5 \end{cases}$

$\sqrt[3]{x+45}=5$로부터 $x=80$이 얻어지고 $\sqrt[3]{x+45}=-4$로부터 $x=-109$가 얻어진다. 검산을 거쳐 모두 원 방정식의 근임을 알 수 있다.

4. 연립방정식

연립방정식의 풀이에는 흔히 가감법, 대입법, 등치법, 치환법 등이 이용된다.

예제 14

연립방정식 $\begin{cases} x(y+z)=6 & \cdots\cdots ① \\ y(z+x)=12 & \cdots\cdots ② \\ z(x+y)=10 & \cdots\cdots ③ \end{cases}$ 을 풀어라.

| 풀이 | ①+②+③에서 $xy+xz+yz=14$ $\qquad\cdots\cdots$ ④

④－①에서 $yz=8$ $\qquad\cdots\cdots$ ⑤

④－②에서 $xz=2$ $\qquad\cdots\cdots$ ⑥

④－③에서 $xy=4$ $\qquad\cdots\cdots$ ⑦

⑤×⑥×⑦에서 $xyz=\pm8$ $\qquad\cdots\cdots$ ⑧

⑧을 ⑤, ⑥, ⑦로 각각 나누면

$$\begin{cases} x_1 = 1 \\ y_1 = 4 \\ z_1 = 2 \end{cases} \qquad \begin{cases} x_2 = -1 \\ y_2 = -4 \\ z_2 = -2 \end{cases}$$

예제 15

연립방정식 $\begin{cases} xy + x + y = 5 & \cdots\cdots ① \\ yz + y + z = 11 & \cdots\cdots ②을\ 풀어라 \\ zx + z + x = 7 & \cdots\cdots ③ \end{cases}$

| 풀이 | 주어진 방정식의 양변에 동시에 1을 더하고 인수분해하면

$$\begin{cases} (y+1)(x+1) = 6 & \cdots\cdots ④ \\ (z+1)(y+1) = 12 & \cdots\cdots ⑤ \\ (x+1)(z+1) = 8 & \cdots\cdots ⑥ \end{cases}$$

④×⑤×⑥에서 $(x+1)(y+1)(z+1) = \pm 24$ $\cdots\cdots ⑦$

⑦을 ④, ⑤, ⑥으로 각각 나누면

$$\begin{cases} z+1 = \pm 4 \\ x+1 = \pm 2 \quad 즉 \\ y+1 = \pm 3 \end{cases} \quad \begin{cases} x_1 = 1 \\ y_1 = 2 \\ z_1 = 3 \end{cases} \quad \begin{cases} x_2 = -3 \\ y_2 = -4 \\ z_2 = -5 \end{cases}$$

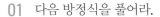

01 다음 방정식을 풀어라.

(1) $x^3 + 5x^2 + 2x - 8 = 0$

(2) $2x^3 - x^2 - 5x - 2 = 0$

(3) $9x^4 + 3x^3 - 18x^2 + 2x + 4 = 0$

(4) $(6x + 7)^2 (3x + 4)(x + 1) = 6$

(5) $\dfrac{x-8}{x-10} + \dfrac{x-4}{x-6} = \dfrac{x-5}{x-7} + \dfrac{x-7}{x-9}$

(6) $\dfrac{16x-13}{4x-3} + \dfrac{40x-43}{8x-9} = \dfrac{32x-30}{8x-7} + \dfrac{20x-24}{4x-5}$

(7) $-\sqrt{x} + \sqrt{x+7} - 2\sqrt{x^2+7x} = -5 - 2x$

(8) $5x - 3 + 2\sqrt{2x(3x-1)} + \sqrt{2x} + \sqrt{3x-1} = 0$

(9) $4x^2 + 2x\sqrt{3x^2+x} + x - 9 = 0$

(10) $\sqrt{2x+5}+\sqrt{2x-1}=3$

(11) $\sqrt{2x^2-3x+2}-\sqrt{2x^2-7x+1}=1$

(12) $\sqrt[3]{2x-1}+\sqrt[3]{3-2x}=2$

(13) $\dfrac{x^2+x+1}{x^2+1}+\dfrac{2x^2+x+2}{x^2+x+1}=\dfrac{19}{6}$

(14) $(2\sqrt[5]{x+1}-1)^4+(2\sqrt[5]{x+1}-3)^4=16$

(15) $\sqrt[3]{1+\left(\dfrac{2x}{x^2-1}\right)^2}+\sqrt[3]{1+\dfrac{2}{x^2-1}}=6$

(16) $\sqrt{2x+7}+\sqrt{2x+3}=\sqrt{3x+5}+\sqrt{3x+1}$

(17) $\dfrac{x^2}{3}+\dfrac{48}{x^2}=10\left(\dfrac{x}{3}-\dfrac{4}{x}\right)$

(18) $(x+a)(x+2a)(x+3a)(x+4a)=b^4$

02 방정식 $x^2-|2x-1|-4=0$의 실근을 구하여라.

03 이차방정식 $a(x+1)(x+2)+b(x+3)(x+2)+c(x+3)(x+1)=0$ 은 0과 1의 두 근이 있을 때 $a:b:c$를 구하여라.

04 $xy>0$, $6x^2+xy-y^2=0$일 때 $x:y$를 구하여라.

05 다음 연립방정식을 풀어라.

(1) $\begin{cases} x(x+y+z)=4-yz \\ y(x+y+z)=9-xz \\ z(x+y+z)=25-xy \end{cases}$

(2) $\begin{cases} (y+z)(x+y+z)=30 \\ (z+x)(x+y+z)=24 \\ (x+y)(x+y+z)=18 \end{cases}$

(3) $\begin{cases} x(y+z-x)=39-2x^2 \\ y(x+z-y)=52-2y^2 \\ z(x+y-z)=78-2z^2 \end{cases}$

06 어떤 자연수에서 53을 빼거나 이 수에 36을 더하면 완전제곱수가 된다. 이 자연수를 구하여라.

07 갑, 을 두 사람이 각각 몇 km 떨어진 A, B 두 곳에서 동시에 같은 방향을 향해 출발하였다. 갑이 을의 출발점 B에 이르렀을 때 을은 B에서 15km 떨어진 C에 이르렀고, 갑이 C에 이르렀을 때 을은 또 C에서 10km 떨어진 D에 이르렀다. 갑은 A에서 몇 km 떨어진 곳에서 을을 따라잡겠는가?

19 인수분해 (2)

제 7장의 인수분해(1)에서 인수분해의 기본 방법을 배웠는데 이 장에서는 인수분해의 기타 방법을 소개하기로 한다.

1. 공식법의 이용

적지 않은 인수분해 문제는 공식을 직접 이용하여 풀 수 있다. 여기에서는 인수분해 (1)의 뒤를 이어 인수분해에 이용되는 공식 4개를 더 소개한다.

(1) $a^3+b^3+c^3-3abc=(a+b+c)(a^2+b^2+c^2-ab-bc-ca)$

(2) $a^n-b^n=(a-b)(a^{n-1}+a^{n-2}b+a^{n-3}b^2\cdots+ab^{n-2}+b^{n-1})$
(n은 양의 정수)

(3) $a^n-b^n=(a+b)(a^{n-1}-a^{n-2}b+a^{n-3}b^2\cdots+ab^{n-2}-b^{n-1})$
(n은 양의 짝수)

(4) $a^n+b^n=(a+b)(a^{n-1}-a^{n-2}b+a^{n-3}b^2\cdots-ab^{n-2}+b^{n-1})$
(n은 양의 홀수)

여기에서는 공식 (1)의 인수분해 과정만 증명해 보기로 한다.

$a^3+b^3+c^3-3abc$
$=(a+b)^3+c^3-3ab(a+b+c)$
$=(a+b+c)^3-3(a+b)c(a+b+c)-3ab(a+b+c)$
$=(a+b+c)\{(a+b+c)^2-3(a+b)c-3ab\}$
$=(a+b+c)(a^2+b^2+c^2-ab-bc-ca)$
$\therefore a^3+b^3+c^3-3abc=(a+b+c)(a^2+b^2+c^2-ab-bc-ac)$

예제 01

다음 식을 인수분해하여라.

$$a^3+b^3+c^3+bc(b+c)+ca(c+a)+ab(a+b)$$

| 풀이 | 원식 $=a^3+b^3+c^3-3abc+abc+bc(b+c)+abc$
$$+ca(c+a)+abc+ab(a+b)$$
$$=(a+b+c)(a^2+b^2+c^2-ab-bc-ca)$$
$$+bc(a+b+c)+ca(a+b+c)+ab(a+b+c)$$
$$=(a+b+c)(a^2+b^2+c^2-ab-bc-ca+bc+ca+ab)$$
$$=(a+b+c)(a^2+b^2+c^2)$$

예제 02

다음 식을 인수분해하여라.

$$x^8-x^7y+x^6y^2-x^5y^3+x^4y^4-x^3y^5+x^2y^6-xy^7+y^8$$

| 풀이 | 공식 (4)를 이용하면
$$x^9+y^9=(x+y)(x^8-x^7y+x^6y^2-x^5y^3+x^4y^4$$
$$-x^3y^5+x^2y^6-xy^7+y^8)$$
$$\therefore \text{원식}=\frac{(x^9+y^9)}{(x+y)}=\frac{\{(x^3)^3+(y^3)^3\}}{(x+y)}$$
$$=\frac{(x^3+y^3)(x^6-x^3y^3+y^6)}{(x+y)}$$
$$=(x^2-xy+y^2)(x^6-x^3y^3+y^6)$$

2. 미정계수법의 이용

미정계수법은 제23장에서 자세히 설명하기로 하고 여기서는 두 개의 예제
만 소개한다.

k가 어떤 값을 취할 때 $x^2-y^2+3x-7y+k$가 두 개의 1차식의 곱으로 분해되겠는가?

| 분석 | $x^2-y^2=(x+y)(x-y)$이므로 $x^2-y^2+3x-7y+k$를 2개의 1차인 식의 곱으로 분해할 수 있다면 그 형태는 반드시 $(x+y+m)(x-y+n)$일 것이다. 여기에서 m, n은 미정계수이다.

| 풀이 | $x^2-y^2+3x-7y+k=(x+y+m)(x-y+n)$이라 하면
$x^2-y^2+3x-7y+k$
$=x^2+xy+mx-xy-y^2-my+nx+ny+mn$
$=x^2-y^2+(m+n)x+(n-m)y+mn$
양변의 동류항의 계수를 비교하면

$$\begin{cases} m+n=3 \\ n-m=-7 \\ m \cdot n=k \end{cases} \qquad \begin{cases} m=5 \\ n=-2 \\ k=-10 \end{cases}$$

$\therefore k=-10$일 때 $x^2-y^2+3x-7y+k$가 2개의 일차식의 곱 $(x+y+5)(x-y-2)$로 분해된다.

$x^2-3y^2-8z^2+2xy+2xz+14yz$를 인수분해하여라.

| 풀이 | $x^2-3y^2-8z^2+2xy+2xz+14yz$
$=(x+3y+mz)(x-y+nz)$
$=x^2+2xy-3y^2+(m+n)xz+(3n-m)yz+mnz^2$이라
하자.
양변의 동류항의 계수를 비교하면
$m+n=2 \;\cdots\text{①}, \quad 3n-m=14 \;\cdots\text{②}, \quad mn=-8 \;\cdots\text{③}$
①과 ②를 연립해서 풀면 $m=-2$, $n=4$
$\therefore$ 원식 $=(x+3y-2z)(x-y+4z)$

3. 조립제법 및 인수정리의 이용

다항식 $f(x)$를 $x-a$로 나누었을 때의 나머지가 0이라면 $f(x)$는 $x-a$로 나누어떨어진다고 하고 $x-a$는 $f(x)$의 인수라 한다.

이와 반대로 $x-a$가 $f(x)$의 인수라면 $f(x)$는 $x-a$로 나누어떨어진다. 그러므로 나머지정리로부터 다음의 정리가 얻어진다.

〔인수정리〕 $f(a)=0$이면 $(x-a)$는 $f(x)$의 인수이고 역으로 $(x-a)$가 $f(x)$의 인수라면 $f(a)=0$이다.

인수정리가 다항식 $f(x)$의 1차 인수를 구하는 방법을 주기는 하였으나, $f(x)=0$으로 되게 하는 값을 찾기란 그리 쉽지 않다.

다음의 정리는 이 문제를 해결하는 데 도움을 줄 것이다.

〔정리〕 정수가 계수인 다항식

$$f(x)=a_n x^n+a_{n-1}x^{n-1}+\cdots+a_1 x+a_0$$

이 인수 $px-q(p, q$는 서로소인 정수)를 가진다면 p는 반드시 제1항의 계수 a_n의 약수이고, q는 반드시 상수항 a_0의 약수이다.

예 $35x^2-31x+6$은 두 개의 인수 $7x-2$와 $5x-3$을 가진다.

이때, 이 두 1차 인수의 일차항의 계수 7과 5는 모두 제1항의 계수 35의 약수이고 2와 3은 모두 상수항 6의 약수이다.

예제 05

$$x^4+2x^3-9x^2-2x+8$$ 을 인수분해하여라.

| 분석 | 원식에는 $x\pm1$, $x\pm2$, $x\pm4$, $x\pm8$과 같은 인수가 있을 수 있다. 그런데 $f(1)=0$, $f(-1)=0$이므로 인수정리에 의해 원 다항식에 인수 $(x-1)(x+1)$이 들어 있음을 알 수 있다. 따라서 조립제법을 이용하여 분해할 수 있다.

| 풀이 | 원식$=(x-1)(x+1)(x-2)(x+4)$

🟦 ① 다항식 $f(x)$의 각 항의 계수의 합이 0이면 $f(x)$는 1차 인수 $x-1$을 가진다. 홀수차항의 계수의 합이 짝수차항의 계수의 합과 같다면 $f(x)$는 1차 인수 $x+1$을 가진다.

② 위의 문제는 원식에 인수 $(x-1)(x+1)$이 있음을 판정한 다음, 짝을 지어 공통인수로 묶는 법을 이용하여 풀면 비교적 간편하다.

$$\text{원식} = x^4 + 2x^3 - 9x^2 - 2x + 8$$
$$= (x^4 - x^2) + (2x^3 - 2x) - (8x^2 - 8)$$
$$= (x^2 - 1)(x^2 + 2x - 8)$$
$$= (x+1)(x-1)(x-2)(x+4)$$

4. 대칭식과 윤환대칭식의 성질의 이용

임의의 다항식 중의 임의의 2개 문자를 서로 바꾸어도 다항식이 변하지 않는다면 이런 다항식을 **대칭식**이라 한다.

(예) $x^2y + x^2z + y^2z + y^2x + z^2x + z^2y$가 바로 대칭식이다.

임의의 다항식 중에 들어 있는 문자 x, y, z를 윤환(輪煥)(즉, x를 y로 y를 z로, z를 x로 바꾸는 것)해도 다항식이 변하지 않는다면 이런 다항식을 **윤환대칭식**이라 한다.

(예) $x^2y + y^2z + z^2x$

그러나 이식은 대칭식이 아니다.

왜냐하면 x와 y를 서로 바꾸었을 때 이 식은 $y^2x + x^2z + z^2y$로 변하여 $x^2y + y^2z + z^2x \neq y^2x + x^2z + z^2y$이기 때문이다. 그러므로 윤환대칭식이 반드시 대칭식인 것이 아니다. 그러나 대칭식은 반드시 윤환대칭식이다.

이 점은 스스로 증명할 수 있다. 다항식의 차수가 3보다 작을 때 윤환대칭식은 동시에 대칭식으로 된다.

두 대칭식(윤환대칭식)의 합, 차, 곱, 몫(나뉘지는 수가 나누는 수로 나누어 떨어지는 경우)은 반드시 대칭식(윤환대칭식)이다.

(예) 대칭식(윤환대칭식)으로는 $(x+y)^2$과 $x+y$의 합, 차, 곱, 몫은 각각 $(x+y)^2 + x + y$, $(x+y)^2 - x - y$, $(x+y)^3$, $x+y$이므로 여전히 대칭식(윤환대칭식)이다.

> **예제 06**
>
> $(ab + bc + ca)(a + b + c) - abc$를 인수분해하여라.

| 분석 | 원식은 a, b, c에 관한 윤환대칭식이다. 그러므로 윤환대칭식의 성질을 이용하여 풀 수 있다.

| 풀이 | $p(a, b, c)=(ab+bc+ca)(a+b+c)-abc$라 하자. 그러면 $a=-b$일 때 $p(-b, b, c)=-b^2c+b^2c=0$이다. 따라서 $p(a, b, c)$에는 인수 $(a+b)$가 들어 있다. 그런데 $p(a, b, c)$가 a, b, c에 관한 윤환대칭식이므로 $(b+c)$와 $(c+a)$ 역시 $p(a, b, c)$의 인수이다. 따라서 그것들의 곱 $(a+b)(b+c)(c+a)$는 $p(a, b, c)$의 인수이다. $p(a, b, c)$가 3차식이므로 $p(a, b, c)$와 $(a+b)(b+c)(c+a)$ 사이에는 상수인수 k의 차가 있게 된다. 즉,

$(ab+bc+ca)(a+b+c)-abc=k(a+b)(b+c)(c+a)$
$a=b=c=1$이라 하고 위 식에 대입하면 $8=8k$, 즉 $k=1$
∴ 원식$=(a+b)(b+c)(c+a)$

예제 07

$(y-z)^5+(z-x)^5+(x-y)^5$을 인수분해하여라.

| 풀이 | $p(x, y, z)=(y-z)^5+(z-x)^5+(x-y)^5$라 하면 $x=y$일 때 $p(x, y, z)=(y-z)^5+(z-y)^5=0$이다.

인수정리에 의해 $p(x, y, z)$에 인수 $(x-y)$, $(y-z)$와 $(x-z)$가 들어 있음을 알 수 있다. 그런데 $p(x, y, z)$가 x, y, z에 관한 5차 동차 윤환대칭식이므로

$(y-z)^5+(z-x)^5+(x-y)^5$
$=(x-y)(y-z)(z-x)\cdot\{m(x^2+y^2+z^2)+n(xy+yz+zx)\}$
라 할 수 있다.

$x=1$, $y=-1$, $z=0$이라 하고 위 식에 대입하면
$2m-n=15$ $\qquad$ ……①
$x=2$, $y=1$, $z=0$이라 하고 위 식에 대입하면
$5m+2n=15$ $\qquad$ ……②
①+②를 연립해서 풀면 $m=5$, $n=-5$
∴ 원식$=5(x-y)(y-z)(z-x)\cdot(x^2+y^2+z^2-xy-yz-zx)$

01 다음 각 식을 인수분해하여라.

(1) $x^6 - y^6$

(2) $x^{10} + x^5 - 2$

(3) $x^3 - 3x + 2$

(4) $3x^5 - 3x^4 - 13x^3 - 11x^2 - 10x - 6$

(5) $x^3(y^2 - z^2) + y^3(z^2 - x^2) + z^3(x^2 - y^2)$

(6) $a^2(b+c) + b^2(c+a) + c^2(a+b) - a^3 - b^3 - c^3 - 2abc$

(7) $a^3(b-c) + b^3(c-a) + c^3(a-b)$

(8) $a^3 + b^3 + 3ab - 1$

(9) $32x^{15} + y^{15}$

02 $x^4 + kx^3 + px - 16$에 인수 $(x-1)$과 $(x-2)$가 있을 때 k, p의 값을 구하고 주어진 식을 인수분해하여라.

03 $\triangle ABC$에 있어서 $a^2 - 16b^2 - c^2 + 6ab + 10bc = 0$($a$, b, c는 각각 세 변의 길이)일 때 $a + c = 2b$임을 증명하여라.

04 $993^{993} + 991^{991}$이 1984로 나누어떨어짐을 증명하여라.

20 대수식의 항등변형

한 대수식을 그와 항등인 대수식으로 바꾸는 것을 대수식의 항등변형(또는 항등변환)이라 한다. 다항식, 분수식, 무리식의 연산이나 인수분해 등은 모두 항등변형이라 할 수 있다. 대수식의 항등변형은 중학교 수학에서 아주 중요한 위치를 차지하며 많은 수학 문제의 풀이는 항등변형을 벗어날 수 없다.

그러므로 대수식을 목적에 맞게 그리고 정확하게 항등변형하는 것은 수학 공부에서의 기본 기능이라 할 수 있다. 대수식의 항등변형을 배울 때 대수연산의 기본 법칙에 익숙해야 할 뿐 아니라 항등변형의 방법과 기교를 배워야 한다. 아래에 실례를 통하여 흔히 사용하는 변형 방법과 기교를 소개하기로 한다.

1. 다항식 및 분수식의 항등변형

지금까지 배운 다항식의 사칙연산, 곱셈 공식과 인수분해 등은 모두 다항식의 항등변형이다. 다항식의 항등변형에서는 흔히 완전제곱식을 이용하는 방법, 공식법, 치환법, 미정계수법, 항을 분리하는 방법을 이용한다.

분수식의 항등변형에서는 기본 성질과 기본 연산법칙을 이용하는 외에, 일부 특수한 방법과 기교를 이용한다.

예제 01

$a = x+1$, $b = x+2$, $c = x+3$일 때
$a^2 + b^2 + c^2 - ab - bc - ca$의 값을 구하여라.

| 풀이 | 주어진 조건에 의해

$a-b = -1$, $b-c = -1$, $c-a = 2$

그런데 $a^2 + b^2 + c^2 - ab - bc - ca$

$= \dfrac{\{(a-b)^2 + (b-c)^2 + (c-a)^2\}}{2}$

$\therefore$ 구하려는 식의 값은 $\dfrac{\{(-1)^2 + (-1)^2 + 2^2\}}{2} = 3$

| 설명 | 이 예제는 제한 조건을 가진 대수식의 값을 구하는 문제이다.

만일 제한 조건을 직접 구하려는 식에 대입한다면 계산이 매우 복잡해질 것이다. 그러나 주어진 식을 변형하고 또 구하려는 식을 적당히 변형한 다음 대입법을 이용하여 값을 구한다면 계산이 아주 간편해진다. 구하려는 식의 변형에서는 완전제곱식을 이용했다는 점에 유의하기 바란다.

예제 02

$a+b+c=0$, $a^3+b^3+c^3=0$일 때 $a^{19}+b^{19}+c^{19}$의 값을 구하여라.

| 풀이 | $a+b+c=0$을 변형하면 $a+b=-c$

따라서 $(a+b)^3=-c^3$, 즉 $a^3+b^3+3ab(a+b)=-c^3$

이로부터 $-3ab(a+b)=a^3+b^3+c^3=0$

$\therefore a=0$ 또는 $b=0$ 또는 $a+b=0$

$a=0$일 때 $a+b+c=0$으로부터 $b+c=0$, 즉 $b=-c$임을 알 수 있다.

$\therefore a^{19}+b^{19}+c^{19}=0$

$b=0$일 때 $a^{19}+b^{19}+c^{19}=0$

$a+b=0$일 때 $c=0$이므로 $a^{19}+b^{19}+c^{19}=0$

위의 것을 종합하면 $a^{19}+b^{19}+c^{19}=0$

| 설명 | 구하려는 식은 차수가 높은데다가 3가지 문자가 들어 있는 대수식이므로 변형하기가 아주 힘들다. 이런 경우 주어진 식에서 숨겨진 조건을 찾는 데 주의해야 한다.

예제 03

$a>b$, $(a+b)+(a-b)+ab+\dfrac{a}{b}=243$일 때 a, b값을 구하여라. 단, a, b는 자연수이다.

| 풀이 | 주어진 등식을 정리하면

$$2a+ab+\frac{a}{b}=243$$

그런데 a, b, 243은 자연수이므로 a는 b의 배수임을 알 수 있다. $a=bk$라 하고 위 식에 대입하면 $2bk+b^2k+k=243$이다. 등식의 좌변을 완전제곱식으로 변형하면

$$(b+1)^2=\frac{243}{k}=\left(\frac{27}{k}\right)3^2$$

$\therefore$ 위의 등식이 성립하기 위한 조건은 $k=27$, $b=2$, $a=54$ 또는 $k=3$, $b=8$, $a=24$

| 설명 | 이 예제의 주어진 조건에는 a가 반드시 b의 배수라는 조건이 숨겨져 있다. 방정식의 형태로 볼 때 $2bk+b^2k+k=243$은 미지수가 2개인 방정식이지만 여기서는 완전제곱식을 이용하여 정수해를 구했다.

예제 04

다음 식을 간단히 한 후 값을 구하여라.

$$\frac{2}{(x-1)(x-3)}-\frac{8}{(x+5)(x-3)}+\frac{6}{(x-1)(x+5)}$$

| 풀이 | 일반적인 계산 방법에 따르면 먼저 통분하고 정리하여 간단히 한 후 값을 구해야 할 것이다. 그러나 여기서는 다음과 같은 점에 유의해야 한다. 즉,

$$\frac{2}{(x-1)(x-3)}=\frac{1}{(x-3)}-\frac{1}{(x-1)},$$

$$-\frac{8}{(x+5)(x-3)}=\frac{1}{x+5},$$

$$-\frac{1}{x-3}\frac{6}{(x-1)(x+5)}=\frac{1}{x-1}-\frac{1}{x+5}$$

위의 세 식을 더하면

$$\frac{2}{(x-1)(x-3)}-\frac{8}{(x+5)(x-3)}+\frac{6}{(x-1)(x+5)}=0$$

| 설명 | 이 예제에서는 항을 분리하는 방법을 이용했다. 즉, 원식 중의 개개의 항을 같은 유형의 2개항의 차로 나타냈다. 만일 분수식이 $\dfrac{(A-B)}{AB}$의 꼴이라면 $\dfrac{1}{B}-\dfrac{1}{A}$의 꼴로 분리할 수 있다.

예제 05

$a+b+c=0$, $a\cdot b\cdot c\neq0$일 때 다음 식이 성립함을 증명하여라.

$$a\left(\frac{1}{b}+\frac{1}{c}\right)+b\left(\frac{1}{c}+\frac{1}{a}\right)+c\left(\frac{1}{a}+\frac{1}{b}\right)+3=0$$

| 증명 | $a\cdot b\cdot c\neq0$, 즉 a, b, c가 모두 0이 아니므로

$$\frac{a}{a}+\frac{b}{b}+\frac{c}{c}=3$$

$$\therefore 좌변=a\left(\frac{1}{a}+\frac{1}{b}+\frac{1}{c}\right)+b\left(\frac{1}{a}+\frac{1}{b}+\frac{1}{c}\right)$$

$$+c\left(\frac{1}{a}+\frac{1}{b}+\frac{1}{c}\right)$$

$$=(a+b+c)\left(\frac{1}{a}+\frac{1}{b}+\frac{1}{c}\right)=0=우변$$

| 설명 | 이 예제에서는 3을 재치있게 $\dfrac{a}{a}+\dfrac{b}{b}+\dfrac{c}{c}$로 변형시킨 다음 인수분해를 통하여 인수 $(a+b+c)$를 얻었다.

예제 06

$\dfrac{a}{b}=\dfrac{b}{c}=\dfrac{c}{d}=\dfrac{d}{a}$일 때 $\dfrac{a+b+c+d}{a+b+c-d}$의 값을 구하여라.

| 풀이 | $\dfrac{a}{b}=\dfrac{b}{c}=\dfrac{c}{d}=\dfrac{d}{a}=k$라 하면 $d=ak$, $c=ak^2$, $b=ak^3$, $a=ak^4$

따라서 $k=\pm1$. 그런데,

$$원식=\frac{ak+ak^2+ak^3+ak^4}{-ak+ak^2+ak^3+ak^4}=\frac{k+k^2+k^3+k^4}{-k+k^2+k^3+k^4}$$

$k=1$일 때 원식$=2$, $k=-1$일 때 원식$=0$

| 설명 | 일반적으로 말해서 문제의 조건에 비례식이 주어졌다면 문제를 간단히 하기 위해 매개변수(여기서는 k)를 설정하여 많은 미지수들을 이 매개변수로 나타낼 수 있다.

$x+y$, $x-y$, xy, $\dfrac{x}{y}$가 4개 수 중의 3개가 같은 값을 갖게 하는

모든 $(x,\ y)$를 구하여라. 단, x, y는 실수이다.

| 풀이 | $y=0$이면 $\dfrac{x}{y}$가 무의미하므로 $x+y\neq x-y$, $xy=\dfrac{x}{y}$,

즉 $x(y^2-1)=0$을 풀면 $x=0$ 또는 $y\pm1$

① $x=0$이라 하면 $xy=x+y$ 또는 $xy=x-y$로부터 $y=0$ 이 얻어진다. 이는 조건에 맞지 않는다.

② $y=1$이라 하면 $xy=x+y$로부터 $x=x+1$이 얻어지고 $xy=x-y$로부터 $x=x-1$이 얻어진다. 이는 불가능한 일이다.

③ $y=-1$일 때 $xy=x+y$로부터 $x=\dfrac{1}{2}$이 얻어지고

$xy=x-y$로부터 $x=-\dfrac{1}{2}$이 얻어진다.

위의 것을 종합하면 조건에 맞는 x, y는

$\left(\dfrac{1}{2}, -1\right)$, $\left(-\dfrac{1}{2}, -1\right)$, 두 개의 쌍밖에 없음을 알 수 있다.

2. 무리식의 항등변형

무리식의 항등변형에서는 제곱근식의 기본 성질과 연산 법칙을 이용하는 외에, 인수분해, 유리화 인수, 완전제곱식, 치환법 등을 이용할 수 있다.

예제 08

$\dfrac{(\sqrt{3}+\sqrt{5})(\sqrt{5}+\sqrt{7})}{\sqrt{3}+2\sqrt{5}+\sqrt{7}}$을 간단히 하여라.

| 풀이 |
$$\frac{(\sqrt{3}+\sqrt{5})(\sqrt{5}+\sqrt{7})}{\sqrt{3}+2\sqrt{5}+\sqrt{7}}=x$$ 라 하면

$$\frac{1}{x}=\frac{\sqrt{3}+2\sqrt{5}+\sqrt{7}}{(\sqrt{3}+\sqrt{5})(\sqrt{5}+\sqrt{7})}$$

$$=\frac{1}{\sqrt{5}+\sqrt{7}}+\frac{1}{\sqrt{3}+\sqrt{5}}$$

$$=\frac{\sqrt{7}-\sqrt{5}}{2}+\frac{\sqrt{5}-\sqrt{3}}{2}=\frac{\sqrt{7}-\sqrt{3}}{2}$$

$$\therefore x=\frac{2}{\sqrt{7}-\sqrt{3}}=\frac{\sqrt{7}+\sqrt{3}}{2}$$

원식 $=\dfrac{1}{2}(\sqrt{7}+\sqrt{3})$

| 설명 | 이 예제는 식의 특징에 의하여 원식의 역수를 취한 다음 항을 재치있게 분리하였기 때문에 그 풀이법이 간단해졌다.

예제 09

$$\sqrt{\frac{1\cdot2\cdot3+2\cdot4\cdot6+\cdots+n\cdot2n\cdot3n}{1\cdot5\cdot10+2\cdot10\cdot20+\cdots+n\cdot5n\cdot10n}}$$ 을 간단히 하여라.

| 풀이 | 원식 $=\sqrt{\dfrac{1\cdot2\cdot3(1+2^{3}+\cdots+n^{3})}{1\cdot5\cdot10(1+2^{3}+\cdots+n^{3})}}$

$$=\sqrt{\frac{1\cdot2\cdot3}{1\cdot5\cdot10}}=\frac{\sqrt{3}}{5}$$

| 설명 | 이 예제는 아주 복잡한 것 같지만 분자와 분모에 공통인수가 있다는 것만 발견하면 어렵지 않게 풀 수 있다.

예제 10

$1986x^{3}=1987y^{3}=1988z^{3}$, $\dfrac{1}{x}+\dfrac{1}{y}+\dfrac{1}{z}=1$ 일 때 다음 식이 성립함을 증명하여라.

$$\sqrt[3]{1986x^{2}+1987y^{2}+1988z^{2}}=\sqrt[3]{1986}+\sqrt[3]{1987}+\sqrt[3]{1988}$$

| 증명 | $1986x^3=1987y^3=1988z^3=k^3$이라 하면

$$1986=\frac{k^3}{x^3}, \quad 1987=\frac{k^3}{y^3}, \quad 1988=\frac{k^3}{z^3}$$

$$\therefore \sqrt[3]{1986x^2+1987y^2+1988z^2}$$

$$=\sqrt[3]{k^3\cdot\left(\frac{1}{x}+\frac{1}{y}+\frac{1}{z}\right)}=k$$

또 $\sqrt[3]{1986}+\sqrt[3]{1987}+\sqrt[3]{1988}$

$$=\sqrt[3]{\frac{k^3}{x^3}}+\sqrt[3]{\frac{k^3}{y^3}}+\sqrt[3]{\frac{k^3}{z^3}}$$

$$=k\cdot\left(\frac{1}{x}+\frac{1}{y}+\frac{1}{z}\right)=k\text{이므로}$$

$$\therefore \sqrt[3]{1986x^2+1987y^2+1988z^2}$$

$$=\sqrt[3]{1986}+\sqrt[3]{1987}+\sqrt[3]{1988}$$

| 설명 | 이 예제는 조건에 비례식이 주어졌는데 매개변수 k를 도입하여 k를 포함한 대수식으로 각각 1986, 1987, 1988을 나타냈기 때문에 증명 과정이 훨씬 간단해졌다.

예제 11

$$\sqrt[3]{20+14\sqrt{2}}+\sqrt[3]{20-14\sqrt{2}}=4\text{임을 증명하여라.}$$

| 증명 | $X=\sqrt[3]{20+14\sqrt{2}}+\sqrt[3]{20-14\sqrt{2}}$ 라 하고 양변을 세제곱하면

$$X^3=40+3\cdot\sqrt[3]{20^2-(14\sqrt{2})^2}\cdot(\sqrt[3]{20+14\sqrt{2}}+\sqrt[3]{20-14\sqrt{2}})$$

즉, $X^3=40+3\cdot\sqrt[3]{20^2-(14\sqrt{2})^2}\cdot X$

위의 식을 간단히 하면

$X^3-6X-40=0$, 즉 $(X-4)(X^2+4X+10)=0$

그런데 $X^2+4X+10>0$이므로 $X-4=0$, 즉 $X=4$

$$\therefore \sqrt[3]{20+14\sqrt{2}}+\sqrt[3]{20-14\sqrt{2}}=4$$

| 설명 | 이 예제는 매개변수(즉 X)를 도입하고 세제곱하여 매개변수 X에 관한 방정식으로 바꾸었기 때문에 증명 문제가 방정식의 해를 구하는 문제가 되었다.

연습문제 20

01 $a-b=2+\sqrt{3}$, $b-c=2-\sqrt{3}$일 때 $a^2+b^2+c^2-ab-bc-ca$의 값을 구하여라.

02 $\dfrac{1}{x(x+1)}+\dfrac{1}{(x+1)(x+2)}+\dfrac{1}{(x+2)(x+3)}+\dfrac{1}{(x+3)(x+4)}$을 간단히 하여라.

03 $\dfrac{x}{2}=\dfrac{y}{3}=\dfrac{z}{4}$일 때 $\dfrac{xy+yz+zx}{x^2+y^2+z^2}$의 값을 구하여라.

04 $\dfrac{1}{p}-\dfrac{1}{q}-\dfrac{1}{p+q}=0$일 때 $\dfrac{q}{p}+\dfrac{p}{q}$의 값을 구하여라.

05 $\dfrac{2a-b-c}{a^2-ab-ac+bc}+\dfrac{2b-c-a}{b^2-ab-bc+ac}+\dfrac{2c-a-b}{c^2-ac-bc+ab}$를 간단히 하여라.

06 $\left(x+\dfrac{1}{x}\right)^2-\left(x+\dfrac{1}{x}-\dfrac{1}{1-\dfrac{1}{x}-x}\right)^2 \div \dfrac{x^2+\dfrac{1}{x^2}-x-\dfrac{1}{x}+3}{x^2+\dfrac{1}{x^2}-2x-\dfrac{2}{x}+3}$을

간단히 하여라.

07 $\dfrac{1}{a}+\dfrac{1}{b}+\dfrac{1}{c}=0$일 때 $a^2+b^2+c^2=(a+b+c)^2$임을 증명하여라.

08 $\dfrac{p}{x^2-yz}=\dfrac{q}{y^2-zx}=\dfrac{r}{z^2-xy}$ 일 때 $px+qy+rz=(x+y+z)$
$(p+q+r)$ 임을 증명하여라.

09 $\dfrac{1}{a}+\dfrac{1}{b}+\dfrac{1}{c}=\dfrac{1}{a+b+c}$ 일 때 $\dfrac{1}{a^{1991}}+\dfrac{1}{b^{1991}}+\dfrac{1}{c^{1991}}=\dfrac{1}{(a+b+c)^{1991}}$
임을 증명하여라.
(1991을 $2n+1$로 바꾸어도 등식이 여전히 성립함. 단, n은 자연수임)

10 $\dfrac{1}{x}-\dfrac{1}{y}=3$일 때 $\dfrac{2x+3xy-2y}{x-2xy-y}$의 값을 구하여라.

11 $\dfrac{a+b}{a-b}=\dfrac{b+c}{2(b-c)}=\dfrac{c+a}{3(c-a)}$ 일 때 $8a+9b+5c=0$임을 증명하여라.

12 $\sqrt{2a^2-b^2+2a\sqrt{a^2-b^2}}+\sqrt{a^2-2b\sqrt{a^2-b^2}}\,(a>\sqrt{2}b>0)$을 간단히 하여라.

13 등식 $\sqrt{a(x-a)}+\sqrt{a(y-a)}=\sqrt{x-a}-\sqrt{a-y}$ 가 실수 범위 내에서 성립할 때 $(3x^2+xy-y^2)\div(x^2-xy+y^2)$의 값을 구하여라.
(단, $a,\ x,\ y$는 서로 다른 실수이다.)

14 $x=\sqrt[3]{3+2\sqrt{2}}+\sqrt[3]{3-2\sqrt{2}}$일 때 x^3-3x-7의 값을 구하여라.

15 $\sqrt[3]{a+\dfrac{a+8}{3}\sqrt{\dfrac{a-1}{3}}}+\sqrt[3]{a-\dfrac{a+8}{3}\sqrt{\dfrac{a-1}{3}}}$을 간단히 하여라.

16 $ax^3=by^3=cz^3$, $\dfrac{1}{x}+\dfrac{1}{y}+\dfrac{1}{z}=1$일 때 $\sqrt[3]{ax^2+by^2+cz^2}=\sqrt[3]{a}+\sqrt[3]{b}+\sqrt[3]{c}$
임을 증명하여라.

17 a, b, c, d는 자연수이고 $a^5=b^4$, $c^3=d^2$, $c-a=19$일 때 $d-b$의 값
을 구하여라.

18 m, n, p, q가 음이 아닌 정수이고 모든 $x>0$에 대하여

$\dfrac{(x+1)^m}{x^n}-1=\dfrac{(x+1)^p}{x^q}$가 항상 성립할 때 $(m^2+2n+p)^{2q}$의 값을
구하여라.

19 방정식 $x-\dfrac{1}{x}=1991$의 두 근이 m, $n(m>n)$일 때 $m\cdot\dfrac{(1-n^3)}{(1-n)}$의
값을 구하여라.

20 a, b, c, p는 실수이고 $a+\dfrac{1}{b}=b+\dfrac{1}{c}=c+\dfrac{1}{a}=p$일 때 $abc+p=0$임
을 증명하여라. (단, a, b, c 는 둘 씩 서로 다르다.)

21 삼각형

삼각형은 가장 간단한 다각형으로서 그 성질을 잘 파악하는 것은 다른 기하 도형을 배우는 기초가 된다.

여기서는 삼각형의 합동의 응용, 삼각형의 중선과 중간선의 응용, 간단한 기하 변환 방법을 소개하기로 한다.

1. 삼각형의 합동의 응용

삼각형의 합동은 기하 문제 풀이에 널리 응용된다.

예 삼각형의 합동을 이용하여 많은 등량관계 문제(예컨대 선분의 같음과 다름을 증명하기, 각의 같음을 증명하기, 값을 구하기 등)를 풀 수 있다.

(1) 합동인 삼각형을 직접 이용하여 문제를 풀기

예제 01

$\triangle \mathrm{ABC}$에서 $\overline{\mathrm{AB}} = \overline{\mathrm{BC}} = \overline{\mathrm{CA}}$, $\overline{\mathrm{AE}} = \overline{\mathrm{CD}}$, $\overline{\mathrm{AD}}$와 $\overline{\mathrm{BE}}$의 교점을 P, B 에서 $\overline{\mathrm{AD}}$에 내린 수선의 발을 Q라 할 때 $\overline{\mathrm{BP}} = 2\overline{\mathrm{PQ}}$임을 증명하여라.

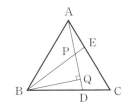

| 분석 | $\overline{\mathrm{BP}} = 2\overline{\mathrm{PQ}}$임을 증명하려면 $\angle \mathrm{PBQ} = 30°$, 즉 $\angle \mathrm{BPQ} = 60°$임을 증명해야 한다. 그런데 $\angle \mathrm{BPQ} = \angle \mathrm{PAB} + \angle \mathrm{PBA}$이므로 이 예제의 증명은 $\angle \mathrm{DAC} = \angle \mathrm{EBA}$를 증명하는 것이 된다. 따라서 $\triangle \mathrm{ADC} \equiv \triangle \mathrm{BEA}$임을 증명하면 된다.

| 증명 | $\overline{AB}=\overline{BC}=\overline{CA}$이므로 $\angle ABC=\angle BAC=\angle BCA=60°$.
$\triangle ADC$와 $\triangle BEA$에서 $\overline{AE}=\overline{CD}$, $\angle BAE=\angle ACD$,
$\overline{AB}=\overline{AC}$이므로 $\triangle ADC\equiv\triangle BEA$. 따라서
$\angle DAC=\angle EBA$ 또, $\overline{BQ}\perp\overline{AD}$이고
$\angle QPB=\angle PAB+\angle PBA=\angle PAB+\angle DAC=60°$이
므로 $\angle PBQ=30°$이다.
$\therefore \overline{BP}=2\overline{PQ}$

예제 02

$\triangle ABC$는 임의의 삼각형이고 $\triangle ABP$, $\triangle BCM$, $\triangle CAN$은 모두 정삼각형이다. $\overline{AM}=\overline{BN}=\overline{CP}$임을 증명하여라.

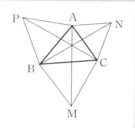

| 분석 | 먼저 $\overline{AM}$, $\overline{BN}$, $\overline{CP}$가 각각 어느 삼각형에 있는가를 알아보아야
한다. $\overline{AM}$은 $\triangle ABM$, $\triangle ACM$의 한 변이고 $\overline{BN}$은
$\triangle BAN$, $\triangle BCN$의 한 변이며 $\overline{CP}$는 $\triangle PAC$, $\triangle PBC$의 한 변
이다. 다음 합동인 삼각형들을 찾아내야 한다.
여기서는 $\triangle ACM\equiv\triangle NCB$, $\triangle BAN\equiv\triangle PAC$,
$\triangle AMB\equiv\triangle PBC$ 중의 2개가 성립됨을 증명하면 된다.

| 증명 | $\triangle BCM$, $\triangle CAN$이 정삼각형이므로
$\overline{CB}=\overline{CM}$, $\overline{AC}=\overline{NC}$, $\angle BCM=60°$, $\angle ACN=60°$
$\triangle ACM$과 $\triangle NCB$에서
$\overline{AC}=\overline{NC}$, $\overline{CM}=\overline{CB}$,
$\angle ACM=\angle NCB=\angle ACB+60°$
$\therefore \triangle ACM\equiv\triangle NCB$
$\therefore \overline{AM}=\overline{BN}$
같은 이유로 $\triangle BAN\equiv\triangle PAC$
$\therefore \overline{BN}=\overline{CP}$
$\therefore \overline{AM}=\overline{BN}=\overline{CP}$

| 설명 | 합동인 삼각형을 이용하여 문제를 풀 때 때로는 도형이 비교적 복잡하므로 도형의 구조를 분석하고 복잡한 도형을 분해하여 대응부분을 찾아야 한다.

(2) 합동인 삼각형을 만들어 문제를 풀기

어떤 문제는 주어진 도형에서 합동인 삼각형을 찾을 수 없으나 약간의 보조선을 긋는다면 삼각형의 합동을 이용하여 풀 수 있다.

예제 03

$\triangle ABC$에서 $\angle C = 90°$, D는 $\overline{AB}$ 위의 한 점, D에서 $\overline{BC}$에 내린 수선의 발이 E이다.
$\overline{BE} = \overline{AC}$, $\overline{BD} = \dfrac{1}{2}$,
$\overline{BC} + \overline{DE} = 1$일때
$\angle ABC = 30°$임을 증명하여라.

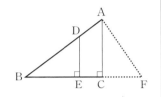

| 분석 | 조건 $\overline{BD} = \dfrac{1}{2}$, $\overline{DE} + \overline{BC} = 1$을 한 삼각형에 집중시키기 위해

$\triangle AFC \equiv \triangle BDE$되게 보조선을 긋는다.

| 증명 | $\overline{BC}$를 F까지 연장하여 $\overline{CF} = \overline{DE}$되게 하고 A와 F를 연결한다. 따라서(단, Rt $\triangle$은 직각삼각형을 의미한다.)

Rt $\triangle BED \equiv$ Rt $\triangle ACF$

$\therefore \overline{AF} = \overline{BD} = \dfrac{1}{2}$, $\angle FAC = \angle ABC$

$\therefore \angle BAC + \angle ABC = 90°$

$\therefore \angle BAC + \angle FAC = 90°$, $\triangle ABF$는 Rt$\triangle$이다.

Rt $\triangle ABF$에서 $\overline{AF} = \overline{BD} = \dfrac{1}{2}$

$\overline{BF} = \overline{BC} + \overline{CF} = \overline{BC} + \overline{DE} = 1$

$\therefore \angle ABC = 30°$

선분이 같지 않음을 증명할 때에도 흔히 보조선을 그어 합동인 사각형을 만들게 된다.

예제 04

△ABC에서 $\overline{AB}=\overline{AC}$, $\overline{EF}$
는 A를 지나고 $\overline{BC}$와 평행이며
D는 $\overline{DF}$ 위의 임의의 한 점일 때
(A 위에 겹치지 않음)
$\overline{AB}+\overline{AC}<\overline{DB}+\overline{DC}$임을
증명하여라.

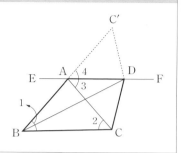

| 분석 | 그림과 같이 $\overline{AB}+\overline{AC}$, $\overline{DB}+\overline{DC}$의 몇 개 선분을 동일한 삼각
형에 집중시키기 위해 △AC′D≡△ACD되게 보조선을 긋는다.

| 증명 | $\overline{BA}$를 $\overline{AC'}=\overline{AC}$되게 C′까지 연장하고 C′와 D를 연결한다.
따라서
$\overline{EF}\,/\!/\,\overline{BC}$이므로 ∠1=∠4, ∠2=∠3, 또, $\overline{AB}=\overline{AC}$이므로
∠1=∠2, ∠3=∠4. 그런데 $\overline{AC'}=\overline{AC}$, $\overline{AD}$=공통이므로
△AC′D≡△ACD, 따라서 $\overline{C'D}=\overline{CD}$. 또 $\overline{BC'}<\overline{BD}+\overline{C'D}$,
$\overline{AB}+\overline{AC}=\overline{BC'}$ 이므로 $\overline{AB}+\overline{AC}<\overline{BD}+\overline{DC}$이다.

2. 삼각형의 중선, 중간선의 응용

삼각형의 중선, 중간선, 선분의 중점 등이 들어 있는 문제는 흔히 다음의
방법으로 푼다.

(1) 중점을 지나는 평행선을 긋기

예제 05

△ABC에서 M은 $\overline{AC}$의 중점,
D는 $\overline{BC}$ 위의 점, $\overline{BD}=\dfrac{1}{2}\overline{DC}$,
E는 $\overline{AD}$와 $\overline{BM}$의 교점이다.
$\overline{BE}=\overline{EM}$임을 증명하여라.

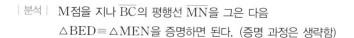

| 분석 | M점을 지나 $\overline{BC}$의 평행선 $\overline{MN}$을 그은 다음
△BED≡△MEN을 증명하면 된다. (증명 과정은 생략함)

제 21 장 삼각형 | **235**

(2) 중선을 연장하여 연장 부분이 중선과 같게 하기

$\overline{\text{AM}}$이 $\triangle\text{ABC}$의 중선일 때

$\dfrac{1}{2}(\overline{\text{AB}}+\overline{\text{AC}}-\overline{\text{BC}})<\overline{\text{AM}}$

$<\dfrac{1}{2}(\overline{\text{AB}}+\overline{\text{AC}})$임을 증명하여라.

| 증명 | 그림에서와 같이 $\overline{\text{AM}}$을 P까지 연장하여 $\overline{\text{MP}}=\overline{\text{AM}}$되게
하고 B와 P를 연결한다.

$\overline{\text{BM}}=\overline{\text{MC}}$, $\angle 1=\angle 2$이므로 $\triangle\text{BMP}\equiv\triangle\text{CMA}$

따라서 $\overline{\text{BP}}=\overline{\text{AC}}$이다.

$\triangle\text{ABP}$에서 $\overline{\text{AP}}<\overline{\text{AB}}+\overline{\text{BP}}$이므로

$2\overline{\text{AM}}<\overline{\text{AB}}+\overline{\text{AC}}$, 즉 $\overline{\text{AM}}<\dfrac{1}{2}(\overline{\text{AB}}+\overline{\text{AC}})$

또 $\overline{\text{AM}}+\overline{\text{BM}}>\overline{\text{AB}}$, $\overline{\text{AM}}+\overline{\text{MC}}>\overline{\text{AC}}$이므로

$2\overline{\text{AM}}+\overline{\text{BC}}>\overline{\text{AB}}+\overline{\text{AC}}$ $\therefore$ $\overline{\text{AM}}>\dfrac{1}{2}(\overline{\text{AB}}+\overline{\text{AC}}-\overline{\text{BC}})$

$\therefore \dfrac{1}{2}(\overline{\text{AB}}+\overline{\text{AC}}-\overline{\text{BC}})<\overline{\text{AM}}<\dfrac{1}{2}(\overline{\text{AB}}+\overline{\text{AC}})$

(3) 직각삼각형 빗변 위의 중선의 성질을 이용하기

$\triangle\text{ABC}$에서 $\overline{\text{BE}}\perp\overline{\text{AC}}$, $\overline{\text{CF}}\perp\overline{\text{AB}}$,
D는 $\overline{\text{BC}}$의 중점, G는 $\overline{\text{EF}}$의 중점
이다. $\overline{\text{DG}}\perp\overline{\text{EF}}$임을 증명하여라.

| 분석 | G가 $\overline{EF}$의 중점이므로 선분의 수직이등분선의 성질을 고려하여 자연히 D와 E, D와 F를 연결하게 된다. 따라서 문제는 $\overline{DE}=\overline{DF}$를 증명하는 것이 된다. 관찰을 통하여 $\overline{BC}$는 직각삼각형 BCE와 직각삼각형 BCF의 공통의 빗변이고 $\overline{DE}$와 $\overline{DF}$는 각각 그들 빗변 위의 중선이라는 것을 알 수 있다. 이로부터 $\overline{DE}=\overline{DF}$임을 알 수 있다. (증명 과정은 생략함)

(4) 삼각형의 중점연결정리의 이용

예제 08

$\triangle ABC$에서 $\angle ABC=5\angle ACB$, H는 꼭짓점 B에서 $\angle A$의 이등분선에 내린 수선의 발, D는 $\overline{BH}$의 연장선과 $\overline{AC}$의 교점, $\overline{DE}\perp\overline{BC}$, M은 $\overline{BC}$의 중점이다. $\overline{EM}=\frac{1}{2}\overline{BD}$임을 증명하여라.

| 증명 | 그림과 같이 M에서 $\overline{BD}$와 평행하게 $\overline{MP}$를 그어 $\overline{AC}$와의 교점을 P라 한다. P는 $\overline{CD}$의 중점이므로 $\overline{MP}=\frac{1}{2}\overline{BD}$이다.

$\overline{AB}=\overline{AD}$이므로 $\angle1=\angle2=\angle3+\angle C$이다.

또, $\angle1+\angle3=5\angle C$이므로 $\angle3+\angle C+\angle3=5\angle C$.

따라서 $\angle3=2\angle C$. E와 P를 연결한다($\overline{EP}$는 직각삼각형 DEC의 빗변 위의 중선).

$\overline{EP}=\overline{PC}$이므로 $\angle4=\angle C$. 또,

$\angle3=2\angle C=\angle PMC=\angle4+\angle5=\angle C+\angle5$이므로

$\angle5=\angle C$ $\therefore$ $\angle4=\angle5$

따라서 $\overline{EM}=\overline{MP}=\frac{1}{2}\overline{BD}$

제 21 장 삼각형 | **237**

3. 평행이동, 선대칭이동, 회전이동에 대한 간단한 소개

어떤 문제는 주어진 조건이나 결론으로 분산되어 있기 때문에 분산된 조건
을 집중하려면 보조선을 그어야 한다. 따라서 평행이동, 선대칭이동, 회전이동
등 도형의 변환을 이용하게 된다.

(1) 평행이동

어떤 도형을 일정한 방향으로 일정한 거리만큼 이동시키는 것을 **평행이동**이
라 하고 이러한 변환 방법을 **평행이동변환**이라 한다.

예제 09

두 중선의 길이가 같은 삼각형은
이등변삼각형임을 증명하여라.

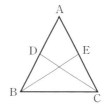

| 분석 | 그림에서 $\overline{CD}$, $\overline{BE}$는 △ABC의 두 중선이고 $\overline{CD}=\overline{BE}$이다.
D와 E를 잇고 $\overline{BC}$의 연장선 위에 $\overline{EF}/\!\!/\overline{DC}$되게 F를 잡으면 $\overline{DC}$
를 $\overline{EF}$로 평행이동한 것이 되어 $\overline{BE}$와 $\overline{CD}$가 △BEF에 집중되게
된다.

| 증명 | D와 E를 연결하면 $\overline{DE}/\!\!/\overline{BC}$
이고 $\overline{BC}$의 연장 위에
$\overline{EF}/\!\!/\overline{DC}$되게 F를 잡으면
□DCFE는 평행사변형이 된다.
따라서 $\overline{EF}=\overline{DC}=\overline{BE}$이다.
∠EBC = ∠EFC = ∠DCB
또 $\overline{BC}=\overline{BC}$, $\overline{CD}=\overline{BE}$이므로
△BCE≡△BDC, ∠ABC = ∠ACB
따라서 $\overline{AB}=\overline{AC}$이다.

예제 10

그림에서와 같이 사각형 ABCD에서 $\overline{AD}=\overline{BC}$, M, N은 각각
$\overline{AB}$, $\overline{DC}$의 중점, E는 $\overline{AD}$와 $\overline{MN}$의 연장선의 교점, F는
$\overline{BC}$와 $\overline{MN}$의 연장선의 교점이다. $\angle AEM = \angle BFM$임을
증명하여라.

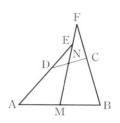

| 증명 | B와 D를 연결하고 그 중점 O를 취한다.

다음 O와 M, O와 N을 연결하면

$\overline{OM}=\dfrac{1}{2}\overline{AD}$, $\overline{ON}=\dfrac{1}{2}\overline{BC}$이다.

그런데 $\overline{AD}=\overline{BC}$이므로 $\overline{OM}=\overline{ON}$이
다.

따라서 $\angle 1 = \angle 2$이다.

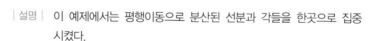

또, $\angle 1 = \angle BFM$, $\angle 2 = \angle AEM$이므로 $\angle AEM = \angle BFM$
이다.

| 설명 | 이 예제에서는 평행이동으로 분산된 선분과 각들을 한곳으로 집중
시켰다.

(2) 선대칭이동

어떤 도형을 한 직선을 접는 금으로 접어 넘긴 위치로 옮기는 것을 **선대칭이동**이라 한다.

예제 11

그림에서와 같이 $\overline{AD}$는 $\triangle ABC$의 $\angle BAC$의 이등분선, P는 $\overline{AD}$ 위의 임의의 한 점, $\overline{AB} > \overline{AC}$이다. $\overline{AB} - \overline{AC} > \overline{PB} - \overline{PC}$를 증명하여라.

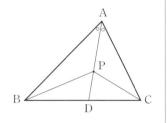

| 분석 |　$\overline{AB}$, $\overline{AC}$, $\overline{PB}$, $\overline{PC}$는 $\overline{AD}$의 양쪽에 있는데 선대칭이동을 이용하여 그것들을 $\overline{AD}$의 한쪽으로 집중시킬 수 있다.

| 증명 |　$\overline{AB}$ 위에서 $\overline{AC'} = \overline{AC}$되게 C'를 잡고 P와 C'를 잇는다.
$\overline{AD}$가 $\angle BAC$의 이등분선이므로 $\angle BAD = \angle CAD$
$\therefore \triangle APC \equiv \triangle APC'$
$\therefore \overline{PC'} = \overline{PC}$
$\therefore \overline{PB} - \overline{PC} < \overline{BC'}$
$\therefore \overline{PB} - \overline{PC} < \overline{BC'} = \overline{AB} - \overline{AC'} = \overline{AB} - \overline{AC}$

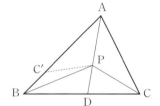

(3) 회전이동

　어떤 도형을 한 점을 중심으로 하여 일정한 방향으로 일정한 각도만큼 회전시키는 것을 **회전이동**이라 한다. 회전이동을 이용하면 문제의 조건을 집중시킬 수 있어 문제가 간단 명료해진다.

예제 12

△ABC에서 $\overline{AB}=\overline{AC}$이고
△ABC 내에 ∠APB > ∠APC
되게 P점을 취했을 때 $\overline{PC} > \overline{PB}$임
을 증명하여라.

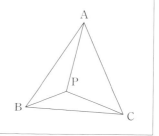

| 분석 |　그림에서와 같이 △ABP를 회전시켜 △ACP′를 얻으면 원래 분산되어 있던 각과 선분이 △PCP′에 집중되게 된다.

| 증명 |　△APB를 점 A를 중심으로 하여 시계 바늘과 회전 방향이 반대인 방향으로 회전시켜서 △AP′C를 얻는다.
그러면 $\overline{AP'}=\overline{AP}$,
∠APB = ∠AP′C, $\overline{PB}=\overline{P'C}$
그런데 ∠APB > ∠APC이므로
∠AP′C > ∠APC
P와 P′를 연결하면 ∠APP′ = ∠AP′P이므로
∠CP′P > ∠CPP′
따라서 $\overline{PC} > \overline{P'C}$. 그런데 $\overline{P'C}=\overline{PB}$이므로 $\overline{PC} > \overline{PB}$

그림에서와 같이 P는 정사각형 ABCD 내의 한 점이다. 만일 $\overline{PA}=1, \overline{PB}=2, \overline{PC}=3$이라 하면 다음을 구하여라.

(1) ∠APB의 크기
(2) 정사각형의 한 변의 길이

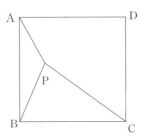

| 풀이 | (1) ∠APB를 점 B를 중심으로
하여 시계 바늘의 회전 방향
으로 90°만큼 회전시켜서
△CQB를 얻는다. 그러면
△CQB≡△APB이다.
P와 Q를 이으면
∠PBQ=90°,
$\overline{PB}=\overline{QB}=2$이므로
∠PQB=∠QPB=45°
따라서 $\overline{PQ}=2\sqrt{2}$
△PQC에 있어서 $\overline{PC}=3$, $\overline{CQ}=1$, $\overline{PQ}=2\sqrt{2}$이므로
$\overline{PC}^2=\overline{CQ}^2+\overline{PQ}^2$
따라서 ∠PQC=90°이다.
∴ ∠CQB=90°+45°=135°=∠APB

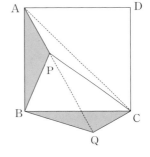

(2) ∠APB+∠BPQ=135°+45°=180°이므로
A, P, Q 세 점은 동일 직선 위에 있다.
따라서 $\overline{AQ}=2\sqrt{2}+1$
직각삼각형 △AQC에서
$\overline{AC}=\sqrt{1+(1+2\sqrt{2})^2}=\sqrt{10+4\sqrt{2}}$이다.
∴ $\overline{AB}=\dfrac{\sqrt{10+4\sqrt{2}}}{\sqrt{2}}=\sqrt{5+2\sqrt{2}}$

01 다음 그림에서와 같이 D는 정삼각형 ABC 내의 한 점, $\overline{DB}=\overline{DA}$, $\overline{BF}=\overline{AB}$, $\angle DBF = \angle DBC$일 때 $\angle BFD$의 크기를 구하여라.

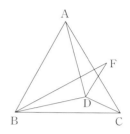

02 다음 그림에서와 같이 ABCD는 정사각형, $\overline{BF}$는 외각 $\angle CBG$의 이등분선, E는 $\overline{AB}$ 위의 한 점, $\overline{DE} \perp \overline{EF}$일 때, $\overline{DE}=\overline{EF}$임을 증명하여라.

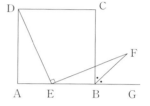

03 다음 그림에서와 같이 $\overline{AB} /\!/ \overline{CD}$. E, F는 각각 $\overline{BC}$, $\overline{AD}$의 중점, $\overline{AB}=a$, $\overline{CD}=b$일 때 $\overline{EF}$의 길이를 구하여라.

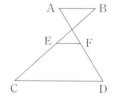

04 $\triangle ABC$에서 $\overline{AB} > \overline{AC}$, $\overline{AM}$은 변 BC 위의 중선일 때 $\angle BAM < \angle CAM$임을 증명하여라.

05 다음 그림에서와 같이 △ABC에서 M은 $\overline{BC}$
의 중점, $\overline{AN}$은 ∠BAC의 이등분선,
$\overline{BN}\perp\overline{AN}$, $\overline{AB}=10cm$, $\overline{MN}=3cm$,
$\overline{BC}=15cm$일 때 △ABC의 둘레를 구하여라.

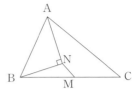

06 다음 그림에서와 같이 △ABC의 꼭짓
점 A를 지나 ∠A 내에 임의의 반직선
을 긋고, B, C를 지나 이 사선의 수선
BP, CQ를 그어서 P, Q를 각각 수선의
발로 하고, M을 $\overline{BC}$의 중점이라 할 때
$\overline{MP}=\overline{MQ}$임을 증명하여라.

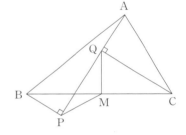

07 이등변삼각형 ABC의 옆변 AB 위에 한 점 D를 잡고 다른 옆변 AC의 연
장선 위에 $\overline{CE}=\overline{BD}$되게 점 E를 잡은 다음 D와 E를 연결하였을 때
$\overline{DE}>\overline{BC}$임을 증명하여라.

08 A, B는 직선 l의 같은 쪽에 있는 두 점, P는 l 위의 한 점, Q는 l 위의 P와 겹치지 않는 임의의 한 점, $\overline{AP}$, $\overline{BP}$가 l과 등각을 이룰 때 $\overline{AP}+\overline{BP}<\overline{AQ}+\overline{BQ}$임을 증명하여라.

09 다음 그림에서와 같이 정삼각형 ABC 내의 한 점 P로부터 A, B, C의 거리가 각각 2, $2\sqrt{3}$, 4 일 때 $\overline{AB}$의 길이를 구하여라.

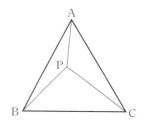

10 다음 그림에서 ABCD는 정사각형, E는 $\overline{BC}$ 위의 임의의 한 점, $\angle EAD$의 이등분선 $\overline{AF}$ 와 $\overline{CD}$의 교점을 F라 할 때 $\overline{BE}+\overline{DF}=\overline{AE}$임을 증명하여라.

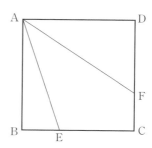

22 축대칭, 점대칭도형의 성질 및 활용

1. 축대칭도형

임의의 도형을 정직선에 따라 맞접었을 때 직선의 양쪽에 있는 부분이 서로 완전히 겹쳐지면 그 도형을 **축대칭도형**, 정직선을 **대칭축**이라 하며 겹쳐지는 점을 **대칭점**이라고 한다.

축대칭도형은 다음과 같은 성질을 가지고 있다.

(1) 축대칭도형의 두 부분은 합동이다.
(2) 대칭축은 두 대칭점을 연결한 선분의 수직이등분선이다.

기하 문제를 증명하거나 문제를 풀 때 축대칭도형이 있으면 흔히 대칭축을 그어 축대칭도형의 성질을 충분히 이용한다.

> **예** 이등변삼각형에서는 흔히 꼭지각의 이등분선을 긋고, 직사각형과 등변사다리꼴에 관한 문제에서는 대변의 중점을 연결한 선분과 두 밑변의 중점을 연결한 선분을 그으며, 정사각형, 마름모꼴에 관한 문제에서는 대각선을 그어 문제를 해결한다.

이 밖에 도형이 축대칭도형이 아닌 경우에는 임의의 직선을 대칭축으로 설정하여 축대칭도형을 만들거나 축의 한쪽에 있는 도형을 다른 쪽으로 접어서 조건을 상대적으로 집중시킨다.

예제 01

직선 l 밖에 점점 P가 있다.
l 위에서 $\overline{AB}=m$(일정한 길이)
이고 $\overline{PA}+\overline{PB}$를 가장 짧게 하
는 두 점 A, B를 구하여라.

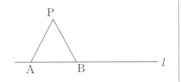

| 분석 | 그림과 같이 점 P를 l의 방향에 따라 $\overline{PC}=m$이 되게 C까지 평행이동하면 문제는 l 위의 한 점 중에서 $\overline{CB}+\overline{PB}$를 가장 짧게 하는 점 B를 구하는 문제로 된다.

| 작도 | 점 P를 지나서 $\overline{PC}\,/\!/\,l$, $\overline{PC}=m$이 되게 $\overline{PC}$를 긋고 l에 관한 점 P의 대칭점 P′를 정하고 $\overline{CP'}$와 l이 만나는 점을 B라 한다. l 위에서 $\overline{AB}=m$이 되게 $\overline{AB}$를 잘라내면 점 A, B는 구하려는 두 점이 된다.

| 풀이 | l 위에서 $\overline{A'B'}=m$이 되도록 $\overline{A'B'}$를 취하고 P와 A, P와 A′, P와 B′, C와 B′, A′와 P′, B′와 P′를 연결하면 $\overline{PA'}=\overline{P'A'}$, $\overline{PB'}=\overline{P'B'}$이다. 그리고 PA′B′C는 평행사변형이다. $\therefore \overline{CB'}=\overline{PA'}$, $\overline{CB'}+\overline{B'P}>\overline{CP'}$ $\therefore \overline{PA'}+\overline{PB'}>\overline{PA}+\overline{PB}$

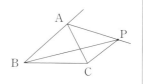

예제 02

그림의 $\triangle ABC$에서 P는 $\angle A$의 외각의 이등분선 위의 한 점이다. 이때, $\overline{PB}+\overline{PC}>\overline{AB}+\overline{AC}$를 증명하여라.

| 분석 | 각의 이등분선은 각의 대칭축이므로 $\overline{AP}$에 관한 $\overline{AC}$의 축대칭 도형 $\overline{AD}$를 긋고 D와 P, C와 P를 연결하면 $\overline{DP}=\overline{CP}$, $\overline{BD}=\overline{AB}+\overline{AC}$이다. 이와 같이 $\overline{AB}+\overline{AC}$, $\overline{PB}$, $\overline{PC}$를 $\triangle BDP$에 도시함으로써 $\overline{PB}+\overline{PD}>\overline{BD}$에 의하여 $\overline{PB}+\overline{PC}>\overline{AB}+\overline{AC}$를 얻을 수 있다.

| 증명 | 생략

| 설명 | 축대칭도형으로 변화시키는 것은 조건을 상대적으로 활용하는 역할을 하며 선분을 직선으로 고치는 역할을 한다(예 $\overline{AB}+\overline{AC}$를 직선 $\overline{BD}$로 고친다).

예제 03

임의의 등변사다리꼴의 대각선이 서로 수직이며 등변의 중점을 연결한 선분의 길이가 m이다. 이 사다리꼴의 높이를 구하여라.

| 풀이 | 그림의 등변사다리꼴에서 $\overline{AD} /\!/ \overline{BC}$, $\overline{AB}=\overline{DC}$이고 대각선 $\overline{AC}$와 $\overline{BD}$는 O에서 만나며 $\overline{AC}=\overline{BD}$, 등변의 중점을 연결한 선분 $\overline{EF}=m$이다. $\overline{AD}$, $\overline{BC}$의 중점 $\overline{MN}$을 지나

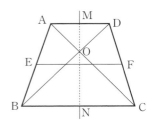

서 직선을 긋는다. 그러면 등변사다리꼴 ABCD는 직선 $\overline{MN}$에 관한 축대칭도형이 된다.

∴ O는 $\overline{MN}$ 위에 있으며 $\overline{OA}=\overline{OD}$, $\overline{OB}=\overline{OC}$, $\overline{AM}=\overline{DM}$, $\overline{BN}=\overline{CN}$이다. 그리고 $\overline{AC} \perp \overline{BD}$이다.

따라서 △AOD와 △BOC는 모두 직각이등변삼각형이다.

∴ $2\overline{OM}=\overline{AD}$, $2\overline{ON}=\overline{BC}$, 그런데 $\overline{AD}+\overline{BC}=2\overline{EF}=2m$

∴ $2\overline{OM}+2\overline{ON}=2m$

∴ $\overline{OM}+\overline{ON}=m$, 즉 사다리꼴의 높이 $\overline{MN}=m$

예제 04

볼록사각형 EFGH의 네 꼭짓점이 각각 변의 길이가 a인 정사각형의 네 변 위에 있다. □EFGH의 둘레의 길이가 $2\sqrt{2}a$보다 작지 않다는 것을 증명하여라.

| 증명 | 그림에서와 같이 A와 A_2, E와 E_3를 연결하면 정사각형 ABCD와 정사각형 A_1BCD_1은 $\overline{BC}$에 관하여 대칭, EFGH와 $E_1FG_1H_1$은 $\overline{BC}$에 관하여 대칭,

A_1BCD_1과 $A_2B_1CD_1$은 $\overline{CD_1}$에 관하여 대칭,

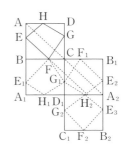

$E_1FG_1H_1$과 $E_2F_1G_1H_2$는 $\overline{CD_1}$에 관하여 대칭,

$A_2B_1CD_1$과 $A_2B_2C_1D_1$은 $\overline{A_2D_1}$에 관하여 대칭,

$E_2F_1G_1H_2$와 $E_3F_2G_2H_2$는 $\overline{A_2D_1}$에 관하여 대칭이다.

$\overline{AA_2}=2\sqrt{2}a, \ \overline{AE}=\overline{A_2E_3}$

$\therefore \overline{EE_3}=\overline{AA_2}=2\sqrt{2}a$

$\therefore \overline{EF}+\overline{FG}+\overline{GH}+\overline{HE}=\overline{EF}+\overline{FG_1}+\overline{G_1H_2}$
$\quad +\overline{H_2E_3} \geq \overline{EE_3}=\overline{AA_2}=2\sqrt{2}a$

$\therefore \overline{EF}+\overline{FG}+\overline{GH}+\overline{HE} \geq 2\sqrt{2}a$임을 증명

예제 05

임의의 사각형이, 두 대변의 중점을 이은 두 직선에 관하여 축대칭도형이면 그 사각형은 직사각형임을 증명하여라.

| 가정 | 그림의 사각형 ABCD에서 M, N, F, E는 각 변의 중점이며 $\overline{MN}$, $\overline{EF}$는 대칭축이다.

| 결론 | ABCD는 직사각형이다.

| 분석 | ABCD는 직사각형이라는 것을 증명하려면 먼저 그것이 평행사변형이라는 것을 증명한 다음, 한 각이 직각이라는 것을 증명하면 된다.

| 증명 | 사각형 ABCD가 $\overline{EF}$에
관하여 축대칭도형이므로
$\overline{DC} \perp \overline{EF}, \ \overline{AB} \perp \overline{EF}$
$\therefore \overline{AB} /\!\!/ \overline{DC}$
같은 이유에 의하여
$\overline{AD} /\!\!/ \overline{BC}$

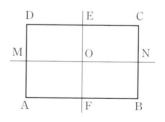

$\therefore$ □ABCD는 평행사변형이다. $\quad \therefore \overline{DC}=\overline{AB}$

$\overline{DE}=\dfrac{1}{2}\overline{DC}, \quad \overline{AF}=\dfrac{1}{2}\overline{AB}$

$\therefore \overline{DE} \perp \overline{AF} \quad \therefore$ ADEF는 평행사변형이다.

$\therefore \overline{AD} /\!\!/ \overline{EF}$

그런데 $\overline{DE} \perp \overline{EF} \quad \therefore \overline{DE} \perp \overline{AD}, \ \angle D = \angle R = 90°$

$\therefore$ ABCD는 직사각형이다.

2. 점대칭도형

임의의 도형이 한 점을 중심으로 하여 $180°$만큼 이동하여 본래의 도형과 완전히 겹쳐질 때, 그 도형을 **점대칭도형**이라 하며 그 정점을 **대칭의 중심**, 완전히 겹쳐지는 점을 **대칭점**이라고 한다.

점대칭도형은 다음과 같은 성질을 가지고 있다.

(1) 점대칭인 두 도형에서는 대칭점을 이은 선분이 모두 대칭의 중심을 지나며 대칭의 중심에 의하여 이등분된다.

(2) 점대칭인 두 도형에서는 대응하는 선분이 평행이며(또는 한 직선 위에 있으며) 서로 그 길이가 같다.

평행사변형은 점대칭도형이다. 직사각형, 마름모꼴, 정사각형은 점대칭도형이면서 축대칭도형이다.

예제 06

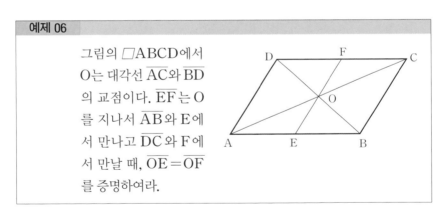

그림의 □ABCD에서 O는 대각선 $\overline{AC}$와 $\overline{BD}$의 교점이다. $\overline{EF}$는 O를 지나서 $\overline{AB}$와 E에서 만나고 $\overline{DC}$와 F에서 만날 때, $\overline{OE}=\overline{OF}$를 증명하여라.

| 증명 | O는 □ABCD의 대칭의 중심이며 $\overline{EF}$는 점 O를 지나서 $\overline{AB}$와 E에서 만나고 $\overline{DC}$와 F에서 만난다. 따라서 두 점 E, F는 O점을 대칭의 중심으로 갖는 대칭점이다.

$$\therefore \overline{OE}=\overline{OF}$$

예제 07

△ABC에서 밑변 $\overline{BC}$ 위의 두 점 M, N은 $\overline{BC}$를 삼등분하며 $\overline{BE}$는 $\overline{AC}$에 내려 그은 중선이다. $\overline{AM}$, $\overline{AN}$은 $\overline{BE}$를 a, b, c 세 부분으로 나눈다. 이때, $a : b : c$를 구하여라.

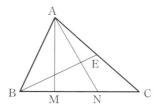

| 분석 | 이 예제는 여러 가지 풀이 방법이 있다. 여기에서는 점대칭도형을 이용하여 풀어 보기로 하자. 그림에서와 같이 E를 중심으로 하여 주어진 도형의 점대칭도형을 그려보면

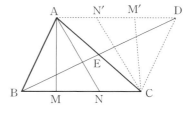

$$\overline{M'C} /\!/ \overline{AM}, \quad \overline{N'C} /\!/ \overline{AN}$$

따라서

$a : (2b+2c) = 1 : 2$ ∴ $a = b + c$ ······①

$(a+b) : 2c = \overline{DN'} : \overline{N'A} = 2 : 1$ ∴ $a + b = 4c$ ······②

①에서 $a - b = c$ ······③

②+③에서 $2a = 5c$ ∴ $a = \dfrac{5c}{2}$

②-③에서 $2b = 3c$ ∴ $b = \dfrac{3c}{2}$

∴ $a : b : c = \dfrac{5c}{2} : \dfrac{3c}{2} : c = 5 : 3 : 2$

| 풀이 | 생략

예제 08

사각형의 한 쌍의 대변의 길이가 서로 같다. 이 한 쌍의 대변을 연장하였을 때, 그 연장선이 다른 한 쌍의 대변의 중점을 이은 선분의 연장선과 만나면 그 두 각은 반드시 서로 같음을 증명하여라.

| 가정 | 그림의 사각형 ABCD에서 $\overline{AD}=\overline{BC}$이고, E, F는 각각 $\overline{AB}$, $\overline{CD}$의 중점이며 $\overline{AD}$, $\overline{BC}$의 연장선이 $\overline{EF}$의 연장선과 각각 G, H에서 만난다.

| 결론 | $\angle AGE = \angle BHE$

| 분석 | 증명하려는 두 각을 주어진 조건과 연결시키기 위하여 '회전법'을 이용해서 각 또는 선분을 '이동'시키는 방법으로 문제를 해결할 수 있다.

| 증명 | 그림에서와 같이 E를 대칭의 중심으로 하여 △EBC의 점대칭도형 △EAM을 그린다(즉, C와 E를 잇고 $\overline{EM}=\overline{EC}$가 되게 $\overline{CE}$를 M까지 연장한 다음 A와 M을 연결한다).

D와 M을 연결하면
$\overline{AM}=\overline{BC}=\overline{AD}$
∴ $\angle 2 = \angle 3$
$\overline{DF}=\overline{FC}$, $\overline{CE}=\overline{EM}$ ∴ $\overline{DM}/\!/\overline{HE}$ ∴ $\angle 1 = \angle 2$
$\overline{AE}=\overline{EB}$, $\overline{EM}=\overline{EC}$ ∴ □AMBC는 평행사변형이다.
$\overline{AM}/\!/\overline{BH}$, $\overline{DM}/\!/\overline{HE}$ ∴ $\angle 3 = \angle BHE$
∴ $\angle 1 = \angle BHE$, 즉 $\angle AGE = \angle BHE$

01 한 목동이 A에서 말을 방목하는데 목동의 집
은 B에 있다(그림 참조). A, B는 강가에서 각
각 300m, 500m 떨어져 있고 $\overline{CD}=600m$이
다. 목동은 날이 저물기 전에 A에서 말을 몰고
강가에 가서 물을 먹여 가지고 집에 돌아가려
고 한다. 목동은 적어도 몇 m를 걸어야 하겠는
가?

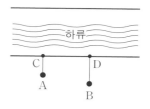

02 한 점에 관한 정사각형의 각 변의 중점의 대칭점은 한 정사각형의 꼭짓점이
라는 것을 증명하여라.

03 사각형 ABCD에서 $\overline{AB}=\overline{AD}$, $\overline{CB}=\overline{CD}$일 때, 그 넓이는 $\frac{1}{2}\overline{AC}\cdot\overline{BD}$와
같다는 것을 증명하여라.

04　직선 $\overline{MN}$의 양쪽에 두 점 A, B가 있다. $\overline{MN}$ 위에서 P로부터 두 점 A, B
　　까지의 거리의 차가 가장 큰 점 P를 구하여라.

05　임의의 등변사다리꼴의 둘레의 길이는 22cm, 중간선의 길이는 7cm이고
　　두 대각선의 중점을 이은 선분의 길이는 3cm이다. 각 변의 길이를 구하여라.

06　평행사변형의 대각선의 교점 O를 지나는 두 직선과 변의 교점이 각각 E, F
　　와 G, H이다. EGFH가 평행사변형이라는 것을 증명하여라.

07 임의의 삼각형의 한 내각의 이등분선이 바로 그 각의 대변에 그은 중선이면
    이 삼각형은 이등변삼각형임을 증명하여라.

08 △ABC에서 D는 $\overline{BC}$의 중점이며, M, N은 각각 $\overline{AB}$, $\overline{AC}$ 위의 두 점이고
    $\overline{MD} \perp DN$일때, $\overline{BM} + \overline{CN} > \overline{MN}$임을 증명하여라.

09 정사각형 ABCD의 정점 D를 지나서 정사각형 안에 ∠FDM=45°되게
    ∠FDM을 그린다. F, M은 각각 $\overline{AB}$, $\overline{BC}$ 위에 있다. F와 M을 잇고
    $\overline{DH} \perp \overline{FM}$이 되게 $\overline{DH}$를 긋고 수선의 발을 H라고 하면 $\overline{DH} = \overline{DA}$임을
    증명하여라.

23 미정계수법

중학교 과정의 대수 문제에는 이런 문제가 있다.

방정식 $x^3+px^2+qx+r=0$이 세 근 1, 2, 3을 가질 때, p, q, r의 값을 구하여라. p, q, r은 미정계수이다. 그 값은 방정식의 근 1, 2, 3에 의하여 결정된다. 문제를 다음과 같이 고쳐 보자. 미지수가 1개인 삼차방정식의 세 근이 각각 1, 2, 3이다. 이 방정식을 구하여라. 이것은 미정계수법으로 푸는 문제이다.

미정계수법이란 무엇인가? **미정계수법**이란 다음과 같은 세 절차에 따라서 해를 구하는 일종의 수학적 방법이다. 먼저 미정계수가 들어 있는 항등식을 세운다. 다음, 항등식의 성질(또는 가정)을 이용하여 미정계수에 관한 방정식을 세우고 미정계수를 구한다. 마지막에 정답을 구한다. 흔히 쓰이는 항등식의 성질은 다음과 같은 두 가지가 있다.

$$f(x)=a_0x^n+a_1x^{n-1}+\cdots+a_{n-1}x+a_n$$
$$g(x)=b_0x^n+b_1x^{n-1}+\cdots+b_{n-1}x+b_n$$

(1) $f(x)=g(x)$이면 $a_0=b_0$, $a_1=b_1$, $\cdots$, $a_n=b_n$

(2) $f(x)=g(x)$이면 x 대신에 공통으로 취하는 값을 취하여도 그 결과는 서로 같다.

중학교 과정에서 미정계수법은 흔히 항등변형, 인수분해, 근호가 들어 있는 식, 기타 문제들에서 이용된다. 다음에 그 응용을 차례대로 설명하기로 한다.

예제 01

다항식 x^3+2x^2-3x+5를 $(x+2)$에 관하여 내림차순으로 정리하여라.

| 풀이 | $x^3+2x^2-3x+5=(x+2)^3+\mathrm{A}(x+2)^2+\mathrm{B}(x+2)+\mathrm{C}$라고 하자. $x=-2$, 0, -1일 때 A, B, C에 관한 다음 연립방정식을 얻는다.

$$\begin{cases} C=11 \\ 4A+2B+C=-3 \\ A+B+C=8 \end{cases} \text{따라서} \begin{cases} A=-4 \\ B=1 \\ C=11 \end{cases}$$

원식 $= (x+2)^3-4(x+2)^2+(x+2)+11$

| 설명 | 이 예제는 또 완전제곱식으로도 풀 수 있으나 복잡하다.

지금 $x=-2, 0, -1$이라고 하였으나 항등식의 성질 (2)에 의하여 다른 세 수를 취하여도 된다. 그러나 원칙은, 허용하는 조건에서 계산량을 적게 하는 것이다. 또 설정한 항등식의 우변을 전개하고 항등식의 성질 (1)을 이용하여 양변의 계수를 비교함으로써 미정 계수를 구할 수 있다. 이제 여러분들은 예제 01의 풀이 방법과 같이 머리말에서의 삼차방정식을 구하는 문제에 대답을 줄 수 있다.

📘 $x^3-6x+11x-6=0$이다.

예제 02

분수식 $\dfrac{x^2-x+2}{x(x^2-x-6)}$ 를 부분분수식으로 분해하여라.

| 풀이 | 주어진 식의 분모를 인수분해하면 $x(x-3)(x+2)$를 얻는다.

$\dfrac{x^2-x+2}{x(x-3)(x+2)} = \dfrac{A}{x} + \dfrac{B}{x-3} + \dfrac{C}{x+2}$ 라 하고 통분한

다음 양변의 분자를 비교하면

$x^2-x+2=(A+B+C)x^2-(A-2B+3C)x-6A$를 얻는다.

항등식의 성질 (1)에 의하여

$A+B+C=1, \ A-2B+3C=1, \ -6A=2$

이 연립방정식을 풀면 $A=-\dfrac{1}{3}, \ B=\dfrac{8}{15}, \ C=\dfrac{4}{5}$이다.

$\therefore$ 원식$=-\dfrac{1}{3x}+\dfrac{8}{15(x-3)}+\dfrac{4}{5(x+2)}$

| 설명 | 부분분수식을 분해할 때에는 다음과 같은 세 가지에 유의하여야 한다.

(1) 분수식이 가분수식이면 먼저 다항식과 진분수식의 합으로 분해한 다음 기약진분수식의 분모를 인수분해한다.

(2) 분모들이 서로소인 인수의 곱일 때, 예를 들어 예제 02와 같을 때에는 진분수의 합이 되게 분해할 수 있다. 분모가 일차식, 이차식이면 '실수의 범위 안에서 더 인수분해되지 않으면' 분자는 대응하는 상수, 일차식이다.

(3) 분모가 어떤 일차식 Q의 거듭제곱꼴 Q^n일 때(**예**아래의 예제 **03**)
에는 그것을 $\left(\dfrac{P_1}{Q}\right)+\left(\dfrac{P_2}{Q^2}\right)+\cdots+\left(\dfrac{P_n}{Q^n}\right)$

으로 분해할 수 있다. 여기서 P_1, P_2, P_3, $\cdots$, P_n은 미정계수이다.

주 Q가 더 이상 인수분해되지 않는 이차식이면 P_1, P_2, $\cdots$, P_n을 일차계수가 미정계수인 식으로 설정하여야 한다.

예제 03

분수식 $\dfrac{3x^2-x-1}{(x-1)^4}$ 을 부분분수식으로 분해하여라.

| 풀이 | $\dfrac{3x^2-x-1}{(x-1)^4}=\dfrac{A}{x-1}+\dfrac{B}{(x-1)^2}+\dfrac{C}{(x-1)^3}+\dfrac{D}{(x-1)^4}$ 라
하자. 통분하여 분자를 비교하고, 항등식의 성질 (1) 또는 (2)를 이용하여 $A=0$, $B=3$, $C=5$, $D=1$을 얻는다.

$\therefore$ 원식$=\dfrac{3}{(x-1)^2}+\dfrac{5}{(x-1)^3}+\dfrac{1}{(x-1)^4}$

| 설명 | 이 예제는 또 예제 01의 방법을 이용하여 분자를 $(x-1)$의 거듭제곱의 모양, 즉 $3x^2-x-1=3(x-1)^2+5(x-1)+1$로 고치고 $(x-1)^4$으로 나누어 직접 답을 얻을 수 있다.

예제 04

k가 어떤 수일 때 $kx^2-2xy-3y^2+3x-5y+2$를 인수분해하여 두 일차인수의 곱이 되게 할 수 있는가?

| 풀이 | $-3y^2-5y+2=(-3y+1)(y+2)$이므로

$kx^2-2xy-3y^2+3x-5y+2=(ax-3y+1)(bx+y+2)$

$=abx^2+(a-3b)xy-3y^2+(2a+b)x-5y+2$

계수를 비교하면

$$\begin{cases} a-3b=-2 & \cdots\cdots ① \\ 2a+b=3 & \cdots\cdots ② \\ ab=k & \cdots\cdots ③ \end{cases}$$

①, ②에서 $a=b=1$이다.

$\therefore\ k=1$

$\therefore\ k=1$일 때 주어진 식은 인수분해되어 두 일차인수의 곱으로 될 수 있다.

미정계수법을 이용하여 계수가 실수이고 미지수가 2개인 이차방정식 $f(x,\,y)=Ax^2+Bxy+Cy^2+Dx+Ey+F(A\neq0)$의 인수분해에 대하여 일반적인 연구를 하면 일반화된 결론을 얻어 문제를 풀 때에 이용할 수 있다.

$f(x,\,y)=Ax^2+Bxy+Cy^2+Dx+Ey+F$

$\qquad =A(x+ay+b)(x+cy+d)$

$\qquad =Ax^2+A(a+c)xy+Aacy^2+A(b+d)x$

$\qquad +A(ad+bc)y+Abd$라고 하자. 계수를 비교하면

(1) $\begin{cases} a+c=B/A \\ ac=C/A \end{cases}$ (2) $\begin{cases} b+d=D/A \\ bd=F/A \end{cases}$

(3) $ad+bc=E/A$

(1)에 의하여 $a,\,c$는 방정식 $A\alpha^2-B\alpha+C=0$의 두 근이라는 것을 알 수 있고 (2)에 의하여 $b,\,d$는

방정식 $A\beta^2-D\beta+F=0$의 두 근이라는 것을 알 수 있다.

(ⅰ) $ad+bc=\dfrac{E}{A}$일 때

$\quad f(x,\,y)=A(x+ay+b)(x+cy+d)$

(ⅱ) $ab+cd=\dfrac{E}{A}$ (3)식에서 $b,\,d$를 바꾸어 얻었다.

$\quad f(x,\,y)=A(x+ay+d)(x+cy+b)$

위의 두 조건이 모두 갖추어지지 않았거나 $\alpha,\,\beta$에 관한 방정식 가운데서 하나가 실수근을 가지지 않는다면 미지수가 2개인 이차다항식은 실수의 범위 안에서 인수분해되지 않는다. 다음에 두 개의 예제를 들어 이 결론의 활용에 대하여 설명하기로 한다.

예제 05

m이 어떤 값을 가질 때 $x^2+xy+4x+my$를 인수분해하여 두 일차인수의 곱으로 나타낼 수 있는가?

| 풀이 | $A=B=1$, $C=0$, $D=4$, $E=m$, $F=0$

방정식 $\alpha^2-\alpha=0$에서 $a=\alpha_1=1$, $c=\alpha_2=0$이다.

방정식 $\beta^2-4\beta=0$에서 $b=\beta_1=4$, $d=\beta_2=0$이다.

$\therefore m=\dfrac{E}{A}=ad+bc=0$ 또는 $ab+cd=4$일 때 주어진 식을 인수분해하여 두 일차인수의 곱으로 나타낼 수 있다.

즉 $x^2+xy+4x=x(x+y+4)$

또는 $x^2+xy+4x+4y=(x+y)(x+4)$이다.

예제 06

$6x^2+xy-y^2-10x+15y-4$를 인수분해하여 두 일차인수의 곱으로 나타낼 수 있는가?

| 풀이1 | $A=6$, $B=1$, $C=-1$, $D=-10$, $E=15$, $F=-4$

$6\alpha^2-\alpha-1=0$에서 $a=\alpha_1=\dfrac{1}{2}$, $c=\alpha_2=-\dfrac{1}{3}$

$6\beta^2+10\beta-4=0$에서 $b=\beta_1=-2$, $d=\beta_2=\dfrac{1}{3}$

그런데 $ad+bc=\dfrac{5}{6}\neq\dfrac{15}{6}=\dfrac{E}{A}\neq-\dfrac{10}{9}=ab+cd$이다.

$\therefore$ 주어진 식을 인수분해하여 두 일차인수의 곱으로 나타낼 수 없다.

| 설명 | 위의 예제 05, 예제 06은 모두 일반적 결론, 즉 공식을 이용하여 풀었다. 결론을 기억하면 풀기 쉽기는 하지만 이 결론을 기계적으로 기억할 필요는 없다. 이런 때에는 어떻게 할 것인가? 예제 04의 풀이 방법은 결론을 이용하지 않고 x, y에 관한 이차식을 인수분해하여 두 일차식의 곱으로 나타내는 방법을 알려주었다. 가능한 한 주어진 조건을 이용하여 미정계수의 개수를 줄여야 한다는 것에 유의하여야 한다.

[예제 05의 다른 풀이]

상수항이 들어 있지 않고 x^2의 항이 1이면 주어진 식을 $(x+ay)(x+by+c)$라고 설정할 수 있다.

즉, 원식$=x^2+(a+b)xy+aby^2+cx+acy$이다.

계수들을 비교하면

$a+b=1$, $ab=0$(따라서 $a=0$, $b=1$ 또는 $a=1$, $b=0$),

$c=4$, $ac=m$

$\therefore$ $m=0$ 또는 4(이하는 생략)

| 풀이2 | $6x^2+xy-y^2=(3x-y)(2x+y)$

주어진 식을 인수분해하여 두 일차식의 곱으로 나타내면 반드시 다음과 같은 모양으로 된다.

원식$=(3x-y+a)(2x+y+b)$, 즉

원식$=6x^2+xy-y^2+(3a+2b)x+(a-b)y+ab$

계수를 비교하면 $3b+2a=-10$, $a-b=15$, $ab=-4$이다. 그런데 처음 두 식에서 얻은 $a=7$, $b=-8$은 세번째 등식 $ab=-4$를 만족시키지 못한다. 그러므로 주어진 식을 인수분해하여 두 일차인수의 곱으로 나타낼 수 없다.

예제 07

$\dfrac{2}{1+\sqrt[3]{3}-\sqrt[3]{9}}$ 의 분모를 유리화하여라.

| 풀이 | 유리화 인수를 $1+A\sqrt[3]{3}+B\sqrt[3]{9}$(여기서 A, B는 유리수인 상수이다)라고 하자. 그러면

$(1+\sqrt[3]{3}-\sqrt[3]{9})(1+A\sqrt[3]{3}+B\sqrt[3]{9})$

$=-3A+3B+1+(A-3B+1)\sqrt[3]{3}+(A+B-1)\sqrt[3]{9}$ 는 반드시 유리수이며 $\sqrt[3]{3}$, $\sqrt[3]{9}$는 무리수이다. 때문에 $A-3B+1=0$, $A+B-1=0$ 즉 $A=B=\dfrac{1}{2}$

$\therefore$ 유리화 인수는 $\dfrac{(2+\sqrt[3]{3}+\sqrt[3]{9})}{2}$ 이고 유리화한 다음의 분모는 1이다.

그러므로 원식 $=2+\sqrt[3]{3}+\sqrt[3]{9}$이다.

| 설명 | 근호가 들어 있는 삼차식을 유리화하는 문제는 좀 어렵다.
미정계수법을 이용하는 이유는 '유리화의 목표는 유리수이다' 라는 것이다. 이 점을 이용하여 미정계수를 구할 수 있다.

예제 08

$9\sqrt{3}+11\sqrt{2}$의 세제곱근을 구하여라.

| 풀이 | $(A\sqrt{3}+B\sqrt{2})^3=9\sqrt{3}+11\sqrt{2}$ 라고 하자. 그러면
$$(3A^3+6AB^2)\sqrt{3}+(9A^2B+2B^3)\sqrt{2}=9\sqrt{3}+11\sqrt{2}$$
근호가 들어 있는 식들에서 동류항의 계수를 비교하여 보면
$$3A^3+6AB^2=9 \quad \cdots\cdots ①$$
$$9A^2B+2B^3=11 \quad \cdots\cdots ②$$
주의하여 보면, 방정식 ①의 계수의 합이 우변의 9와 같기 때문에 방정식 ①은 1을 근으로 하며, 마찬가지로 방정식 ②도 1을 근으로 한다.
$$\therefore A=B=1$$
따라서 $9\sqrt{3}+11\sqrt{2}$의 세제곱근은 $\sqrt{3}+\sqrt{2}$이다.

| 설명 | A, B에 관한 삼차연립방정식을 푸는 일은 그리 쉬운 일이 아니다. 여기서는 미정계수법으로 무리식의 거듭제곱근을 구하는 표준 양식만을 소개하기로 한다. 앞의 예제들에서는 비교적 표준적인 미정계수법으로 세 절차로 나누어서 문제를 풀었다. 문제의 전반으로부터 출발한다면 미정계수를 정하되, 그것을 구하지 않고 직접 결론을 얻는다든가, 심지어는 그것을 소거할 수도 있다. 이러한 방법을 **'초월형'** 미정계수법이라고 한다.
다음에 이와 같은 방법에 대하여 예제를 들어 설명하기로 한다.

예제 09

m이 어떤 값을 가질 때 방정식 $9x^2-18mx-8m+16=0$의 한 근이 다른 한 근의 2배로 되겠는가?

| 풀이 | $9x^2 - 18mx - 8m + 16 = 9(x-\text{A})(x-2\text{A})$라고 하자.

여기서 A는 미정계수이며 주어진 방정식의 한 근이다.

괄호를 푼 다음 정리하고 계수를 비교하여 보면

$2m = 3\text{A}, \quad -8m + 16 = 18\text{A}^2$

A를 소거하면

$m^2 + m - 2 = 0 \quad \therefore \ m = -2 \ 또는 \ 1$

∴ m이 1 또는 -2일 때 주어진 방정식의 한 근이 다른 한 근의 2배로 된다.

예제 10

다항식 $ax^3 + bx^2 + cx + d$의 계수들은 모두 정수이고, $ac+b$ 와 $ab+d$는 모두 홀수이며, $a+d$는 짝수이다. 이 다항식을 분해하여 두 계수가 정수인 다항식의 곱으로 나타낼 수 있는가?

| 풀이 | $a+d$가 짝수이므로 a, d는 동시에 홀수이거나 동시에 짝수이다. a, d가 모두 짝수이며 $ab+d$가 반드시 짝수로 되는데 이것은 가정에 맞지 않는다. 따라서 a, d는 홀수로밖에 될 수 없다. 그리고 $ab+d$가 홀수이므로 b도 반드시 짝수이다.

$ac+b$가 홀수이므로 c는 반드시 홀수이다. 주어진 다항식을 인수분해하여 두 계수가 정수인 다항식의 곱으로 나타낼 수 있다고 가정하자. $ax^3 + bx^2 + cx + d = (ex+f)(px^2+qx+r)$ (여기서 p, q, r, e, f는 모두 미정계수이다)이라 하고 양변의 대응하는 계수들을 비교하여 보면

① $pe = a$는 홀수이고   ② $pf + qe = b$는 짝수이며

③ $qf + re = c$는 홀수이고   ④ $rf = d$는 홀수이다.

①, ④에 의하여 p, e, r, f는 모두 홀수라는 것을 알 수 있고 ③에 의하여 q는 반드시 짝수라는 것을 알 수 있다. 이리하여 ②식에 의하면 b는 홀수인데 이것은 b가 짝수라는 것에 맞지 않는다. 그러므로 주어진 다항식을 분해하여 두 계수가 정수인 다항식의 곱으로 나타낼 수 없다.

| 설명 | 미정계수의 성질, 귀류법, 전환법, 홀짝성을 이용하여 이 문제를 분석하고 풀었다. 이 문제에서는 미정인 계수를 구할 필요도 없고 구할 수도 없으므로 간접적인 방법을 이용하였다.

예제 11

$8x^2 - 2xy - 3y^2$을 두 계수가 정수인 다항식의 제곱차로 고칠 수 있다는 것을 증명하여라.

| 증명 | $8x^2 - 2xy - 3y^2 = \mathrm{A}^2 - \mathrm{B}^2$이라고 하자. 식에서 A, B는 구하려는 계수가 정수인 다항식이다. 따라서

$(2x+y)(4x-3y) = (\mathrm{A}+\mathrm{B})(\mathrm{A}-\mathrm{B})$

이 식을 성립시키는 다항식 A, B를 찾으면 증명의 목적을 이룰 수 있기 때문에 다음과 같이 정할 수 있다.

$$\begin{cases} 2x+y = \mathrm{A}+\mathrm{B} \\ 4x-3y = \mathrm{A}-\mathrm{B} \end{cases} \implies \begin{cases} \mathrm{A} = 3x-y \\ \mathrm{B} = -x+2y \end{cases}$$

$\therefore\ 8x^2 - 2xy - 3y^2 = (3x-y)^2 - (2y-x)^2$

이리하여 명제는 증명되었다.

| 설명 | 이 예제는 미정인 '계수'는 또한 미정인 '식'으로 정할 수 있다는 것을 설명한다. 그러므로 미정계수법은 아주 널리 이용될 수 있다.

01 항등식 $6x^2-\Box xy-3y^2-x-7y-2=(2x+\Box y+\Box)(\Box x+\Box y-2)$의
     $\Box$ 안에 각각 어떤 숫자를 써 넣어야 하겠는가?

02 방정식 $x^3+px^2+qx+r=0$의 한 근이 1이고 다른 두 근이 서로 같다.
     $p,\ q,\ r$은 어떤 관계를 만족시켜야 하는가?

03 분수식 $\dfrac{6x^2+22x+18}{x^3+6x^2+11x+6}$ 을 부분분수식으로 분해하여라.

04 $\dfrac{1}{1-2\sqrt[3]{2}+\sqrt[3]{4}}$의 분모를 유리화하여라.

05 $f(x)=x^4+6x^3+7x^2-6x+\text{A}$는 완전제곱식이다. A 및 $f(x)$의 인수분
해식을 구하여라.

06 다항식 $x^4-5x^3+11x^2+mx+n$이 다항식 x^2-2x+1로 나누어떨어진
다. m, n의 값을 구하여라.

07 방정식 $x^3+px^2+qx+r=0$에는 세 근 α, β, γ가 있다. $\alpha+\beta+\gamma=-p$,
$\beta\gamma+\alpha\beta+\gamma\alpha=q$, $\alpha\beta\gamma=-\gamma$를 증명하여라.

08 x^2+y^2+1을 인수분해하여 x, y에 관한 두 일차인수의 곱으로 나타낼
수 없다는 것을 증명하여라.

09 다항식 $x^3 + bx^2 + cx + d$의 계수는 모두 정수이며 $bd + cd$는 홀수이다. 이 다항식을 인수분해하여 두 계수가 정수인 다항식의 곱으로 나타낼 수 없다는 것을 증명하여라.

10 등식 $p^2 + q^2 = 7pq$를 만족시키는 양의 실수 p, q가 x, y에 관한 다항식 $xy + px + qy + 1$을 인수분해하여 두 일차인수의 곱으로 나타낼 수 있다. p, q의 값을 구하여라.

11 $x^2 - xy + y^2 + x + y$를 인수분해하여 두 일차인수의 곱으로 나타낼 수 없다는 것을 증명하여라.

12 $x^4 - x^3 + kx^2 - 2kx - 2$를 분해하여 계수가 정수인 두 이차식의 곱으로 나타낼 수 있다. k의 값을 구하여라.

24 간단한 서랍원칙(1)

서랍원칙은 사물 사이에 존재하는 양적 관계의 법칙을 밝히는 간단한 수학적 원리로서, 어떤 유형의 수학 문제를 푸는 유용한 수단이 된다. 중학교 수학문제 중에서 어떤 유형의 수학 문제는 어려운 수학적 원리나 수학 공식을 이용하지 않고서도 풀 수 있다. 오직 간단하게 서랍원칙을 활용한다면 아주 복잡해 보이거나, 심지어는 전혀 풀 수 없는 것같이 보이는 문제도 쉽게 풀 수 있다.

서랍원칙이란 무엇인가? 서랍원칙은 어떻게 사물 사이의 양적 관계를 밝히는가? 먼저 다음과 같은 두 가지 구체적 문제를 보기로 하자.

〔문제1〕 사과 5개를 4개의 서랍에 넣는다면 어떻게 넣든지 적어도 한 서랍에는 사과가 두 개, 또는 두 개 이상 있게 된다는 판정을 내릴 수 있다.

〔문제2〕 한 학교에 나이가 같은 신입생이 370명 입학했는데 기록표를 보지 않고서도 출생 월일이 똑같은 신입생이 적어도 2명 있다는 것을 단정할 수 있다.

위의 두 문제를 분석하여 보자.

문제1에서 한 서랍에 사과를 최대 한 개만 넣을 수 있다면, 네 서랍에는 사과를 최대 네 개밖에 넣을 수 없다. 남은 사과 한 개는 네 서랍 중의 어느 한 서랍에 넣을 수밖에 없으므로, 그 서랍에는 사과가 두 개 들어가게 된다. 때문에 우리는 적어도 한 서랍에 들어 있는 사과는 두 개보다 적을 수 없다고 말한다.

같은 이유에 의하여 사과 6개를 서랍 5개에 넣는다면 한 서랍에는 사과가 적어도 2개 들어가며 … 사과 10개를 서랍 9개에 넣는다면 한 서랍에는 사과가 적어도 2개 들어가게 된다.

일반적으로 사과의 개수가 서랍의 개수보다 많으면 적어도 한 서랍에는 사과가 두 개 또는 두 개 이상 들어가게 된다.

문제 2를 다시 보기로 하자. 1년 365일 중의 매일을 한 서랍으로 보고 신입생 370명을 '사과' 370개로 보면 같은 이유에 의하여 신입생들의 기록표를 보지 않고서도 적어도 두 신입생의 출생 월일이 같다는 것을 단정할 수 있다. 이런 문제들의 결론의 정확성은 의심할 바 없다.

이 두 실례에 관계되는 간단한 수학적 원리를 **서랍원칙**이라 하며, 흔히 **비둘기집 원리**, 또는 **디리클레의 방나누기 원리**라고도 한다. 위의 결론을 일반적인 경우로까지 넓히면 다음과 같다.

〔서랍원칙 I〕 n개보다 많은 원소를 임의의 방식으로 n개의 서랍에 넣으면 적어도 한 서랍에는 원소가 2개 또는 2개 이상 있게 된다.

앞의 두 문제의 분석에서 알 수 있는 바와 같이 이런 유형의 문제를 푸는 열쇠는 문제 중의 원소, 서랍 및 그 개수를 정확히 분석하는 것이다.

다음에 어떻게 서랍원칙을 활용하여 문제를 푸는가에 대하여 설명하기로 한다.

예제 01

변의 길이가 2인 정사각형 내에서 임의로 5개의 점을 취하였다. 적어도 두 점 사이의 거리가 $\sqrt{2}$보다 크지 않은 점이 하나 있음을 증명하여라.

| 분석 | 변의 길이가 2인 정사각형 안에 5개의 점을 넣는 방법은 무수히 많다. 서랍원칙을 이용하지 않는다면 풀기 어렵다. 이 문제 풀이의 열쇠는 원소가 5개의 점이므로 요구를 만족시키는 서랍을 4개 '만드는 것'이다. 그러면 문제를 풀 수 있다. 정사각형을 4등분하는 데는 다음과 같은 네 가지 등분 방법이 있다.

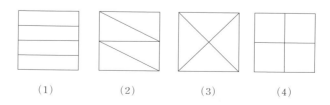

(1)   (2)   (3)   (4)

이 네 가지 등분 방법에 대하여 5개의 점 가운데서 적어도 두 점은 한 칸에 들어간다고 말할 수 있다. 그러나 처음 세 가지 등분 방법에 대해서는 더 나아가서 두 점 사이의 거리가 $\sqrt{2}$를 넘지 않는다는 결론을 내릴 수 없다. 오직 네번째 등분 방법(그림 (4))만이 필요한 결론을 내릴 수 있다. 그러나 서랍은 마음대로 만들어 내는 것이 아니다. 조건에 따라 문제를 푸는 데 도움이 되는 합당한 서랍을 만들어 내야 한다.

| 증명 | 그림 (4)에서와 같이 정사각형을 크기가 똑같은 4개의 작은 정사각형으로 나누어 놓는다. 서랍원칙 I 에 의하여 알 수 있는 바와 같이 이 정사각형 안에 5개의 점을 마음대로 넣는다면 한 개의 작은 정사각형 안에는 점이 적어도 2개 또는 2개 이상 들어갈 수 있는데 점들 사이의 거리는 작은 정사각형의 대각선의 길이 $\sqrt{2}$를 넘지 못한다. 따라서 적어도 두 점 사이의 거리는 $\sqrt{2}$보다 크지 않다.

| 설명 | 서랍원칙을 이용하여 문제를 푸는 열쇠는 합당한 서랍을 재치있게 만드는 것이다. 서랍을 만드는 것은 실질적으로 문제에 관계되는 원소를 분류하고 그 가운데서 동일한 유형에 속하는 원소를 2개 또는 2개 이상 골라내는 것이다.

이 예제를 보면 서랍원칙을 이용해서 증명하는 결론 중에 흔히 '존재한다', '언제나', '반드시', '적어도'와 같은 술어가 들어 있는 명제들이 나타난다. 그러나 이렇다고 하여 이런 술어가 들어 있는 명제는 반드시 서랍원칙을 이용해서 증명하여야 한다는 말은 아니다.

예제 02

어떤 중학교 2학년 1반 학생들이 투표로 후보자 10명 가운데서 반의 대표를 선출한다. 만일 모든 학생이 2명의 후보자에게만 투표할 수 있다면 이 반에 적어도 학생이 몇 명 있어야 2명 또는 2명 이상의 학생이 반드시 같은 두 후보자에게 투표할 수 있겠는가?

| 분석 | 먼저 문제 풀이의 열쇠를 해결하자. 즉, 합당한 서랍을 만들자.

문제에서는 모든 학생이 10명의 후보자 가운데서 2명에게만 투표할 수 있다고 하였다. 그렇다면 모두 몇 가지 서로 다른 선출방법이 있겠는가? 이것은 이 문제를 푸는 열쇠이다.

이렇게 생각하여 볼 수 있다. 모든 학생이 10명의 후보자 가운데 1명에게만 투표할 수 있다면 10가지 가능성, 즉 10가지 선출 방법이 있다. 모든 학생이 후보자 1명에게 투표한 다음 또 남은 후보자 9명 가운데서 반드시 1명에게 투표해야 한다고 하면 또 9가지 가능한 선출 방법이 있다. 그러면 모두 $10 \times 9 = 90$가지 선출 방법이 있다.

그러나 위의 선출 방법에는 이러한 경우가 들어 있다는 데 주의를 돌릴 필요가 있다. 먼저 후보자 10명 가운데서 A를 뽑은 다음 남은 9명 가운데서 B를 뽑았을 때 이것을 'AB'라고 하자. 또는 먼저 후보자 10명 가운데 B를 뽑은 다음 남은 9명 가운데서 A를 뽑았을 때 이것을 'BA'로 하자. 'AB'와 'BA'는 모두 후보자 10명 가운데서 A, B 두 사람을 뽑았다는 것, 즉 같은 선출 방법을 나타낸다.

따라서 문제가 요구하는 서로 다른 선출 방법은 $\dfrac{(10 \times 9)}{2} = 45$가지뿐이다. 이 45가지 서로 다른 선출 방법을 45개의 서랍으로 보고 서랍을 만들면 문제도 쉽게 풀릴 수 있다.

| 풀이 | 위의 분석에 따르면 모두 $\dfrac{(10 \times 9)}{2} = 45$가지 선출 방법이 있다.

이 45가지 서로 다른 선출 방법을 45개의 서랍으로 보고 2학년 1반 학생들을 원소로 보면 서랍원칙 Ⅰ에 의하여 2학년 1반에 학생이 46명 있어야 2명 또는 2명 이상의 학생이 같은 두 후보자에게 투표할 수 있다는 것을 알 수 있다.

예제 03

1부터 100까지의 자연수 가운데서 임의로 51개를 취하면 언제나 그 중의 한 수가 다른 수의 배수로 됨을 증명하여라.

| 증명 | 1부터 100까지의 자연수 중에는 홀수가 모두 50개 있다.

즉, $(2k-1)(k=1, 2, 3, \cdots, 50)$ 이 100개의 자연수를 다음과 같은 방법으로 50가지 유형(즉, 50개의 서랍)으로 갈라 놓는다.

즉, 모든 유형에 각각 이 50개의 홀수 1, 3, 5, $\cdots$, 97, 99 및 그 $2^n(n=0, 1, 2, \cdots, 6)$배인 자연수($\leq 100$)를 넣는다. 다시 말하면 이 100개의 자연수를 빠뜨리지도 않고 중복되지도 않게 $(2k-1) \times 2^n$에 따라 50가지 유형으로 귀납하되 동일한 유형 중의 임의의 두 수 가운데서 한 수가 반드시 다른 수의 배수로 되게 한다.

갈라 놓은 50가지 유형의 자연수에 대해서는 다음 표를 보라. 즉, 1부터 100까지의 자연수는 모두 다음의 50가지 유형 중 하나에 속하게 된다.

제 1 유형	1	1×2	1×2^2	1×2^3	1×2^4	1×2^5	1×2^6
제 2 유형	3	3×2	3×2^2	3×2^3	3×2^4	3×2^5	
제 3 유형	5	5×2	5×2^2	5×2^3	5×2^4		
$\cdots\cdots$	$\cdots\cdots$						
제 49 유형	97						
제 50 유형	99						

주어진 100개의 자연수 가운데서 51개를 임의로 취하여 50개의 유형(서랍)에 넣으므로 서랍원칙 I 에 의하여 적어도 두 개의 자연수는 동일한 유형에 속한다. 이리하여 임의로 취한 51개의 자연수 가운데서 언제나 한 수가 다른 수의 배수로 된다는 것을 증명하였다.

| 설명 | 이 보기를 일반적인 경우로 넓히면 다음과 같다. 처음 $2n$개의 자연수, 1, 2, 3, $\cdots$, $2n$ 가운데서 임의로 결정하는 방식으로 $n+1$개의 수를 취하면 그 중의 두 수 가운데서 반드시 큰 수가 작은 수의 정수배로 된다.

위에서 설명한 것은 서랍원칙의 가장 간단한 형태이다. 그러나 대부분의 문제에서는 적어도 한 서랍에 있는 원소가 두 개보다 적지 않다는 것을 밝히는 것만으로는 부족하다. 그러므로 서랍원칙 I 을 더 넓혀야 한다.

앞의 문제 2를 다음과 같이 고쳐 보자.

한 학교에 나이가 같은 신입생 370명이 입학했는데 기록표를 보지 않고서도 출생한 달수가 같은 신입생이 적어도 31명 있다는 것을 단정할 수 있다.

문제의 결론이 정확하다는 것은 의심할 바 없다. 여러분 스스로 설명하여 보시오. 위의 문제를 일반적인 경우로 넓히면 다음과 같다.

〔서랍원칙 Ⅱ〕 $m \times n$개보다 많은 원소를 임의의 방식에 따라서 n개의 서랍에 넣으면, 적어도 한 서랍에는 원소가 $m+1$개 또는 $m+1$개 이상 있게 된다.

만일 이렇지 않다면, 모든 서랍에 원소가 m개 있게 되므로 원소의 총 수도 최대로 $m \times n$개가 된다. 이것은 원소의 개수가 $m \times n$개보다 많다는 가정에 맞지 않는다. 그러므로 반대로 말한다면 적어도 한 서랍에 있는 원소의 개수는 $m+1$개보다 적어서는 안 된다.

예제 04

변의 길이가 1인 정사각형 안에 임의로 9개의 점을 넣었다. 이 점들을 꼭짓점으로 하는 많은 삼각형 가운데서 반드시 한 삼각형의 넓이가 $\frac{1}{8}$을 넘지 않는 것이 적어도 하나 존재함을 증명하여라.

| 증명 | 다음과 같이 정사각형을 분할하자. 비둘기집 원리에 의해 그림과 같이 나눈 4개의 영역에 9개의 점을 넣으면 적어도 3점은 어느 한 영역에 들어감을 알 수 있다. 그런데 4영역은 그 넓이가 각각 $\frac{1}{4}$이고, 각 영역의 내부에 삼각형을 만들면 그 삼각형의 넓이는 영역의 넓이의 $\frac{1}{2}$을 넘지 못하므로 결국 넓이가 $\frac{1}{8}$이하인 삼각형이 반드시 존재한다.

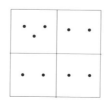

| 설명 | 예제 01과 예제 04의 증명은 기하도형을 나누어 서랍을 만드는 방법을 보여 주었다. 이것은 '몇 개의 점을 임의로 어떤 기하도형에 넣으면 반드시 어떤 결과가 나타나는' 유형의 문제를 푸는 데 효과가 있다.

예제 05

임의로 주어진 5개의 정수가 있다. 그 가운데서 합이 3으로 나누어떨어지는 세 수를 반드시 선택할 수 있다는 것을 증명하여라.

| 증명 | 임의의 정수를 3으로 나누었을 때의 나머지는 0, 1, 2 가운데의 하나로만 될 수 있다. 때문에 임의로 주어진 5개의 정수를 3으로 나누었을 때의 나머지는 다음의 두 가지 경우밖에 없다.

(1) 나머지 0, 1, 2가 모두 나타날 때 나머지가 0, 1, 2로 되는 정수의 합은 반드시 3으로 나누어떨어진다.

(2) 많아서 0, 1, 2 중의 두 가지 나머지가 나타날 때에는 서랍원칙 Ⅱ에 의하여 5개의 정수를 3으로 나누었을 때의 나머지 가운데서 한 나머지가 적어도 세 번 나타나므로 나머지가 같은 이 세 정수의 합은 반드시 3으로 나누어떨어진다.

∴ (1), (2)에 의하여 명제가 성립된다는 것이 증명되었다.

| 설명 | 나머지를 이용하여 정수를 조(즉, 나머지의 유형)로 분류하고 서랍을 만드는 것은 서랍원칙을 응용하여 정수에 관한 많은 문제를 푸는 데서 흔히 쓰이는 방법이다.

예제 04, 예제 05에서 알 수 있는 바와 같이 서랍원칙 Ⅱ를 적용하여 문제를 푸는 열쇠는 역시 합당한 서랍을 합리적으로 만들어 그 서랍에 원소들을 빠뜨리지도 않고 중복되지도 않게 분류하는 것이다. 다른 점이라면 서랍원칙 Ⅰ은 서랍원칙 Ⅱ의 $m=1$일 때의 특수 경우이며 서랍원칙 Ⅱ를 이용하면 더 넓은 범위에서 문제를 풀 수 있는 것이다.

6개의 탁구팀 가운데서 언제나 서로 경기를 하였거나 또는 경기를 하지 않은 세 팀을 찾을 수 있다는 것을 증명하여라.

| 증명 | 6개의 탁구팀 가운데서 임의로 한 팀을 취하여 A팀으로 표시하자. 다른 5개의 팀 중의 개개 팀과 A팀과의 관계는 서로 경기를 하였거나 또는 경기를 하지 않은 두 가지 가능성밖에 없다. 서랍원칙Ⅱ에 의하면 적어도 세 팀이 A팀과 경기를 하였거나 또는 경기를 하지 않았다.

(1) 적어도 세 팀이 A팀과 경기를 한 경우

　설명을 편리하게 하기 위하여 B, C, D 세 팀이 모두 A팀과 경기를 하였다고 하자. E, F 두 팀은 문제를 푸는 데 별로 도움을 주지 못하므로 생각하지 않아도 된다. B, C, D 세 팀 사이의 관계는 다음과 같은 두 가지 경우밖에 없다.

　① 적어도 두 팀이 서로 경기를 하였다. B팀과 C팀이 경기를 하였다고 하자. 그러면 A, B, C 세 팀이 모두 서로 경기를 하였다.

　② B, C, D 세 팀 가운데서 서로 경기를 한 두 팀을 찾을 수 없으면 B, C, D 세 팀은 서로 경기를 하지 않았다.

(2) 적어도 세 팀이 A팀과 경기를 하지 않은 경우

　(1)의 증명 방법과 비슷하다(생략함).

그러므로 어떤 경우를 막론하고 임의의 6개의 탁구팀 가운데서 서로 경기를 하였거나 또는 서로 경기를 하지 않은 세 팀을 반드시 찾을 수 있다.

| 설명 | 이 예제의 특징은 경우를 나누어서 생각하는 것이다. 오직 문제에서의 가장 본질적인 양적 관계를 파악하기만 한다면 아무리 복잡한 관계라도 명확하게 밝힐 수 있다. 동시에 일반적인 것을 증명하는 전제 아래에서 부분적 내용에 대한 연구를 하지 않고 연구 범위를 좁혀 다른 한 부분의 내용의 여러 가지 경우를 상세히 연구한다면 복잡한 문제를 효과적으로 간단히 할 수 있다. 이것은 서랍원칙Ⅱ를 이용하여 문제를 풀 때 흔히 쓰이는 방법이다.

그림과 같이 21개의 작은 정사각형으로 3×7인 직사각형을 만들고 모든 작은 정사각형에 붉은색 또는 푸른색을 칠한다. 색을 어떻게 칠하든지 그림에서 언제나 네 귀퉁이에 있는 작은 정사각형의 색깔이 같은 직사각형을 찾을 수 있다는 것을 증명하여라.

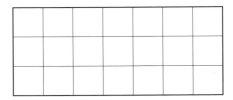

| 증명 | 그림에 있는 임의의 한 세로줄에 색을 칠하는 데는 모두 8가지 서로 다른 방법이 있다. 이것을 차례로 a, b, c, d, e, f, g, h종류라고 하자(아래 그림 참조).

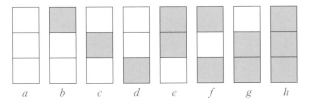

a b c d e f g h

그림에서 어두운 작은 정사각형은 푸른색을 칠한 것을 표시하고 그 나머지 작은 정사각형은 붉은색을 칠한 것을 표시한다. 다음과 같은 세 가지 경우로 나누어서 생각하여 보자.

⑴ 그림 중의 한 세로줄에 a종류의 색칠 방법을 사용한다고 하면 또 두 가지 경우로 나눌 수 있다. 그 나머지 6개의 세로줄 가운데에 a, b, c, d 종류의 하나가 있다면 명제는 성립한다. 그렇지 않다면 서랍원칙Ⅰ에 의하여 그 나머지 6개의 세로줄은 e, f, g, h 네 종류의 색칠 방법에 속한다는 것을 알 수 있다. 따라서 세로줄은 반드시 같은 종류에 속하므로 명제는 역시 성립한다.

⑵ 그림 중의 한 세로줄에 h종류의 색칠 방법을 사용했을 때 추론하면 ⑴과 같이 된다.

(3) 그림에 a종류의 색칠 방법이 없고 h종류의 색칠 방법도 없다면, 다시 말하여 7개에 세로줄이 각각 b, c, d, e, f, g의 여섯 종류의 색칠 방법에 속한다면 서랍원칙에 의하여 두 세로줄은 같은 종류에 속한다는 것을 알 수 있다. 그러므로 명제는 성립한다.

따라서 어떻게 색을 칠하든지 언제나 네 모퉁이가 모두 같은 색깔인 직사각형을 찾을 수 있다.

| 설명 | 이 예제는 서랍원칙을 이용하여 푸는 전형적인 염색 문제이다. 그 증명 방법은 세로줄의 염색 방법의 8가지 서로 다른 경우에 따라서 서랍을 만들어 문제를 쉽게 푸는 것이다. 서로 다른 경우에 따라서 서랍을 만드는 것도 흔히 쓰이는 방법이다.

지금까지 서랍원칙 I 과 서랍원칙 II 를 소개하였다.

서랍원칙 자체는 아주 간단하고, 특수한 점이 없는 것 같다. 그렇지만 서랍원칙을 이용하고도 문제를 풀지 못하는 이유는 합당한 서랍을 만들어 내지 못했기 때문이다.

우리가 훈련을 반복하고 경험을 쌓는다면 능숙하게 서랍원칙을 이용하여 문제를 풀 수 있다.

01 정육면체에 붉은색 또는 푸른색을 칠하였다. 적어도 정육면체의 세 면은 같은 색이라는 것을 증명하여라.

02 변의 길이가 1인 정삼각형 안에 점이 5개 있다. 적어도 두 점 사이의 거리가 $\frac{1}{2}$ 보다 작다는 것을 증명하여라.

03 임의의 자연수를 11개 취하였다. 그 중에서 적어도 두 수의 차가 10의 배수라는 것을 증명하여라.

04 서고에 A, B, C, D 네 가지 유형의 책이 있는데 모든 학생이 많아야 두 권(같지 않은 유형의 책)의 책을 빌려 볼 수 있다고 규정되어 있다. 적어도 몇 명의 학생이 책을 빌려 보아야 적어도 두 학생이 빌려 보는 책의 유형이 같을 수 있겠는가?

05 임의의 정수를 17개 취하였다. 그 가운데서 그 합이 5로 나누어떨어지는 5개의 수를 찾을 수 있다는 것을 증명하여라.

06 임의의 양의 정수 N에 대하여, 숫자 2 또는 0으로 이루어진 N의 한 배수가 존재한다는 것을 증명하여라.

07 a, b, c, d는 임의로 주어진 네 정수이다.
$(b-a)(c-a)(d-a)(c-b)(d-b)(d-c)$가 12로 나누어떨어진다는 것을 증명하여라.

08 사과와 배가 몇 개씩 있는데 아무렇게나 다섯 무더기로 만들었다. 사과의 총수와 배의 총수가 모두 짝수인 두 무더기가 있다는 것을 증명하여라.

09 14개의 서로 다른 정수 가운데서, 적당히 6개의 수를 뽑아서 뺄셈과 곱셈 및 괄호를 이용하여 그 값이 항상 325의 배수가 되게 할 수 있음을 증명하여라.

10 21개의 자연수 $a_1, a_2, \cdots, a_{21}$이 있는데 $a_1 < a_2 < \cdots < a_{20} < a_{21} < 70$이다. 자연수의 차 $a_j - a_i\ (1 \leq i < j \leq 21)$ 가운데서 적어도 네 개는 서로 같다는 것을 증명하여라.

25 정수에 관한 여러 가지 문제

정수에 관한 문제는 제 **02, 09, 10**장에서 이미 설명하였다. 하권에서는 또 정수 중의 끝수와 정수값 다항식 등의 문제를 소개하기로 한다.

여기서는 일부 정수에 관한 문제를 더 보충하여 설명하는데, 이 문제들은 대부분 종합성을 띠고 있으며 어떤 문제는 앞의 몇 장에서 설명한 문제의 보충이다.

예제 01

7개의 숫자 3, 4, 5, 6, 7, 8, 9를 두 조로 나누어 각각 한 개의 세 자리 수와 한 개의 네 자리 수를 만들되 그 두 수의 곱을 가장 크게 하였다. 그 두 수를 어떻게 만들면 되겠는가? 결론을 증명하여라.

| 분석 | 먼저 9, 8, 7, 6 네 수를 두 조로 나누고 두 개의 두 자리 수를 만들어 구체적으로 분석하여 보자. 값이 큰 9, 8을 십의 자리에 배치해야 한다는 것은 현명하다. 그렇다면 6, 7은 어떻게 배치해야 하겠는가? 두 가지 배치 방법, 즉 96, 87과 97, 86을 비교하여 보면 알 수 있다. $96 \times 87 > 97 \times 86$이기 때문에 96, 87의 배치 방법의 곱이 가장 크다. 숫자가 많으면 이와 같이 할 수 없으므로 반드시 일반적인 경우를 살펴보아야 한다.

| 증명 | a, b를 자연수라 하고 $a > b$라고 하면 숫자 c, $d(c > d)$를 a, b 다음에 배치하면 두 가지 배치 방법, 즉 $\overline{ac}$, $\overline{bd}$와 $\overline{ad}$, $\overline{bc}$가 있게 된다. 이 두 가지 배치 방법에 의하여 만든 새로운 수의 곱의 크기를 비교하여 보자.

$$\overline{ad} \times \overline{bc} - \overline{ac} \times \overline{bd}$$
$$= (10a+d)(10b+c) - (10a+c)(10b+d)$$
$$= 10(a \cdot c + b \cdot d - a \cdot d - b \cdot c)$$
$$= 10(a-b)(c-d) > 0$$

그러므로 가장 큰 자연수 (a) 다음에 작은 숫자 (d)를 배치하면 작은 자연수 (b) 다음에 큰 숫자 (c)를 배치하여 얻은 곱 ($\overline{ad} \times \overline{bc}$)가 더 크다.

이 결론에 따르면 9, 8, 7, 6의 네 숫자로 이루어진 두 개의 두 자리 수의 곱 가운데서 96 × 87이 가장 크다. 같은 이유에 의하여 9, 8, 7, 6, 5, 4의 여섯 개의 숫자로 이루어진 두 개의 세 자리 수(즉, 네 수 96, 87, 5, 4로 이루어진 두 개의 세 자리 수)의 곱 가운데서 964와 875의 곱이 가장 크다.

마지막으로 숫자 3은 어떻게 배치하겠는가? (간단하고 일반적인 방법은) 먼저 숫자 0을 가정한다. 그러면 8개의 숫자 9, 8, 7, 6, 5, 4, 3, 0(즉, 964, 875, 3, 0의 네 수)으로 이루어진 두 개의 네 자리 수의 곱 가운데서 9640과 8753의 곱이 가장 크다. 다음에 가정한 0을 없애버리면 세 자리 수 964와 네 자리 수 8753이 이루어지는데 이 두 수의 곱이 가장 크다.

예제 02

임의의 서로 다른 97개의 양의 정수 a_1, a_2, a_3, $\cdots$, a_{97}이 주어졌다. 이 가운데에 뺄셈기호와 곱셈기호 및 괄호만을 사용해서 그 결과가 1984의 배수인 계산식을 만들 수 있는 네 수가 반드시 존재한다는 것을 증명하여라.

| 증명 | ∴ $1984 = 64 \times 31$, $(64, 31) = 1$(서로소), $64 + 31 = 95 = 97 - 2$(즉, $(64+1) + (31+1) = 97$). 그러므로 주어진 97개의 서로 다른 양의 정수를 두 조로 갈라 놓을 수 있다.

a_1, a_2, $\cdots$, a_{65}와 a_{66}, a_{67}, $\cdots$, a_{97}로 갈라 놓기로 하자.

64개의 서로 다른 양의 정수 a_1, a_2, $\cdots$, a_{65} 중에서 적어도 두 수는 64로 나누었을 때의 나머지가 같다.

$a_1=64k_1+r_1$, $a_2=64k_2+r_1$ $(0 \leq r_1 < 64)$ 라고 하면
$64 \mid (a_1-a_2)$이다.
같은 이유에 의하여 32개의 서로 다른 양의 정수 a_{66}, a_{67}, $\cdots$,
a_{97}을 31로 나누면 적어도 두 수의 나머지는 서로 같다.
$a_{66}=31m_1+r_2$, $a_{67}=31m_2+r_2$ $(0 \leq r_2 < 31)$ 라고 하면
$31 \mid (a_{66}-a_{67})$
64, 31은 서로소이므로 $64 \times 31 \mid (a_1-a_2)(a_{66}-a_{67})$이다.
문제의 요구에 맞는 네 수는 존재한다.

예제 03

P가 3보다 큰 소수이고 어떤 자연수 n에 대하여 P^n은 바로 20자리
수이다. 이 수의 자릿수 중에서 적어도 세 숫자가 같다는 것을 증명
하여라.

| 증명 | (귀류법) P^n의 20개의 숫자 가운데서 많아야 두 숫자가 같다고
하자. 그러나 10개의 숫자 0, 1, 2, $\cdots$, 9로 이루어진 P^n의 20
개의 숫자(많아서 두 숫자가 같다)에서는 모든 숫자가 두 번 나
타날 수 있다(왜냐하면 이렇지 않을 때는 P^n이 20자리 수가 되
지 못한다). $1+2+\cdots+9=45$, $3 \mid 45$이므로 $3 \mid P^n$ $\therefore 3 \mid P$.
이것은 P가 3보다 큰 소수라는 것에 맞지 않는다.
그러므로 P^n에서 적어도 세 숫자는 같다.

예제 04

분수 $\dfrac{1}{1}$, $\dfrac{1}{2}$, $\dfrac{1}{3}$, $\cdots$, $\dfrac{1}{P-2}$, $\dfrac{1}{P-1}$을 통분하고 합을 구하였다.
P가 2보다 큰 소수일 때 얻은 분수의 분자가 P로 나누어떨어진
다는 것을 증명하여라.

| 증명 | P가 2보다 큰 소수일 때 $P-1$은 반드시 짝수이다. 때문에
$$\frac{1}{1}+\frac{1}{2}+\frac{1}{3}+\cdots+\frac{1}{P-2}+\frac{1}{P-1}$$
$$=\left(\frac{1}{1}+\frac{1}{P-1}\right)+\left(\frac{1}{2}+\frac{1}{P-2}\right)+\cdots+\left(\frac{1}{\frac{(P-1)}{2}}+\frac{1}{\frac{(P+1)}{2}}\right)$$

$$=\left(\frac{\mathrm{P}}{1\cdot(\mathrm{P}-1)}+\frac{\mathrm{P}}{2\cdot(\mathrm{P}-2)}\right)+\cdots+\frac{\mathrm{P}}{\dfrac{(\mathrm{P}-1)}{2}\cdot\dfrac{(\mathrm{P}+1)}{2}}$$

$$=\frac{\mathrm{P}m}{1\cdot2\cdot\cdots\cdot\dfrac{(\mathrm{P}-1)}{2}\cdot\dfrac{(\mathrm{P}+1)}{2}\cdot\cdots\cdot(\mathrm{P}-2)(\mathrm{P}-1)}$$

$$(m\text{은 양의 정수})$$

$\mathrm{P}>2$인 소수이므로 P와 $1, 2, \cdots, \mathrm{P}-2, \mathrm{P}-1$은 서로소이다.
따라서 P와 분모가 약분되지 않기 때문에 합의 분자 $(\mathrm{P}m)$는
P로 나누어떨어진다.

예제 05

n은 자연수이며 n^2-3n은 자연수의 제곱이다. n은 오직 4라는
것을 증명하여라.

| 증명 | $n^2-3n=p^2(p$는 자연수$)$이라고 하자.

(1) n을 완전제곱수라고 하자. $n=q^2(q$는 자연수$)$이라 하면

$q^4-3q^2=p^2$이다. 그리하여 $\left(\dfrac{p}{q}\right)^2=q^2-3$이다.

$\therefore \dfrac{p}{q}$는 정수이다. $\dfrac{p}{q}=k(k$는 자연수$)$라고 하면

$q^2-3=k^2$

즉 $(q+k)(q-k)=3 \quad \therefore q+k=3, q-k=1$

이것을 풀면 $q=2 \quad \therefore n=4$

(2) n은 완전제곱수가 아니라고 하자. 이때 n을 소인수분해하
면 $n=p_1^{\alpha_1} p_2^{\alpha_2} \cdots p_r^{\alpha_r}$ $(p_1, p_2, \cdots, p_r$은 소수이고 $\alpha_1, \alpha_2,$
$\cdots, \alpha_r$은 양의 정수이다$)$이다. 그러므로 적어도 그 중의 한
소인수 p_i의 지수 α_i는 반드시 짝수가 아니여야 한다(그렇지
않고 $\alpha_1, \alpha_2, \cdots, \alpha_r$이 모두 짝수이면 n은 완전제곱수이다).
$n^2-3n[$즉, $n(n-3)]$이 완전제곱수가 되려면 $n-3$에도
반드시 소인수 p_i가 있어야 한다. $n-3=p_i s(s$는 정수$)$라고
하자. $n=p_i m(m=p_1^{\alpha_1} \cdots p_i^{\alpha_i-1} \cdots p_r^{\alpha_r}, \quad m \neq s)$이므로
$p_i(m-s)=3$이다. 따라서 p_i는 3의 인수이며 소수이기 때문
에 오직 $p_i=3$이다. 그러므로 $n=3m(m$은 양의 정수$)$이다.

때문에 $n^2 - 3n = (3m)^2 - 9m = 9m(m-1) = p^2$이며

따라서 $m(m-1) = \left(\dfrac{p}{3}\right)^2$이다. 이 식의 좌변은 이웃해 있는

자연수들의 곱이고 우변은 $\dfrac{p}{3}$의 제곱이다.

그러므로 $(m-1) < \dfrac{p}{3} < m$이어야 하지만 이렇게 될 수는

없다. 따라서 n은 완전제곱수일 수밖에 없다.
(1), (2)를 종합하여 보면 문제의 가정을 만족시키는
n은 4밖에 없다.

| 별해 | $n > 4$라고 하면
$$(n-2)^2 = n^2 - 3n - n + 4 < n^2 - 3n < n^2 - 3n + n + 1$$
$= (n-1)^2$이므로 $n^2 - 3n$은 완전제곱수가 될 수 없다.
이제 $n = 1,\ 2,\ 3,\ 4$를 차례로 대입해보면, 각각
$-2, -2,\ 0,\ 4$이므로 문제의 조건을 만족하는 것은
$n = 4$뿐이다.

예제 06

$n,\ k$가 모두 주어진 양수이고 $n > 1,\ k > 2$일 때 $n(n-1)^{k-1}$은
n개의 이웃한 짝수들의 합으로 나타낼 수 있음을 증명하여라.

| 증명 | n개의 이웃하여 있는 짝수들의 합이 다음과 같다고 하자.
$$\text{S} = 2a + (2a+2) + \cdots + \{2a + 2(n-2)\} + \{2a + 2(n-1)\}$$
$$\text{S} = \{2a + 2(n-1)\} + \{2a + 2(n-2)\} + \cdots + (2a+2) + 2a$$
$$\therefore\ 2\text{S} = \{4a + 2(n-1)\} + \{4a + 2(n-1)\} + \cdots$$
$$+ \{4a + 2(n-1)\} + \{4a + 2(n-1)\}$$
$$\therefore\ \text{S} = n\frac{\{4a + 2(n-1)\}}{2} = n\{2a + (n-1)\}$$
$n\{2a + (n-1)\} = n(n-1)^{k-1}$이라고 하자. 그러면
$2a + (n-1) = (n-1)^{k-1}$이므로
$$a = \frac{(n-1)\{(n-1)^{k-2} - 1\}}{2}$$

$n>1$, $k>2$이므로 n이 홀수이면 $n-1$은 짝수이다.

따라서 a는 정수이다. n이 짝수이면 $n-1$은 홀수이다.

따라서 $(n-1)^{k-2}-1$이 짝수이기 때문에 a는 정수이다.

그러므로 a가 $(n-1) \cdot \dfrac{(n-1)^{k-2}-1}{2}$ 을 취할 때 $n(n-1)^{k-1}$

은 n개의 이웃하여 있는 짝수 $2a$, $2a+2$, $\cdots$, $2a+2(n-1)$

의 합과 같다.

예제 07

> 두 개의 홀수인 합성수의 합으로 나타낼 수 없는 가장 큰 짝수인
> 정수를 구하여라.

| 분석 | 문제에서의 '나타낼 수 없는', '홀수인 합성수', '가장 큰 짝수인 정
수'라는 말들의 의미에 주의를 돌리자. 그리고 홀수인 합성수의 분
류(끝수가 1, 3, 5, 7, 9)와 짝수의 분류(끝수가 0, 2, 4, 6, 8)로부
터 착수하여 살펴보자.

| 풀이 | 끝수가 1, 3, 5, 7, 9인 가장 작은 홀수인 합성수는 각각 21, 33,
15, 27, 9이며 두 개의 홀수인 합성수로 나타낼 수 있는 짝수인
모든 정수는 다음과 같다.

끝자리의 수가 0인 짝수는 $k=15+5n$

($n=3, 5, \cdots$ 다음도 이와 같다)

끝자리의 수가 2인 짝수는 $k=27+5n$

끝자리의 수가 4인 짝수는 $k=9+5n$

끝자리의 수가 6인 짝수는 $k=21+5n$

끝자리의 수가 8인 짝수는 $k=33+5n$

$n=3, 5, 7, \cdots$이라고 하자. 그러면 짝수 38은 위의(다섯 가지)
모양의 하나로 나타낼 수 없으나 40 및 40보다 큰 모든 짝수는
위의 모양의 하나로 나타낼 수 있다. 때문에 두 개의 홀수인 합
성수의 합으로 나타낼 수 없는 가장 큰 짝수인 정수는 38이다.

01 100개의 양의 정수의 합이 101101이다. 이 수들의 가장 큰 공약수의 가장 큰 가능한 값은 얼마이겠는가? 결론을 증명하여 보아라.

02 직사각형의 각 변의 길이가 10보다 작은 정수들이다(단위는 cm). 이 네 숫자로 네 자리 수를 만들 수 있는데 이 네 자리 수의 천의 자리의 숫자와 백의 자리의 숫자, 십의 자리의 숫자와 일의 자리의 숫자는 서로 같으며 이 네 자리 수는 완전제곱수이다. 이 직사각형의 넓이를 구하여라.

03 n이 임의의 자연수일 때 $\sqrt{\underset{n-1개}{\underline{899\cdots94}}\,\underset{n-1개}{\underline{00\cdots01}}+1}$이 30으로 나누어떨어진다는 것을 증명하여라.

04 p와 q는 모두 5보다 큰 임의의 소수이다. p^4-q^4이 언제나 80으로 나누어떨어진다는 것을 증명하여라.

05 $(m+n)^m=n^m+1413$을 성립시키는 모든 양의 정수 m, n을 구하여라.

06 a, b, c는 세 짝수이고 $a>b>c>0$이며, 이 수들의 최소공배수는 1988이다. a가 취할 수 있는 값의 범위 안에서 가장 작은 한 값을 취할 때 a, b, c로 이루어질 수 있는 수의 쌍 (a, b, c)을 결정하여라.

07 x, y, z는 자연수이고 $x<y<z$, a는 정수이며 $\dfrac{1}{x}+\dfrac{1}{y}+\dfrac{1}{z}=a$이다. x, y, z를 구하여라

08 101개의 자연수를 a_1, a_2, $\cdots$, a_{101}로 나타내었을 때
$a_1+2a_2+3a_3+\cdots+100a_{100}+101a_{101}=S$는 짝수이다.
$a_1+a_3+a_5+\cdots+a_{99}+a_{101}$이 짝수라는 것을 증명하여라.

09 양의 정수 $N(N>1)$의 양의 약수의 개수가 홀수이면 N은 완전제곱수이며 반대의 경우도 성립된다는 것을 증명하여라.

10 a, b, c는 작은 것으로부터 배열한 세 개의 같지 않은 자연수인데 이 수들은 둘씩 서로소이며, 임의의 두 수의 합이 나머지 셋째 정수로 나누어떨어진다. a, b, c를 구하여라.

11 $2n$을 넘지 않는 $n+1$개의 자연수 중에서 적어도 한 수가 다른 수의 배수임을 증명하여라.

12 양의 정수 a, b, c, d가 $ab=cd$를 만족시킨다. $a^n+b^n+c^n+d^n$이 합성수라는 것을 증명하여라. 여기서 n은 임의의 양의 정수이다.

배움의 시기를 늦출 수 없다.

오늘 배우지 아니하고 내일이 있다고 믿지 말며 올해 배우지 아니하고
내년이 있다고 생각하지 말라. 날과 달은 늘 그대로가 아니라 흐르는 물
과 같이 자꾸 변해 간다. 때문에 우리는 배움의 시기를 늦출 수 없다.

주희(주자는 존칭)_중국 남송 때 유학자

중학교 3학년

26 함수와 그 그래프

중학교 과정의 정비례함수, 반비례함수에 관하여서는 일차함수, 이차함수의 그래프와 성질을 기초로 하고 이차함수를 중점으로 하여 관계되는 문제들을 골라 설명함으로써 이 부분의 지식을 한층 더 깊이 이해하게 한다.

1. 함수의 해석을 구하기

예제 01

이차함수 $y=f(x)$의 그래프의 꼭짓점은 $(-2, 3)$이고 $f(x)=0$의 두 실수근의 차는 2이다. $f(x)$의 관계식을 구하여라.

| 풀이 1 | $f(x)=ax^2+bx+c$라고 하자. 조건에 의하여

$$\begin{cases} -b/2a=-2 \\ (4ac-b^2)/4a=3 \\ \sqrt{b^2-4ac}\,/|a|=2 \end{cases} \Rightarrow a=-3, \ b=-12, \ c=-9$$

$$\therefore f(x)=-3x^2-12x-9$$

| 풀이 2 | 꼭짓점이 $(-2, 3)$이므로

$f(x)=a(x+2)^2+3=ax^2+4ax+4a+3$이라 할 수 있다.

두 근의 차가 2이기 때문에 $\sqrt{D}/|a|=2\sqrt{-3/a}=2$

이것을 풀면 $a=-3$ $\therefore f(x)=-3x^2-12x-9$

| 설명 | 이차함수의 관계를 구할 때에는 일반적으로 $f(x)=ax^2+bx+c$라한 후 주어진 조건을 대입하고 방정식을 풀어 a, b, c를 구한다.
그러나 주어진 조건 가운데에 꼭짓점, 최댓값과 최솟값, 대칭축 또는 x축과 한 점에서만 만나는 관계되는 값이 들어 있을 때에는 완전제곱식 $f(x)=c(x+\mathrm{M})^2+\mathrm{N}$을 설정하는 것이 좋다.(**예** 예제 02)

정비례함수 $y = kx(k > 0)$의 그래프 위의 한 점과 원점 사이의 거리가 5이며 그 점에서 x축에 그은 수선과 x축 및 그 그래프로 이루어진 도형의 넓이가 6이다. 이 정비례함수의 관계식을 구하여라.

| 분석 | 문제에서는 주어진 조건을 이용하여 k를 결정해야 하므로 k의 해석식을 구하여야 한다. 주어진 조건을 이용하면 주어진 조건에 맞는 '한 점'을 설정하여야 한다. 그 점을 (x_0, y_0)라고 하자.

그러면 주어진 조건은 다음과 같다.

$\sqrt{x_0^2 + y_0^2} = 5$, 즉 $x_0^2 + y_0^2 = 25$ ……①

$\dfrac{x_0 y_0}{2} = 6$……② ($k > 0$이기 때문에 x_0와 y_0가 같은 부호라는 것을 알 수 있다).

점 (x_0, y_0)가 정비례함수 $y = kx(k > 0)$의 도형 위에 있다는 데 유의하면 k의 한 관계식이 $y_0 = kx_0$…③이라는 것을 쉽게 알 수 있다. ①, ②에 의하여 x_0, y_0를 구하고, 이것을 ③에 대입하면 k를 구할 수 있다.

| 풀이 | 위의 분석에 따라 ①, ②를 연립시키면 해를 구할 수 있다. 즉

$$\begin{cases} x_0 = \pm 4 \\ y_0 = \pm 3 \end{cases} \quad \text{또는} \quad \begin{cases} x_0 = \pm 3 \\ y_0 = \pm 4 \end{cases}$$

$k > 0$에 의하여 x_0, y_0의 부호가 같다는 것을 알 수 있다.

이것을 ③에 대입하면 $k = \dfrac{4}{3}$ 또는 $\dfrac{3}{4}$이다.

따라서 $y = \dfrac{4}{3}x$ 또는 $y = \dfrac{3}{4}x$

2. 그래프와 계수

함수의 계수는 그래프의 위치를 결정한다. 거꾸로 함수의 주어진 그래프에 의하여 그 계수가 취할 수 있는 값의 범위를 결정할 수 있다.

(1) 계수에 의하여 그래프를 가려내기

함수 $y=kx-\dfrac{k}{2}$와 $y=-\dfrac{k}{x}$는 x가 커짐에 따라 커진다.
이 함수들의 동일한 좌표에서의 그래프는 어느 것인가?

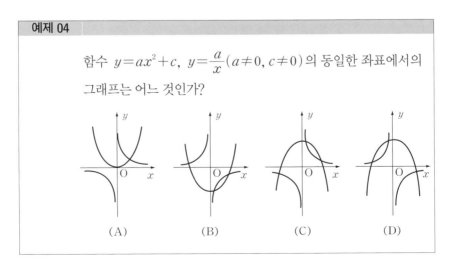

(A)   (B)   (C)   (D)

| 풀이 | 두 함수는 모두 x가 커짐에 따라 그 값이 커지므로 일차함수
$y=kx-\dfrac{k}{2}$에서 $k>0$이다. 따라서 직선은 '위로 올라가며',
절편은 음수이고 쌍곡선 $y=-\dfrac{k}{x}$는 제 2, 제 4사분면에 있다.
그러므로 (C)를 골라야 한다.

함수 $y=ax^2+c$, $y=\dfrac{a}{x}(a\neq0, c\neq0)$의 동일한 좌표에서의
그래프는 어느 것인가?

(A)   (B)   (C)   (D)

| 풀이 | $a>0$일 때 포물선은 아래로 볼록하며 쌍곡선은 제 1, 제 3사분면에 있다.

$a<0$일 때 포물선은 위로 볼록하며 쌍곡선은 제 2, 제 4사분면에 있다. 그러므로 (B), (C)는 아니다. 그리고 $c\neq0$이므로 (A)도 아니다. 따라서 (D)일 수밖에 없다.

(2) 그래프에 의하여 계수가 취할 수 있는 값의 범위를 결정하기

예제 05

다음 그림은 함수 $y=ax^2+bx+c$와 $y=kx+d$의 그래프이다. $a, b, c, k, d, k-d$의 부호를 결정하여라.

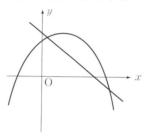

| 풀이 | 포물선이 위로 볼록하므로 $a<0$이다.

대칭축이 y축의 오른쪽에 있으므로 $-\dfrac{b}{2a}>0$이다.

따라서 $b>0$이다.

$x=0$일 때 $y=c$이므로 그래프에 의하여 $c>0$이다.

직선에 의하여 y는 x가 커짐에 따라 작아짐을 알 수 있다.

그러므로 $k<0$이고 절편 $d>0$이다.

$\therefore k-d<0$

| 설명 | 이 예제는 이차함수의 계수 a, b, c와 일차함수의 계수 k, d를 결정하는 방법에서 일반성을 띠고 있다.

예제 06

다음 그림은 함수
$y=ax^2+bx+c$의 그래프이다.
$|\overline{OA}|=|\overline{OD}|$이고 점 D의 좌표가
$(0, m)$일 때 ab가 취하는 값의 범위
를 구하여라.

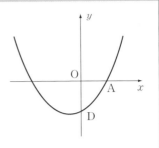

| 풀이 | 그래프에 의하여 $a>0$, $-\dfrac{b}{2a}<0$임을 알 수 있다.

그러므로 $ab>0$이다.

$D(0, m)$이면 $A(-m, 0)$이다.

그리하여 $a(-m)^2+b(-m)+c=0$ 및 $c=m\neq0$이다.

$am^2-bm+m=0$에서 $b=am+1$을 얻을 수 있다.

$$\therefore ab=a(am+1)$$

$$=ma^2+a=m\left(a+\dfrac{1}{2m}\right)^2-\dfrac{1}{4m}$$

$m<0$ $\therefore ab$의 최댓값은 $-\dfrac{1}{4m}$

따라서 $0<ab\leq-\dfrac{1}{4m}$이다.

3. 함수의 영점

함수 $y=f(x)$의 그래프와 x축의 교점의 x좌표(간단히 x절편이라고 한다)
는 방정식 $f(x)=0$의 실수근이다. 이것을 함수 $f(x)$의 영점이라고 한다.

예제 07

함수 $y=x^2-2x+2$의 그래프를 y축 방향으로 -3만큼 평행
이동할 때 평행이동하는 과정에서 x절편이 두 개의 서로 다른
정수로 될 수 있는가? 결론을 유도하여라.

| 풀이 | 될 수 있다. 함수 $y=x^2-2x+2=(x-1)^2+1$의 그래프를 y축으로 평행이동하는 과정의 관계식은

$y=(x-1)^2+1-t,\quad 0<t\leq3$이다.

$y=0$일 때 $(x-1)^2=t-1$, $t=3$일 때 $t-1=2$는 0이 아닌 실수의 제곱수이다.

이때, 방정식에는 두 개의 서로 다른 정수근이 $x_1=1-\sqrt{2}$와 $x_2=1+\sqrt{2}$의 사이에 있다.

따라서 그래프를 y축으로 평행이동할 때 x절편은 두 개의 서로 다른 정수 0과 2이다.

| 설명 | 이 예제에서는 매개변수를 도입하고 그래프를 y축으로 -3만큼 평행이동하는 과정을 관계식으로 나타내었다. 이와 같이 도형을 수로 바꾸는 방법을 중시하여야 한다.

예제 08

함수 $y=mx^2+(m+2)x+9m$의 그래프의 x절편은 x_1, x_2이고 $x_1<1<x_2$이다. m이 취할 수 있는 값의 범위를 구하여라.

| 풀이 | 함수의 그래프로부터 출발하여 생각해 보자.

(1) $m<0$ 일 때

$x_1<x<x_2$에 대하여

$f(x)>0$이므로 $f(1)>0$, 즉 $m+(m+2)+9m>0$이다.

$\therefore -\dfrac{2}{11}<m<0$

(2) $m>0$일 때 $x_1<x<x_2$에 대하여 $f(x)<0$이므로 $f(1)<0$,

즉 $m+(m+2)+9m<0$이다. $\therefore m<-\dfrac{2}{11}$

이것은 $m>0$에 맞지 않으므로 이 경우에는 해가 없다.

따라서 m이 취할 수 있는 값의 범위는 $-\dfrac{2}{11}<m<0$이다.

| 설명 | 예제 07과 예제 08에서는 도형과 수를 결합하고 이것을 방정식, 부등식과 밀접하게 연관시킴으로써 문제를 해결하는 풀이방법을 풍부하게 하였다.

4. 함수의 최댓값과 최솟값

함수의 최댓값 또는 최솟값을 구할 때 정의역이 실수의 집합에 있는 경우와
어떤 닫힌 구간에 있는 경우에 유의하여야 한다.

예제 09

함수 $y = x^2 + ax + a - 2$의 그래프와 x축의 두 교점 사이의
가장 짧은 거리를 구하여라.

| 풀이 | $y = 0$일 때 방정식 $x^2 + ax + a - 2 = 0$의 두 근은 다음과 같다.

$$x_1 = \frac{-a + \sqrt{a^2 - 4a + 8}}{2}, \ x_2 = \frac{-a - \sqrt{a^2 - 4a + 8}}{2}$$

두 교점 사이의 거리 $d = |x_1 - x_2| = |\sqrt{a^2 - 4a + 8}|$
$$= \sqrt{(a-2)^2 + 4}$$

$a = 2$일 때 d의 최솟값은 2이다.

| 설명 | 이차함수의 정의역이 실수의 집합일 때 꼭짓점의 y좌표가 바로 함
수의 최솟값이다. 이 문제는 다음과 같이 풀어도 된다.

비에트의 정리에 의하여

$$|x_1 - x_2| = \sqrt{(x_1 + x_2)^2 - 4x_1 x_2}$$
$$= \sqrt{a^2 - 4(a-2)} = \sqrt{(a-2)^2 + 4}$$

(다음도 이와 같음)

예제 10

$T = |x - p| + |x - 15| + |x - p - 15|$ 라고 하자. 여기서
$0 < p < 15$, $p \leq x \leq 15$를 만족시키는 x에 대하여 T의 최솟값
은 얼마이겠는가?

| 풀이 | 가정에 의하여 절댓값의 기호를 없애면

$$T = (x - p) + (15 - x) + (p + 15 - x) = 30 - x$$

$p \leq x \leq 15$이고 T의 값이 x의 값이 커짐에 따라 작아지므로
$x = 15$일 때 $T_{최솟값} = 30 - 15 = 15$

| 설명 | 이 예제에서는 정의역이 닫힌 구간에 있는 경우 및 함수의 증감에 의하여 최솟값을 구하였다.

이차함수 $y=f(x)=ax^2+bx+c\,(a\ne 0)$의 닫힌 구간 $[x_1,\ x_2]$에서의 최댓값, 최솟값 문제

$a>0$일 때 다음과 같은 세 가지 경우가 있다(그래프와 결합하여 생각한다).

(1) $x_1\le x_2\le -\dfrac{b}{2a}$이면 그래프는 대칭축의 왼쪽에 있는 부분이며 $f(x)$는 x가 커짐에 따라 작아진다. 때문에 최댓값은 $f(x_1)$이고 최솟값은 $f(x_2)$이다.

(2) $-\dfrac{b}{2a}\le x_1\le x_2$이면 그래프는 $f(x)$ 대칭축의 오른쪽 부분에 있으며 $f(x)$는 x가 커짐에 따라 커진다. 때문에 $f(x_2)$는 최댓값이고 $f(x_1)$은 최솟값이다.

(3) $x_2\le -\dfrac{b}{2a}\le x_2$이면 포물선의 꼭짓점은 그래프에서 가장 낮은 점이다. 따라서 $f(x_1)$과 $f(x_2)$ 가운데서 큰 것이 최댓값이다. 최솟값은 $f\left(-\dfrac{b}{2a}\right)=\dfrac{4ac-b^2}{4a}$이다.

$a<0$일 때에는 그래프와 결합하여 비슷한 방법으로 위의 $a>0$인 경우와 반대되는 결론을 얻을 수 있다.

예제 11

함수 $y=x^2-4ax+5a^2-3a$의 최솟값 m은 a와 관계되는 수이다. a가 $0\le a^2-4a-2\le 10$을 만족시킬 때 m의 최댓값과 최솟값을 구하여라.

| 풀이 | $y=x^2-4ax+5a^2-3a=(x-2a)^2+a^2-3a$

$x=2a$일 때 y의 최솟값 $m=a^2-3a=\left(a-\dfrac{3}{2}\right)^2-\dfrac{9}{4}$

$0\le a^2-4a-2\le 10$을 풀면

$-2\le a\le 2-\sqrt{6}$ 또는 $2+\sqrt{6}\le a\le 6$

위의 열거한 범위에서 그래프에 의하거나 또는 직접 계산하면 다음과 같다.

$a=6$일 때 m의 최댓값은 18이고 $a=2-\sqrt{6}$일 때 m의 최솟값은 $4-\sqrt{6}$이다.

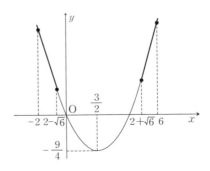

예제 12

$x^2+2y^2=1$이다. $2x+5y^2$의 최댓값 및 최솟값을 구하여라.

| 풀이 | $x^2+2y^2=1$, $2y^2=1-x^2\geq0$이므로

$$-1\leq x\leq1, \quad y^2=\frac{(1-x^2)}{2}$$

$$\therefore 2x+5y^2=2x+5\times\frac{(1-x^2)}{2}$$

$$=-\frac{5\left(x-\dfrac{2}{5}\right)^2}{2}+\frac{29}{10}=f(x)$$

$$-\frac{5}{2}<0, \quad -1<\frac{2}{5}<1$$

$\therefore 2x+5y^2$의 최댓값은 $f\left(\dfrac{2}{5}\right)=\dfrac{29}{10}\left($이때 $y=\pm\dfrac{\sqrt{42}}{10}\right)$이고 최솟값은 $f(-1)=-2($이때 $y=0)$이다.

| 설명 | 조건등식 $x^2+2y^2=1$을 이용하여 x가 취할 수 있는 값의 범위를 구하고, 미지수가 여러 개인 대수식을 이차함수 $f(x)$로 고친 다음, 닫힌 구간에서 정의되는 함수 $f(x)$의 최댓값과 최솟값을 구하는 방법은 이런 유형의 문제를 풀 때 늘 쓰이는 방법이다.

예제 13

그림에서와 같이 변의 길이가 4인 정사각형 CDEF의 한 귀를 잘라 버리고 오각형 ABCDE를 만들었다. 여기서 $\overline{AF}=2$, $\overline{BF}=1$이다. 직사각형 PNDM이 가장 큰 넓이를 가지게 하는 $\overline{AB}$ 위의 한 점 P를 구하여라.

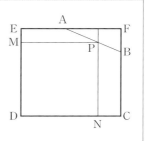

| 풀이 | P에서 $\overline{EF}$에 수선의 발 Q를 내린다.

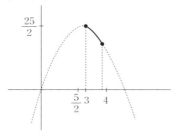

$\overline{NP}=x$라고 하면 $\overline{PQ}=4-x$,

$\overline{PQ}:\overline{BF}=\overline{AQ}:\overline{AF}$

즉 $(4-x):1=\overline{AQ}:2$,

$\overline{AQ}=8-2x$

$\therefore \overline{MP}=2+\overline{AQ}$

$\qquad =2+(8-2x)=10-2x$

그러므로 직사각형 PNDM의 넓이

$f(x)=x(10-2x)$

$\qquad =-2x^2+10x$

$\qquad =-2\left(x-\dfrac{5}{2}\right)^2+\dfrac{25}{2}$

$\therefore$ 이차방정식 $f(x)$는 $a=-2<0$, $-\dfrac{b}{2a}=\dfrac{5}{2}$, $3\le x\le4$임을 알 수 있다(아래 그림 참조).

따라서 $x=3$일 때 $f(x)$의 최댓값은 $f(3)=12$이다.

$\therefore$ 점 P가 점 B와 일치할 때 직사각형 PNDM은 넓이가 최대가 된다.

어떻게 풀까요?

연습문제 26

본 단원의 대표문제이므로 충분히 익히세요.

01 $f(x)=(m^2+2m)x^{m^2+m-1}$ 이다. m 이 어떤 값을 가질 때 $f(x)$ 가 정비례 함수이겠는가? 또, $f(x)$ 가 반비례함수이겠는가?

02 반비례함수 $y=\dfrac{(k-1)}{x}$ 과 일차함수 $y=k(x+1)$ (여기서 x 는 독립변 수이며 k 는 $0<k<\dfrac{4}{5}$ 인 상수이다)를 동일한 좌표평면에 나타낸 그래프는 오직 ( )만일 수 있다.

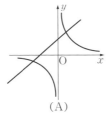
(A)

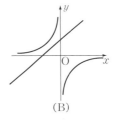
(B)

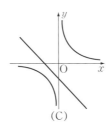
(C)

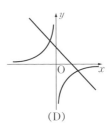
(D)

03 다음 그림은 $px+qy+r=0$ 의 그래프이다. 다음 조건들 가운데서 정확한 것은 ( ) 이다.
(A) $p=q$, $r=1$ (B) $p=-q$, $r=1$
(C) $p=q$, $r=0$ (D) $p=-q$, $r=0$

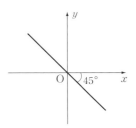

04 다음 그림에서 포물선 $y=ax^2+bx+c$의 대
   칭축은 $x=1$이다. 그러면 다음 관계식들 가
   운데서 (   )가 성립한다.
   (A) $abc>0$ (B) $a+b+c<0$
   (C) $b<a+c$ (D) $2c=3b$

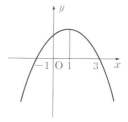

05 $f(x)=2x+3$, $g(x)=4x-5$일 때 $f(p(x))=g(x)$이다.
   $p(3)$을 구하여라.

06 이차함수 $f(x)$의 그래프의 꼭짓점이 $(1, 2)$이며, 그래프가 직선
   $y=2x+k$와 $(2, -1)$에서 만난다.
   ⑴ 이차함수의 $f(x)$를 구하여라.

   ⑵ k의 값을 구하여라.

07 m대의 같은 기계로 함께 작업하여 m시간이면 한 가지 작업을 끝낼 수 있다.

    (1) x대의 기계(x는 m보다 크지 않은 양의 정수)로 동일한 작업을 끝내는 데 걸리는 시간을 구하여라.

    (2) 구하려는 함수의 $m=2$일 때의 그래프를 그려라.

08 포물선 $y=f(x)=ax^2+bx+c$의 y절편이 -2이고 한 x절편이 다른 x절편의 2배이며, $f\left(\dfrac{1}{2}\right)=f\left(\dfrac{5}{2}\right)$이다. a, b, c의 값을 구하여라.

09 포물선 $y=ax^2+bx+c$는 위로 볼록하며 꼭짓점이 제2사분면에 있다.

    (1) a, b, b^2-4ac의 부호를 결정하여라.

    (2) 이 포물선이 원점을 지나며, 꼭짓점이 $x+y=0$ 위에 있고, 원점까지의 거리가 $3\sqrt{2}$일 때 포물선의 관계식을 구하여라.

10 이차함수 $y=f(x)=ax^2+bx+c$의 그래프의 대칭축이 $2x-3=0$이고 x절편의 역수의 합이 2이며 점 $(3, -3)$을 지난다.

    (1) a, b, c의 값을 구하여라.

    (2) x가 어떤 범위 안에 있을 때 $y>1$이겠는가, $y<-3$이겠는가?

    (3) x가 어떤 값을 가질 때 y가 최댓값을 가지겠는가? 그 최댓값을 구하여라.

11 $y=ax^2+4x+(a+2)$의 그래프가 전부 x축의 위쪽에 있으려면 어떤 조건을 만족시켜야 하겠는가?

12 $y=x^2+ax+\sqrt{2}$, $y=-x^2+ax+\sqrt{2}(a\neq0)$의 꼭짓점을 각각 A, B라고 하자.

  (1) $\overline{AB}$의 길이를 a로 표시하여라.

  (2) O를 좌표원점이라 하고 $\angle AOB$가 직각일 때 a의 값을 구하여라.

13 A, B가 직각삼각형의 두 예각이고 $\sin A=\dfrac{4}{5}$이며 함수 $y=(1-\sin B)x^2+(\cos B)x+1+\sin B$이다. 함수 y의 최솟값을 구하여라.

14 다음 그림의 포물선 (1), (2)는 각각 함수
$y=a_1x^2+b_1x+c_1$과
$y=a_2x^2+b_2x+c_2$의 그래프이다.
다음 연립부등식
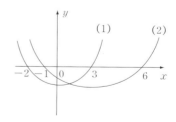
$$a_1x^2+b_1x+c_1>0$$
$$a_2x^2+b_2x+c_2<0$$
의 해집합을 구하여라.

27 부등식의 풀이

우리는 실제 생활에서 흔히 같은 양을 만나며 또 같지 않은 양을 만난다. 같지 않은 양들 사이의 관계는 부등식으로 나타낸다.

이 장에서는 교과서의 기초 위에서 중학교 수학에서 흔히 보는 부등식의 풀이 방법을 확실히 하고자 한다.

1. 부등식의 기본 성질

부등식이란 무엇인가를 알며, 일부 간단한 부등식을 증명하기 위하여 우리는 늘 새로운, 그러나 주어진 부등식과 동치인 부등식으로 고친다.

변형하는 근거는 바로 부등식의 기본 성질이다. 때문에 부등식의 성질을 확실히 이해하고 활용할 수 있어야 한다.

부등식의 중요한 성질

(1) $b>a$와 $a<b$, $b-a>0$은 동치이다.

(2) $a>b$, $b>c$이면 $a>c$

(3) $a>b$이면 $a+c>b+c$

(4) $a>b$, $c>0$이면 $ac>bc$, $a>b$, $c<0$이면 $ac<bc$

(5) $a>b$, $c>d$이면 $a+c>b+d$, $a>b$, $d<c$이면 $a-d>b-c$

(6) $a>b>0$, $c>d>0$이면 $ac>bd$

    추리 : $a>b$, $ab>0$이면 $\dfrac{1}{a}<\dfrac{1}{b}$

(7) $a>b>0$, $0<d<c$이면 $\dfrac{a}{d}>\dfrac{b}{c}$

(8) $a>b\geq0$, n이 양의 정수이면 $a^n>b^n$

(9) $a>b\geq0$, n이 양의 정수이면 $\sqrt[n]{a}>\sqrt[n]{b}$

예제 01

$a<b$이면 성립되는 부등식은 (   )이다.

(A) $ac<bc$ (B) $ac>bc$

(C) $a\cdot|c|<b\cdot|c|$ (D) $a-3c<b-3c$

📝 (D) a, b, c가 양수인가 음수인가(또는 0인가) 하는 것이 주어지지 않았기 때문에 성질에 의하여 (D)만이 정확하다는 것을 알 수 있다.

예제 02

a가 실수이면 성립되는 부등식은 (   )이다.

(A) $5a>3a$ (B) $a^2>-a$

(C) $a<\dfrac{1}{a}$ (D) $|a|\geq a$

📝 (D) a가 양수인가 또는 음수인가를 모르며, $|a|$와 1의 대소관계도 결정되지 않았기 때문에 (D)만이 여러 가지 경우에 전부 성립된다.

2. 부등식의 풀이

부등식에서의 주요한 문제에서, 첫째는 부등식을 푸는 것이고, 둘째는 일부 부등식을 증명하는 것이다. 이 장에서는 주로 중학교 과정에서 흔히 다루는 부등식의 풀이를 소개하기로 한다. 부등식의 해집합이 서로 다른 경우에 따라 부등식을 다음과 같이 세 가지로 나눌 수 있다.

(1) 절대부등식 : 해집합이 모든 실수이거나 항상 성립되는 부등식이다.

  예 $|x|+3>0$, $x^2+2>0$

(2) 조건부등식 : 해집합이 일부 실수이다.

  예 $x-3>0$, $x^2-2x<3$

(3) 모순부등식 : 해집합이 없는 부등식이다.

  예 $x^2+1<0$은 실수의 범위 안에서 해가 없는 모순부등식이다.

(1) 미지수가 1개인 일차부등식

미지수가 1개인 일차부등식은 언제나 $ax>b$와 같은 형태의 부등식으로 고칠 수 있다. 그 해의 경우는 다음과 같다.

① $a>0$일 때 $x>\dfrac{b}{a}$

② $a<0$일 때 $x<\dfrac{b}{a}$

③ $a=0$일 때 $b<0$이면 해는 모든 실수이고, $b\geq0$이면 해가 없다.

기타 유형의 미지수가 1개인 일차부등식(예 $ax<b$)의 해의 경우에 대해서는 이와 비슷하게 생각하면 된다.

(2) 미지수가 1개인 일차 연립부등식

미지수가 1개인 일차부등식의 해는, 연립부등식 중의 여러 부등식의 해의 공통 부분이다. 수직선을 이용하면 공통 부분의 범위를 쉽게 구할 수 있다.

예제 03

m, n이 실수일 때 다음 부등식을 풀어라.
$$mx-m^2>nx-n^2$$

| 풀이 | 이항하고 정리하면 $(m-n)x>(m-n)(m+n)$

① $m>n$일 때 $x>m+n$

② $m<n$일 때 $x<m+n$

③ $m=n$일 때 좌변$=0\cdot x=0$, 우변$=(m-n)(m+n)=0$
이므로 부등식에는 해가 없다.

예제 04

연립부등식
$$\begin{cases} 2x+1<(5+x)/2 & \cdots\cdots ① \\ 2-5x<4a-1 & \cdots\cdots ② \end{cases}$$
의 해가 $-1<x<1$이 되게 하는 a의 값을 구하여라.

| 풀이 | ①을 풀면 $x<1$이고, ②를 풀면 $\dfrac{(3-4a)}{5}<x$이다.

$$\therefore \dfrac{(3-4a)}{5}<x<1$$

$\dfrac{(3-4a)}{5}=-1$을 풀면 $a=2$이다.

$$\therefore a=2\text{이다.}$$

(3) 미지수가 1개인 이차부등식

미지수가 1개인 이차부등식의 일반형은

$ax^2+bx+c>0$ 또는 $ax^2+bx+c<0\,(a>0)$이다. 판별식과 이차함수의 그래프와 결합시켜 보면 그 해의 경우가 다음 표와 같음을 쉽게 알 수 있다. 그 중에서 x_1, x_2는 $ax^2+bx+c=0$의 두 근이다(x_0는 같은 근이다).

판별식 $D=b^2-4ac$	함수 $y=ax^2+bx+c$ $(a>0)$의 그래프 (y축은 생략함)	부등식의 해	
		$y>0$	$y<0$
$D>0$	x_1 x_2 x	$x<x_1$ 또는 $x>x_2$ 즉, 두 근의 바깥	$x_1<x<x_2$ 두 근 사이
$D=0$	x_0 x	$x\neq x_0=-\dfrac{b}{2a}$인 실수	해가 없다.
$D<0$	x	모든 실수	해가 없다.

⊞ $a<0$인 경우는 $a>0$인 경우로 고칠 수 있다. 그러면 이와 비슷한 방법으로 그 결론을 얻을 수 있다.

예제 05

부등식 $x^2 - 3ax + 2a^2 < 0$을 풀어라.

| 풀이 | $x^2 - 3ax + 2a^2 = 0$은 두 근 $x_1 = a$, $x_2 = 2a$를 가진다.

∴ $a > 0$일 때의 해는 $a < x < 2a$이고, $a < 0$일 때의 해는 $2a < x < a$이며, $a = 0$일 때에는 해가 없다.

| 설명 | 문자 계수가 들어 있는 부등식을 풀 때에는 문자 계수가 취할 수 있는 값의 범위에 기초하여 풀이를 생각해 보아야 한다.

예제 06

$ax^2 + abx + b > 0$의 해는 $1 < x < 2$이다. $x = 3$, $x = 5$일 때 $y = ax^2 + abx + a$의 값의 크기를 비교하여라.

| 풀이 | $ax^2 + abx + b > 0$의 해는 $1 < x < 2$(즉 두 근 1, 2 사이)이므로 $a < 0$이다.

따라서 $-ax^2 - abx - b < 0$과 $(x-1)(x-2) < 0$의 해는 같다(또는 동치이다).

$(x-1)(x-2) < 0$을 전개하고 $-ax^2 - abx - b < 0$의 계수와 비교하여 보면 $-a : 1 = -ab : (-3) = -b : 2$이다.

따라서 $a = -\dfrac{3}{2}$, $b = -3$이다.

그러므로 주어진 부등식은 $-\dfrac{3x^2}{2} + \dfrac{9x}{2} - 3 > 0$

즉 $\dfrac{3x^2}{2} - \dfrac{9x}{2} + 3 < 0$이다. 이때 좌변의 이차함수의 대칭축은 $x = \dfrac{3}{2}$이다. 때문에 $y = -\dfrac{3}{2}x^2 + \dfrac{9}{2}x - \dfrac{3}{2}$에서 $f(5) < f(3)$ $\left(\because 5 - \dfrac{3}{2} > 3 - \dfrac{3}{2} \right)$이다.

(4) 분수부등식

$\dfrac{f(x)}{g(x)} > 0$은 다음 연립부등식과 동치이다.

$$\begin{cases} f(x) \cdot g(x) > 0 \\ g(x) \neq 0 \end{cases} \iff \begin{cases} f(x) > 0 \\ g(x) > 0 \end{cases} \text{ 또는 } \begin{cases} f(x) < 0 \\ g(x) < 0 \end{cases}$$

오른쪽에 있는 두 연립부등식의 해의 전체가 바로 주어진 부등식의 해이다.

예제 07

(1) $(x-4)(x+3)(x-5) < 0$의 해를 구하여라.

(2) $\dfrac{(x-4)(x-3)^2}{8} > \dfrac{(x-4)(x-3)^2}{x+3}$의 해를 구하여라.

| 풀이 | (1) 주어진 부등식은 $(x-4)(x+3)(x-5) < 0$이다.

이것을 연립부등식으로 고치려면 좀 복잡하다. 그러나 '0점 구분법'을 이용해서 수직선 위에 각 인수의 0점을 나열하고 그 부호법칙을 이용하면 그 해를 결정할 수 있다.

즉, $x < -3$ 또는 $4 < x < 5$. 아래 그림은 그 설명도이다.

(2) 주어진 부등식을 이항하고 통분하면

$$\frac{(x-4)(x-3)^2(x-5)}{8(x+3)} > 0$$

이 부등식과 동치인 부등식은

$$(x-4)(x-3)^2(x+3)(x-5) > 0 \quad (x \neq -3)$$

즉 $(x-4)(x+3)(x-5) > 0 \quad (x \neq \pm 3)$

'0점 구분법'으로 풀면

$-3 < x < 3$ 또는 $3 < x < 4$ 또는 $x > 5$

| 설명 | 미지수가 1개인 고차부등식과 분수부등식을 풀 때에는, 일반적으로 먼저 이항하여 한 변을 0이 되게 하고, 다른 변을 인수분해한 다음, 각 인수의 0점을 찾고 부호 법칙을 이용하여 해를 얻는다.

(5) 절댓값이 들어 있는 부등식

이런 유형의 부등식을 푸는 열쇠는 이런 부등식을 절댓값이 들어 있지 않는 부등식으로 변형하는 것이다. 변형하는 방법은 다음과 같다.

(1) 절댓값의 의미에 근거하여 '0점 구분법'으로 분류하여 연구하면서 절댓값 부호를 없앤다.

(2) 성질 (8)을 이용하여 양변을 정리하고 절댓값을 없앤다.

예제 08

부등식 $|x+1| + |x| < 2$를 풀어라.

| 풀이 | '0점 구분법'으로 분류하여 연구한다.

(1) $x \geq 0$일 때 부등식은 $x+1+x < 2$가 된다.

여기서 $x < \dfrac{1}{2}$을 얻는다.

그러므로 해는 $0 \leq x < \dfrac{1}{2}$이다.

(2) $-1 \leq x < 0$일 때 부등식은 $x+1-x < 2$가 된다. 이 부등식은 언제나 성립한다. 그러므로 해는 $-1 \leq x < 0$이다.

(3) $x < -1$일 때 부등식은 $-(x+1)-x < 2$가 된다. 여기서 $-\dfrac{3}{2} < x$를 얻는다. 그러므로 해는 $-\dfrac{3}{2} < x < -1$이다.

따라서 주어진 부등식의 해는 $-\dfrac{3}{2} < x < \dfrac{1}{2}$이다.

예제 09

부등식 $|2x+1| < x+2$를 풀어라.

| 풀이 | $x+2 > 0$(즉, $x > -2$)일 때 양변을 제곱하면

$4x^2+4x+1 < x^2+4x+4$, 즉 $x^2 < 1$, $-1 < x < 1$

그러므로 해는 $-1 < x < 1$이다.

$x+2 \leq 0$일 때 부등식의 성질에 의하여 부등식에 해가 없음을 알 수 있다.

그러므로 주어진 부등식의 해는 $-1 < x < 1$이다.

(6) 무리부등식

무리부등식을 푸는 열쇠는 부등식의 성질을 이용하여 이런 부등식을 유리화하는 것이다. 성질(예 성질 (8))을 이용할 때 미지수의 정의역에 주의하여 동치연립부등식을 정확하게 써야 한다.

예제 10

부등식 $\sqrt{x^2 - 3x - 10} > x - 4$를 풀어라.

| 풀이 | 무리식이 의미를 가지려면 반드시 $x^2 - 3x - 10 \geq 0$이라야 한다. 이 전제 밑에서 $x - 4 < 0$이면 해는 곧 이 두 부등식의 공통 부분이다. $x - 4 \geq 0$일 때에는 성질 (8)에 의하여 양변을 제곱하여 근호를 들어 있는 식을 없애고 해를 구할 수 있다.

따라서 이 부등식은 다음과 같은 두 연립부등식으로 고칠 수 있다.

$$(\text{I})\ \begin{cases} x - 4 \geq 0 \\ x^2 - 3x - 10 \geq 0 \\ x^2 - 3x - 10 > (x - 4)^2 \end{cases} \qquad \text{또는, } (\text{II})\ \begin{cases} x - 4 < 0 \\ x^2 - 3x - 10 \geq 0 \end{cases}$$

(I)을 풀면 $x > \dfrac{26}{5}$, (II)를 풀면 $x \leq -2$

그러므로 위의 것을 종합하면 부등식의 해는 $x > \dfrac{26}{5}$ 또는 $x \leq -2$이다.

예제 11

실수의 범위에서 다음 부등식을 풀어라.

$$\sqrt{x} + \sqrt{y-1} + \sqrt{z-2} \geq \frac{1}{2}(x + y + z)$$

| 풀이 | 정리하면 $x + y + z - 2\sqrt{x} - 2\sqrt{y-1} - 2\sqrt{z-2} \leq 0$

완전제곱식의 꼴로 각 항을 묶으면

$$(\sqrt{x} - 1)^2 + (\sqrt{y-1} - 1)^2 + (\sqrt{z-2} - 1)^2 \leq 0$$

그러므로 위의 세제곱식이 0과 같다는데 의하여

해 $x = 1$, $y = 2$, $z = 3$을 얻을 수 있다.

01 다음 중 맞는 것을 골라라.

(1) 실수의 범위에서 다음 성질 중 항상 성립되는 것은?

(A) $a>b$이면 $a^2>b^2$

(B) $a>b$이면 $\dfrac{b}{a}<\dfrac{1}{b}$

(C) $a>b$이면 $\left(\dfrac{1}{3}\right)^{ac^2}>\left(\dfrac{1}{3}\right)^{bc^2}$이 성립한다. (단, $c\neq0$)

(D) $a>b$이면 $\dfrac{a}{c^2}>\dfrac{b}{c^2}$가 성립한다.

(2) a, b, c, d가 실수이고 a, b의 부호가 같고 $-\dfrac{c}{a}<-\dfrac{d}{b}$이면 다음 식들 중에서 언제나 성립하는 것은 ( )이다.

(A) $bc<ad$ (B) $bc>ad$ (C) $ac>bd$ (D) $\dfrac{a}{c}>\dfrac{b}{d}$

(3) 부등식 $(3a+7)x>a+1$과 $x>-\dfrac{(a+1)}{(3a+7)}$의 해가 같으면 ( )이다.

(A) $a<-\dfrac{7}{3}$ (B) $-\dfrac{7}{3}<a$ (C) $a=-1$ (D) $a>-1$

02 다음 부등식들을 풀어라.

① $ax+1<a^2+x$

② $|2x-5|\geq1$

③ $\left|\dfrac{x+1}{x-1}-1\right|<0.001$

④ $\dfrac{4}{x+1}+\dfrac{2}{x-3}>1$

⑤ $x^2-2x-3>3|x-1|$

⑥ $x^3+5x^2+3x-9>0$

⑦ $\dfrac{x}{a}+\dfrac{4}{a^2}<1-\dfrac{2x}{a^2}$

03 부등식 $ax^2+bx+2>0$의 해가 $-\dfrac{1}{2}<x<\dfrac{1}{3}$일 때, a, b의 값은 얼마이겠는가?

04 부등식 $56x^2+ax<a^2$을 풀어라.

05 a가 실수일 때 방정식 $(a^2-1)x^2+6(a+1)x+8=0$이 실수근을 가지게 되는 조건을 구하여라.

06 세 방정식
$$x^2+4ax-4a+3=0, \quad x^2+(a-1)x+a^2=0, \quad x^2+2ax-2a=0$$
가운데서 적어도 한 방정식이 실수근을 가질 때 실수 a의 범위를 구하여라.

07 부등식 $|x^2-4x+3|>x^2-4x+3$을 풀어라.

08 수학 시험에 정답을 고르는 문제가 15문제 출제되었다. 점수를 매기는 방법은 다음과 같다. 맞게 선택하면 6점을 주고, 틀리게 선택하면 2점을 깎고, 선택하지 못하면 점수를 주지 않는다. 한 학생이 한 문제를 선택하지 못하였다. 이 학생은 적어도 몇 문제를 옳게 선택해야 성적이 60점을 넘겠는가?

28 사인법칙, 코사인법칙 및 그 활용

사인법칙, 코사인법칙은 삼각형의 변과 각 사이의 관계를 나타내는 중요한 정리이며, 중학교 기하 문제를 대수적 방법으로 처리하는 근거이다.

이 정리들은 삼각형을 푸는 데 이용될 뿐만 아니라 관계되는 기하 문제의 논증과 계산에도 널리 이용된다.

사인법칙

삼각형 ABC에서, $AB=c$, $BC=a$, $CA=b$이고 외접원의 반지름을 R이라고 하면,

$$\frac{a}{\sin A}=\frac{b}{\sin B}=\frac{c}{\sin C}=2R$$

가 성립한다.

제1코사인 법칙

삼각형 ABC에서, $AB=c$, $BC=a$, $CA=b$이라고 하면,

$$a=c\cdot\cos B+b\cdot\cos C$$

$$b=a\cdot\cos C+c\cdot\cos A$$

$$c=b\cdot\cos A+a\cdot\cos B$$

가 성립한다.

제2코사인 법칙

삼각형 ABC에서, $AB=c$, $BC=a$, $CA=b$이라고 하면,

$$a^2=b^2+c^2-2\cdot b\cdot c\cdot\cos A$$

$$b^2=c^2+a^2-2\cdot c\cdot a\cdot\cos B$$

$$c^2=a^2+b^2-2\cdot a\cdot b\cdot\cos C$$

가 성립한다.

1. 사인법칙, 코사인법칙을 활용하여 삼각형을 이해하기

$\triangle ABC$에서 $\angle A = 45°$, $\overline{AB} = \sqrt{6}$, $\overline{BC} = 2$이다. 사인법칙을 이용하지 않고 이 삼각형을 풀어라.

| 풀이 | 사인법칙을 이용하지 않고서도 이 삼각형을 풀 수 있다.

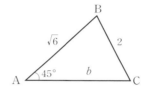

그림에서와 같이 $\overline{AC} = b$라고 하면 코사인법칙에 의하여
$$2^2 = b^2 + (\sqrt{6})^2 - 2\sqrt{6}\,b\cos 45°$$
즉, $b^2 - 2\sqrt{3}b + 2 = 0$
$\therefore b = \sqrt{3} \pm 1$
$$(\sqrt{6})^2 = b^2 + 2^2 - 2 \times 2b\cos C$$
즉, $6 = (\sqrt{3} \pm 1)^2 + 4 - 4(\sqrt{3} \pm 1)\cos C$
$\therefore \cos C = \dfrac{(\sqrt{3} \pm 1)^2 - 2}{4(\sqrt{3} \pm 1)} = \pm \dfrac{1}{2}$
$\therefore \angle C = 60°$ 또는 $120°$
$\therefore \angle B = 180° - (45° + 60°) = 75°$ 또는
　　$\angle B = 180° - (45° + 120°) = 15°$

| 설명 | 이 예제는 사인법칙과 코사인법칙은 서로 통한다는 것, 즉 사인법칙으로 풀 수 있는 삼각형을 코사인법칙을 이용하여 이해하여도 되며, 반대로 하여도 맞는다는 것을 설명하여 준다.

$\triangle$ABC에서 $a=\sqrt{6}$, $\angle A=60°$, $b-c=\sqrt{3}-1$이다.
각 B를 구하여라.

| 풀이 | 코사인법칙에 의하여

$a^2=b^2+c^2-2bc\cos A$
$\quad=(b-c)^2+2bc(1-\cos A)$

즉, $(\sqrt{6})^2=(\sqrt{3}-1)^2+2bc(1-\cos 60°)$

따라서 $bc=2+2\sqrt{3}$

연립방정식 $\begin{cases} bc=2+2\sqrt{3} \\ b-c=\sqrt{3}-1 \end{cases}$ 을 풀면

$b_1=1+\sqrt{3}$, $b_2=-2$(버린다) $\quad \therefore c=2$

또, 사인법칙에 의하면

$$\frac{(1+\sqrt{3})}{\sin B}=\frac{\sqrt{6}}{\sin 60°}, \quad \sin B=\frac{(\sqrt{6}+\sqrt{2})}{4}$$

$\therefore \angle B=75°$ 또는 $105°$

그런데 $b>a$, $b>c$ 이고 $b^2<a^2+c^2$ 이므로
$\triangle$ABC는 예각 삼각형이다.

따라서 $\angle B=75°$이다.

2. 사인법칙, 코사인법칙을 활용하여 평면기하의 문제를 이해하고 증명하기

예제 03

P는 정사각형 ABCD 안의 한 점이며
$\overline{PA} : \overline{PB} : \overline{PC} = 1 : 2 : 3$을 만족시킨다.
∠APB를 구하여라.

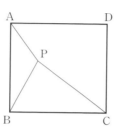

| 풀이 | 그림에서 $\overline{PA}=t$, $\overline{PB}=2t$, $\overline{PC}=3t$라 하고 정사각형의 변의 길이를 a라고 하자. ∠APB$=\theta$, ∠PAB$=\alpha$, ∠ABP$=\beta$, ∠PBC$=\gamma$. 그러면 $\triangle$ABP에서 코사인법칙에 의하여

$$\cos\theta = \frac{(t^2+4t^2-a^2)}{4t^2}$$
$$= \frac{(5t^2-a^2)}{4t^2}$$

또, 사인법칙에 의하여

$$\frac{a}{\sin\theta} = \frac{t}{\sin\beta} = \frac{t}{\sin(90°-\gamma)}$$

$$= \frac{t}{\cos\gamma}$$

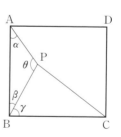

$$\therefore \sin\theta = \left(\frac{a}{t}\right)\cos\gamma$$

$$= \left(\frac{a}{t}\right) \cdot \frac{(4t^2+a^2-9t^2)}{4at}$$

$$= \frac{(a^2-5t^2)}{4t^2}$$

$$\therefore \sin\theta = -\cos\theta$$

$$\therefore \theta = \angle APB = 135° \, (\because 0° < \theta < 180°)$$

예제 04

P는 정삼각형 ABC의 외접원의 호 BC 위에 있는 한 점이다. 다음 명제를 증명하여라.

$$\overline{PA}^2 = \overline{AB}^2 + \overline{PB} \cdot \overline{PC}$$

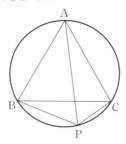

| 분석 | 그림에서와 같이 이 문제는 기하학적 방법으로 증명할 수 있다. 그런데 대수적 방법으로 증명할 수도 있다. 그 열쇠는 $\overline{PA}$와 $\overline{AB}$, $\overline{PB}$, $\overline{PC}$ 사이의 관계를 찾아내는 것이다.

그 관계는 $\angle ABP + \angle ACP = 180°$

즉, $\cos \angle ABP = -\cos \angle ACP$와 코사인법칙에 의하여 구할 수 있다.

| 증명 | 정삼각형 $\triangle ABC$의 한 변의 길이를 a라고 하자.

$$\cos \angle ABP = \cos(180° - \angle ACP) = -\cos \angle ACP$$

코사인법칙에 의하여

$$\frac{\overline{AB}^2 + \overline{BP}^2 - \overline{AP}^2}{2\overline{AB} \cdot \overline{BP}} = -\frac{(\overline{AC}^2 + \overline{CP}^2 - \overline{AP}^2)}{(2\overline{AC} \cdot \overline{CP})}$$

$$\overline{AP}^2 = \frac{(a^2 + \overline{BP} \cdot \overline{CP})(\overline{BP} + \overline{CP})}{(\overline{BP} + \overline{CP})}$$

$$\therefore \overline{AP}^2 = \overline{AB}^2 + \overline{PB} \cdot \overline{PC}$$

| 설명 | 위의 두 예제에서 알 수 있는 바와 같이 사인법칙, 코사인법칙을 이용하여 평면기하의 문제를 풀거나 증명할 때의 열쇠는 각(변)을 설정하고, 도형의 특징을 자세히 분석하고 찾아내어 공통각(변), 여(보)각에 주의를 돌리는 것이다.

3. 사인법칙, 코사인법칙을 활용하여 일정한 값을 계산하기

평면기하에서 일부 일정한 값에 관한 문제를 처리할 때 흔히 쓰이는 방법은 다음과 같다. 일반적인 예를 특수예로 전환시키고 정해진 값을 계산한 다음 다시 일반적 결론을 유도한다.

예제 05

> 반지름 R인 원의 내부에 서로 수직인 현 $\overline{AB}, \overline{CD}$가 있다. $\overline{AC}^2+\overline{CB}^2+\overline{BD}^2+\overline{DA}^2$이 일정한 값임을 증명하여라.

|분석| 두 현이 만날 때의 특수 경우, 즉 교점이 그 원의 중심인 경우를 생각하자. 그러면 피타고라스 정리에 의하여 쉽게
$\overline{AC}^2+\overline{CB}^2+\overline{BD}^2+\overline{DA}^2=8R^2$(일정)을 얻을 수 있다.

|증명| 그림에서와 같이 A와 D, B와 D, A와 C, B와 C를 연결하고
$\angle ABD = \alpha$라고 하자. 그러면 $\overline{AB} \perp \overline{CD}$
$\therefore \angle BDC = 90° - \alpha$
한편, 원 O는 $\triangle ADB$와 $\triangle CDB$의 외접원이다.
사인법칙에 의하여
$\overline{BC} = 2R\sin\angle BDC = 2R\sin(90°-\alpha) = 2R\cos\alpha$
$\therefore \overline{DA}^2 + \overline{CB}^2$
$\quad = (2R\sin\alpha)^2 + (2R\cos\alpha)^2$
$\quad = 4R^2(\sin^2\alpha + \cos^2\alpha)$
$\quad = 4R^2$(일정)

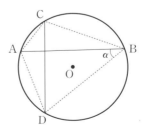

같은 이유에 의하여 $\overline{AC}^2 + \overline{BD}^2 = 4R^2$(일정)을 얻을 수 있다.
그러므로 $\overline{AC}^2 + \overline{CB}^2 + \overline{BD}^2 + \overline{DA}^2 = 8R^2$(일정)

예제 06

P는 일정한 각 ∠BAC의 이등분선 위에 있는 정점이다. 두 점 A, P를 지나 ∠BAC의 두 변 $\overline{AB}$, $\overline{AC}$와 두 점 M, N에서 만나는 임의의 원을 그린다. $\overline{AM}+\overline{AN}$이 일정한 값임을 증명하여라.

| 분석 | ∠MAN이 90°이면

$$\overline{AM}+\overline{AN}=2\overline{AM}=2\overline{AP}\cos45°$$

$\overline{AP}$가 일정하므로 $\overline{AM}+\overline{AN}$도 일정하다.

| 증명 | M과 P, N과 P를 연결하고, 상수 t, α에 대하여

$$\overline{AP}=t,$$

∠MAP = ∠NAP = α라고 하자.

그러면 $\overline{PM}=\overline{PN}$

△PAM과 △PAN에서 코사인법칙에 의하여

$$\overline{PM}^2=t^2+\overline{AM}^2-2t\cdot\overline{AM}\cos\alpha$$

$$\overline{PN}^2=t^2+\overline{AN}^2-2t\cdot\overline{AN}\cos\alpha$$

$$=\overline{PM}^2$$을 얻는다.

즉 ① $\overline{AM}^2-(2t\ \cos\alpha)\overline{AM}+(t^2-\overline{PM}^2)=0$

② $\overline{AN}^2-(2t\ \cos\alpha)\overline{AN}+(t^2-\overline{PM}^2)=0$

①, ②에 의하여 $\overline{AM}$, $\overline{AN}$은 미지수가 1개인 이차방정식 $x^2-(2t\cos\alpha)x+(t^2-\overline{PM}^2)=0$의 두 근이라는 것을 알 수 있다.

따라서 비에트의 정리에 의하여

$$\overline{AM}+\overline{AN}=2t\cos\alpha(일정)$$

4. 사인법칙, 코사인법칙을 활용하여 극값을 구하기

일반적인 방법은 다음과 같다. 문제의 조건 및 사인법칙, 코사인법칙을 이용하여 함수식을 세운 다음 삼각함수 또는 이차함수의 성질을 이용하여 극값을 구한다.

예제 07

$\triangle$ABC에서 $\overline{\text{AB}}=\overline{\text{AC}}=a$이다. $\overline{\text{BC}}$를 변으로 하여 바깥쪽에 정삼각형BCD를 그렸다. 꼭지각 A가 어떤 값을 가질 때 $\overline{\text{AD}}$가 가장 길겠는가?

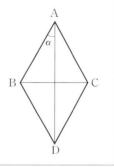

| 풀이 | 그림에서 $\overline{\text{AB}}=\overline{\text{AC}}$, $\overline{\text{DB}}=\overline{\text{DC}}$이므로 $\overline{\text{AD}}$는 $\overline{\text{BC}}$의 중점을 지나는 수선이다. $\angle\text{BAD}=\alpha$라고 하면 $\angle\text{BDA}=30°$이므로

$$\angle\text{ABD}=150°-\alpha$$

사인법칙에 의하여

$$\frac{\overline{\text{AD}}}{\sin(150°-\alpha)}=\frac{\overline{\text{AB}}}{\sin30°}=2a$$

$$\therefore \overline{\text{AD}}=2a\sin(150°-\alpha)$$

$\overline{\text{AD}}$가 가장 길게 되려면

$$\sin(150°-\alpha)=1$$

즉, $150°-\alpha=90°$, $\alpha=60°$라야 한다.

그러므로 꼭지각 A가 120°일 때 $\overline{\text{AD}}$가 가장 길며 그 값은 $2a$이다.

| 설명 | 사인함수, 코사인함수의 크기는 다음과 같다.

$$|\sin\alpha|\leq1, \quad |\cos\alpha|\leq1$$

5. 사인함수, 코사인함수를 활용하여 삼각형의 유형을 판정하기

문제의 조건 중 각(변) 사이의 관계를 사인법칙, 코사인법칙에 의하여 변(각) 사이의 관계로 고침으로써 삼각형의 유형을 판정할 수 있다.

예제 08

△ABC에서 $\dfrac{a^3+b^3-c^3}{a+b-c}=c^2$이며 $\sin A \cdot \sin B = \dfrac{3}{4}$이다.
△ABC의 유형을 결정하여라.

| 풀이 | 조건에 의하여 $(a+b)(a^2+b^2-ab-c^2)=0$, $a+b \neq 0$

$\therefore a^2+b^2-c^2=ab$ ······①

코사인법칙에 의하여 $\cos C = \dfrac{a^2+b^2-c^2}{2ab} = \dfrac{ab}{2ab} = \dfrac{1}{2}$

$\therefore \angle C = 60°$

조건에 의하여 $\left(\dfrac{a}{2R}\right) \cdot \left(\dfrac{b}{2R}\right) = \dfrac{3}{4}$

즉, $ab=3R^2$ ······②

$\dfrac{c}{\sin C} = 2R$

$\therefore \dfrac{c}{\sin 60°} = 2R$ 따라서 $R = \dfrac{\sqrt{3}c}{3}$

R를 ②에 대입하면 $ab=c^2$이다. 이 식을 ①에 대입하면

$(a-b)^2=0$ $\therefore a=b=c$

따라서 △ABC는 정삼각형이다.

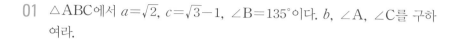

01 △ABC에서 $a=\sqrt{2}$, $c=\sqrt{3}-1$, $\angle B=135°$이다. b, $\angle A$, $\angle C$를 구하여라.

02 원 O에서 $\overline{OA}$, $\overline{OB}$는 서로 수직인 두 반지름이고 M은 $\overline{AB}$의 중점이며 $\overline{MC} /\!/ \overline{OA}$이고 호 AB와 C에서 만난다. $\overset{\frown}{AC}=\dfrac{\overset{\frown}{AB}}{3}$를 증명하여라.

03 다음을 증명하여라.

H, M, N이 △ABC의 변 $\overline{BC}$, $\overline{CA}$, $\overline{AB}$(또는 그 연장선)와 한 직선의 교점이면

$$\frac{\overline{HB}}{\overline{HC}} \cdot \frac{\overline{MC}}{\overline{MA}} \cdot \frac{\overline{NA}}{\overline{NB}} = 일정한 값$$

04 P는 정삼각형 ABC의 내접원 위의 임의의 점이다.
$\overline{PA}^2+\overline{PB}^2+\overline{PC}^2$이 일정한 값임을 증명하여라.

05 갑, 을 두 사람이 정삼각형 모양의 운동장의 변을 따라 같은 방향으로 같
    은 속도로 걷고 있다. 처음에는 두 사람이 같은 변 위에서 200m 떨어져
    있었다. 두 사람이 걸을 때 두 사람 사이의 가장 가까운 거리를 구하여라.

06 $\triangle ABC$에서 $\dfrac{a}{\cos B}=\dfrac{b}{\cos A}$일 때 $\triangle ABC$의 유형을 결정하여라.

07 다음 그림에서와 같이 직선 $\overline{AB}$가 변의 길이가 1인 정삼각형을 잘라서 넓이가 같은 두 부분으로 나누었다. 어떻게 자르면 선분 $\overline{AB}$가 가장 짧 겠는가?

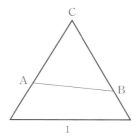

08 단위원의 내접삼각형의 한 꼭지각이 $30°$이고 그 각을 끼고 있는 두 변의 합이 $\sqrt{3}+1$이다. 그 삼각형의 넓이를 구하여라.

29 닮은 도형

닮은 도형에서는 주로 모양이 같고 크기가 다른 두 도형의 성질을 연구한다.

다각형의 범위 안에서 닮은 도형을 연구하는데, 주로 닮은 삼각형의 성질과 증명에 대하여 연구함으로써 삼각형을 더 한층 깊이 연구한다.

비례되는 선분의 성질과 닮은 삼각형의 성질과 증명을 이해하면 이런 지식들을 이용하여 대응각이 같다는 것, 두 직선이 평행이라는 것, 대응변의 길이가 비례된다는 것 등의 기하 문제를 논증함으로써 논리적 추리 능력을 기를 수 있다.

1. 삼각형의 닮음을 증명할 때의 사고 방법

(1) 닮음의 위치 : 두 닮은 도형의 대응점을 연결한 직선이 모두 한 점 O에서 만날 때, 이들 두 도형은 **닮음의 위치**에 있다고 한다.

  ① 점 O를 **닮음의 중심**이라고 한다.

  ② 대응하는 변은 각각 평행하거나 일치한다.

  ③ 닮음의 중심에서 대응점까지의 길이의 비는 닮음비와 같다.

(2) 삼각형의 닮음 조건

  ① SSS 닮음 : 세 쌍의 대응변의 길이의 비가 같은 두 삼각형은 닮음이다.

  ② SAS 닮음 : 두 쌍의 대응변의 길이의 비가 같고, 그 끼인각의 크기가 같은 두 삼각형은 닮음이다.

  ③ ASA 닮음 : 두 쌍의 대응각의 크기가 각각 같은 두 삼각형은 닮음이다.

(3) 직각삼각형의 닮음

  $\triangle ABC$에서 $\angle A = 90°$이고 $\overline{AH} \perp \overline{BC}$일 때,

  $\triangle ABC$와 $\triangle HAC$와 $\triangle HBA$는 닮음이다.

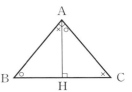

  또, ① $\overline{AB}^2 = \overline{BH} \times \overline{BC}$ ② $\overline{AC}^2 = \overline{HC} \times \overline{BC}$
  ③ $\overline{AH}^2 = \overline{BH} \times \overline{HC}$ ④ $\overline{AB}^2 + \overline{AC}^2 = \overline{BC}^2$
  ⑤ $\overline{AB} \times \overline{AC} = \overline{AH} \times \overline{BC}$가 성립한다.

2. 삼각형의 닮음의 유형을 판정하기

(1) 평행선 유형

　평행선 유형이란 평행한 두 직선과 기타의 직선으로 이루어진 두 닮은 삼각형을 말한다.

예제 01

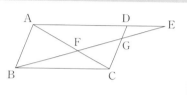

□ABCD의 한 꼭짓점 B를 지나는 한 직선을 긋고 $\overline{AC}$, $\overline{CD}$ 및 $\overline{AD}$의 연장선과 만나는 점을 각각 F, G, E라고 할때 $\overline{BF}^2 = \overline{EF} \cdot \overline{FG}$ 임을 증명하여라.

| 분석 |　$\overline{BF}^2 = \overline{EF} \cdot \overline{FG}$ 를 증명하려면 $\overline{EF} : \overline{BF} = \overline{BF} : \overline{FG}$ 를 증명해야 한다. 네 선분이 한 직선 위에 있기 때문에 기본적인 방법으로는 문제를 풀지 못한다. 따라서 중간비를 이용하여 바꾸어야 한다. △AEF∽△CBF, △ABF∽△CGF, 그러므로 중간비 $\overline{AF} : \overline{FC}$ 를 구할 수 있다.

| 증명 |　$\overline{AE} /\!/ \overline{BC}$ 이므로

$\therefore$ △AEF∽△CBF

$\therefore \overline{EF} : \overline{BF} = \overline{AF} : \overline{FC}$

$\overline{AB} /\!/ \overline{DC}$ 이므로

$\therefore$ △ABF∽△CGF

$\therefore \overline{BF} : \overline{FG} = \overline{AF} : \overline{FC}$

$\therefore \overline{EF} : \overline{BF} = \overline{BF} : \overline{FG}$　따라서 $\overline{BF}^2 = \overline{EF} \cdot \overline{FG}$ 이다.

| 설명 |　(1) 선분들의 길이의 곱이 같다는 것을 증명하는 문제를 선분들이 비례된다는 것을 증명하는 문제로 고칠 수 있다.

　　　　(2) 비례식 또는 곱에 있는 네 선분이 한 직선 위에 있어, 닮음 또는 평행선에 잘리어서 생기는 선분에 관한 정리를 직접 이용하지 못할 때에는 중간비를 이용하여 등비로 대체해야 한다.

△ABC에서 $\overline{BD}=\overline{DC}$이고 P는 $\overline{AD}$ 위의 한 점이며, $\overline{CP}$의 연장선은 F에서 $\overline{AB}$와 만나고, $\overline{BP}$의 연장선은 E에서 $\overline{AC}$와 만나며, $\overline{EF}$는 G에서 $\overline{AD}$와 만난다.
이때 다음을 증명하여라.

(1) $\overline{FE} /\!/ \overline{BC}$;   (2) $\overline{EG}=\overline{FG}$

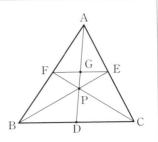

| 증명 | (1) 점 P를 지나 $\overline{BC}$와 평행한 선분을 그어 $\overline{AB}$, $\overline{AC}$와 만나는 점을 각각 M, N이라고 한다. 따라서

$$\overline{MP} : \overline{BD}=\overline{AP} : \overline{AD}=\overline{PN} : \overline{DC}$$
$$\overline{BD}=\overline{DC}\text{이므로 } \overline{MP}=\overline{PN}$$

△FBC와 △EBC에서

$$\overline{MP} : \overline{BC}=\overline{FP} : \overline{FC}, \quad \overline{PN} : \overline{BC}=\overline{EP} : \overline{EB}$$
$$\overline{MP}=\overline{PN}\text{이므로}$$
$$\therefore \overline{FP} : \overline{FC}=\overline{EP} : \overline{EB}$$

즉 $\overline{FP} : (\overline{FP}+\overline{PC})$
$\qquad =\overline{EP} : (\overline{EP}+\overline{PB})$

비례식의 성질에 의하여

$$\overline{FP} : \overline{PC}=\overline{EP} : \overline{PB}$$
$$\angle BPC=\angle FPE$$
$$\therefore \triangle PBC\backsim\triangle PEF \text{ 따라서}$$
$$\angle PBC=\angle PEF, \quad \overline{FE} /\!/ \overline{BC}$$

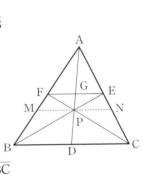

(2) (1)에 의하여 $\overline{FE} /\!/ \overline{BC}$, 따라서

$$\overline{FG} : \overline{BD}=\overline{AG} : \overline{AD}=\overline{GE} : \overline{DC}$$
$$\overline{BD}=\overline{DC}\text{에 의하여 } \overline{FG}=\overline{GE}$$

| 설명 | 두 선분이 같다는 것을 증명하려면 닮은 삼각형을 이용하여 비례식을 얻고 비례식의 전항(또는 후항)이 같다는 것을 알면 후항(또는 전항)이 같다는 것을 알 수 있다. 두 직선이 평행하다는 것을 증명할 때에도 마찬가지로 닮은 삼각형을 이용할 수 있다.

그림에서 O는 △ABC 안에 있는 임의의 점이다. A와 O를 잇고 그 연장선이 $\overline{BC}$와 만나는 점을 D, B와 O를 맺고 그 연장선이 $\overline{AC}$와 만나는 점을 E, C와 O를 맺고 그 연장선이 $\overline{AB}$와 만나는 점을 F라고 할때 $\dfrac{\overline{OD}}{\overline{AD}} + \dfrac{\overline{OE}}{\overline{BE}} + \dfrac{\overline{OF}}{\overline{CF}} = 1$ 임을 증명하여라.

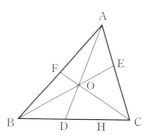

| 분석 | $S_{\triangle AOB} + S_{\triangle BOC} + S_{\triangle AOC} = S_{\triangle ABC}$

$\therefore \dfrac{\overline{OF}}{\overline{CF}} = \dfrac{S_{\triangle AOB}}{S_{\triangle ABC}}, \quad \dfrac{\overline{OD}}{\overline{AD}} = \dfrac{S_{\triangle BOC}}{S_{\triangle ABC}}, \quad \dfrac{\overline{OE}}{\overline{BE}} = \dfrac{S_{\triangle AOC}}{S_{\triangle ABC}}$ 를 각각 증명하면 된다.

| 증명 | O를 지나 $\overline{OG} \perp \overline{BC}$ 되게 G를 긋고, $\overline{AH} \perp \overline{BC}$ 되게 $\overline{AH}$를 긋고 수선의 발을 H라고 한다.

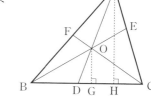

그러면 $\dfrac{\overline{OD}}{\overline{AD}} = \dfrac{\overline{OG}}{\overline{AH}}, \quad \dfrac{\overline{OG}}{\overline{AH}}$

$\qquad = \dfrac{S_{\triangle BOC}}{S_{\triangle ABC}}$

$\therefore \dfrac{\overline{OD}}{\overline{AD}} = \dfrac{S_{\triangle BOC}}{S_{\triangle ABC}}$

같은 이유에 의하여 $\dfrac{\overline{OE}}{\overline{BE}} = \dfrac{S_{\triangle AOC}}{S_{\triangle ABC}}, \quad \dfrac{\overline{OF}}{\overline{CF}} = \dfrac{S_{\triangle AOB}}{S_{\triangle ABC}}$

$\therefore \dfrac{\overline{OD}}{\overline{AD}} + \dfrac{\overline{OE}}{\overline{BE}} + \dfrac{\overline{OF}}{\overline{CF}} = \dfrac{S_{\triangle BOC}}{S_{\triangle ABC}} + \dfrac{S_{\triangle AOC}}{S_{\triangle ABC}} + \dfrac{S_{\triangle AOB}}{S_{\triangle ABC}}$

$\qquad\qquad = \dfrac{S_{\triangle ABC}}{S_{\triangle ABC}} = 1$

| 설명 | 점 O와 A를 지나 각각 $\overline{BC}$에 수선을 내리고 평행선에 의하여 닮은 삼각형을 얻고 비례식을 얻는다. 그런 다음에 넓이 관계를 이용하여 비(또는 곱)로 고친다. 이것은 여러 비의 합(또는 곱)이 1이 되는 이러한 유형의 문제를 풀 때 흔히 쓰이는 방법이다.

예제 04

그림에서 사다리꼴 ABCD의 윗변과 아랫변의 중점, 대각선의 교점, 두 옆변의 연장선의 교점이 모두 한 직선 위에 있음을 증명하여라.

| 증명 | N은 사다리꼴 ABCD의 두 옆변 $\overline{AD}$, $\overline{BC}$의 연장선의 교점이고 E는 윗변 $\overline{CD}$의 중점이다. N과 E를 연결하고 $\overline{NE}$를 연장하여 아랫변 $\overline{AB}$와 만나는 점을 F라고 한다. 그러면

$$\frac{\overline{DE}}{\overline{AF}}=\frac{\overline{EN}}{\overline{NF}}=\frac{\overline{EC}}{\overline{FB}}, \quad \overline{DE}=\overline{EC}\text{이므로}$$

$\therefore \overline{AF}=\overline{FB}$, F는 $\overline{AB}$의 중점이다.

D와 B를 연결하고 $\overline{DB}$가 $\overline{EF}$와 만나는 점을 M이라고 한다.

C와 M, A와 M을 연결한다.

$\triangle MED \backsim \triangle MFB$

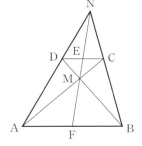

$\therefore \dfrac{\overline{CE}}{\overline{EM}}=\dfrac{\overline{DE}}{\overline{EM}}=\dfrac{\overline{BF}}{\overline{MF}}=\dfrac{\overline{AF}}{\overline{MF}}$

$\angle MEC=\angle MFA$

$\therefore \triangle MEC \backsim \triangle MFA$

$\angle CME=\angle AMF$

$\therefore$ A, M, C는 한 직선 위에 있다. 즉, M은 사다리꼴 ABCD의 대각선의 교점이다. M이 $\overline{EF}$ 위에 있으므로 N, E, M, F는 모두 한 직선 위에 있다.

(2) 서로 만나는 직선의 유형

흔히 보는 서로 만나는 직선의 유형에는 다음과 같은 것들이 있다.

(1) 한 공통변을 가지는 닮은 삼각형

(2) 한 공통각을 가지는 닮은 삼각형

(3) 맞꼭지각이 있는 닮은 삼각형

(4) 직각이 있는 닮은 삼각형

예제 05

△ABC에서 ∠BAC＝2∠ABC일때, $a^2=b^2+bc$임을 증명 하여라.

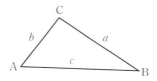

| 분석 | $a^2=b^2+bc$를 곱셈식 $a^2=b(b+c)$로 고친 다음, 또 비례식 $b:a=a:(b+c)$로 고친다. 그러면 선분 b에 선분 c를 더하여 한 개의 공통각(∠A)이 있는 서로 만나는 직선의 닮은 삼각형으로 변형할 수 있다는 것을 쉽게 생각할 수 있다.

| 증명 | $\overline{AD}=\overline{AB}=c$되게 $\overline{CA}$를 D까지 연장한다.

그러면 ∠1＝∠D

∴ ∠BAC＝2∠D,

∠BAC＝2∠ABC

∴ ∠D＝∠ABC

∴ △ABC∽△BDC

∴ $\dfrac{b}{a}=\dfrac{a}{(b+c)}$,

즉 $a^2=b^2+bc$이다.

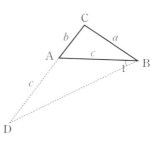

△ABC에서 $\overline{BD}$, $\overline{CE}$는 높이이다. D를 지나 $\overline{DG}\perp\overline{BC}$되게 $\overline{DG}$를 긋고 $\overline{BC}$, $\overline{EC}$, $\overline{BA}$의 연장선과 만나는 점을 각각 G, F, H라고 한다. 이때 $\overline{GD^2}=\overline{GF}\cdot\overline{GH}$임을 증명하여라.

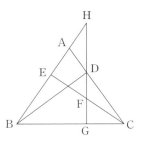

| 증명 | △DBC에서 ∠BDC=90°, $\overline{DG}\perp\overline{BC}$
∴ $\overline{GD^2}=\overline{BG}\cdot\overline{GC}$
△FGC와 △BGH에서 ∠FGC=∠BGH=90°,
∠FCG=∠BHG
∴ △FGC∽△BGH ∴ $\overline{GF}:\overline{BG}=\overline{GC}:\overline{GH}$
즉 $\overline{GF}\cdot\overline{GH}=\overline{BG}\cdot\overline{GC}$ ∴ $\overline{GD^2}=\overline{GF}\cdot\overline{GH}$

그림의 △ABC에서 ∠C=90°이며, ∠A의 이등분선 $\overline{AE}$와, 점 C에서 $\overline{AB}$에 내린 수선 $\overline{CH}$가 점 D에서 만난다. D를 지나 $\overline{AB}$에 평행한 직선을 긋고 $\overline{BC}$와 만나는 점을 F, $\overline{AC}$와 만나는 점을 G라고 한다. $\overline{BF}=\overline{EC}$를 증명하여라.

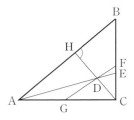

| 증명 | $\overline{AE}$는 ∠A의 이등분선이다.

  $\therefore \overline{CE} : \overline{EB} = \overline{AC} : \overline{AB}$

  $\angle BAC = \angle HAC$

  $\therefore Rt\triangle ABC \backsim Rt\triangle ACH$

  $\therefore \overline{AC} : \overline{AB} = \overline{AH} : \overline{AC} = \overline{HD} : \overline{DC}$

  $\overline{GF} /\!/ \overline{AB} \quad \therefore \overline{HD} : \overline{DC} = \overline{BF} : \overline{FC}$

  $\therefore \overline{CE} : \overline{EB} = \overline{BF} : \overline{FC}$

  정리에 의하여

  $\overline{CE} : (\overline{CE} + \overline{EB}) = \overline{BF} : (\overline{BF} + \overline{FC})$

  $\therefore \overline{BF} = \overline{EC}$

예제 08

△ABC에서 $\overline{DE}$는 ∠BAC의 외각 ∠CAG의 이등분선이고
$\overline{DB} \perp \overline{DE}$, $\overline{CE} \perp \overline{DE}$이며 $\overline{BE}, \overline{CD}$는 F에서 만난다.
이때 ∠BAF = ∠CAF임을 증명하여라.

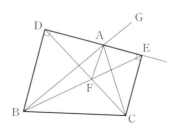

| 분석 | ∠BAF = ∠CAF를 증명하려면 $\overline{AF} /\!/ \overline{DB}$임을 증명하여야 한다.

  △BDF ∽ △CEF, △ABD ∽ △ACE에 의하여

  $\overline{AF} /\!/ \overline{BD}$를 구할 수 있다.

| 증명 | $\overline{BD} \perp \overline{DE}$, $\overline{CE} \perp \overline{DE}$ $\therefore \overline{BD} /\!/ \overline{CE}$

  $\therefore \triangle BDF \backsim \triangle ECF$

  $\therefore \overline{BD} : \overline{CE} = \overline{BF} : \overline{EF}$ ······①

  $Rt\triangle ADB$와 $Rt\triangle AEC$에서 ∠BAD = ∠GAE = ∠CAE

  $\therefore \triangle ABD \backsim \triangle ACE$ $\therefore \overline{BD} : \overline{CE} = \overline{AD} : \overline{AE}$ ······②

①, ②에 의하여 $\overline{\mathrm{BF}} : \overline{\mathrm{EF}} = \overline{\mathrm{AD}} : \overline{\mathrm{AE}}$

$\therefore \overline{\mathrm{AF}} /\!/ \overline{\mathrm{DB}} \qquad \therefore \overline{\mathrm{AF}} \perp \overline{\mathrm{DE}}$

$\angle \mathrm{BAD} = \angle \mathrm{CAE} \qquad \therefore \angle \mathrm{BAF} = \angle \mathrm{CAF}$

3. 여러 가지 예

예제 09

다음 그림의 $\triangle \mathrm{ABC}$에서 D, E는 각각 변 $\overline{\mathrm{BC}}$, $\overline{\mathrm{AB}}$ 위의 점이고 $\angle 1 = \angle 2 = \angle 3$이다. $\triangle \mathrm{ABC}$, $\triangle \mathrm{EBD}$, $\triangle \mathrm{ADC}$의 둘레의 길이가 각각 m, m_1, m_2일 때 $\dfrac{(m_1 + m_2)}{m} \leq \dfrac{5}{4}$를 증명하여라.

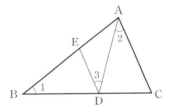

| 증명 | $\overline{\mathrm{BC}} = a$, $\overline{\mathrm{AC}} = b$, $\overline{\mathrm{AB}} = c$라고 하면 $m = a + b + c$이다.

$\angle 1 = \angle 2 = \angle 3 \quad \therefore \overline{\mathrm{ED}} /\!/ \overline{\mathrm{AC}}$

여기서 $\triangle \mathrm{ABC} \backsim \triangle \mathrm{EBD} \backsim \triangle \mathrm{DAC}$를 얻는다.

$\triangle \mathrm{DAC} \backsim \triangle \mathrm{ABC} \quad \therefore \dfrac{\overline{\mathrm{DC}}}{b} = \dfrac{\overline{\mathrm{AD}}}{c} = \dfrac{\overline{\mathrm{AC}}}{a} = \dfrac{b}{a}$

$m_2 = \overline{\mathrm{DC}} + \overline{\mathrm{AD}} + \overline{\mathrm{AC}} = (a + b + c)\dfrac{b}{a}$이다.

동시에 $\overline{\mathrm{BD}} = a - \overline{\mathrm{DC}} = \dfrac{(a^2 - b^2)}{a}$

$\triangle \mathrm{EBD} \backsim \triangle \mathrm{ABC} \quad \therefore \dfrac{m_1}{m} = \dfrac{(a^2 - b^2)}{a^2}$

$m_1 = \left\{\dfrac{(a^2 - b^2)}{a^2}\right\}(a + b + c)$

$\therefore \dfrac{(m_1 + m_2)}{m} = \dfrac{(a^2 - b^2)}{a^2} + \dfrac{b}{a} = 1 - \left(\dfrac{b}{a}\right)^2 + \dfrac{b}{a}$

$\qquad = -\left(\dfrac{b}{a} - \dfrac{1}{2}\right)^2 + \dfrac{5}{4} \leq \dfrac{5}{4}$

예제 10

다음 그림에서 P는 △ABC 안에 있는 한 점이고, 길이가 같은 세 선분 $\overline{DE}$, $\overline{FG}$, $\overline{MN}$이 변 $\overline{AB}$, $\overline{BC}$, $\overline{AC}$와 각각 평행하며 모두 점 P를 지난다. 그리고 $\overline{AB}=12$, $\overline{BC}=8$, $\overline{CA}=6$라고 할 때 $\overline{AM}:\overline{MF}:\overline{FB}$의 비를 구하여라.

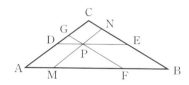

| 증명 | $\overline{DE}\,/\!/\,\overline{AB}$, $\overline{FG}\,/\!/\,\overline{BC}$, $\overline{MN}\,/\!/\,\overline{AC}$ ∴ △DPG∽△ABC, △MFP∽△ABC, △PEN∽△ABC

위의 세 닮음비를 차례로 x, y, z라 하면

$\overline{DP}=12x$, $\overline{PG}=8x$, $\overline{GD}=6x$, $\overline{MF}=12y$, $\overline{FP}=8y$, $\overline{PM}=6y$, $\overline{PE}=12z$, $\overline{EN}=8z$, $\overline{NP}=6z$,

$\overline{AB}=\overline{AM}+\overline{MF}+\overline{FB}=\overline{DP}+\overline{MF}+\overline{PE}$, 즉

$12=12x+12y+12z$

∴ $x+y+z=1$ ……①

$\overline{DE}=\overline{FG}=\overline{MN}$, 즉 $\overline{DP}+\overline{PE}=\overline{FP}+\overline{PG}=\overline{NP}+\overline{PM}$

∴ $12x+12z=8y+8x=6z+6y$, 정리하면

$x-2y+3z=0$ ……②

$2x-y+z=0$ ……③

①, ②, ③을 풀면 $x=\dfrac{1}{9}$, $y=\dfrac{5}{9}$, $z=\dfrac{1}{3}$

∴ $\overline{AM}:\overline{MF}:\overline{FB}=\overline{DP}:\overline{MF}:\overline{PE}$

$\qquad\qquad\qquad =x:y:z=1:5:3$

다음 그림에서와 같이 $\triangle ABC$ 밖에 있는 한 점 O에서 세 변에 평행한 직선을 긋고 세 변 $\overline{CB}$, $\overline{CA}$, $\overline{BA}$ 및 그 연장선과 만나는 점을 각각 P_1과 P_2, Q_1과 Q_2, R_1과 R_2라 한다.

$S_{\triangle OP_1P_2}=m^2(m>0)$, $S_{\triangle OQ_1Q_2}=n^2(n>0)$, $S_{\triangle OR_1R_2}=k^2(k>0)$ 일 때 $S_{\triangle ABC}=(m+n-k)^2$임을 증명하여라.

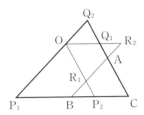

| 증명 | 그림에 의하여 알 수 있는 바와 같이

$$\triangle OP_1P_2 \backsim \triangle Q_2OQ_1 \backsim \triangle R_1R_2O \backsim \triangle ABC$$

$\therefore S_{\triangle OP_1P_2} : S_{\triangle Q_2OQ_1} : S_{\triangle R_1R_2O}=m^2 : n^2 : k^2$

$\therefore$ 세 삼각형의 대응변의 길이의 비는

$$\overline{OP_1} : \overline{OQ_2} : \overline{R_1R_2}=m : n : k$$

따라서 $\qquad \dfrac{\overline{Q_2C}}{\overline{Q_2Q_1}}=\dfrac{\overline{Q_2P_1}}{\overline{Q_2O}}=\dfrac{(m+n)}{n}$ $\qquad \cdots\cdots$ ①

$\qquad\qquad \dfrac{\overline{Q_2A}}{\overline{Q_2Q_1}}=\dfrac{\overline{OR_1}}{\overline{Q_2Q_1}}=\dfrac{\overline{R_1R_2}}{\overline{OQ_2}}=\dfrac{k}{n}$ $\qquad \cdots\cdots$ ②

①$-$②, $\quad \dfrac{\overline{AC}}{\overline{Q_2O_1}}=\dfrac{(\overline{Q_2C}-\overline{Q_2A})}{\overline{Q_2O_1}}=\dfrac{(m+n-k)}{n}$

$\qquad \dfrac{S_{\triangle ABC}}{S_{\triangle OQ_1Q_2}}=\dfrac{\overline{AC}^2}{\overline{Q_2O_1}^2}=\dfrac{(m+n-k)^2}{n^2}$

그러므로

$$S_{\triangle ABC}=\dfrac{(m+n-k)^2}{n^2}\cdot S_{\triangle Q_2OQ_1}$$

$$=\dfrac{(m+n-k)^2}{n^2}\cdot n^2$$

$$=(m+n-k)^2$$

4. 사영(射影)에 대한 정리

닮은 도형의 장에서 아주 중요한 정리, 즉 사영에 대한 정리를 소개하겠다. 사영에 대한 정리에 의하여 직각삼각형에서의 선분들 사이의 비례 관계가 주어진다. 먼저 사영에 대한 정리를 증명하는 한 가지 재미있는 방법을 소개하기로 한다. '기하의 초석' 이라고 하는 피타고라스 정리는 400여종의 증명 방법이 있는데 다음은 유클리드의 증명 방법이다.

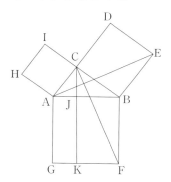

△ABC에서 ∠C는 직각이다. 삼각형의 각 변을 변으로 하여 삼각형 바깥쪽에 정사각형을 각각 그린다. C로부터 $\overline{CJ} \perp \overline{AB}$되게 $\overline{CJ}$를 긋고 수선의 발을 J라고 한다. $\overline{CJ}$를 연장하고 $\overline{GF}$와 만나는 점을 K라고 한다(그림 참조).

A와 E, C와 F를 연결하면 $S_{\square BCDE} = 2S_{\triangle ABE}$를 쉽게 증명할 수 있다.

여기서 △ABE≡△FBC임을 쉽게 알 수 있다.

△FBC와 직사각형 FBJK가 밑변도 같고 높이도 같기 때문에

$S_{\square FBJK} = 2S_{\triangle ABE}$이다.

위의 세 등식으로부터 $S_{\square BCDE} = S_{\square FBJK}$를 얻어낼 수 있다.

같은 이유에 의하여 $S_{\square ACIH} = S_{\square AGKJ}$이다.

위의 두 식을 더하면 $S_{\square BCDE} + S_{\square ACIH} = S_{\square ABFG}$, 즉 $a^2 + b^2 = c^2$이다.

따라서 피타고라스 정리가 증명되었다.

동시에 위의 증명에서 $S_{\square BCDE} = S_{\square FBJK}$에 의하여 $\overline{BC}^2 = \overline{BJ} \cdot \overline{BF} = \overline{BJ} \cdot \overline{BA}$를 얻는다.

같은 이유에 의하여 $\overline{CA}^2 = \overline{AJ} \cdot \overline{AB}$이다. 이것이 바로 **사영에 대한 정리**이다. 이 정리를 또 **유클리드 정리**라고도 한다.

앞의 **예제 06**의 증명에서 사영에 대한 정리는 문제를 변환시키는 데서 '중개작용'을 하였다. 사영에 대한 정리는 비교적 널리 활용된다.

다음 그림의 사다리꼴 ABCD에서 ∠B=∠C=90°이다. $\overline{BC}$의 중점 F를 지나 $\overline{FE}\perp\overline{AD}$되게 $\overline{FE}$를 그었다. $\overline{EF}=\overline{CF}$일 때 $\overline{BC}^2=4\overline{AB}\cdot\overline{CD}$를 증명하여라.

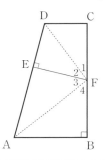

| 증명 | A와 F, D와 F를 연결한다. 직각삼각형 FCD와 직각삼각형 FED에서 $\overline{EF}=\overline{CF}$이며 $\overline{DF}$는 공통변이다.

그러므로 △FCD≡△FED

따라서 ∠1=∠2

같은 이유에 의하여 ∠3=∠4

∠AFD=∠2+∠3=90°

$\overline{FE}$는 직각삼각형 AFD의 빗변에 내린 수선이다.

사영에 대한 정리에 의하여

$\overline{EF}^2=\overline{DE}\cdot\overline{EA}$

△FCD≡△FED이므로 $\overline{DE}=\overline{DC}$

같은 이유에 의하여

$\overline{AE}=\overline{AB}$

따라서 $\overline{EF}^2=\overline{AB}\cdot\overline{CD}$, $\overline{EF}=\overline{CF}=\dfrac{1}{2}\overline{BC}$

때문에 $\overline{BC}^2=4\overline{AB}\cdot\overline{CD}$

예제 13

다음 그림의 △ABC에서 ∠A=90°이다.
$\overline{AD}\perp\overline{BC}$되게 $\overline{AD}$를 긋고 수선의 발을 D라고 한다.
$\overline{AD}$가 ∠B의 이등분선과 만나는 점을 F, $\overline{AC}$와 만나는 점을 E
라고 한다. $\overline{DF}\cdot\overline{EC}=\overline{AE}\cdot\overline{FA}$임을 증명하여라.

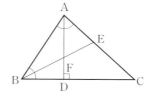

| 증명 | $\overline{BE}$가 ∠B의 이등분선이기 때문에 $\dfrac{\overline{DF}}{\overline{FA}}=\dfrac{\overline{BD}}{\overline{BA}}$이고

$\dfrac{\overline{AE}}{\overline{EC}}=\dfrac{\overline{AB}}{\overline{BC}}$이며, $\overline{AD}$가 직각삼각형 ABC의 빗변에 내린

수선이기 때문에 $\overline{AB}^2=\overline{BD}\cdot\overline{BC}$, 즉 $\dfrac{\overline{AB}}{\overline{BC}}=\dfrac{\overline{BD}}{\overline{BA}}$이다.

따라서 $\dfrac{\overline{DF}}{\overline{FA}}=\dfrac{\overline{AE}}{\overline{EC}}$, 즉 $\overline{DF}\cdot\overline{EC}=\overline{AE}\cdot\overline{FA}$이다.

원에 관계되는 성질을 배우면 항상 사영에 대한 정리를 이용하
게 된다.

01 다음 그림의 △ABC에서 $\overline{AD}$는 ∠BAC의
   이등분선이고 $\overline{BE}$, $\overline{CF}$는 변 $\overline{AC}$, $\overline{AB}$에 내린
   수선이며 G는 $\overline{EF}$와 $\overline{AD}$가 만나는 점이다.
   $\overline{BD} \cdot \overline{FG} = \overline{DC} \cdot \overline{GE}$임을 증명하여라.

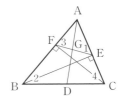

02 다음 그림의 △ABC에서 ∠ACB=90°이고
   $\overline{AE}$는 ∠CAB를 이등분하며 $\overline{BC}$와 E에서 만
   난다. $\overline{CD} \perp \overline{AB}$이고 D는 수선의 발이며 $\overline{CD}$
   는 $\overline{AE}$와 F에서 만난다. $\overline{FM} /\!/ \overline{AB}$이고 $\overline{FM}$
   은 $\overline{BC}$와 M에서 만난다.
   이때 다음을 증명하여라.

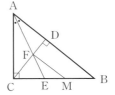

(1) $\overline{AE} : \overline{AF} = \overline{AB} : \overline{AC}$

(2) $\overline{EB} : \overline{MB} = \overline{AE} : \overline{AF}$

(3) $\overline{CE} = \overline{MB}$

03 △ABC에서 ∠BAC＝90°이고 A에서 BC에 수선의 발 D를 내렸다.
E는 $\overline{AC}$의 중점이고 $\overline{ED}$는 $\overline{AB}$의 연장선과 F에서 만난다.
$\overline{AB} : \overline{AC} = \overline{DF} : \overline{AF}$임을 증명하여라.

04 다음 그림의 사다리꼴 ABCD에서
$\overline{AD} /\!/ \overline{BC}$, $\overline{AD} : \overline{BC} = 2 : 5$,
$\overline{AF} : \overline{FD} = 1 : 1$, $\overline{BE} : \overline{EC} = 2 : 3$이며
$\overline{EF}$는 $\overline{CD}$의 연장선과 G에서 만난다.
△GFD, △FED와 △DEC의 넓이의 비를
구하여라.

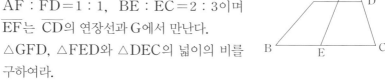

05 한 직선이 삼각형 ABC의 변 $\overline{AB}$와 D에서, $\overline{AC}$와 E에서, $\overline{BC}$의 연장
선과 F에서 만난다. 다음을 증명하여라.

$$\frac{\overline{BF}}{\overline{FC}} \cdot \frac{\overline{CE}}{\overline{EA}} \cdot \frac{\overline{AD}}{\overline{DB}} = 1$$

06 다음 그림에서와 같이 직선 DMN은 점 D, M, N에서 △ABC의 세 변(또는 그 연장선) 과 만난다.
$\overline{AD} \cdot \overline{BM} \cdot \overline{CN} = \overline{BD} \cdot \overline{CM} \cdot \overline{AN}$임을 증명 하여라.

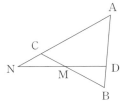

07 사다리꼴 ABCD에서 $\overline{AD} /\!/ \overline{BC}$이고 $\overline{AC}$와 $\overline{BD}$는 O에서 만나며 $S_{\triangle AOD} = p^2$, $S_{\triangle BOC} = q^2$이다. $S_{\text{사다리꼴 } ABCD} = (p+q)^2$임을 증명하여라.

08 △ABC에서 $\angle A = 90°$이며 점 A에서 $\overline{BC}$에 내린 수선의 발이 D이며, 점 D에서 $\overline{AB}$에 내린 수선의 발을 E, 점 D에서 $\overline{AC}$에 내린 수선의 발 을 F라고 한다. $\overline{AD}^3 = \overline{BC} \cdot \overline{BE} \cdot \overline{CF}$임을 증명하여라.

09 정사각형 ABCD에서 M은 변 $\overline{AB}$ 위의 한 점이고, N은 변 $\overline{BC}$ 위의 한 점이며 $\overline{BM}=\overline{BN}$ 이다. B를 지나 $\overline{BP}\perp\overline{MC}$ 되게 $\overline{BP}$ 를 긋고 수선의 발을 P라고 한다. $\overline{DP}\perp\overline{NP}$ 임을 증명하여라.

10 다음 그림에서 $A_0A_1A_2A_3A_4A_5$ 는 절선이며
$\overline{A_0A_1}=1$, $\overline{A_1A_2}=2$, $\overline{A_2A_3}=3$,
$\overline{A_3A_4}=4$, $\overline{A_4A_5}=5$,
$\angle A_0A_1A_2=\angle A_1A_2A_3=\angle A_3A_4A_5=60°$
이다.
$\overline{A_0A_5}\perp\overline{A_3A_4}$ 를 증명하여라.

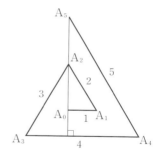

30 원 (1)-기초 정리

　　원은 흔히 보는 곡선 가운데서 가장 간단한 곡선으로 아주 널리 활용되며 평면기하 연구에서 아주 중요한 자리를 차지하고 있다.

　　이 장에서는 교과서에 있는 원의 개념 및 기본 성질을 증명하고 체계화한 토대 위에서 많은 예제를 들어 수업에서 배운 지식을 확실히 하고 더 나아가 문제 풀이 능력을 높이기로 한다.

1. 원의 정의와 기본 성질

(1) 정의

　　원은 평면 위에서 한 정점으로부터 일정한 거리에 있는 **점들의 집합**이다.

(2) 기본 성질

　① 원이 결정되는 조건

　　　• 원의 중심의 위치와 반지름의 길이가 주어져야 한다.

　　　• 한 직선 위에 있지 않은 세 점을 지나야 한다.

　② 한 원 또는 합동인 두 원은 반지름이 같고 지름도 같으며, 지름은 반지름의 2배이고, 지름은 원에서 가장 큰 현이다.

　③ 대칭성 : 원은 축대칭도형이면서 또 점대칭도형이다. 원이 중심을 지나는 모든 직선은 대칭축이 되며 원의 중심은 대칭중심이 된다.

　④ 현에 수직인 지름에 대한 정리 : 현에 수직인 지름은 그 현을 이등분하며 현에 대한 호를 이등분한다.

　　　• 현에 수직인 지름에 대한 성질

　　　– 현(지름이 아닌)을 이등분하는 지름은 현에 수직되며 현에 대한 호를 이등분한다.

　　　– 현에 대한 호를 이등분하는 지름은 현을 수직이등분한다.

　　　– 현의 수직이등분선은 원의 중심을 지나며 현에 대한 호를 이등분한다.

　　　– 평행인 현 사이에 끼어 있는 호는 서로 같다.

⑤ 중심각, 호, 현, 중심에서 현까지의 거리 사이의 관계 : 한 원 또는 합동인 두 원에서 2개의 원주각, 2개의 호, 또는 2개의 현의 중심까지의 거리 가운데서 한 조의 양들이 같으면 대응하는 그 나머지 각 조의 양들이 각각 같다.

⑥ 원주각에 대한 성질 : 한 호에 대한 원주각은 그 호에 대한 중심각의 $\frac{1}{2}$이다.

• 원주각에 대한 정리

– 한 호 또는 두 개의 같은 호에 대한 원주각은 서로 같고 한 원 또는 합동인 두 원에서 같은 원주각에 대한 호도 서로 같다.

– 반원(또는 지름)에 대한 원주각은 직각이고, 90°인 원주각에 대한 현은 지름이다.

– 삼각형의 한 변에 그은 중선이 그 변의 $\frac{1}{2}$과 같으면 그 삼각형은 직각삼각형이다.

2. 보기

예제 01

그림에서 임의의 사각형 ABCD의 세 꼭짓점을 지나는 원을 몇 개 그릴 수 있는가?

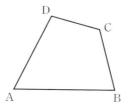

| 풀이 | 네 점 A, B, C, D 중의 임의의 세 점은 한 직선 위에 있지 않으며 사각형 ABCD의 네 꼭짓점 가운데서 같지 않은 점은 모두 네 조가 있다. 즉

A, B, C ; B, C, D ; C, D, A ; D, A, B

모든 조의 세 점을 지나는 원을 하나씩 그릴 수 있기 때문에 원을 4개 그릴 수 있다.

원에 내접한 정삼각형 ABC의 변의 길이가 3이고 ∠BCD가 75°이다. $\overline{DC}$를 구하여라.

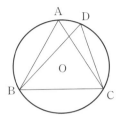

| 풀이 | △ABC는 정삼각형이다. ∴ ∠BAC=60°, $\overline{BC}$=3이다.

∠BDC와 ∠BAC는 같은 호에 대한 원주각이다.

∴ ∠BDC=∠BAC=60°, ∠BCD=75°

∴ ∠DBC=180°−(60°+75°)=45°

사인법칙에 의하여 $\dfrac{\overline{DC}}{\sin\angle DBC}=\dfrac{\overline{BC}}{\sin\angle BDC}$

즉, $\overline{DC}=\dfrac{3\sin 45°}{\sin 60°}$, 따라서 $\overline{DC}=\sqrt{6}$

$\overline{AB}$를 지름으로 하는 반원 O에서 현 $\overline{BC}=\sqrt{2}$, $\overline{AB}=4$, C에서 $\overline{AB}$에 내린 수선의 발은 D이다. $\overline{BD}$를 구하여라.

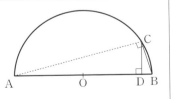

| 풀이 | A와 C를 연결한다. $\overline{AB}$가 지름이므로 ∠ACB는 직각이다.

즉, △ABC는 직각삼각형이며 $\overline{CD}$는 빗변에 내린 수선이므로 사영에 대한 정리에 의하여

$\overline{BC}^2=\overline{AB}\cdot\overline{BD}$

즉, $(\sqrt{2})^2=4\cdot\overline{BD}$ ∴ $\overline{BD}=\dfrac{1}{2}$

예제 04

그림의 원 O에서 $\overline{OA} \perp \overline{OB}$이고
$\angle A = 35°$이다. 호 CD와 호 BC의
중심각의 크기를 구하여라.

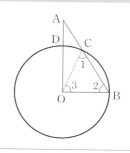

| 풀이 | O와 C를 연결한다.

$\overline{OA} \perp \overline{OB}$, $\angle A = 35°$ $\therefore$ $\angle 2 = 90° - 35° = 55°$

$\overline{OC} = \overline{OB}$ $\therefore$ $\angle 1 = \angle 2$

$\therefore$ $\angle 3 = 180° - 2\angle 2 = 180° - 2 \times 55° = 70°$

$\therefore$ 호 BC의 중심각은 $70°$

$\angle COD = 90° - \angle 3 = 90° - 70° = 20°$

$\therefore$ 호 CD는 $20°$

예제 05

다음 그림과 같이 원 O 내부의 한 점
P를 지나 길이가 같은 두 현 $\overline{AB}$와 $\overline{CD}$
를 그었다. $\overline{OP}$가 $\angle BPD$를 이등분한
다는 것을 증명하여라.

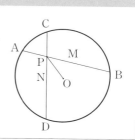

| 증명 | 점 O에서 $\overline{AB}$에 내린 수선의 발을
M이라 한 다음 $\overline{CD}$에 내린 수선의
발을 N이라고 한다.

$\overline{AB} = \overline{CD}$이므로 $\overline{OM} = \overline{ON}$

직각삼각형 OMP와 직각삼각형
ONP에서 $\overline{OM} = \overline{ON}$, $\overline{OP} =$ 공통

직각삼각형 OMP $\equiv$ 직각삼각형 ONP

$\therefore$ $\angle OPM = \angle OPN$

즉, $\overline{OP}$는 $\angle BPD$를 이등분한다.

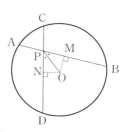

예제 06

그림의 원 O에서 반지름이 R이고 $\overline{AB}$
는 현이며 C는 호 AB의 중점이다.
A와 C를 잇고 $\overline{AC}$를 $\overline{AC}=\overline{CD}$되게
D까지 연장한다. $\overline{AC}^2=R\cdot\overline{BD}$를
증명하여라.

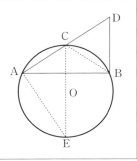

| 증명 | B와 C를 잇는다. C가 호 AB의 중점이므로

$\overline{CB}=\overline{AC}$

$\therefore \ \overline{AC}=\overline{BC}=\overline{CD}$

$\therefore$ △ABD는 직각삼각형이다.

C를 지나는 원 O의 지름 $\overline{CE}$를 긋고 A와 E를 잇는다. 그러면
△EAC는 직각삼각형이다.

호 AC=호 BC $\therefore \ \angle E=\angle DAB \ \therefore \ $ △ABD∽△EAC

$\therefore \ \overline{AD} : \overline{EC}=\overline{BD} : \overline{AC}$, 즉 $2\overline{AC} : 2R=\overline{BD} : \overline{AC}$

따라서 $\overline{AC}^2=R\cdot\overline{BD}$

| 설명 | 증명하려는 등식에 반지름 R이 있을 때 O와 A를 잇거나 O와 B
를 잇거나 O와 C를 이어도 문제를 해결하는 데 도움이 되지 않으
면 지름을 긋는다. 그리고 호가 같은 조건을 이용하기 위하여 지름
$\overline{CE}$를 긋는다.

예제 07

지름이 아닌 두 현이 만날 때에는 서로 이등분하지 않는다는 것
을 증명하여라.

| 증명 | 그림에서(귀류법) $\overline{AB}$, $\overline{CD}$가 서로 이등분한다고 가정하면
$\overline{AP}=\overline{PB}$, $\overline{CP}=\overline{PD}$이다. $\overline{AB}$, $\overline{CD}$는 지름이 아니다.

$\therefore$ 점 P는 점 O와 일치하지 않는다.

O와 P를 연결한다. $\overline{AP}=\overline{PB}$에 의하여 $\overline{OP}\perp\overline{AB}$를 얻는다. 같은 이유에 의하여 $\overline{OP}\perp\overline{CD}$를 얻는다. 따라서 점 P를 지나는 두 직선이 모두 $\overline{OP}$에 수직이다.

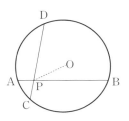

이것은 한 점을 지나는 직선 가운데서 한 직선만이 주어진 직선에 수직된다는 것에 맞지 않는다. 이리하여 주어진 명제는 증명되었다.

예제 08

그림에서 $\overline{AB}$는 원 O의 지름이고 $\overline{AC}$와 $\overline{BD}$는 E에서 만난다. 다음을 증명하여라.

$$\overline{AE}\cdot\overline{AC}+\overline{BE}\cdot\overline{BD}=\overline{AB}^2$$

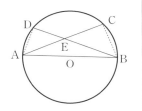

| 증명 | A와 D, B와 C를 연결한다. $\overline{AB}$가 원 O의 지름이기 때문에 $\angle C = \angle D = 90°$이다.

$$\therefore \overline{AB}^2=\frac{(\overline{AD}^2+\overline{DB}^2+\overline{AC}^2+\overline{CB}^2)}{2} \qquad \cdots\cdots ①$$

직각삼각형 ADE에서

$$\overline{AD}^2=\overline{AE}^2-\overline{DE}^2=\overline{AE}^2-(\overline{BD}-\overline{BE})^2$$
$$=\overline{AE}^2-\overline{BD}^2-\overline{BE}^2+2\overline{BD}\cdot\overline{BE} \qquad \cdots\cdots ②$$

같은 이유에 의하여

$$\overline{BC}^2=\overline{BE}^2-\overline{AC}^2-\overline{AE}^2+2\overline{AE}\cdot\overline{AC} \qquad \cdots\cdots ③$$

②, ③식을 ①식에 대입하면

$$\overline{AB}^2=\frac{(2\overline{BD}\cdot\overline{BE}+2\overline{AE}\cdot\overline{AC})}{2}=\overline{AE}\cdot\overline{AC}+\overline{BE}\cdot\overline{BD}$$

| 설명 | 증명하려는 식에 $\overline{AB}^2$이 있기 때문에 피타고라스 정리를 이용해야 하며 따라서 직각삼각형을 만들어야 한다.

여기서 $\overline{AB}$가 원 O의 지름이므로 지름에 대한 원주각이 직각이라는 것을 이용하여 A와 D, C와 B를 연결한다. 그러면 직각삼각형이 이루어진다.

예제 09

다음 그림에서와 같이 직선 $\overline{PQ}$가 원 O와 두 점 A, B에서 만난다. C는 $\overline{AB}$의 중점이고 D는 A, B 사이의 임의의 점이며 E는 반직선 $\overline{AP}$ 위의 임의의 점이다. 점 D는 원의 내부에 있고, 점 E는 원의 외부에 있음을 증명하여라.

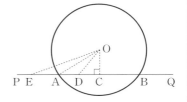

| 증명 | O와 E, O와 A, O와 D, O와 C를 잇는다. C는 $\overline{AB}$의 중점이다.

∴ $\overline{OC} \perp \overline{AB}$, 즉 △OAC는 직각삼각형이며 ∠OCA=90°이다.

∴ ∠OCA > ∠OAC

D는 A와 B 사이에 있다. ∴ ∠ODA > ∠OCA

그러므로 △OAD에서 ∠ODA > ∠OAD ∴ $\overline{OA} > \overline{OD}$

$\overline{OA}$가 반지름이기 때문에 점 D는 원의 내부에 있다.

마찬가지로 하여 $\overline{OE} > \overline{OA}$를 증명할 수 있다.

$\overline{OA}$가 반지름이기 때문에 점 E는 원의 외부에 있다.

| 설명 | 점 P가 원의 내부에 있으면 $\overline{OP} < r$이고, 점 P가 원의 외부에 있으면 $\overline{OP} > r$이며, 점 P가 원 위에 있으면 $\overline{OP} = r$이다.

이 결론은 거꾸로 놓아도 성립한다.

350 | Ⅲ. 중학교 3학년

예제 10

그림에서 △ABC의 ∠A, ∠B의 이등분선의 교점 N을 지나는 선분 $\overline{AE}$가 △ABC의 외접원과 만나는 점 D에서 $\overline{NE}$가 이등분되며 $\overline{BM} \perp \overline{AE}$이다.

$\left(\dfrac{\overline{BM}}{\overline{BE}}\right) \cdot \left(\dfrac{\overline{DN}}{\overline{BN}}\right) = \dfrac{1}{2}$임을 증명하여라.

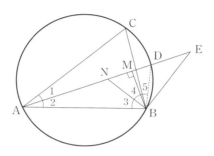

| 분석 | $\left(\dfrac{\overline{BM}}{\overline{BE}}\right) \cdot \left(\dfrac{\overline{DN}}{\overline{BN}}\right) = \dfrac{1}{2}$

즉, $\dfrac{\overline{BM}}{\overline{BE}} = \dfrac{\overline{BN}}{2\overline{DN}}$, $2\overline{DN} = \overline{NE}$

즉, $\dfrac{\overline{BM}}{\overline{BN}} = \dfrac{\overline{BE}}{\overline{NE}}$ 따라서 △BME∽△NBE이다.

그러므로 ∠NBE가 직각임을 증명하여야 한다.

| 증명 | B와 D를 연결한다. N이 각의 이등분선의 교점이므로

∠1=∠2, ∠3=∠4이며 ∠BND=∠2+∠3이다. 그리고

∠5와 ∠1이 한 호에 대한 원주각이므로 ∠5=∠1=∠2이다.

∴ ∠4+∠5=∠2+∠3이다.

∴ ∠NBD=∠BND

∴ $\overline{DB} = \overline{DN}$이다. $\overline{DN} = \overline{DE}$

∴ $\overline{DB} = \overline{DN} = \overline{DE}$

∴ △NBE는 직각삼각형이며 ∠NBE는 직각이다.

따라서 $\dfrac{\overline{BM}}{\overline{BN}} = \dfrac{\overline{BE}}{\overline{NE}}$이다. 그런데 $\overline{NE} = 2\overline{DN}$이다.

그러므로 $\left(\dfrac{\overline{BM}}{\overline{BE}}\right) \cdot \left(\dfrac{\overline{DN}}{\overline{BN}}\right) = \dfrac{1}{2}$이다.

01 $\overline{AB}$, $\overline{DE}$는 원 O의 지름이고 $\overline{AC}$는 현이며 $\overline{AC} /\!/ \overline{DE}$이다. $\overset{\frown}{CE} = \overset{\frown}{BE}$ 임을 증명하여라.

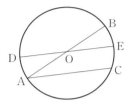

02 다음 그림과 같이 O를 중심으로 하는 2개의 동심원 중 큰 원의 현 $\overline{AB}$가 작은 원과 점 C, D에서 만난다. $\overline{AC} = \overline{BD}$를 증명하여라.

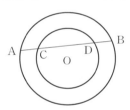

03 다음 그림에서 $\overline{AB}$, $\overline{AC}$는 원 O의 두 현이고 D는 호 AB의 중점이며 E는 호 AC의 중점이다. D와 E를 연결하고 $\overline{DE}$가 $\overline{AB}$와 만나는 점을 M, $\overline{AC}$와 만나는 점을 N이라고 한다. $\overline{AM} = \overline{AN}$을 증명하여라.

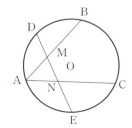

04 다음 그림에서 △ABC는 원 O에 내접하며
현 $\overline{AE}$는 $\overline{BC}$와 D에서 만난다.

$$\left(\frac{\overline{AB}}{\overline{CE}}\right) \cdot \left(\frac{\overline{AC}}{\overline{BE}}\right) = \frac{\overline{AD}}{\overline{DE}}$$ 를 증명하여라.

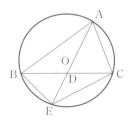

05 다음 그림에서 P는 정삼각형 ABC의 외접원의
호 BC 위의 한 점이다.

$\overline{PA}^2 = \overline{AB}^2 + \overline{PB} \cdot \overline{PC}$를 증명하여라.

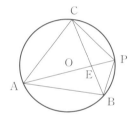

06 다음 그림에서 $\overline{AB}$는 원 O의 지름이고,
현 $\overline{CD} \perp \overline{AB}$이며 점 P에서 만난다. 그리고
현 $\overline{AF}$와 $\overline{CD}$는 E에서 만난다.
$\overline{AD}^2 = \overline{AE} \cdot \overline{AF}$를 증명하여라.

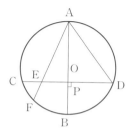

07 다음 그림과 같이 반지름이 4.5인 원 O에
△ABC가 내접한다. $\overline{AB}=\overline{AC}$이고,
$\overline{AD}\perp\overline{CB}$이며 D는 수선의 발이고,
$\overline{AD}+\overline{AB}=10$이다. 변 AB를 밑변으로
볼 때 이 삼각형의 높이를 구하여라.

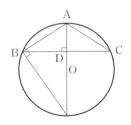

08 다음 그림의 △ABC에서 ∠A의 이등분선이
$\overline{BC}$와 D에서 만나고 외접원과 E에서 만난다.
$\overline{AD}^2=\overline{AB}\cdot\overline{AC}-\overline{BD}\cdot\overline{CD}$를 증명하여라.

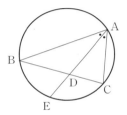

09 다음 그림에서와 같이 정삼각형 ABC의
변 $\overline{AC}$를 지름으로 하는 원 O를 그리고
$\overline{BC}$와 만나는 점을 D라고 하며, $\overline{AC}$에 수
직되게 $\overline{DE}$를 긋고 원 O와 만나는 점을
E라고 한다. △ADE도 역시 정삼각형임을
증명하여라.

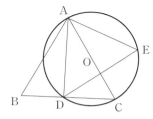

10 다음 그림의 직각삼각형 ABC에서 $\angle C = 90°$, $\overline{AC} = 4$, $\overline{BC} = 3$이고 $\overline{MN} \perp \overline{AB}$이며 $S_{\triangle AMN} = \dfrac{S_{\triangle ABC}}{4}$ 이다. 사각형 BCMN의 외접원의 반지름을 구하여라.

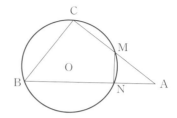

11 두 원 O_1, O_2이 점 T에서 외접한다. 그리고 두 원의 공통외접선 중의 하나가 두 원과 각각 A, B에서 접하고, 점 C는 중심 O_2에 대한 B의 대칭점이다. 이때 세 점 A, T, C는 같은 직선 위에 있음을 증명하여라.

31 원 (2)−한 원 위에 있는 네 점

여기서는 원의 내접사각형의 성질, 조건 및 그 활용으로부터 출발하여 네 점이 한 원 위에 있는 경우에 대하여 더 깊이 연구하기로 한다.

네 점이 한 원 위에 있다는 것을 증명하는 데는 원의 정의와 원의 내접사각형을 판정하는 정리가 이용되는 외에, 또 다음과 같은 것들이 이용된다.

① 서로 만나는 현에 대한 정리와 할선에 대한 정리의 역정리

② 두 삼각형이 하나의 공통변을 가지며 그 변에 대한 각이 한쪽에 있고 서로 같으면 그 네 점은 한 원 위에 있다.

예제 01

그림에서와 같이 두 원이 점 A, B에서 만난다. 한 원 O 위의 점 P에서 직선 $\overline{PA}$, $\overline{PB}$를 긋고 다른 원과 만나는 점을 각각 C, D라고 한다. P를 지나며 $\overline{CD}$에 수직인 직선 $\overline{PH}$는 반드시 중심 O를 지난다는 것을 증명하여라.

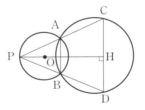

| 증명 | $\overline{PH}$와 원 O가 만나는 점을 E라 하고 A와 E, A와 B를 연결한다. 그러면 ∠ABP = ∠AEP이다. ABCD가 원의 내접사각형이므로 ∠ABP = ∠C이다. 따라서 ∠AEP = ∠C이다.

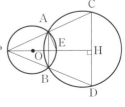

그러므로 네 점 A, E, H, C는 한 원 위에 있다.

∴ ∠PAE＝∠PHC＝∠R이다.

∴ $\overline{\text{PE}}$는 원 O의 지름이다. 따라서 $\overline{\text{PH}}$는 반드시 중심 O를 지난다.

| 설명 | 원의 내접사각형의 성질과 조건에 대하여 확실하게 알아야 한다. 이 밖에 두 원이 만날 때 공통현을 긋는 것은 흔히 쓰이는 보조선을 긋는 방법이다.

예제 02

그림에서 H는 △ABC의 세 수선 $\overline{\text{AD}}$, $\overline{\text{BE}}$, $\overline{\text{CF}}$의 교점이다. 다음을 증명하여라.

(1) $\overline{\text{AH}} \cdot \overline{\text{AD}} = \overline{\text{AF}} \cdot \overline{\text{AB}}$

(2) $\overline{\text{AH}} \cdot \overline{\text{AD}} + \overline{\text{BH}} \cdot \overline{\text{BE}} = \overline{\text{AB}}^2$

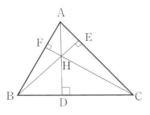

| 분석 | 네 점이 한 원 위에 있다는 것과 할선에 대한 정리를 이용하여 $\overline{\text{AH}} \cdot \overline{\text{AD}} = \overline{\text{AF}} \cdot \overline{\text{AB}}$를 쉽게 증명할 수 있다.

만일 $\overline{\text{BH}} \cdot \overline{\text{BE}} = x \cdot \overline{\text{AB}}$(즉 $\overline{\text{AF}} + x = \overline{\text{AB}}$를 만족시키면 된다)를 증명한다면 두 식을 변끼리 더하여 (2)식을 얻을 수 있다.

| 증명 | ∠AEH＝∠AFH＝∠R

∴ 네 점 A, F, H, E는 한 원 위에 있다.

∴ $\overline{\text{BH}} \cdot \overline{\text{BE}} = \overline{\text{BF}} \cdot \overline{\text{AB}}$

같은 이유에 의하여 $\overline{\text{AH}} \cdot \overline{\text{AD}} = \overline{\text{AF}} \cdot \overline{\text{AB}}$

두 식을 변끼리 더하면 $\overline{\text{AH}} \cdot \overline{\text{AD}} + \overline{\text{BH}} \cdot \overline{\text{BE}} = \overline{\text{AB}}^2$

예제 03

원 O에서 원 밖에 직선 l을 그은 다음 직선 l에 수선의 발 A를 내린다. A에서 할선을 그어 원과 만나는 점을 B, C라 하고 B, C를 지나는 두 접선이 l과 만나는 점을 D, E라고 한다. $\overline{DA} = \overline{AE}$를 증명하여라.

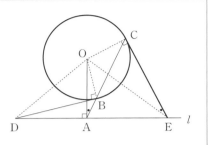

| 분석 | 그림에서 $\overline{DA} = \overline{AE}$를 증명해야 한다.

$\overline{OA} \perp \overline{DE}$이므로 $\overline{OD} = \overline{OE}$를 증명하면 된다. 그러기 위해서는 $\angle ODE = \angle OED$를 증명해야 한다.

네 점 O, A, E, C가 한 원 위에 있으므로 $\angle OED = \angle OCA$이다.

네 점 O, B, A, D가 한 원 위에 있으므로 $\angle ODA = \angle OBC$이다.

그리고 $\overline{OC} = \overline{OB}$이므로 $\angle OCB = \angle OBC$이다. 이리하여 문제는 증명되었다.

| 증명 | O와 D, O와 E, O와 B, O와 C를 연결한다.

$\overline{OB} = \overline{OC}$ ∴ $\angle OCB = \angle OBC$, $\angle OAE = \angle OCE = \angle R$

∴ 네 점 O, A, E, C는 한 원 위에 있다.

∴ $\angle OED = \angle OCA$, $\angle OBD = \angle OAD = \angle R$

∴ 네 점 O, B, A, D는 한 원 위에 있다.

∴ $\angle OED = \angle OBC$

따라서 $\angle OED = \angle ODE$ ∴ $\overline{OD} = \overline{OE}$

$\overline{OA} \perp \overline{DE}$ ∴ $\overline{DA} = \overline{AE}$

| 설명 | 수직인 관계가 많을 때에는 직각이 모두 같으므로 대각은 서로 보각이라는 성질이나, 지름에 대한 원주각은 직각이라는 성질 등을 이용하여 네 점이 한 원 위에 있다는 것을 쉽게 증명할 수 있다.

예제 04

그림의 △ABC에서 변 $\overline{BC}$의 수직이등분선이 $\overline{AB}$와 D에서 만난다. 점 A와 C에서 각각 △ABC의 외접원의 접선을 긋고 그 교점을 E라고 한다. $\overline{DE} /\!/ \overline{BC}$를 증명하여라.

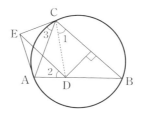

| 증명 | D와 C를 연결한다. D가 $\overline{BC}$의 수직이등분선 위에 있으므로
$\overline{BD} = \overline{DC}$ ∴ $\angle 1 = \angle B$
$\overline{CE}$, $\overline{AE}$는 원의 접선이다.

∴ $\angle 3 = \angle B$

∴ $\angle ACB = \angle 1 + \angle ACD$

  $= \angle 3 + \angle ACD = \angle DCE$

$\angle EAC = \angle ABC$, $\angle ACB + \angle CAB + \angle ABC = 180°$,

$\angle EAB = \angle EAC + \angle CAB = \angle ABC + \angle CAB$

  $= 180° - \angle ACB = 180° - \angle DCE$

∴ $\angle EAB + \angle DCE = 180°$

∴ 네 점 A, D, C, E는 한 원 위에 있다.

∴ $\angle 3 = \angle 2$ ∴ $\angle 2 = \angle B$

그러므로 $\overline{DE} /\!/ \overline{BC}$

| 설명 | 이 문제는 또 다음과 같이 증명하여도 된다.

$\angle B = \angle 1 = \angle 3 = \angle EAC$

∴ $\angle BDC = \angle AEC$

따라서 네 점 A, D, C, E는 한 원 위에 있다.

예제 05

△ABC의 수심 H의 변 $\overline{BC}$, $\overline{CA}$, $\overline{AB}$에 대한 대칭점은 각각 A′, B′, C′이다. A′, B′, C′가 모두 △ABC의 외접원 위에 있음을 증명하여라.

| 증명 | 수심 H가 △ABC의 내부에 있다고 하자(그림 참조). 직선에 대하여 대칭인 점의 성질에 의하여 ∠1=∠2, ∠3=∠4임을 알 수 있다.

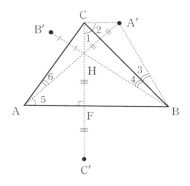

∠5=∠1, ∠6=∠4(같은 각의 여각은 같다)

따라서 ∠BAC=∠5+∠6=∠1+∠4=∠2+∠3,

∠BA′C+∠BAC=∠BA′C+∠2+∠3=180°

∴ 네 점 A, B, C, A′는 한 원 위에 있다. 즉 A′는 △ABC의 외접원 위에 있다.

이와 마찬가지로 하여 B′, C′도 △ABC의 외접원 위에 있다는 것을 증명할 수 있다.

| 설명 | 한 점과 원 위의 세 점이 한 원 위에 있다는 것을 증명함으로써 그 점이 그 원 위에 있다는 것을 증명하는 방법도 역시 네 점이 한 원 위에 있다는 것을 증명하는 또 다른 방법이다.

예제 06

그림에서와 같이 $\angle YOX$의 두 선분 위에 각각 정점 A, B와 C, D가 있다. $\angle ADB=90°$이고 M은 $\overline{AB}$의 중점이며 $\overline{OC}\cdot\overline{OD}=\overline{OM}^2-\overline{AM}^2$이다.

$\tan\angle BAD\cdot\tan\angle BAC$의 값이 일정하다는 것을 증명하여라.

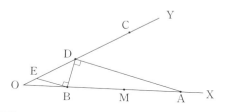

| 증명 | M이 $\overline{AB}$의 중점이므로 $\overline{AM}=\overline{BM}$이다.

따라서 $\overline{OC}\cdot\overline{OD}=\overline{OM}^2-\overline{AM}^2$
$$=(\overline{OM}+\overline{AM})\cdot(\overline{OM}-\overline{BM})$$
$$=\overline{OA}\cdot\overline{OB}$$

∴ 네 점 A, B, C, D는 한 원 위에 있다.

∴ $\angle ODB=\angle BAC$, $\angle ADB=90°$

$\overline{AD}$에 평행하게 $\overline{BE}$를 긋고 $\overline{OY}$와 만나는 점을 E라 한다. 그러면

$\angle DBE=\angle ADB=90°$

이며 A, B는 반직선 $\overline{OX}$ 위의 정점이다.

∴ $\tan\angle BAD\cdot\tan\angle BAC=\tan\angle BAD\cdot\tan\angle BDE$

$$=\frac{BD}{AD}\cdot\frac{BE}{BD}=\frac{BE}{AD}=\frac{OB}{OA}=\text{(일정한 값)}$$

| 설명 | 일정한 값에 관한 문제를 증명할 때에는 일반적으로 주어진 정점 및 정해진 선분과 연관시켜야 하므로, $\overline{AD}$에 평행되게 $\overline{BE}$를 긋는다. 즉, 증명하려는 각을 잇대어 있는 두 직각삼각형에 넘기고 마지막에 또 비의 값을 정해진 선분의 비로 고칠 수 있다. 물론 이 밖에도 다른 증명 방법이 있을 수 있으니 스스로 연구하여 보기 바란다.

원 O 외부의 한 점 P에서 원에 접선을 긋고 접점을 B, C라 하고 $\overline{BC}$의 중점을 M이라 한다. 현 $\overline{EF}$는 M을 지난다.
∠EPO = ∠FPO를 증명하여라.

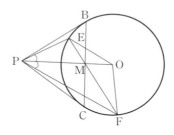

| 분석 | 그림에서 $\overline{OE} = \overline{OF}$

그러므로 ∠EPO = ∠FPO를 증명하려면 네 점 O, E, P, F가 한 원 위에 있다는 것을 증명하면 된다. 주어진 조건에 따라서 이 문제는 서로 만나는 현에 대한 정리 및 그 역정리와 사영에 대한 정리를 이용하여 증명할 수 있다.

| 증명 | $\overline{BM} \cdot \overline{CM} = \overline{FM} \cdot \overline{EM}$이고 M은 $\overline{BC}$의 중점이다.

∴ $\overline{BM}^2 = \overline{FM} \cdot \overline{EM}$, $\overline{OB} \perp \overline{PB}$, $\overline{BM}$과 $\overline{OP}$는 M에서 수직으로 만난다.

∴ $\overline{BM}^2 = \overline{OM} \cdot \overline{PM}$ 따라서 $\overline{FM} \cdot \overline{EM} = \overline{OM} \cdot \overline{PM}$

∴ 네 점 O, E, P, F는 한 원 위에 있다.

∴ ∠EPO = ∠FPO (∵ $\overline{OE} = \overline{OF}$)

| 설명 | 예제 **06**과 예제 **07**은 모두 가정에 의하여 등식을 얻은 다음 원정리에 역정리를 이용하여 네 점이 한 원 위에 있다는 것을 증명하였다. 선분들 사이의 등식이 가정에서 나타나거나 또는 추론될 때 이러한 방법에 따라 생각해 볼 수 있다.

예제 08

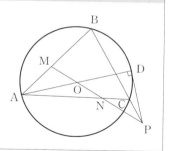

그림에서 $\overline{AD}$는 △ABC의 외접 원의 지름이다. D를 지나는 접선 이 $\overline{BC}$의 연장선과 만나는 점을 P 라 하고 직선 $\overline{OP}$가 $\overline{AB}$, $\overline{AC}$와 만 나는 점을 M, N이라 한다. $\overline{OM}=\overline{ON}$을 증명하여라.

│분석│ C를 지나 $\overline{MN}$에 평행하게 $\overline{CF}$를 긋고 $\overline{AD}$, $\overline{AB}$와 만나는 점을 E, F라고 한다. $\overline{OM}=\overline{ON}$을 증명하려면 먼저 $\overline{EF}=\overline{EC}$를 증명 해야 한다. $\overline{BC}$의 중점을 G라고 하자.

$\overline{EF}=\overline{EC}$를 증명하려면 $\overline{EG}/\!/\overline{BF}$를 증명하면 된다.

$\overline{EG}/\!/\overline{BF}$를 증명하려면 $\angle ABC=\angle EGC$를 증명하는 문제를 생각해 볼 수 있다. $\angle ABC=\angle ADC$이므로 $\angle EGC=\angle EDC$를 증명하는 문제를 생각해야 한다.

네 점 E, G, D, C가 한 원 위에 있다는 것만 증명하면 이 문제는 쉽게 풀릴 수 있다. 그런데 $\angle OGP=\angle ODP=90°$이므로 네 점 O, G, D, P가 한 원 위에 있다.

$\therefore \angle ODG=\angle OPG$, $\angle OPG=\angle ECG$ $\therefore \angle EDG=\angle ECG$ 따라서 네 점 E, G, D, C는 한 원 위에 있다.

│증명│ C를 지나 $\overline{NM}$에 평행하게 $\overline{CF}$ 를 긋고 $\overline{AD}$와 만나는 점을 E, F라고 한다. $\overline{BC}$의 중점을 G 라 하고 O와 G, E와 G, D와 G, C와 D를 연결한다.

$\therefore \angle OGP=\angle ODP=90°$이 므로 네 점 O, G, D, P는 한 원 위에 있다.

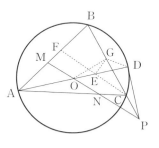

$\therefore \angle ODG=\angle OPG$, $\angle OPG=\angle ECG$ $\therefore \angle EDG=\angle ECG$ $\therefore$ 네 점 E, G, D, C는 한 원 위에 있다. $\therefore \angle EGC=\angle EDC$ $\angle ABC=\angle EDC$ $\therefore \angle EGC=\angle ABC$ $\therefore \overline{EG}/\!/\overline{BF}$ $\overline{BG}=\overline{CG}$ $\therefore \overline{EF}=\overline{EC}$ $\overline{CF}/\!/\overline{MN}$ $\therefore \overline{OM}:\overline{EF}=\overline{AO}:\overline{AE}=\overline{ON}:\overline{EC}$ $\therefore \overline{OM}=\overline{ON}$

| 설명 | 이 문제에서는 $\overline{OM}=\overline{ON}$을 증명하는 문제를 $\overline{EF}=\overline{EC}$를 증명하는 문제로 변환시킨 다음, $\overline{EG}\,/\!/\,\overline{BF}$를 증명하는 문제로 변환시키고, 또 각이 같다는 것을 증명하는 문제로 변환시킨 다음, 마지막에 네 점이 한 원 위에 있다는 것을 증명하는 문제로 변환시켰다. 이것은 기본적이면서도 아주 중요한 능력이다. 어떤 문제를 분석하든지 일련의 변환을 하여야 한다. 개념과 정리를 잘 알고 문제를 증명하는 데 있어서의 법칙을 습득하여야만 가정 또는 결론에 의하여 신속하게 정확한 연상을 할 수 있으며 끊임없이 효과적인 변환을 할 수 있다.

이 밖에도 한 원 위의 네 점을 이용하여 일부 유명한 정리(예 톨레미의 정리, 심슨의 정리) 및 그 활용에 대하여 연구할 수 있다.

이런 내용들에 대해서는 올수지−중급 하권에서 체계적으로 소개하기로 한다.

01 원 O에서 지름 $\overline{AB} \perp$ 지름 $\overline{CD}$이다. A를 지나 현 $\overline{AE}$를 긋고 $\overline{CD}$와 만나는 점을 F라 한다. $\overline{AE} \cdot \overline{AF} = \dfrac{\overline{AB}^2}{2}$ 을 증명하여라.

02 원의 내접사각형 ABCD의 대각선이 P에서 만난다. P를 지나 $\triangle ABP$의 외접원에 접선 $\overline{PT}$를 그었다. $\overline{PT} /\!/ \overline{CD}$를 증명하여라.

03 다음 그림에서 두 동심원의 중심이 O이다. 원 밖의 한 점 P를 지난 큰 원의 접선 $\overline{PA}$ 및 작은 원의 접선 $\overline{PB}$, $\overline{PC}$를 그었다. $\overline{AO}$가 $\angle BAC$를 이등분한다는 것을 증명하여라.

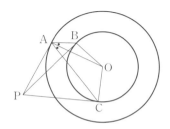

04 사각형 ABCD의 두 대각선이 M에서 수직으로 만난다. M을 지나 $\overline{CD}$에 수직되게 $\overline{ME}$를 긋는다. $\overline{EM}$을 연장하고 $\overline{AB}$와 만나는 점을 F라고 한다. F가 $\overline{AB}$의 중점이면 네 점 A, B, C, D가 한 원 위에 있다는 것을 증명하여라.

05 다음 그림과 같이 직각삼각형 ABC의 직각변 $\overline{AB}$를 지름으로 하여 원 O를 그리고 빗변과 만나는 점을 D라고 한다. 점 D에서 원 O의 접선을 긋고 다른 직각변 $\overline{BC}$와 만나는 점을 E라고 한다. $\overline{OE} /\!/ \overline{AC}$를 증명하여라.

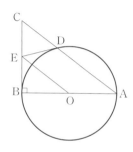

06 D는 직각이등변삼각형 ABC의 밑변의 중점이다(∠A＝90°).
두 점 C, D를 지나되 점 A를 지나지 않는 임의의 원을 그리고 $\overline{AC}$와
만나는 점을 E라고 한다. B와 E를 연결하고 이 원과 만나는 점을 F라고
한다. $\overline{AF}\perp\overline{BE}$를 증명하여라.

07 다음 그림과 같이 △ABC에서 $\overline{AD}\perp\overline{BC}$이고 수선의 발은 D이다.
$\overline{AD}$를 지름으로 하는 원이 $\overline{AB}$와 만나는 점을 E, $\overline{AC}$와 만나는 점을
F라고 한다. $\overline{AE}\cdot\overline{AB}=\overline{AF}\cdot\overline{AC}$를 증명하여라.

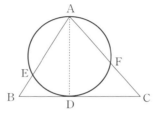

08 다음 그림에서 원의 내접사각형 ABCD의 대각선이 점 P에서 만난다.
직선 $\overline{AB}$, $\overline{BC}$, $\overline{CD}$, $\overline{DA}$ 위에서의 P의 사영이 각각 E, F, G, H이다
(한 점에서 직선에 수선을 그었을 때, 그 교점을 직선 위에서의 수선의 발
이라고 한다). $\overline{PE}$는 ∠HEF를 이등분하고, $\overline{PF}$는 ∠EFG를 이등분하
고, $\overline{PG}$는 ∠FGH를 이등분하고, $\overline{PH}$는 ∠GHE를 이등분한다는 것을
증명하여라.

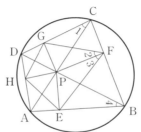

09 다음 그림과 같이 □ABCD의 대각선 $\overline{AC}$ 위에서(또는 연장선 위에서) 임의의 점 P를 취하였다. $\overline{AB}$, $\overline{BC}$, $\overline{CD}$, $\overline{DA}$ 위에서의 P의 사영은 각각 E, F, G, H이다. $\overline{EH} /\!/ \overline{GF}$를 증명하여라.

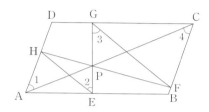

10 그림에서 H는 △ABC의 수심이다. 수선의 발 D에서 변 $\overline{BA}$, $\overline{CA}$, 수선 $\overline{BE}$, $\overline{CF}$에 각각 수선을 긋고 수선의 발을 L, Q, M, P라고 한다. L, M, P, Q가 한 직선 위에 있음을 증명하여라.

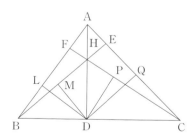

32 원(3)－방멱의 정리

방멱의 정리에는 접선의 길이에 대한 정리, 접선과 할선에 대한 정리, 서로 만나는 현에 대한 정리가 소개된다.

이 정리들을 기본적으로 두 선분의 곱이 다른 두 선분의 곱과 같은 식으로 표시된다. 그러므로 원에서 두 선분의 곱이 다른 두 선분의 곱과 같다는 것을 증명할 때에는 우선 방멱의 정리를 생각해야 하며 때로는 사영에 대한 정리, 각의 이등분선에 대한 정리, 닮은 삼각형의 성질에 대한 정리를 생각해야 한다.

이 밖에도 방멱의 정리를 이용하여 두 선분의 곱이 같다는 것, 두 선분의 곱이 일정한 값이라는 것, 움직이는 원이 정점을 지난다는 것, 동점이 일정한 원 위에 있다는 것을 증명하게 된다. 그리고 서로 만나는 현에 대한 정리, 할선에 대한 정리의 역정리를 이용하여 네 점이 한 원 위에 있다는 것을 증명하며, 접선과 할선에 대한 정리의 역정리를 이용하여 직선과 원이 접한다는 것, 원과 원이 접한다는 것 등을 증명한다.

1. 방멱의 정리를 이용하여 선분의 곱이 같다는 것을 증명하기

예제 01
원의 외부에 있는 한 점 P에서 그 원에 접선 $\overline{PT}$와 할선 $\overline{PAB}$를 그었다. ∠TPB의 이등분선 $\overline{PE}$는 $\overline{AT}$, $\overline{BT}$와 각각 E, F에서 만난다. $\overline{ET} \cdot \overline{FT} = \overline{EA} \cdot \overline{FB}$임을 증명하여라. 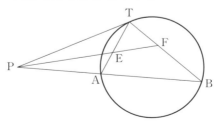

| 증명 | 각의 이등분선의 정리에 의하여

$$\frac{\overline{PT}}{\overline{PA}} = \frac{\overline{ET}}{\overline{EA}} \quad \therefore \overline{ET} = \overline{PT} \cdot \frac{\overline{EA}}{\overline{PA}} \qquad \cdots\cdots ①$$

같은 이유에 의하여

$$\frac{\overline{PT}}{\overline{PB}} = \frac{\overline{FT}}{\overline{FB}} \quad \therefore \overline{FT} = \overline{PT} \cdot \frac{\overline{FB}}{\overline{PB}} \qquad \cdots\cdots ②$$

① × ②에서

$$\overline{ET} \cdot \overline{FT} = \frac{(\overline{PT^2} \cdot \overline{EA} \cdot \overline{FB})}{(\overline{PA} \cdot \overline{PB})}$$

접선과 할선에 대한 정리에 의하여

$$\overline{PT^2} = \overline{PA} \cdot \overline{PB}$$

$$\therefore \overline{ET} \cdot \overline{FT} = \overline{EA} \cdot \overline{FB}$$

예제 02

△ABC는 예각삼각형이다. $\overline{BC}$를 지름으로 하는 원 O가 $\overline{AB}$와 G에서 만나며, 점 A에서 원 O에 점선을 그어 접점을 D라 한다. $\overline{AB}$ 위에서 $\overline{AE} = \overline{AD}$인 $\overline{AE}$를 취하고 $\overline{AB}$에 수직되게 $\overline{EF}$를 긋는다. $\overline{EF}$와 $\overline{AC}$의 연장선이 F에서 만난다. $\overline{AE} \cdot \overline{AF} = \overline{AB} \cdot \overline{AC}$임을 증명하여라.

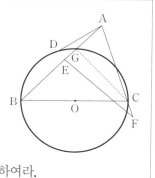

| 증명 | 그림과 같이 C와 G를 연결한다.

그러면 $\overline{CG} /\!/ \overline{EF}$를 쉽게 증명할 수 있다.

$$\therefore \frac{\overline{AC}}{\overline{AF}} = \frac{\overline{AG}}{\overline{AE}} \qquad \cdots\cdots ①$$

접선과 할선에 대한 정리에 의하여, $\overline{AD^2} = \overline{AG} \cdot \overline{AB}$

그런데 $\overline{AE} = \overline{AD}$ $\therefore \overline{AE^2} = \overline{AG} \cdot \overline{AB}$

$$\therefore \frac{\overline{AG}}{\overline{AE}} = \frac{\overline{AE}}{\overline{AB}} \qquad \cdots\cdots ②$$

①, ②에 의하여

$$\frac{\overline{AE}}{\overline{AB}} = \frac{\overline{AC}}{\overline{AF}} \qquad \therefore \overline{AE} \cdot \overline{AF} = \overline{AB} \cdot \overline{AC}$$

예제 03

$\overline{MN}$은 원 O의 지름이고 Q는 원 O 위에 있는 임의의 점이며 K 는 $\overline{MN}$ 위에 있는 임의의 점이다. K를 지나 $\overline{MN}$에 수직인 직선 을 긋고 $\overline{MQ}$의 연장선과 $\overline{QN}$, 원 O와 만나는 점을 각각 E, H, F, L이라고 한다.

$\overline{KF}^2 = \overline{KH} \cdot \overline{KE}$임을 증명하여라.

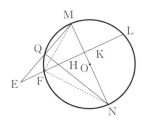

| 증명 | 그림과 같이 N과 F, M과 F를 연결한다.

사영에 대한 정리에 의하여 $\overline{FK}^2 = \overline{MK} \cdot \overline{NK}$를 얻을 수 있다.

직각삼각형 KHN과 직각삼각형 KME에서

$\angle KHN = \angle KME$(∵ 모두 $\angle QHK$와 서로 보각이다)

∴ $\triangle KHN \backsim \triangle KME$. 따라서 $\overline{HK} : \overline{MK} = \overline{NK} : \overline{EK}$

∴ $\overline{MK} \cdot \overline{NK} = \overline{HK} \cdot \overline{EK}$, 그러므로 $\overline{KF}^2 = \overline{KH} \cdot \overline{KE}$

2. 방멱의 정리를 이용하여 두 선분이 같다는 것을 증명하기

평면기하에서는 늘 합동인 삼각형의 성질, 이등변삼각형의 성질 등을 이용하여 두 선분이 같다는 것을 증명한다. 그러나 원에서는 방멱의 정리를 이용하여 증명하면 간단할 때가 있다.

예제 04

그림에서 M은 △PQR의 변 $\overline{QR}$의 중점이고, ∠RPQ의 이등분선은 $\overline{QR}$과 E에서 만난다. 세 점 P, E, M을 지나는 원O를 그리고 원O와 $\overline{PQ}$, $\overline{PR}$이 만나는 점을 각각 F, G라고 한다. $\overline{QF}=\overline{RG}$임을 증명하여라.

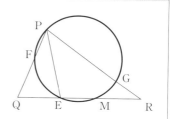

| 증명 | 각의 이등분선에 대한 정리에 의하여

$$\frac{\overline{PR}}{\overline{PQ}} = \frac{\overline{RE}}{\overline{QE}} \qquad \cdots\cdots ①$$

할선에 대한 정리에 의하여 $\overline{QF}\cdot\overline{QP}=\overline{QE}\cdot\overline{QM}$

$$\therefore \overline{PQ}=\overline{QE}\cdot\frac{\overline{QM}}{\overline{QF}} \qquad \cdots\cdots ②$$

같은 이유에 의하여 $\overline{RM}\cdot\overline{RE}=\overline{RG}\cdot\overline{RP}$

$$\therefore \overline{PR}=\overline{RM}\cdot\frac{\overline{RE}}{\overline{RG}} \qquad \cdots\cdots ③$$

③÷②에서,

$$\frac{\overline{PR}}{\overline{PQ}} = (\overline{RM}\cdot\frac{\overline{RE}}{\overline{RG}})\cdot\frac{\overline{QF}}{(\overline{QE}\cdot\overline{QM})}$$

$$= \frac{\overline{RE}}{\overline{QE}}\cdot\frac{\overline{QF}}{\overline{RG}} \qquad \cdots\cdots ④ \ (\because \overline{QM}=\overline{RM})$$

①을 ④에 대입하면 $\dfrac{\overline{PR}}{\overline{PQ}} = \dfrac{\overline{PR}}{\overline{PQ}}\cdot\dfrac{\overline{QF}}{\overline{RG}}$

$$\therefore \frac{\overline{QF}}{\overline{RG}}=1 \quad \therefore \overline{QF}=\overline{RG}$$

예제 5

그림에서와 같이 원의 외부에 있는 점 P에서 원에 할선 PQR과 PMN을 그렸다. 점 P를 지나 $\overline{QN}$에 평행하게 직선을 긋고 $\overline{RM}$의 연장선과 만나는 점을 H라고 한다. H에서 원에 접선을 긋고 접점을 K라고 한다. $\overline{HK}=\overline{HP}$임을 증명하여라.

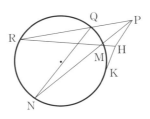

| 증명 | 접선과 할선에 대한 정리에 의하여

$$\overline{HK}^2=\overline{HM}\cdot\overline{HR} \qquad \cdots\cdots ①$$

$\angle R = \angle N = \angle HPM$임을 쉽게 증명할 수 있다.

따라서 $\triangle PHM \backsim \triangle RHP$

$$\therefore \frac{\overline{HM}}{\overline{HP}} = \frac{\overline{HP}}{\overline{HR}}$$

$$\therefore \overline{HP}^2=\overline{HM}\cdot\overline{HR} \qquad \cdots\cdots ②$$

①÷②에서 $\dfrac{\overline{HK}^2}{\overline{HP}^2}=1$ $\therefore \overline{HK}=\overline{HP}$

두 선분이 같다는 것을 두 선분의 비의 값이 1인 특수한 경우로 볼 수 있다. 우리는 또 방멱의 정리를 활용하여 두 선분의 비가 기타의 상수와 같은 일반적인 경우를 증명할 수 있다.

예제 06

정해진 원 O_1과 원 O_2의 반지름이 각각 r_1과 r_2이고 $r_1 < r_2$이며 두 원이 내접하는 점이 M이다. P는 원 O_2 위에 있는 임의의 점이고 $\overline{MP}$와 원 O_1의 교점은 Q이다. P에서 원 O_1에 접선을 긋고 원 O_1과의 접점을 T라고 한다.

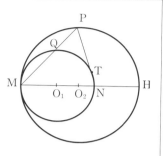

$$\frac{\overline{PM}}{\overline{PT}} = \sqrt{\frac{r_2}{(r_2 - r_1)}} = \text{일정한 값임을 증명하여라.}$$

| 증명 | 그림에서와 같이 M, O_1, O_2를 연결하고 연장하여 원 O_1, 원 O_2와의 교점을 각각 N, H라고 한다. Q와 N, P와 H를 연결한다. $\overline{PH} /\!/ \overline{QN}$임을 쉽게 증명할 수 있다.

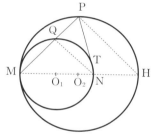

$$\therefore \frac{\overline{PM}}{\overline{PQ}} = \frac{\overline{MH}}{\overline{NH}} = \frac{2r_2}{(2r_2 - 2r_1)} = \frac{r_2}{(r_2 - r_1)}$$

접선과 할선에 대한 정리에 의하여 $\overline{PT}^2 = \overline{PQ} \cdot \overline{PM}$

$$\therefore \frac{\overline{PM}^2}{\overline{PT}^2} = \frac{\overline{PM}^2}{\overline{PQ} \cdot \overline{PM}} = \frac{\overline{PM}}{\overline{PQ}} = \frac{r_2}{r_2 - r_1}$$

$$\therefore \frac{\overline{PM}}{\overline{PT}} = \sqrt{\frac{r_2}{r_2 - r_1}} = (\text{일정한 값})$$

두 선분의 비가 일정한 값이라는 것을 증명할 때처럼 하여, 방멱의 정리를 이용하여 두 선분의 곱이 일정한 값이라는 것을 증명할 수 있으며, 또 움직이는 원이 정점을 지난다는 것, 동점이 정해진 원 위에 있다는 것을 생각할 수 있다. 그러나 나중에 정점과 일정한 값에 대한 문제를 좀더 자세히 설명하기 때문에 여기서는 더 이상 소개하지 않기로 한다.

3. 서로 만나는 현에 대한 정리와 할선에 대한 정리와 역정리를 이용하여, 네 점이 한 원 위에 있다는 것을 증명하기

서로 만나는 현에 대한 정리와 할선에 대한 정리는 모두 역정리를 가지고 있다.

• 서로 만나는 현에 대한 정리의 역정리

두 선분 $\overline{MN}$과 $\overline{PQ}$가 H에서 만나며 $\overline{MH} \cdot \overline{NH} = \overline{PH} \cdot \overline{QH}$이면 네 점 M, P, N, Q는 한 원 위에 있다.

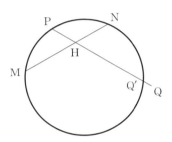

〔증명〕 그림에서와 같이 세 점 M, N, P를 지나는 원 O를 그리고 $\overline{PQ}$ 또는 그 연장선과의 교점을 Q′라고 한다. 서로 만나는 현에 대한 정리에 의하여

$$\overline{MH} \cdot \overline{NH} = \overline{PH} \cdot \overline{HQ'}$$
$$\overline{MH} \cdot \overline{NH} = \overline{PH} \cdot \overline{QH} (가정)$$
$$\therefore \overline{PH} \cdot \overline{HQ'} = \overline{PH} \cdot \overline{QH}$$
$$\therefore \overline{HQ'} = \overline{QH}$$

∴ 점 Q′와 점 Q는 일치한다.

따라서 네 점 M, P, N, Q는 한 원 위에 있다.

• 할선에 대한 역정리

그림에서 두 선분 $\overline{MN}$, $\overline{PQ}$의 연장선이 H에서 만나며, $\overline{HN} \cdot \overline{HM} = \overline{HQ} \cdot \overline{HP}$이면 네 점 M, N, Q, P는 한 원 위에 있다.

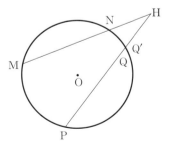

위의 정리를 본따서 스스로 증명하여 보아라.

원에서 서로 만나는 현에 대한 정리의 역정리와 할선에 대한 정리의 역정리를 이용하여 네 점이 한 원 위에 있다는 것을 증명하면 간단할 때가 있다.

예제 07

그림에서와 같이 원 O_1과 원 O_2가 두 점 A, B에서 만나며, C는 공통현 $\overline{AB}$ 위의 임의의 점이다. C에서 원 O_1과 원 O_2에 현 $\overline{KQ}$, $\overline{EF}$를 긋는다. 네 점 E, K, F, Q가 한 직선 위에 있지 않으면, 네 점 E, K, F, Q가 한 원 위에 있다는 것을 증명하여라.

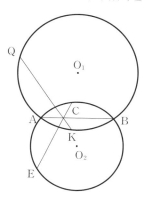

| 증명 | 원 O_1에서 서로 만나는 현에 대한 정리에 의하여
$$\overline{CQ}\cdot\overline{CK}=\overline{CA}\cdot\overline{CB}$$
같은 이유에 의하여
$$\overline{CE}\cdot\overline{CF}=\overline{CA}\cdot\overline{CB}$$
$$\therefore \overline{CQ}\cdot\overline{CK}=\overline{CE}\cdot\overline{CF}$$
서로 만나는 현에 대한 정리의 역정리에 의하여 네 점 E, K, F, Q는 한 원 위에 있다.

예제 08

원의 외부에 있는 두 점 M, N에서 원에 접선을 긋고 접점을 각각
P, Q와 R, H라고 한다. $\overline{\text{RH}}$와 $\overline{\text{NO}}$의 교점은 L이고 $\overline{\text{OM}}$과 $\overline{\text{PQ}}$의
교점은 K이다. 세 점 M, O, N이 한 직선 위에 있지 않으면, 네 점
M, N, L, K가 한 원 위에 있다는 것을 증명하여라.

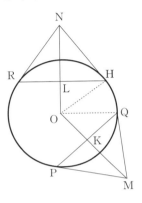

| 증명 | 그림에서와 같이 O와 H, O와 Q를 연결한다.

사영에 대한 정리에 의하여

$$\overline{\text{OH}}^2 = \overline{\text{OL}} \cdot \overline{\text{ON}}, \quad \overline{\text{OQ}}^2 = \overline{\text{OK}} \cdot \overline{\text{OM}}$$

그런데 $\overline{\text{OH}} = \overline{\text{OQ}}$

$\therefore \overline{\text{OL}} \cdot \overline{\text{ON}} = \overline{\text{OK}} \cdot \overline{\text{OM}}$

할선에 대한 정리의 역정리에 의하여 네 점 M, N, L, K는 한
원 위에 있다.

4. 접선과 할선에 대한 정리의 역정리를 이용하여 직선과 원이 접한다는 것, 원과 원이 접한다는 것을 증명하기

접선과 할선에 대한 정리도 역정리가 있다.

• 접선과 할선에 대한 정리의 역정리

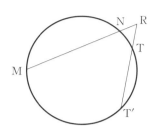

세 점 R, M, T가 한 직선 위에 있지 않고, N 이 선분 $\overline{MR}$ 위의 한 점이며, $\overline{RT}^2 = \overline{RN} \cdot \overline{RM}$이 면 $\overline{RT}$는 △MNT의 외접원과 T에서 접한다.

〔증명〕 그림에서 원 O는 △MNT의 외접원이다.

원 O와 직선 $\overline{RT}$의 다른 한 교점을 T′라고 하자.

접선과 할선에 대한 정리에 의하여

$$\overline{RT} \cdot \overline{RT'} = \overline{RM} \cdot \overline{RN}$$

가정에서 $\overline{RT}^2 = \overline{RM} \cdot \overline{RN}$

∴ $\overline{RT}^2 = \overline{RT} \cdot \overline{RT'}$

∴ $\overline{RT} = \overline{RT'}$

∴ T′와 T는 일치한다.

즉, $\overline{RT}$와 원 O의 교점은 하나뿐이다.

∴ $\overline{RT}$는 △MNT의 외접원과 T에서 접한다.

원에서 접선과 할선에 대한 정리의 역정리를 이용하여 직선이 원에 접한다 는 것, 원과 원이 접한다는 것을 증명하면 간단할 때가 있다.

예제 09

원 O_1의 외부에 있는 점 M에서 원에 접선을 긋고 접점을 각각 P, N이라고 한다. $\overline{PN}$과 $\overline{MO_1}$의 교점을 Q라고 한다. $\overline{MQ}$를 지름으로 하여 원 O_2를 그리고 원 O_1과의 교점을 K라고 한다. $\overline{O_1K}$가 원 O_2의 접선임을 증명하여라.

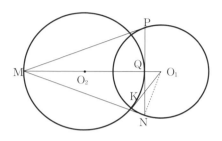

| 증명 | 그림에서와 같이 O_1과 N을 연결한다.

사영에 대한 정리에 의하여
$$\overline{O_1N}^2 = \overline{O_1Q} \cdot \overline{O_1M}$$
그런데 $\overline{O_1K} = \overline{O_1N}$ $\therefore \overline{O_1K}^2 = \overline{O_1Q} \cdot \overline{O_1M}$

그러므로 접선과 할선에 대한 정리의 역정리에 의하여, $\overline{O_1K}$는 원 O_2의 접선임을 알 수 있다.

예제 10

그림에서와 같이 원 O의 외부에 있는 두 점 M, N을 지나는 원 O_1을 그리고 원 O와 만나는 점을 P, Q라고 한다. $\overline{MN}$과 $\overline{PQ}$의 교점은 R이다. R에서 원 O에 접선을 긋고 접점을 T라고 한다. 세 점 M, N, T를 지나는 원 O_2를 그린다.

$\overline{RT}$는 원 O_2의 접선이며, 원 O_2와 원 O가 접한다는 것을 증명하여라.

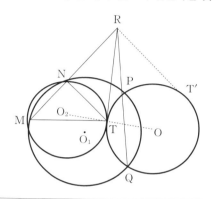

| 증명 | 접선과 할선에 대한 정리에 의하여

$$\overline{RT}^2 = \overline{RP} \cdot \overline{RQ}$$

할선의 정리에 의하여

$$\overline{RP} \cdot \overline{RQ} = \overline{RN} \cdot \overline{RM}$$

$$\therefore \overline{RT}^2 = \overline{RN} \cdot \overline{RM}$$

그러므로 할선에 대한 정리의 역정리에 의하여 $\overline{RT}$는 원 O_2와 T에서 접한다는 것을 알 수 있다.

O와 T, O_2와 T를 연결한다.

$\overline{RT}$는 원 O_1과 원 O_2의 공통접선이다.

$\therefore \angle OTR = \angle RTO_2 = 90°$이다.

$\therefore$ 세 점 O, T, O_2는 한 직선 위에 있다.

$$\overline{OO_2} = \overline{OT} + \overline{O_2T} = r_1 + r_2$$

$\therefore$ 원 O와 원 O_2는 접한다.

$\overline{RT'}$와 원 O가 접하는 경우에 대해서는 스스로 증명하여라.

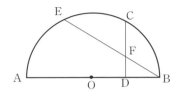

01 AB를 지름으로 하는 반원 위에 두 점
C, E가 있다. C에서 $\overline{AB}$에 수선을 내
려 수선의 발을 D라고 하고 $\overline{CD}$와 $\overline{BE}$
의 교점은 F이다.
$\overline{BE} \cdot \overline{BF} = \overline{BD} \cdot \overline{BA}$ 임을 증명하여라.

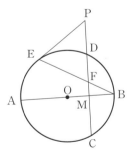

02 $\overline{AB}$는 원 O의 지름이다. 현 $\overline{CD} \perp \overline{AB}$이고 그
교점은 M이다. P는 $\overline{CD}$의 연장선 위의 한 점
이고, $\overline{PE}$는 원 O와 E에서 접하며, $\overline{BE}$는 $\overline{CD}$
와 F에서 만난다.
$\overline{PF}^2 = \overline{PC} \cdot \overline{PD}$ 임을 증명하여라.

03 원의 외부에 있는 한 점 P에서 원에 접선 $\overline{\mathrm{PA}}$와 할선 $\overline{\mathrm{PCB}}$를 그었다. M은 $\overline{\mathrm{AC}}$의 중점이다. P와 M을 연결하고 연장하여 $\overline{\mathrm{AB}}$와 만나는 점을 D라고 한다.

$\dfrac{\overline{\mathrm{PA}}^2}{\overline{\mathrm{PC}}^2} = \dfrac{\overline{\mathrm{BD}}}{\overline{\mathrm{AD}}}$ 임을 증명하여라.

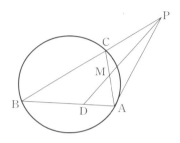

04 원 O와 원 $\mathrm{O_1}$은 점 P에서 외접한다. 점 P를 지나는 임의의 할선 $\overline{\mathrm{AB}}$와 $\overline{\mathrm{EF}}$를 긋고, A에서 원 $\mathrm{O_1}$에 접선을 그은 다음, B에서 원 O에 접선을 긋고 그 접점을 C, D라고 한다.

$\dfrac{\overline{\mathrm{AC}}^2}{\overline{\mathrm{BD}}^2} = \dfrac{\overline{\mathrm{PE}}}{\overline{\mathrm{PF}}}$ 임을 증명하여라.

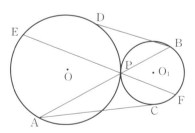

05 $\overline{AB}$는 원 O의 지름이고 C는 원 위의 임의의 점이다. C를 중심으로 하여 $\overline{AB}$에 접하는 원 C 를 그리고, 이 원과 $\overline{AB}$의 접점을 D라고 하며, 원 O와의 교점을 P, Q라고 한다. $\overline{CD}$가 $\overline{PQ}$에 의하여 이등분된다는 것을 증명하여라.

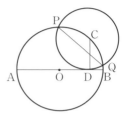

06 $\overline{AB}$는 원 O의 지름이다. A를 지나는 할선 $\overline{AC}$, $\overline{AD}$를 긋고 원 O와 만나는 점을 각각 F, G라고 한다. $\overline{CD} \perp \overline{AB}$이며 그 교점은 E이다. 네 점 C, D, G, F가 한 원 위에 있다는 것을 증명하여라.

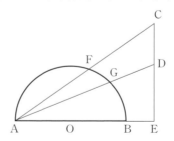

07 $\overline{AB}$와 $\overline{PQ}$는 원 O의 서로 만나는 두 현이며 $\overline{PQ}$는 C에 의해 이등분된
다. P, Q에서 원에 두 접선을 긋고 그 교점을 R이라고 한다.
네 점 A, O, B, R이 한 원 위에 있음을 증명하여라.

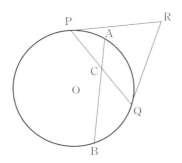

08 $\overline{AB}$는 원 O의 지름이고 P는 원 O 위에 있는 점이다. $\overline{PB}$를 지름으로
하는 원 O′를 그린다. A를 중심으로 하고 $\overline{AP}$의 길이를 반지름으로 하
는 호를 그리고, 원 O′와 만나는 다른 한 점을 Q라고 한다.
$\overline{AQ}$가 원 O′의 접선임을 증명하여라.

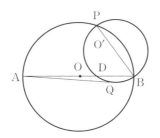

33 원(4)-원의 위치 관계

중학교 평면기하에서는 주로 삼각형을 기초로 하는 직선도형과 원을 기초로 하는 간단한 곡선도형을 연구한다.

원 (1)~(3)에서는 원의 기본 성질 및 원과 간단한 직선도형(예 직선, 각, 선분, 삼각형, 사각형 등) 사이의 관계에 대하여 좀더 깊이 연구하였다.

이 장에서는 더 나아가서 원과 원, 원과 좀더 복잡한 직선도형 사이의 관계 및 원에 관계되는 계산에 대하여 연구하기로 한다.

두 원의 여러 가지 위치 관계 중에서 특히 두 원이 만나는 경우와 접하는 경우에 유의해야 한다. 서로 만나는 두 원에 관계되는 문제를 풀 때에는 언제나 먼저 공통현을 연결한다. 왜냐하면 공통현은 흔히 동시에 두 원의 원주각 또는 현접각 또는 원의 내접사각형의 내각, 외각의 변이 되기 때문이다. 이때 도형을 자세히 살펴보면 두 원에서의 각 사이의 관계를 찾을 수 있다. 그리고 때로는 만나는 두 원의 중심을 연결한다. 왜냐하면 중심선은 공통현의 수직이등분선일 뿐만 아니라 그것이 놓여 있는 직선은 또한 전체 도형의 대칭축이기 때문이다.

이때에는 흔히 중심선의 이런 성질들을 이용하여 문제를 풀 수 있다.

예제 01

원 O_1과 원 O_2가 점 A, B에서 만난다. A를 지나는 할선을 긋고(두 원의 중심에서 같은 쪽에 있게) 두 원과 만나는 점을 C, D라고 한다. C, D를 지나는 두 원의 지름을 긋고 두 지름 $\overline{CE}$와 $\overline{DF}$의 교점을 M이라고 한다. ∠CBD=∠CMD임을 증명하여라.

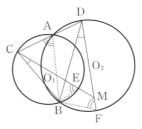

│ 분석 │ ∠CBD=∠CMD임을 증명하려면 이 두 각이 동시에 선분 $\overline{CD}$
를 포함하기 때문에 네 점 B, C, D, M이 한 원 위에 있음을 증명해야 한다.

∠BCM과 ∠BDM의 관계에 의하여 이 두 각이 같다는 것을 증명할 수 없겠는가? 지름의 조건을 이용하여 B와 E, B와 F를 연결하면 ∠BCM+∠BEC=90°,

∠BDF+∠F=90°임을 알 수 있다. ∠BEC=∠F라는 것만 증명하면 된다. 그런데 이 두 각은 각각 두 원의 원주각이다.
이들 사이의 관계를 찾기 위하여 공통현 $\overline{AB}$를 긋는다.

그러면 ∠BEC=∠BAC(한 호에 대한 원주각)

∠BAC=∠F(원에 내접사각형의 내대각)이다.

∴ ∠BEC=∠F ∴ ∠BCM=∠BDM(같은 각의 여각은 같다.(증명은 생략함)

│ 설명 │ 이 예제를 증명하는 데 있어서의 열쇠는 공통현 $\overline{AB}$를 긋고
∠BAC의 이중성을 이용하여 각의 동등 관계를 파악하는 것이다.

예제 02

합동인 세 원 O_1, O_2, O_3가 한 점에서 만나며 다른 세 교점은 A, B, C이다. △ABC의 외접원의 반지름이 합동인 세 원의 반지름과 같음을 증명하여라.

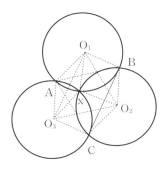

| 분석 | 기구를 이용해서 도형을 정확하게 그려 놓으면 $\triangle O_1O_2O_3$와 $\triangle ABC$가 합동인 삼각형일 수 있다는 것을 알 수 있다. 그리고 두 삼각형의 대응변은 평행하며 X는 $\triangle O_1O_2O_3$의 외심이다. 그러므로 $\triangle O_1O_2O_3$의 외접원의 반지름은 곧 합동인 세 원의 반지름이다. 따라서 $\triangle O_1O_2O_3 \equiv \triangle ABC$임을 증명하면 된다.

세 원의 중심 O_1, O_2, O_3와 세 교점 A, B, C를 연결하면 그림에서 세 개의 마름모꼴 AO_1XO_3, BO_1XO_2, XO_3CO_2가 나타난다는 것을 알 수 있다. 그러므로 $\overline{AO_3} \, / \! / \, \overline{O_1X} \, / \! / \, \overline{BO_2}$

∴ O_3ABO_2는 평행사변형이다. ∴ $\overline{AB} = \overline{O_3O_2}$. 이와 마찬가지로 하여 $\overline{BC} = \overline{O_1O_3}$, $\overline{CA} = \overline{O_2O_1}$임을 증명할 수 있다.(증명은 생략)

| 설명 | (1) 평면기하는 평면도형을 연구하는 것이므로 상당히 도형의 직관성에 의존한다. 때문에 좀더 복잡한 평면기하의 문제에 대해서는 작도를 정확히 함으로써 도형 자체로부터 추론을 하고 증명을 하여야 한다.

(2) 이 문제는 다음과 같이 풀어도 된다. 각 중심선과 공통현을 그으면 이것들은 서로 수직이등분한다. 다음 그림에서 M은 $\overline{XA}$의 중점이면서 또 $\overline{O_1O_2}$의 중점이며 N은 $\overline{XC}$의 중점이면서 또 $\overline{O_2O_3}$의 중점이며, $\overline{MN}$은 $\triangle O_1O_2O_3$와 $\triangle XAC$의 중간선이다.

∴ $\overline{AC} \, / \! / \, 2\overline{MN} \, / \! / \, \overline{O_1O_3}$(다음은 생략)

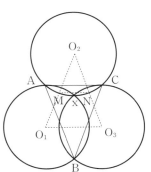

예제 03

그림에서와 같이 서로 만나는 두 원의 공통현 $\overline{QP}$의 연장선 위에서 점 X를 잡은 다음, X를 지나는 두 원의 할선을 긋고 두 원과의 교점을 A, B, C, D라고 한다.

$\dfrac{\overline{AD}\cdot\overline{BD}}{\overline{AC}\cdot\overline{CB}}=\dfrac{\overline{DX}}{\overline{CX}}$ 임을 증명하여라.

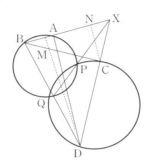

| 분석 | 먼저 가정과 할선에 대한 정리에 의하여 알 수 있는 바와 같이

$$\overline{XA}\cdot\overline{XB}=\overline{XP}\cdot\overline{XQ}=\overline{XC}\cdot\overline{XD}$$

∴ 네 점 A, B, C, D는 한 원 위에 있다.

다음, 결론으로부터 보면 $\overline{AD}$와 $\overline{BD}$, $\overline{AC}$와 $\overline{BC}$는 각각 △ADB와 △ACB의 두 변이다. 네 점 A, B, C, D가 한 원 위에 있다는 것으로부터 ∠ADB= ∠ACB임을 알 수 있다. 따라서 넓이로부터 관계를 찾을 것을 생각해 볼 수 있다.

$$\frac{\overline{AD}\cdot\overline{BD}}{\overline{AC}\cdot\overline{BC}}=\frac{\dfrac{(\overline{AD}\cdot\overline{BD}\cdot\sin\angle ADB)}{2}}{\dfrac{(\overline{AC}\cdot\overline{BC}\cdot\sin\angle ACB)}{2}}$$

$$=\frac{S_{\triangle ADB}}{S_{\triangle ACB}}$$

에서 △ADB와 △ACB는 $\overline{AB}$를 공통 밑변으로 하는 삼각형이라는 데 유의해야 한다. D에서 $\overline{XB}$에 수선을 내리고 수선의 발을 M이라고 한다. 그리고 C에서 $\overline{XB}$에 수선을 내리고 수선의 발을 N이라고 한다.

$$\frac{S_{\triangle ADB}}{S_{\triangle ACB}}=\frac{\overline{DM}}{\overline{CN}}=\frac{\overline{DX}}{\overline{CX}}\quad(\because\triangle MDX\backsim\triangle CNX)(증명 생략)$$

| 설명 | 여기서 공통현은 또 중개 작용을 하였다. 여기서 이용한 것은 각 사이의 관계가 아니라, 선분의 곱 사이의 관계이다.

서로 접하는 원(내접 또는 외접)에 관계되는 문제를 풀 때에는 우선 두 원의 중심과 접점, 이 세 점이 한 직선 위에 있다는 것에 주의를 돌려야 한다.

일반적으로 접점을 지나는 공통접선을 긋는데 이것은 흔히 두 원의 현의 공통변이다. 이것을 중개로 하여 두 원에서의 각 사이의 관계로 변환시킬 수 있다.

예제 04

그림에서와 같이 두 원이 P에서 내접한다. 큰 원의 현 $\overline{AB}$가 작은 원과 M에서 접하며 $\overline{PA}$, $\overline{PB}$가 작은 원과 C, D에서 만난다. $\overline{AM}:\overline{MB}=\overline{PC}:\overline{PD}$임을 증명하여라.

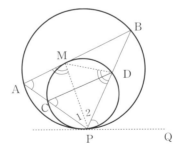

| 분석 | 자연히 먼저 C와 D, P와 M을 연결해야 한다는 것을 생각할 수 있다. 그러면 그림에서 $\overline{AB}/\!/\overline{CD}$인 것 같다.

만일 이 관계가 성립하면, $\overline{PC}:\overline{PD}=\overline{PA}:\overline{PB}$이므로 $\overline{AM}:\overline{MB}=\overline{PA}:\overline{PB}$를 증명하면 되며, $\overline{PM}$이 $\angle APB$를 이등분한다는 것을 증명하면 된다.

| 증명 | P와 M, C와 D를 연결하고 공통접선 $\overline{PQ}$를 긋는다.
현접각 $\angle DPQ = \angle DCP = \angle A$ ∴ $\overline{AB} /\!/ \overline{CD}$
M과 D를 연결하면
$\angle AMP = \angle MDP$, $\angle A = \angle DCP = \angle DMP$이다.
∴ $\triangle AMP \backsim \triangle MDP$ ∴ $\angle 1 = \angle 2$
$$\therefore \frac{\overline{AM}}{\overline{MB}} = \frac{\overline{AP}}{\overline{PB}}$$
$\overline{AB} /\!/ \overline{CD}$, $\dfrac{\overline{AP}}{\overline{BP}} = \dfrac{\overline{PC}}{\overline{PD}}$
$$\therefore \frac{\overline{AM}}{\overline{MB}} = \frac{\overline{PC}}{\overline{PD}}$$

| 설명 | 이 예제를 해결하는 열쇠는 $\overline{AB} /\!/ \overline{CD}$, $\angle 1 = \angle 2$이다.
이 두 관계를 증명하기 위하여 각의 문제로 바꾸는 공통접선의 중개 작용을 이용하였다.

예제 05

원 O_1과 원 O_2가 P에서 외접하며 A는 원 O_1 위에 있는 점이고, $\overline{AB}$는 원 O_2와 B에서 접하며 할선 $\overline{AP}$는 원 O_2와 C에서 만난다.
$\dfrac{\overline{AC}^2}{\overline{AB}^2} = \dfrac{(r_1 + r_2)}{r_1}$ (r_1, r_2는 각각 원 O_1과 원 O_2의 반지름이다)임을 증명하여라.

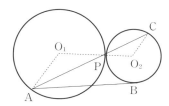

| 분석 | 접선과 할선에 대한 정리에 의하여

$$\overline{AB}^2 = \overline{AP} \cdot \overline{AC} \quad \therefore \quad \frac{\overline{AC}^2}{\overline{AB}^2} = \frac{\overline{AC}}{\overline{AP}}$$

그러므로 $\dfrac{\overline{AC}}{\overline{AP}} = \dfrac{r_1 + r_2}{r_1}$ 를 증명하면 된다.

O_1과 A, O_1과 P, P와 O_2, O_2와 C를 연결한다.

O_1, P, O_2는 한 직선 위에 있고, A, P, C도 한 직선 위에 있으며, $\angle O_1PA = \angle O_2PC$이다.

따라서 $\angle O_1AP = \angle C$이다. $\therefore \overline{O_1A} /\!/ \overline{O_2C}$이다.

다음 평행선에 잘리어서 생기는 선분에 대한 다음 정리를 이용한다.

$$\frac{\overline{AC}}{\overline{AP}} = \frac{\overline{O_1O_2}}{\overline{O_1P}} = \frac{r_1 + r_2}{r_1} \text{(증명은 생략)}$$

| 설명 | 이 예제의 증명 과정에서 세 점 O_1, P, O_2가 한 직선 위에 있다는 것이 문제 풀이의 열쇠이다. 이에 의하여 맞꼭지각이 같다는 것을 알 수 있다.

예제 06

C는 반원의 지름 $\overline{AB}$ 위에 있는 점이고 C에서 수선을 올려 반원과 만나는 점을 D라고 한다. $\overline{AC}$, $\overline{CB}$를 지름으로 하여 큰 반원의 내부에 두 개의 작은 반원을 그린다. 선분 $\overline{EF}$는 두 개의 작은 반원과 E, F에서 접한다. DECF가 직사각형임을 증명하여라.

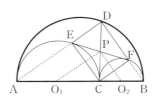

| 분석 | $\overline{EF}$와 $\overline{CD}$가 서로 길이가 같으며 서로 이등분한다는 것을 증명하면 된다. $\overline{EF}$와 $\overline{CD}$의 교점을 P라고 하자.

그러면 $\overline{EP}=\overline{PC}=\overline{PF}$이다.

가정에 의하여 $\angle ECF=90°$이다. 또 $\overline{DP}=\overline{PC}$를 증명해야 한다.

작은 반원의 중심을 O_1, O_2라고 하자. A와 E, P와 O_1, P와 O_2, F와 B를 연결한다. 그러면 $\overline{AE} /\!/ \overline{CF}$이며, $\overline{PO_1}$은 사다리꼴 EACF의 중간선임을 쉽게 알 수 있다.

$$\therefore \ \overline{O_1P} /\!/ \overline{CF}\text{이다.}$$

같은 이유에 의하여 $\overline{O_2P} /\!/ \overline{CE}$이다.

$$\therefore \ \angle O_1PO_2=90°$$

$$\therefore \ \overline{PC}^2=\overline{O_1C}\cdot\overline{CO_2}=\frac{\overline{AC}\cdot\overline{CB}}{4}=\frac{\overline{CD}^2}{4}$$

$$\therefore \ \overline{PC}=\frac{\overline{CD}}{2}$$

그러므로 두 대각선은 서로 길이가 같으므로 서로 이등분한다.

(증명은 생략)

| 설명 | (1) 이 예제를 증명하는 과정에서 다음과 같은 착오가 잘 생긴다. 즉, 처음부터 세 점 A, E, D 또는 세 점 B, F, D가 한 직선 위에 있다고 인정한다. 사실 이것은 이 문제를 다 증명한 다음에야 얻을 수 있는 결론이다. 이러한 착오가 생기지 않게 하려면 증명의 초기에 약도를 그릴 때 의식적으로 '왜곡'하여 A, E, D 또는 B, F, D가 한 직선 위에 놓이지 않게 그리는 것이 좋다.

(2) 이 예제는 동일법을 이용하면 더 간단하게 증명할 수 있다.

먼저 D와 A, D와 B를 연결하고 $\overline{DA}$, $\overline{DB}$와 두 반원이 만나는 점을 E′, F′라고 한다. 그러면 DE′CF′가 직사각형임을 쉽게 알 수 있다. 그 다음 $\overline{E'F'}$가 두 반원과 각각 E′, F′에서 접한다는 것을 증명한다. 그런데 이 두 반원의 공통접선은 유일하게 존재한다. $\therefore$ $\overline{EF}$와 $\overline{E'F'}$는 일치한다.

이 방법을 이용하여 스스로 증명하여 보아라.

원에 관계되는 계산 문제를 풀 때에는 앞의 각 장 및 이 장에서 제시된 기본 방법에 유의해야 할 뿐만 아니라, 관계되는 법칙(예 코사인법칙, 사인법칙, 피타고라스 정리 등)을 활용하고, 대수에서의 관계되는 지식, 이를테면 항등변형, 방정식을 세워 응용 문제 풀기 등을 결합시키는 데 유의해야 한다.

반원의 지름 $\overline{AB}=6$이고 C는 지름 위에 있는 임의의 한 점이며 $\overline{AC}=4$, $\overline{CB}=2$이다. $\overline{AC}$, $\overline{CB}$를 지름으로 하는 반원 O_1, O_2를 그리고 원 O_3를 그리되 세 반원에 모두 접하게 한다. 원 O_3의 반지름을 구하여라.

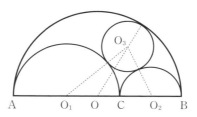

| 분석 | 원 O_3의 반지름을 미지수로 하는 방정식을 세울 수 있는가를 생각해 본다. 방정식을 세울 때 원의 중심과 접점이 한 직선 위에 있다는 것에 유의해야 한다.

| 풀이 | O_1과 O_3, O와 O_3, O_2와 O_3를 연결하고 원 O_3의 반지름을 x라 한다.

그러면 $\overline{O_1O_3}=2+x$, $\overline{O_3O_2}=1+x$, $\overline{OO_3}=3-x$이다.

$\angle O_1OO_3 + \angle O_2OO_3 = 180°$

$\therefore \cos\angle O_1OO_3 = -\cos\angle O_2OO_3$

$\triangle O_1OO_3$와 $\triangle OO_2O_3$에서 코사인법칙을 활용하면

$$\frac{(3-x)^2+1^2-(2+x)^2}{2\cdot 1\cdot(3-x)} = -\frac{(3-x)^2+2^2-(1+x)^2}{2\cdot 2(3-x)}$$

이 방정식을 풀면 $x=\dfrac{6}{7}$이다. 즉, 원 O_3의 반지름은 $\dfrac{6}{7}$이다.

원 O_1과 원 O_2가 서로 외접하고 원 O_3가 이 두 원과 접하며 이 두 원의 공통외접선과 접한다. 이 세 원의 반지름을 각각 r_1, r_2, r_3라고 한다.

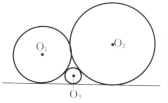

$\dfrac{1}{\sqrt{r_3}} = \dfrac{1}{\sqrt{r_1}} + \dfrac{1}{\sqrt{r_2}}$ 을 증명하여라.

| 증명 | O_1과 O_2, O_1과 O_3, O_2와 O_3를 연결하고 $\overline{AB}$에 수직되게 $\overline{O_1A}$, $\overline{O_2B}$, $\overline{O_3C}$를 긋고, 수선의 발을 A, B, C라 한다.

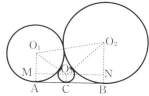

O_3를 지나 $\overline{AB}$에 평행한 직선을 긋고 $\overline{O_1A}$, $\overline{O_2B}$와 만나는 점을 M, N이라 한다. $\overline{O_1O_3} = r_1 + r_3$, $\overline{O_1M} = r_1 - r_3$이므로 $\overline{MO_3} = \sqrt{(r_1 + r_3)^2 - (r_1 - r_3)^2} = 2\sqrt{r_1 r_3}$이다.

같은 이유에 의하여 $\overline{O_3N} = 2\sqrt{r_2 r_3}$, $\overline{AB} = 2\sqrt{r_1 r_2}$이다.

$\overline{MO_3} + \overline{O_3N} = \overline{AC} + \overline{CB} = \overline{AB}$

$$\therefore 2\sqrt{r_1 r_3} + 2\sqrt{r_2 r_3} = 2\sqrt{r_1 r_2}$$

각 항을 $2\sqrt{r_1 r_2 r_3} \neq 0$으로 나누면 $\dfrac{1}{\sqrt{r_2}} + \dfrac{1}{\sqrt{r_1}} = \dfrac{1}{\sqrt{r_3}}$

| 설명 | 이 두 예제를 푸는 열쇠는 원의 중심과 접점이 한 직선 위에 있다는 것이다. 예제 08에서는 또 직각사다리꼴에서 윗변, 밑변 및 밑변에 수직이 아닌 옆변을 알고, 밑변에 수직인 옆변을 계산하는 방법을 이용하였다.

예제 09

직각삼각형 ABC에서 $\angle C = 90°$, $\overline{AC} = 12$, $\overline{BC} = 5$이며 합동인 두 원이 서로 외접하고 $\triangle ABC$의 두 변과 각각 접한다. 합동인 두 원의 반지름을 구하여라.

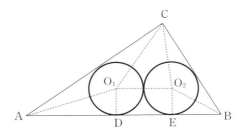

| 분석 | 이 두 원의 반지름을 직접 구하기는 힘들다. 이 반지름에 관계되는 방정식을 세울 수는 없겠는가? 이 문제에서는 접하는 관계가 많기 때문에 넓이를 이용하여 등식 관계를 만들 수 있다.

| 풀이 | 두 원의 중심을 O_1, O_2라 하고 반지름을 r라고 한다.

A와 O_1, C와 O_1, O_1과 O_2, O_2와 B를 연결한다.

$S_{\triangle ABC} = S_{\triangle AO_1C} + S_{\triangle BO_2C} + S_{\triangle O_1CO_2} + S_{직사각형 O_1DEO_2}$
$\qquad\qquad + (S_{\triangle AO_1D} + S_{\triangle BO_2E})$이라는 데 주의를 돌려야 한다.

$\overline{AB}$에 수직되게 C에서 수선을 내려 $\overline{AB}$와의 교점을 M이라 한다. 그러면 $\overline{AB} = 13$을 쉽게 얻는다.

$$\overline{CM} = \overline{AC} \cdot \frac{\overline{CB}}{\overline{AB}} = \frac{60}{13}$$

그러므로 다음 방정식을 얻을 수 있다.

$$5 \cdot \frac{12}{2} = 12 \cdot \frac{r}{2} + 5 \cdot \frac{r}{2} + 2r \cdot \frac{\left(\frac{60}{13} - r\right)}{2} + 2r \cdot r + (13 - 2r)\frac{r}{2}$$

이것을 풀면 $r = \frac{26}{17}$이다. 즉, 두 원의 반지름은 $\frac{26}{17}$이다.

| 설명 | 넓이는 평면기하의 문제를 푸는 데 있어서 아주 중요한 수단이다. 한 도형의 넓이를 구하는 여러 가지 방법을 이용하여 등식 관계를 얻는 것은 흔히 쓰이는 문제 풀이 방법의 한 가지이다.

그림의 정사각형 ABCD의 변의 길이가 a이다. A, B, C, D를 각각 중심으로 하고 a를 반지름으로 하는 호를 그린다. 네 호가 이루는 '곡변사각형' PQRS의 넓이 G를 구하여라.

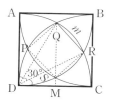

| 풀이 | 이 문제를 푸는 열쇠는 먼저 좋은 계산 방법을 세우는 것이다. 이를테면 도형의 대칭성에 의하여 PQRS가 정사각형이라는 것을 쉽게 증명할 수 있다.

그러면 G=$S_{PQRS}+4S_{활꼴QmR}$이다. 여기서 $\overline{QS}$는 $\overline{DC}$의 수직이등분선이며 $\overline{DC}$와 M에서 만난다.

그러므로 $\overline{DM}=\dfrac{1}{2}\overline{DQ}$이다.

$\therefore \angle DQM = \angle ADQ = 30°$이다.

같은 이유에 의하여 $\angle QDR = \angle RDC = 30°$이다.

$\therefore \overline{QR}^2 = a^2 + a^2 - 2\cdot a\cdot a\cdot \cos 30° = (2-\sqrt{3})a^2$이다.

그런데 $S_{활꼴QmR} = S_{부채꼴 DQmR} - S_{\triangle DQR}$

$$= \frac{30\pi a^2}{360} - a\cdot a\frac{(\sin 30°)}{2}$$

$$= \left(\frac{\pi}{12} - \frac{1}{4}\right)a^2$$

$\therefore$ G=$\overline{QR}^2 + 4S_{활꼴} = (2-\sqrt{3})a^2 + 4\left(\dfrac{\pi}{12} - \dfrac{1}{4}\right)a^2$

$$= \left(\frac{\pi}{3} + 1 - \sqrt{3}\right)a^2$$

01 두 원이 A와 B에서 만난다. $\overline{AB}$를 변으로 하고 A를 꼭짓점으로 하여, $\overline{AB}$의 양쪽에 ∠DBA와 ∠CBA를 그리고, 두 원의 교점을 D, F와 E, C라고 한다. 다음을 증명하여라.
∠DBA＝∠CBA이면 $\overline{DF}＝\overline{EC}$이고,
반대로 $\overline{DF}＝\overline{EC}$이면 ∠DBA＝∠CBA이다.

02 두 원이 P에서 외접한다. 직선 l이 그 중의 한 원과 A에서 접하며, 다른 원과 B, C에서 만난다. $\overline{PA}$가 ∠CPB의 외각을 이등분한다는 것을 증명하여라.

03 두 원이 A와 B에서 만난다. A를 지나는 한 직선을 긋되 두 원에 의해 잘리어서 생기는 선분이 가장 길게 하려고 한다. 어떻게 이 직선을 그어야 하겠는가?

04 두 동심원의 반지름이 각각 R와 r이다. 큰 원의 현 AB와 작은 원의 현 CP가 작은 원 위에서 수직으로 만난다.
$\overline{AB}^2 + \overline{CP}^2 = 4R^2$임을 증명하여라.

05 원 O_1과 원 O_2는 한 원이 다른 원의 외부에 있다. 두 원의 반지름이 각각 R와 r이고 중심거리 $O_1O_2 = a$이다. 원 O_3가 두 원과 외접하며 두 원의 공통외접선과 접한다. 원 O_3의 반지름을 구하여라.

06 반지름이 R, $r(R > r)$인 두 원이 A에서 내접하며, 직선 l이 큰 원의 지름 AE에 수직이고 두 원과 B, C에서 만나며 B, C는 $\overline{AE}$에서 같은 쪽에 있다. $\triangle ABC$의 외접원의 반지름은 l의 위치와 관계가 없으며, 언제나 일정한 값 $\sqrt{Rr}$이라는 것을 증명하여라.

34 네 가지 명제 및 기본 자취

명제는 한 식이나 문장의 참·거짓을 판단할 수 있는 말이다.
이를테면 다음과 같다.

명제 A : $a=1$이면 $a^2=1$이다.
명제 B : 두 각이 맞꼭지각이면 그 두 각의 크기는 같다.
명제 C : $a^2>1$이면 $a>1$이다.

여기서 '이면', '⇒'의 뜻은 서로 같다. 오해가 생기지 않을 때에는 '이면'을
생략할 수 있다. 이를테면 명제 B는 '맞꼭지각은 서로 같다'로 고칠 수 있다.
명제는 두 부분으로 이루어진다. '이면'의 앞부분은 가정이고 '이면'의 뒷
부분은 결론이다.
옳은 명제를 **참인 명제**라 하고, 틀린 명제는 **거짓인 명제**라고 한다.
한 명제가 참이라는 것을 직접 증명하려면 가정으로부터 출발하여 결론이
성립된다는 것을 증명하면 된다. 주어진 몇 개의 명제 가운데서 바로 한 명제
가 참이라는 것을 증명하려면 그 중의 한 명제가 참이라는 것을 간접적으로
증명하고 그 나머지 명제들이 거짓이라는 것을 증명하면 된다. 한 명제가 거
짓이라는 것을 증명하려면 가정과 맞으나 결론과 맞지 않는 예를 하나를 들면
된다.
네 가지 명제는 명제를 변형한 결과이다. 명제 'A⇒B'(본 명제라고 한다)
로부터 출발하여 가정과 결론을 바꾸어서 얻은 명제 'B⇒A'를 '**역**'이라고
하며 가정과 결론을 부정하여 얻은 명제 '~A⇒~B'를 '**이**'라고 하며 가정
과 결론을 바꾸어 놓고 각각 부정하여 얻은 명제 '~B⇒~A'를 '**대우**'라고
한다. 네 가지 명제 사이의 변형 관계는 다음과 같다.

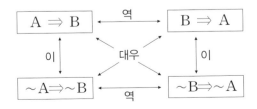

네 가지 명제 사이의 참, 거짓 관계는 다음과 같다. 서로 대우인 두 명제는 한 명제가 참이면 다른 명제도 참이고, 한 명제가 거짓이면 다른 명제도 거짓이다. 이것을 또 **동치**라고 하며 '⇔'로 나타낸다.

즉 'A⇒B' ⇔ '~B⇒~A' 'B⇒A' ⇔ '~A⇒~B'

예제 01

다음 명제들의 역, 이, 대우를 쓰고 그 참, 거짓을 밝혀라.
(1) a, b가 홀수이면 $a+b$는 짝수이다.(단, a, b는 정수이다.)
(2) 직사각형의 두 대각선은 서로 같다.

| 풀이 | (1) 역 : $a+b$가 짝수이면 a, b는 홀수이다(거짓).

이 : a, b가 모두 홀수가 아니면 $a+b$는 짝수가 아니다(거짓).

대우 : $a+b$가 짝수가 아니면 a, b는 홀수가 아니다(참).

(2) 먼저 문제의 연구 범위를 정하고 본 명제를 일반형으로 쓴다. 즉,

평행사변형이 직사각형이면 그 두 대각선은 서로 같다.

그러므로

역 : 대각선이 서로 같은 평행사변형은 직사각형이다(참).

이 : 직사각형이 아닌 평행사변형이 두 대각선은 같지 않다(참).

대우 : 두 대각선이 같지 않은 평행사변형은 직사각형이 아니다(참).

본 명제를 다음과 같이 써도 된다. 즉, 한 사각형이 직사각형이면 그 두 대각선은 서로 같다. 그 다음의 풀이는 여러분 스스로 하여라.

평면 위에서 어떤 조건을 만족하는 모든 점들로 이루어지는 도형을 그 조건을 만족하는 **점의 자취**라고 한다. 이 정의에 의하여 도형 F가 조건 C를 만족하는 점의 자취인가를 판단하거나 증명할 때에는 다음의 두 가지를 검증해야 한다.

(1) 도형 F 위에 있는 임의의 점이 모두 조건 C를 만족한다. (순수성)
(2) 평면 위에서 조건 C를 만족하는 임의의 점이 모두 도형 F 위에 있다.
 (완비성)

예제 02

다음 말이 맞는가? 그 이유를 설명하여라.
(1) 평면 위에서 점 O로부터의 거리가 1인 점의 자취는 O를 중심으로 하고 반지름이 1인 반원 ACB이다.
(2) l은 정해진 선분 $\overline{AB}$의 수직이등분선이고 점 P는 조건 $\overline{PA} > \overline{PB}$를 만족한다. 이때, 점 P의 자취는 l에 의하여 이루어진 두 반평면 중에서 점 B를 포함하는 한 반평면(l을 포함하지 않는다)이다.

| 풀이 | (1) 틀리다 – 반원 ACB 위의 점으로부터 O까지의 거리는 모두 1이므로 순수성을 가진다. 그러나 다른 반원 위의 점 D도 O까지의 거리가 1이라는 조건을 만족한다. 그런데 D가 ACB 위에 있지 않을 수 있으므로 완비성을 가지지 못한다.
  (2) 맞다 – 임의의 점 P가 B를 포함하는 반평면 위에 있고 선분 $\overline{PA}$와 l이 C에서 만난다고 하면 $\overline{PA} = \overline{PC} + \overline{CA} = \overline{PC} + \overline{CB} > \overline{PB}$이다. 즉, 이 반평면 위의 점은 모두 $\overline{PA} > \overline{PB}$라는 성질을 가진다. 반대로 평면 위에 있는 임의의 점 P가 조건 $\overline{PA} > \overline{PB}$를 만족하고 P가 A를 포함하는 반평면 위에 있다면 앞에서와 같이 하여 $\overline{PB} > \overline{PA}$를 증명할 수 있다.
  P가 l 위에 있다면 $\overline{PA} = \overline{PB}$이다. 이는 모두 $\overline{PA} > \overline{PB}$라는 것과 모순된다. 때문에 P는 반드시 점 B를 포함하는 반평면 위에 있다. 종합하면 주어진 결론이 증명된다.

자취에 대하여 연구, 판단, 증명할 때 흔히 쓰이는 다른 한 가지 방법은 모르는 자취를 아는 자취에 귀결시키는 것이다. 이때, 다음의 몇 가지 기본 자취를 흔히 이용한다.

⑴ 점 O까지의 거리가 r인 점의 자취는 O를 중심으로 하고 r을 반지름으로 하는 원이다.

⑵ 두 점 A, B로부터 같은 거리에 있는 점의 자취는 선분 $\overline{AB}$의 수직이등분선이다.

⑶ 각의 두 변까지의 거리가 같은 점의 자취는 각의 이등분선이다.

⑷ 직선 l까지의 거리가 a인 점의 자취는 l의 양쪽에 있으며 l에 평행하고 l까지의 거리가 a인 두 직선이다.

⑸ 평행한 두 직선 l_1, l_2에서 같은 거리에 있는 점의 자취는 그 두 직선에 평행하고 그 두 직선에서 같은 거리에 있는 한 직선이다.

⑹ 주어진 선분의 끝점과 연결한 두 선분 사이에 끼인각과 그 각의 크기와 같은 점의 자취는, 주어진 선분을 현으로 하고 그 현에 대한 원주각이 정해진 각과 같은 두 호(끝점은 포함하지 않는다)이다.

예제 03

　정해진 원 O의 반지름이 r이고 움직이는 원 O′의 지름이 정해진 길이 r'이며 원 O′와 원 O가 외접한다. 점 O′의 자취를 구하여라.

| 분석 | O′가 만족하는 조건은 원 O′와 원 O가 외접 $\iff \overline{OO'}=r+r'$ =(정해진 길이)이다. 따라서 O′가 만족하는 조건은 O′로부터 정점 O까지의 거리가 정해진 길이 $r+r'$가 같다는 것으로 변환되었는데 이것은 주어진 자취이다.

∴ 점 O′의 자취는 O를 중심으로 하고 $r+r'$를 반지름으로 하는 원이다. 주어진 자취에 귀결되었기 때문에 증명할 필요가 없다. 풀이는 생략한다.

예제 04

∠AOB는 정해진 각이고 a는 양의 상수이다. 동점 P로부터 $\overline{OA}$, $\overline{OB}$까지의 거리가 각각 $\overline{PD}$, $\overline{PE}$이며 $\overline{PD}-\overline{PE}=a$이다. 동점 P의 자취를 구하여라.

| 풀이 | 다음 그림에서와 같이 $\overline{DD'}=a$되게 D′를 취하고, D′를 지나 $\overline{OA}$에 평행한 직선을 그어 $\overline{OB}$와 만나는 점을 O′라고 한다. 그러면 $\overline{PD}-\overline{PE}=a \Longleftrightarrow \overline{PD'}=\overline{PE}$이다. 점 P의 자취는 ∠A′O′B의 이등분선이다.

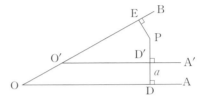

| 설명 | 이 예제에서는 $\overline{OA}$를 $\overline{O'A'}$까지 평행이동하여 점 P가 만족하는 조건 $\overline{PD}-\overline{PE}=a$를 $\overline{PE}=\overline{PD'}$로 변환시킴으로써 주어진 자취를 구할 수 있다.

예제 05

A, B는 두 정점이고 a는 양의 상수이며 점 P는 조건
$$\overline{PA}^2+\overline{PB}^2=a^2\left(a>\frac{\sqrt{2AB}}{2}\right)$$
을 만족한다. 점 P의 자취가 원임을 증명하여라.

| 분석 | 도형의 대칭성에 의하여 원의 중심은 선분 $\overline{AB}$의 중점 O임을 알 수 있다. 그러므로 $\overline{OP}$가 정해진 길이라는 것을 증명하면 된다.

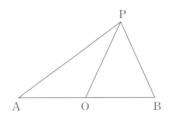

| 증명 | 코사인법칙에 의하여

$$\overline{PA}^2 = \overline{OA}^2 + \overline{OP}^2 - 2 \cdot \overline{OA} \cdot \overline{OP} \cos \angle AOP,$$
$$\overline{PB}^2 = \overline{OB}^2 + \overline{OP}^2 - 2 \cdot \overline{OB} \cdot \overline{OP} \cos \angle BOP$$

두 식을 더하고 $\overline{OA} = \overline{OB} = \dfrac{\overline{AB}}{2}$,

$\cos \angle AOP = -\cos \angle BOP$ 라는 데 유의하면

$$\overline{PA}^2 + \overline{PB}^2 = \dfrac{\overline{AB}^2}{2} + 2 \cdot \overline{OP}^2$$

따라서

$$\overline{PA}^2 + \overline{PB}^2 = a^2 \Longleftrightarrow \overline{OP} = \sqrt{\dfrac{a^2}{2} - \dfrac{\overline{AB}^2}{4}} = (양의 \ 상수)$$

∴ 점 P의 자취는 원이다.

모르는 자취 F 위의 점이 두 조건 A, B를 만족시키고, 조건 A를 만족하는 점의 자취가 도형 F_1 위에 있고, 조건 B를 만족하는 점의 자취가 도형 F_2 위에 있으면, 자취 F는 주어진 두 자취 F_1과 F_2의 공통 부분이다.

예제 06

A, B는 두 정점이고 동점 P는 조건 $\overline{PA}^2 + \overline{PB}^2 = \overline{AB}^2$ 및 $\overline{PA} > \overline{PB}$ 를 만족한다. 점 P의 자취를 구하여라.

| 풀이 | 조건 $\overline{PA}^2 + \overline{PB}^2 = \overline{AB}^2$ 을 만족하는 점 P의 자취는 $\overline{AB}$를 지름으로 하는 원이며, 조건 $\overline{PA} > \overline{PB}$를 만족하는 점 P의 자취는 $\overline{AB}$의 수직이등분선 $\overline{CD}$에 의하여 생긴 두 반평면 중에서 B를 포함하는 한 반평면이다.

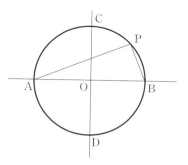

∴ 구하려는 점 P의 자취는 이 두 도형의 공통 부분, 즉 반원 $\overset{\frown}{CBD}$(C, D는 포함되지 않는다)이다. (그림 참조)

예제 07

부채꼴 OAB의 내접원을 작도하여라.

| 분석 | 그리려는 원을 O′라고 하면 O′는 ∠AOB의 이등분선($\overline{OC}$) 위에 있다. 접점 D를 정한다면 O′에서 $\overline{OA}$에 내린 수선의 발이다.

점 D를 정하기 위하여 닮음의 위치에 있는 도형을 그리는 방법을 이용한다.

| 작도 | ∠AOB의 이등분선 $\overline{OC}$ 위에서 임의의 점 O″를 원의 중심으로 정하고 원 O″를 그린다.

원 O″가 $\overline{OA}$와 접하는 점을 D′라 하고 $\overline{OC}$와 만나는 점을 C′라 한다.

C를 지나 $\overline{C'D'}$에 평행한 직선을 긋고 $\overline{OA}$와 만나는 점을 D라고 한다. D를 지나 $\overline{OA}$에 수직인 $\overline{DO'}$를 긋고, $\overline{OC}$와 만나는 점을 O′라고 한다. O′를 중심으로 하고 $\overline{O'D}$를 반지름으로 하는 원을 그린다. 그러면 작도하려는 내접원이 된다.

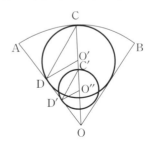

01 다음 명제들의 역, 이, 대우를 쓰고 그 참, 거짓을 판단하여라.

    (1) 사각형 ABCD가 원에 내접하면 $\sin A = \sin C$이다.

    (2) 마름모의 대각선은 서로 수직으로 만난다.

    (3) a, b가 실수일 때 $a+b$가 짝수이면 a, b는 모두 홀수이거나 모두 짝수이다.

    (4) 방정식 $x^2 + px + q = 0$이 두 개의 양의 실근을 가지면 $q > 0$이다.

02 A, B는 정점이고 움직이는 직선 l은 A를 지나며 P는 l에 대한 B의 대칭점이다. 점 P의 자취를 구하여라.

03 동점에서 정해진 원에 그은 접선의 길이가 일정할 때 동점의 자취가 원임을 증명하여라.

04 원에서 한 조의 평행한 현들의 중점의 자취를 구하여라.

05 □ABCD에서 B, C는 정점이고 $\overline{BA}$는 일정하며 $\overline{AC}$는 $\overline{BD}$와 P에서 만난다. $\overline{AD}$가 이동할 때 점 P의 자취를 구하여라.

06 △ABC에서 B, C는 정점이고 ∠BAC는 일정하다. 꼭짓점 A가 이동할 때 △ABC의 내심 P의 자취, △ABC의 무게중심 Q의 자취를 구하여라.

07 동점에서 정해진 각의 두 변까지의 거리의 합이 양의 상수이다. 이 동점의 자취를 구하여라(동점은 각의 외부에 있지 않다).

08 $\overline{BD}$, $\overline{CE}$는 정해진 삼각형 ABC의 수선이고 $\overline{BD} < \overline{CE}$이다. 변 $\overline{BC}$ 위에서 $\overline{AB}$, $\overline{AC}$까지의 거리의 합이 정해진 길이 $a(\overline{BD} < a < \overline{CE})$와 같은 점 P를 구하여라.

09 C는 정해진 각 ∠AOB의 내부에 있는 정점이다. ∠AOB의 두 변과
    접하며 점 C를 지나는 원 O′를 구하여라.

10 △ABC는 정해진 삼각형이고 점 P에서 $\overline{BC}$, $\overline{CA}$, $\overline{AB}$까지의 거리는
    각각 $\overline{PD}$, $\overline{PE}$, $\overline{PF}$이며 세 점 D, E, F는 한 직선 위에 있다. 점 P의 자
    취를 구하여라.

11 평면 위에 정점이 10개 있는데 그 중에는 한 직선 위에 있는 세 점이 없
    고, 한 원 위에 있는 네 점이 없다. 그 중의 세 점을 지나며 다른 세 점이
    내부에 있는 원을 그려라.

35 등적변형의 활용

먼저 모두가 잘 아는 예를 들기로 한다.

예제 01

> 사다리꼴에서 윗변과 밑변이 각각 a, b이고 높이가 h이다.
> 그 넓이가 $\frac{1}{2}(a+b)h$임을 증명하여라.

| 증명 | 사다리꼴 ABCD에서
높이를 h, $\overline{AB}=a$,
$\overline{CD}=b$라 하고 B와 D
를 연결한다. C를 지나
$\overline{BD}$에 평행인 $\overline{CE}$를

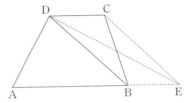

그어 $\overline{AB}$의 연장선과 만나는 점을 E라 하고, D와 E를 연결한다.

△BDC와 △BDE의 밑변이 같고, 이 밑변에 내린 높이가 같으므로 넓이 $S_{\triangle BDC}=S_{\triangle BDE}$이다.

∴ 사다리꼴의 넓이

$$S_{ABCD}=S_{\triangle ABD}+S_{\triangle BDC}=S_{\triangle ABD}+S_{\triangle BDE}=S_{\triangle ADE}$$

$$=\frac{1}{2}h(\overline{AB}+\overline{BE})=\frac{1}{2}(a+b)h$$

| 설명 | 이 예제에서 사다리꼴을 그것과 넓이가 같은 삼각형으로 변형하였는데, 이와 같은 방법을 **등적변형**이라고 한다. 이 방법을 이용하면 볼록 n각형을 그것과 넓이가 같은 $(n-1)$각형으로 변형할 수 있다. 이와 같이 계속하여 가면 또 그것과 넓이가 같은 삼각형으로 변형할 수 있다.

사실상 등적변형에서는 역시 도형의 변환을 거쳐 모양은 변하나 넓이가 변하지 않게 함으로써 두 넓이 사이의 관계(여기서 넓이의 비는 1)를 얻는 것이다.

일반적으로 다음 성질들을 응용하여 등적변형을 한다.

1. 밑변이 같고 높이가 같은 두 삼각형의 넓이는 서로 같다.
2. 공통밑변을 가지고 있는 두 삼각형의 넓이의 비는 높이의 비와 같다.
3. 같은 높이를 가지고 있는 두 삼각형의 넓이의 비는 밑변의 비와 같다.
4. 같은 꼭지각을 가지고 있는 두 삼각형의 넓이의 비는 끼인 각의 두 변의 곱의 비와 같다.
5. 닮은 삼각형의 넓이의 비는 닮음비의 제곱과 같다.

예제 02

직선 l과 세 반직선 $\overline{OA}$, $\overline{OB}$, $\overline{OC}$가 각각 A, B, C에서 만난다. $\angle AOB = \alpha$, $\angle BOC = \beta$, $\overline{OA} = m$, $\overline{OC} = n$이다. 다음을 증명하여라.

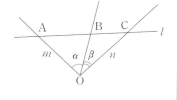

$$\frac{\sin(\alpha+\beta)}{OB} = \frac{\sin\alpha}{n} + \frac{\sin\beta}{m}$$

| 증명 | α, β, $(\alpha+\beta)$ 및 m, n과 O 사이의 관계를 살펴야 한다. 그러므로 직접(변형하지 않고) 넓이의 공식 $S = \frac{1}{2}ab\cdot\sin\alpha$를 이용하여 여러 원소를 관련시켜야 한다.

$$S_{\triangle OAC} = S_{\triangle AOB} + S_{\triangle BOC}$$

즉, $\dfrac{1}{2}mn\sin(\alpha+\beta) = \dfrac{1}{2}m\cdot\overline{OB}\sin\alpha + \dfrac{1}{2}\overline{OB}\cdot n\sin\beta$

$$\therefore \frac{\sin(\alpha+\beta)}{\overline{OB}} = \frac{1}{n}\sin\alpha + \frac{1}{m}\sin\beta$$

| 설명 | (1) 예제 **02**에서 $\alpha=\beta=60°$로 고치면 결론은

$$\frac{1}{\overline{OB}} = \frac{1}{n} + \frac{1}{m}$$

(2) 정삼각형 ABC의 외접원의 호 $\overline{AB}$ 위에 점 P를 잡고, P와 C를 연결하여 $\overline{AB}$와 만나는 점을 D라고 한다. 그러면

$$\frac{1}{\overline{PD}} = \frac{1}{\overline{PA}} + \frac{1}{\overline{PB}}$$

(3) 다음 그림에서와 같이 직선 l 위에 세 점 G, A, B가 있고 l의 같은 쪽에 세 개의 정삼각형 △ABC, △ADE, △AFG 가 인접하여 있다. 세 정삼각형의 변의 길이는 각각 a, b, c이다. D와 G를 연결하여 $\overline{DG}$와 $\overline{AE}$가 만나는 점을 N이라 한다. B와 N을 연결하여 $\overline{BN}$과 $\overline{AC}$가 만나는 점을 M이라고 한다.

$$\overline{AM} = \frac{abc}{(ab+bc+ca)}$$임을 증명하여라.

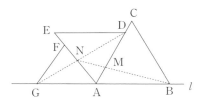

이 세 문제의 풀이 방식은 예제 02의 분석과 완전히 다르다.
(3)은 얼핏 보면 풀기 어려운 것 같지만 자세히 분석하여 보면 점 A 에서 나가는 세 반직선이 있음을 알 수 있다. 넓이가 같다는 데 의하여 관계식 $\dfrac{1}{AN} = \dfrac{1}{b} + \dfrac{1}{c}$과 $\dfrac{1}{AM} = \dfrac{1}{a} + \dfrac{1}{AN}$을 얻음으로써 결론을 증명할 수 있다.

예제 03

그림에서
$$\overline{BD} = \frac{\overline{AB}}{3}, \overline{DE} = \frac{\overline{DF}}{3},$$
넓이 $S_{\triangle ABC} = a$이다.
넓이 $S_{\triangle BDF}$의 크기를 구하여라.

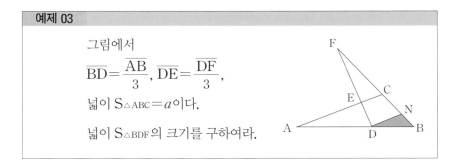

| 분석 | 구하려는 것에 근거하여 이 예에서는 주어진 넓이 a와 구하려는 넓이 S△BDF를 관련시켜야 한다. 그러려면 반드시 도형을 변환하여 가정과 구하려는 넓이를 관련시켜야 한다.

| 풀이1 | 넓이가 주어진 △ABC와 넓이를 구해야 할 △BDF는 같은 꼭지각 ∠B를 가지고 있다. 따라서 $\overline{AC}$에 평행하게 $\overline{DN}$을 긋는다.

$$\frac{S_{\triangle ABC}}{S_{\triangle BDF}} = \frac{\overline{AB} \cdot \overline{BC}}{(\overline{BD} \cdot \overline{BF})}$$

$$= \frac{3}{1} \cdot \frac{3}{7} = \frac{9}{7}$$

$$\therefore S_{\triangle BDF} = \frac{7a}{9}$$

| 풀이2 | △BDN의 넓이(공통의 넓이)를 주어진 넓이, 구하려는 넓이와 연관시킨다.

$$\overline{BN} = \frac{\overline{BC}}{3}, \overline{BN} = \frac{\overline{BF}}{7}$$

$$\therefore \frac{S_{\triangle BDN}}{S_{\triangle ABC}} = \left(\frac{1}{3}\right)^2$$

$$\frac{S_{\triangle BDN}}{S_{\triangle BDF}} = \frac{1}{7} \text{(같은 높이를 가짐)}$$

$S_{\triangle BDN}$을 소거하면 $S_{\triangle BDF} = \frac{7a}{9}$를 얻는다.

| 풀이3 | E를 지나 $\overline{BF}$에 평행하게 $\overline{EM}$을 긋고 $\overline{BD}$와 만나는 점을 M이라고 한다(그리지 않았다).

그러면 $\overline{DM} = \frac{\overline{BD}}{3}, \overline{DM} = \frac{\overline{AB}}{9}$

마찬가지로 주어진 넓이와 구하려는 넓이를 $S_{\triangle DEM}$으로 표시할 수 있다.

그러면 $S_{\triangle BDF} = \frac{7a}{9}$를 얻는다.

예제 04

사각형 ABCD에서 E, F는 $\overline{DC}$의 삼등분점이고 G, H는 $\overline{AB}$의 삼등분점이다. 넓이 $S_{EFHG} = \frac{1}{3}S_{ABCD}$임을 증명하여라.

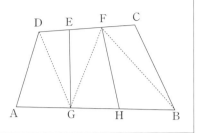

| 분석 | 이 예제는 사각형의 넓이 사이의 관계를 증명하는 것이므로 사각형을 삼각형으로 변환시킨 다음 등적변형을 이용하여 그 넓이를 연계시켜 볼 수 있다.

| 증명 | D와 G, G와 F, F와 B를 연결하고 $S_{ABCD} = a$라고 하면

$$S_{\triangle ADG} = \frac{1}{3}S_{\triangle ABD}, \quad S_{\triangle BCF} = \frac{1}{3}S_{\triangle BCD}$$

두 식을 더하면 $S_{\triangle ADG} + S_{\triangle BCF} = \frac{1}{3}S_{ABCD}$

따라서 $S_{BFDG} = \frac{2}{3}S_{ABCD} = \frac{2a}{3}$ ...... ①

또, $S_{BFDG} = S_{\triangle DFG} + S_{\triangle BGF}$

$\qquad = 2 \cdot S_{\triangle EFG} + 2 \cdot S_{\triangle GHF} = 2 \cdot S_{EFHG}$ ...... ②

①, ②에서 S_{BFDG}를 소거하면

$$S_{EFHG} = \frac{1}{3}S_{ABCD}$$

예제 05

그림에서 점 O는 △ABC 내부에 있는 한 점이다. A와 O, B와 O, C와 O를 연결하고 $\overline{AO}$, $\overline{BO}$, $\overline{CO}$의 연장선이 그 대변과 만나는 점을 각각 D, E, F라고 한다. 다음 식을 증명하여라.

$$\frac{\overline{OD}}{\overline{AD}} + \frac{\overline{OE}}{\overline{BE}} + \frac{\overline{OF}}{\overline{CF}} = 1$$

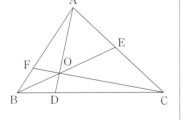

| 분석 | 증명하려는 식에서의 비의 값이 모두 같은 밑변을 가진 두 삼각형에 포함되어 있다. 그러므로 이 세 비를 모두 삼각형의 넓이의 비로 고치고 등적변형을 이용하여 동일한 넓이 $S\triangle ABC$로 표시한 다음 증명하려는 식으로 고칠 수 있다.

| 증명 | $$\frac{\overline{OD}}{\overline{AD}} = \frac{O에서 \ BC까지의 \ 거리}{A에서 \ BC까지의 \ 거리} = \frac{S_{\triangle OBC}}{S_{\triangle ABC}}$$

같은 이유에 의하여

$$\frac{\overline{OE}}{\overline{BE}} = \frac{S_{\triangle OAC}}{S_{\triangle ABC}}, \quad \frac{\overline{OF}}{\overline{CF}} = \frac{S_{\triangle OAB}}{S_{\triangle ABC}}$$

$$\therefore \frac{\overline{OD}}{\overline{AD}} + \frac{\overline{OE}}{\overline{BE}} + \frac{\overline{OF}}{\overline{CF}} = \frac{S_{\triangle OBC} + S_{\triangle OAC} + S_{\triangle OAB}}{S_{\triangle ABC}}$$

$$= 1$$

예제 06

직각삼각형 ABC의 두 직각변 $\overline{AB}$, $\overline{AC}$를 변으로 하여 바깥쪽에 정사각형 ABDE와 ACFG를 그리고 $\overline{CD}$와 $\overline{AB}$의 교점을 P, $\overline{BF}$와 $\overline{AC}$의 교점을 Q라고 한다.
$\overline{AQ} = \overline{AP}$임을 증명하여라.

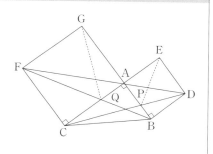

| 분석 | 증명하려는 $\overline{AQ}$와 $\overline{AP}$는 각각 $\triangle BGQ$와 $\triangle CEP$의 높이이다. 두 삼각형의 밑변 $\overline{BG}$와 $\overline{CE}$가 같으므로 이 두 삼각형의 넓이가 같다는 것을 증명하면 된다.

| 증명 | $S_{\triangle BGQ} = S_{\triangle ABQ} + S_{\triangle AQG} = S_{\triangle ABQ} + S_{\triangle AFQ}$ ······ ①

$S_{\triangle CFA} = S_{\triangle CFB}$, $S_{\triangle FCQ} =$ 공통

$\therefore S_{\triangle AFQ} = S_{\triangle BQC}$ ······ ②

①, ②에서 $S_{\triangle BGQ} = S_{\triangle ABC}$, 마찬가지로 $S_{\triangle CEP} = S_{\triangle ABC}$

$\therefore S_{\triangle BGQ} = S_{\triangle CEP}$, $\overline{BG} = \overline{CE}$

$\therefore \overline{AQ} = \overline{AP}$

01 $\triangle ABC$에서 $\overline{BD}$, $\overline{CE}$는 중선이며 G는 $\overline{BD}$와 $\overline{CE}$가 만나는 점이다. 사각형 $AEGD$와 삼각형 $\triangle BGC$의 넓이가 같다는 것을 증명하여라.

02 평행사변형 $ABCD$의 꼭짓점 D를 지나는 직선을 긋고 $\overline{BC}$와 만나는 점을 E, $\overline{AB}$의 연장선과 만나는 점을 F라고 한다. $\triangle ABE$와 $\triangle EFC$의 넓이가 같다는 것을 증명하여라.

03 사다리꼴 $ABCD$에서 $\overline{AB}/\!/\overline{CD}$이며 대각선 $\overline{AC}$와 $\overline{BD}$가 O에서 만난다. $\triangle DCO$의 넓이를 S_1, $\triangle ABO$의 넓이를 S_2, 사다리꼴 $ABCD$의 넓이를 S라고 한다. $S = (\sqrt{S_1} + \sqrt{S_2})^2$임을 증명하여라.

04 $\triangle ABC$에서 D가 $\overline{BC}$를 $3:1$로 나눈다. A와 D를 연결한다. F는 $\overline{AD}$를 $3:1$로 나눈다. $\overline{BF}$를 연장하여 $\overline{AC}$와 만나는 점을 E라고 한다. $\triangle AFE$의 넓이가 $\triangle ABC$의 넓이의 $\dfrac{27}{208}$임을 증명하여라.

05 $\triangle ABC$의 내부에 있는 임의의 점 O를 지나서 $\overline{AB}$, $\overline{BC}$, $\overline{AC}$에 평행인 직선을 긋고 세 변에 잘리어서 생긴 선분을 각각 $\overline{D_1D}$, $\overline{E_1E}$, $\overline{F_1F}$라고 한다($\overline{D_1D}/\!/\overline{AB}$, $\overline{E_1E}/\!/\overline{BC}$, $\overline{F_1F}/\!/\overline{AC}$). 그리고 $\triangle OE_1F_1$의 넓이를 S_1, $\triangle DFO$의 넓이를 S_2, $\triangle D_1EO$의 넓이를 S_3, $\triangle ABC$의 넓이를 S라고 한다. $(\sqrt{S_1} + \sqrt{S_2} + \sqrt{S_3})^2 = S$임을 증명하여라.

06 직각삼각형의 내접원의 반지름이 빗변의 $\dfrac{1}{4}$보다 작다는 것을 증명하여라.

07 G는 △ABC의 무게중심이다. G를 지나는 직선을 긋고 $\overline{AB}$, $\overline{AC}$와 만나는 점을 각각 D, E라고 한다.
$\overline{DG} \le 2\overline{EG}$임을 증명하여라.

08 $\overline{AM}$은 △ABC의 밑변에 내린 중선이다. 임의의 한 직선을 긋고 $\overline{AB}$, $\overline{AC}$, $\overline{AM}$과 만나는 점을 각각 E, F, N이라고 한다. 다음을 증명하여라.

$$\frac{\overline{AB}}{\overline{AE}} + \frac{\overline{AC}}{\overline{AF}} = \frac{2\overline{AM}}{\overline{AN}}$$

09 h_a, h_b, h_c는 △ABC의 세 변 a, b, c에 내린 높이이고 △ABC의 내접원의 반지름은 r이다.

(1) $\dfrac{1}{h_a} + \dfrac{1}{h_b} + \dfrac{1}{h_c} = \dfrac{1}{r}$임을 증명하여라.

(2) $r=1$일 때 h_a, h_b, h_c 중에서 적어도 하나는 3보다 작지 않다는 것을 증명하여라.

10 정육각형 ABCDEF의 대각선 $\overline{AC}$, $\overline{CE}$가 내분점 M, N에 의하여 나누어지는 비가 $\overline{AM} : \overline{AC} = \overline{CN} : \overline{CE} = r : 1$이다. 세 점 B, M, N이 한 직선 위에 있을 때 r를 구하여라.

36 귀류법에 대한 간단한 소개

귀류법은 중요한 증명 방법의 하나로서 간접증명법에 속한다.
그 논리 위에서의 이론적 근거는 형식 논리의 기본 원리, 즉 모순 원리와
배중 원리이다.

귀류법의 증명 순서는 다음과 같다.

(1) 증명하려는 결론과 반대되는 가정을 한다.

(2) 결론과 반대되는 가정으로부터 공리, 정의, 정리, 가정과 모순되는 결과를 끌어낸다.

(3) 위의 '모순'에 의하여 결론과 반대되는 가정이 성립하지 않는다는 것을 증명함으로써 본래 증명하려던 결론이 정확하다는 것을 보인다.

여기서 주의할 점은 결론과 반대되는 가정을 아주 정확하게 하여야 한다는 것이다. 명제의 결론의 부정이 여러 가지 경우이거나, 비교적 숨어 있으면 결론과 반대되는 가정을 하기가 어렵다. 흔히 쓰이는 서로 부정하는 형식의 말로 표를 만들면 아래 표와 같다.

원 결론	이다	모두	보다 크(작)다	적어도 한 개 있다	적어도 n개 있다	많아야 한 개 있다	유한 하다	존재 한다
반 대 가 정	아니다	모두는 아니다	보다 크(작)지 않다	한 개도 없다	많아야 $n-1$개 있다	적어도 두 개 있다	무한 하다	존재하지 않는다

어떤 문제를 귀류법으로 증명하는 것이 좋은가? 이것은 명확히 대답하기 어려운 문제이다. 수학 문제는 다종 다양하므로 대부분의 문제는 일반적으로 직접증명법을 이용해서 증명할 수 있으나, 어떤 문제는 직접증명법으로 증명하기 어려우며 귀류법을 이용하면 증명하기가 쉽다. 때문에 귀류법을 중시해야 한다. 일반적으로 다음과 같은 경우에 흔히 귀류법을 이용한다.

1. 기본 정리 또는 기초 명제의 증명

예제 01

$\triangle ABC$와 $\triangle A'B'C'$에서 $\overline{AB} = \overline{A'B'}$, $\overline{AC} = \overline{A'C'}$, $\overline{BC} > \overline{B'C'}$이다. $\angle A > \angle A'$임을 증명하여라.

| 증명 | $\angle A \leq \angle A'$라고 하면

$\angle A = \angle A'$ 또는 $\angle A < \angle A'$이다.

$\angle A = \angle A'$이면 $\triangle ABC \equiv \triangle A'B'C'$

$\therefore \overline{BC} = \overline{B'C'}$

이것은 가정에 위배된다.

$\angle A < \angle A'$이면 가정에 의하여 $\overline{BC} < \overline{B'C'}$이다.

이는 가정에 위배된다.

$\therefore \angle A > \angle A'$

2. 존재성 문제의 증명

예제 02

$a_1 a_2 = 2(b_1 + b_2)$이면 방정식 $x^2 + a_1 x + b_1 = 0$과 $x^2 + a_2 x + b_2 = 0$ 가운데서 적어도 한 방정식은 실근을 가짐을 증명하여라.

| 증명 |　두 방정식에 모두 실근이 없다고 가정하자.

그러면 두 방정식의 판별식

$D_1 = a_1^2 - 4b_1 < 0, \qquad D_2 = a_2^2 - 4b_2 < 0$

$\therefore D_1 + D_2 < 0 \ \cdots\cdots(*)$

그러나 가정에 의하면

$D_1 + D_2 = a_1^2 + a_2^2 - 4(b_1 + b_2)$

$= (a_1^2 + a_2^2) - 4 \cdot \dfrac{a_1 a_2}{2}$

$= (a_1 - a_2)^2 \geq 0$이다. 이는 $(*)$식에 위배된다.

$\therefore$ 본 명제는 성립한다.

예제 03

그림의 사각형 ABCD에서 대각선 $\overline{AC} = \overline{BD} = 1$이다. 이 사각형에서 적어도 한 변은 $\dfrac{\sqrt{2}}{2}$ 보다 작지 않음을 증명하여라.

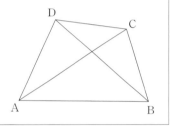

| 증명 |　네 변이 모두 $\dfrac{\sqrt{2}}{2}$ 보다 작다고 가정하자. 네 변 중에서

적어도 한 각이 둔각이 아니므로 $\angle A \leq 90°$라고 하자.

$\therefore \overline{BD}^2 = \overline{AB}^2 + \overline{AD}^2 - 2\overline{AB}\cdot\overline{AD}\cos A \leq \overline{AB}^2 + \overline{AD}^2$

따라서 $\overline{BD} \leq \sqrt{\overline{AB}^2 + \overline{AD}^2} < \sqrt{\left(\dfrac{\sqrt{2}}{2}\right)^2 + \left(\dfrac{\sqrt{2}}{2}\right)^2} = 1$

이는 가정 $\overline{BD} = 1$에 위반된다. $\therefore$ 본 명제는 성립한다.

---

3. 무한성 문제의 증명

예제 04

0과 1 사이에는 무수히 많은 유리수가 있음을 증명하여라.

| 증명 | 0과 1 사이에는 n개(유한하다)의 유리수 a_1, a_2, a_3…, a_{n-1}, a_n
만 있다고 가정하자. 유리수의 곱은 역시 유리수이므로

a_1, a_2, a_3, …, a_{n-1}, a_n과 다른 또 하나의 유리수

$\mathrm{P}=a_1\cdot a_2\cdot a_3\cdot\ \cdots\ \cdot a_{n-1}\cdot a_n$을 얻을 수 있다.

a_1, a_2, a_3, …, a_n은 모두 1보다 작은 양의 유리수이다.

$\therefore 0<\mathrm{P}<1$

그러므로 0과 1 사이에 적어도 유리수가 $n+1$개 있다.

이는 유리수가 n개만 있다는 가정에 위배된다.

$\therefore$ 본 명제는 성립한다.

4. 유일성 명제의 증명

예제 05

> $\triangle\mathrm{ABC}$와 $\triangle\mathrm{A'BC}$는 공통변 $\overline{\mathrm{BC}}$를 가지며
> $\overline{\mathrm{A'B}}+\overline{\mathrm{A'C}}>\overline{\mathrm{AB}}+\overline{\mathrm{AC}}$이다. 점 $\mathrm{A'}$가 $\triangle\mathrm{ABC}$의 외부에 있
> 다는 것을 증명하여라.

| 증명 | 점 $\mathrm{A'}$가 $\triangle\mathrm{ABC}$의 외부에 있지 않다고 가정하자. 그러면 두
가지 가능성이 있다.

(1) 다음 그림과 같이 점 $\mathrm{A'}$가 $\triangle\mathrm{ABC}$의 변 $\overline{\mathrm{AC}}$(또는 $\overline{\mathrm{AB}}$)
위에 있을 수 있다.

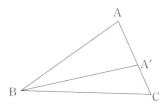

이때, $\overline{\mathrm{AB}}+\overline{\mathrm{AA'}}>\overline{\mathrm{A'B}}$

$\therefore \overline{\mathrm{AB}}+\overline{\mathrm{A'A}}+\overline{\mathrm{A'C}}>\overline{\mathrm{A'B}}+\overline{\mathrm{A'C}}$

즉, $\overline{\mathrm{AB}}+\overline{\mathrm{AC}}>\overline{\mathrm{A'B}}+\overline{\mathrm{A'C}}$

이는 주어진 부등식에 모순된다.

$\therefore$ (1)의 가정은 성립하지 않는다.

(2) 점 A′가 △ABC의 내부에 있을 수 있다.

$\overline{\text{BA}'}$를 연장하여 $\overline{\text{AC}}$와 만나는 점을 D라고 하자. 그러면

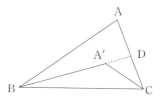

$\overline{\text{AB}}+\overline{\text{AD}}>\overline{\text{A}'\text{B}}+\overline{\text{A}'\text{D}}$

또, $\overline{\text{A}'\text{D}}+\overline{\text{DC}}>\overline{\text{A}'\text{C}}$

$\therefore \overline{\text{AB}}+\overline{\text{AD}}+\overline{\text{A}'\text{D}}+\overline{\text{DC}}>\overline{\text{A}'\text{B}}+\overline{\text{A}'\text{D}}+\overline{\text{A}'\text{C}}$

즉, $\overline{\text{AB}}+\overline{\text{AC}}>\overline{\text{A}'\text{B}}+\overline{\text{A}'\text{C}}$

이것도 주어진 부등식에 모순된다.

$\therefore$ (2)의 가정도 성립하지 않는다.

(1), (2)를 종합하여 점 A′가 △ABC의 외부에 있음을 알 수 있다.

5. 부정성 명제의 증명

예제 06

$m^2=n^2+1990$이 성립하게 하는 정수 m, n이 존재하지 않음을 증명하여라.

| 증명 | $m^2=n^2+1990$이 성립하게 하는 정수 m, n이 존재한다고 가정하자. 그러면

$$(m+n)(m-n)=1990$$

(1) m, n이 동시에 홀수이거나 동시에 짝수일 때

$m+n$, $m-n$은 모두 짝수이므로 $4\,|\,(m+n)(m-n)$이다. 그런데 1990은 4로 나누어떨어지지 않는다.

$\therefore$ m, n이 동시에 홀수이거나 동시에 짝수일 때

$$(m+n)(m-n)\neq 1990$$

(2) m, n 가운데서 하나가 홀수이고 하나가 짝수일 때
$m+n$, $m-n$은 모두 홀수이므로 $(m+n)(m-n)$은
홀수이다.

$$\therefore (m+n)(m-n) \neq 1990$$

(1), (2)를 종합하여 보면 본 명제가 성립한다는 것을 알 수 있다.

예제 07

합동인 네 원은 둘씩 외접하지 못함을 증명하여라.

| 증명 | 합동인 네 원이 둘씩 외접한다고 가정하고 원의 반지름을 r이
라고 하자. 그러면 변의 길이가 $2r$인 정삼각형 $O_1O_2O_4$와
$O_2O_3O_4$를 얻는다.

$\therefore \angle O_1O_2O_3 = 120°$이다.(그림 참조)

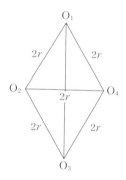

$\triangle O_1O_2O_3$에서
$$(\overline{O_1O_3})^2 = (\overline{O_1O_2})^2 + (\overline{O_2O_3})^2 - 2\overline{O_1O_2} \cdot \overline{O_1O_3}\cos120°$$
$$= 4r^2 + 4r^2 + 4r^2 = 12r^2$$

$\therefore \overline{O_1O_3} = 2\sqrt{3}r > 2r$

$\therefore$ 원 O_1과 원 O_3은 외접하지 않는다. 이는 반대되는 가정과
모순된다.

$\therefore$ 본 명제는 성립한다.

한 평면 위에 있는 네 점 가운데서 어떤 세 점이든지 한 직선 위에 있지 않다. 그 가운데서 세 점을 골라서 삼각형을 만들면 적어도 한 내각이 45°보다 크지 않다는 것을 증명하여라.

| 증명 | 네 점 가운데서 임의의 세 점을 골라 만든 삼각형의 세 내각이 모두 45°보다 크다고 가정하자.

네 점 가운데서 어떤 세 점이든지 한 직선 위에 있지 않으므로 네 점을 연결하여 두 가지 사각형 즉 오목사각형과 볼록사각형을 만들 수 있다.

(1) 다음 그림과 같이 ABCD가 볼록사각형일 때 A와 C, B와 D를 연결한다. $\angle 1$, $\angle 2$, $\cdots$, $\angle 8$이 모두 45°보다 크므로 $\angle 1 + \angle 2 + \angle 3 + \cdots + \angle 8 > 45° \times 8 = 360°$이다.

이는 사각형의 내각의 합이 360°라는 것과 모순된다.

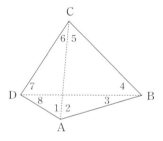

(2) 오른쪽 그림과 같이 ABCD가 오목사각형일 때, A와 C, B와 D를 연결한다.
$\angle 1$, $\angle 2$, $\angle 3$, $\cdots$, $\angle 6$이 모두 45°보다 크므로
$\angle 1 + \angle 2 + \cdots 6 > 45° \times 6 = 270°$이다.

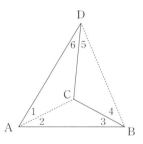

이는 삼각형의 내각의 합에 대한 정리에 모순된다.

(1), (2)를 종합하여 보면 본 명제가 성립함을 알 수 있다.

6. 긍정성 명제의 증명

예제 09

$\triangle ABC$에서 $\angle BAC > 90°$,

$\overline{BD} = \dfrac{\overline{BC}}{2}$ 이다.

$\overline{AD} < \dfrac{\overline{BC}}{2}$ 임을 증명하여라.

| 증명 | $\overline{AD} \geq \dfrac{\overline{BC}}{2}$ 라고 가정하자.

(1) $\overline{AD} = \dfrac{\overline{BC}}{2}$ 일 때,

$\overline{BD} = \dfrac{\overline{BC}}{2}$ ∴ $\overline{AD} = \overline{BD}$

$\angle B = \angle 1$

같은 이유에 의하여 $\angle C = \angle 2$

∴ $(\angle B + \angle C) = (\angle 1 + \angle 2) = \angle BAC > 90°$이다.

즉 $(\angle B + \angle C + \angle BAC) > 180°$

이는 삼각형의 내각의 합에 대한 정리에 모순된다.

(2) $\overline{AD} > \dfrac{\overline{BC}}{2}$ 일 때 $\overline{BD} = \dfrac{\overline{BC}}{2}$

∴ $\overline{AD} > \overline{BD}$, $\overline{AD} > \overline{DC}$ ∴ $\angle B > \angle 1$, $\angle C > \angle 2$

∴ $(\angle B + \angle C) > (\angle 1 + \angle 2) = \angle BAC > 90°$이다.

따라서 $(\angle B + \angle C + \angle BAC) > 180°$이다.

이것도 삼각형의 내각의 합에 대한 정리에 모순된다.

(1), (2)를 종합하면 본 명제가 성립함을 알 수 있다.

7. 기타

그림의 볼록사각형에서

$\overline{AB}+\overline{BD}\leq\overline{AC}+\overline{CD}$이면

$\overline{AB}<\overline{AC}$임을 증명하여라.

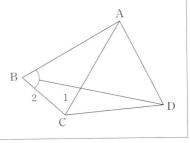

| 증명 | $\overline{AB}\geq\overline{AC}$라 가정하면 $\angle 1 \geq \angle 2$이다.

도형 ABCD는 볼록사각형이다.

∴ $\angle BCD > \angle 1$이다. 그런데 $\angle 2 > \angle CBD$

∴ $\angle BCD > \angle CBD$ ∴ $\overline{BD} > \overline{CD}$

∴ $\overline{AB}+\overline{BD} > \overline{AC}+\overline{CD}$. 이는 주어진 조건에 모순된다.

∴ 본 명제는 성립한다.

8. 홀수, 짝수 문제

a_1, a_2, a_3, a_4, a_5, b는 모두 정수이다.

$a_1^2+a_2^2+a_3^2+a_4^2+a_5^2=b^2$이면 이 여섯 개의 수가 모두 홀수일 수는 없음을 증명하여라.

| 증명 | 위의 여섯 개의 수가 모두 홀수라고 가정하면

a_1^2-1, a_2^2-1, a_3^2-1, a_4^2-1, a_5^2-1, b^2-1은 모두 8의 배수이다.

그러므로 $(a_1^2-1)+(a_2^2-1)+(a_3^2-1)+(a_4^2-1)+(a_5^2-1)$

$\neq (b^2-1)-4$

즉, $a_1^2+a_2^2+a_3^2+a_4^2+a_5^2 \neq b^2$

이는 가정과 모순된다.

∴ 본 명제는 성립한다.

예제 12

> $p = 4n + 3$ (n은 양의 정수) 형태의 정수는 두 정수의 제곱의 합으로 고칠 수 없음을 증명하여라.

| 증명 |　$p = 4n_0 + 3$이 두 정수의 제곱의 합으로 고쳐지게 하는 양의
정수 n_0가 있다고 가정하자.

$p = a^2 + b^2$이라고 하자. $p = 4n_0 + 3$ ∴ p는 홀수이다.

따라서 a, b는 하나가 홀수이고 하나는 짝수이다.

$a = 2m + 1$, $b = 2t$ (단, m, t는 정수)라 하면

$p = (2m+1)^2 + (2t)^2$

　 $= 4(m^2 + t^2 + m) + 1$

　 $= 4q + 1$ (단, q는 정수)

∴ $4n_0 + 3 = 4q + 1$

따라서

$4(n_0 - q) = -2$, $2(n_0 - q) = -1$

즉 $n_0 - q = -\dfrac{1}{2}$

∴ 그러나 n_0와 q가 모두 정수이므로 그 차도 정수가 되어야
하므로 이렇게 될 수 없다.

∴ 본 명제는 성립한다.

01 $\triangle ABC$의 세 변이 $b = \dfrac{(a+c)}{2}$를 만족한다면 적어도 두 각이 $60°$를 넘지 않음을 증명하여라.

02 n이 자연수이면 $n^2 + n + 2$가 15로 나누어떨어지지 않음을 증명하여라.

03 사각형 ABCD에서 E, F는 각각 변 $\overline{AB}, \overline{CD}$의 중점이고 $\overline{EF} = \dfrac{(\overline{AD} + \overline{BC})}{2}$이다. $\overline{AB} /\!/ \overline{CD}$임을 증명하여라.

04 $a^m = a^n (a > 0, \ a \neq 1)$일 때 $m = n$임을 증명하여라.

05 모든 변의 길이가 동일한 볼록육각형 ABCDEF에서
    $\angle A + \angle C + \angle E = \angle B + \angle D + \angle F$이다. $\angle A = \angle D$, $\angle B = \angle E$,
    $\angle C = \angle F$임을 증명하여라.

06 변의 길이가 정수인 직각삼각형의 두 직각변의 길이 차가 2인 두 소수로
    될 수 없음을 증명하여라.

37 답안 선택 문제의 풀이에 대하여 (2)

답안 선택 문제는 최근 몇십년 동안에 발전한 문제의 유형으로서 시험 문제를 표준화하기 위한 필요성에 의하여 생겼다. 지금 우리나라 각급 유형의 시험에서 모두 이 새로운 문제의 유형을 사용하고 있으며, 이것이 차지하는 비중도 갈수록 커지고 있다. 때문에 일부 답안 선택 문제를 푸는 방법을 학습하고 습득하는 것은 매우 필요한 일이다. 다음에 몇 가지 흔히 쓰이는 방법을 소개하기로 한다.

(1) 직접법

직접법은 문제의 조건으로부터 착수하여 추리 또는 계산을 통하여 정확한 결론을 얻은 다음 선택용 답안과 대조하여 판단을 내리는 방법이다.

예제 01

$p(x) = x^2 + bx + c\,(b,\ c$는 정수)라고 하자.

$p(x)$가 $x^4 + 6x^2 + 25$와 $3x^4 + 4x^2 + 28x + 5$의 한 인수이면,

$p(1)$의 값은 (　　　)이다.

(A) 0　　　　(B) 1　　　　(C) 2　　　　(D) 4

| 분석 | 이것은 값을 구하는 문제인데 주어진 네 개의 선택용 답안에서 출발한다면 어느 것이 정확한가를 판단하기 어렵다. 그러나 이 네 개의 선택용 답안을 잠시 제쳐놓고 주어진 조건으로부터 착수하여 인수의 성질에 의하여 일련의 계산을 한다면 $p(1)$의 값을 직접 구할 수 있다.

| 풀이 | 가정에 의하여

$p(x)$는 $3(x^4 + 6x^2 + 25)$인 인수이며 동시에 차

$3(x^4 + 6x^2 + 25) - (3x^4 + 4x^2 + 28x + 5) = 14(x^2 - 2x + 5)$

의 인수라는 것을 알 수 있기 때문에 $p(x) = x^2 - 2x + 5$이다.

$\therefore p(1) = 4$이다.　$\therefore$ (D)를 선택해야 한다.

그림의 △ABC에서 ∠BAC=50°, $\overline{BE}=\overline{BD}$, $\overline{CF}=\overline{CD}$이다. ∠EDF는 (　　)이다.

(A) 30°　　　(B) 135°　　　(C) 65°　　　(D) 60°

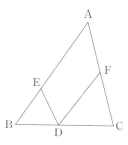

| 풀이 | 가정에 의하여

$$\angle BED = \angle BDE, \quad \angle CDF = \angle CFD,$$

$$\angle B + \angle C = 180° - \angle A = 130°이다.$$

$$\therefore (\angle B + 2\angle BDE) + (\angle C + 2\angle CDF)$$

$$= 180° + 180° = 360°$$

즉, $\angle BDE + \angle CDF = \dfrac{360° - (\angle B + \angle C)}{2} = 115°$

$$\therefore \angle EDF = 180° - (\angle BDE + CDF)$$

$$= 180° - 115°$$

$$= 65°$$

$$\therefore (C)를 선택해야 한다.$$

| 설명 | 직접법은 대다수 답안 선택 문제에 대하여 모두 적용된다.

그 중에서 가정과 선택용 답안 사이에 뚜렷한 관계가 없거나 또는 다른 방법으로는 효과를 보지 못하는 문제에 대하여 이 방법을 사용하면 정확한 답을 쓸 수 있다. 그러나 때로는 이러한 방법을 사용하면 오히려 시간이 많이 들고 계산량이 많아 다른 방법을 사용하는 것보다 간단하지 못하다.

(2) 개념 분석법

개념 분석법이란 수학의 개념, 공식, 규칙 등이 성립되는 조건을 분석하고 분석을 통하여 판단을 내리는 방법이다. 이러한 방법을 이용하여 푸는 문제는 주로 일부 기본 개념, 성질, 공식, 규칙 등에 대하여 깊이 이해하고 제대로 습득하였는가를 검사하기 위한 것이다.

이러한 유형의 문제에서는 늘 혼동하기 쉬운 개념들이 나타나며 일부 조건 또는 관계를 빠뜨리거나 은폐한다. 때문에 이러한 유형의 문제를 풀 때에는 혼동되기 쉬운 요소의 방해를 받지 말고 분석을 통하여 실질을 알아냄으로써 정확한 판단을 내려야 한다.

예제 03

x가 임의의 실수일 때 다음 등식들 중에서 성립되는 것은 (   )이다.
(A) $\sqrt{x^2-1}=\sqrt{x-1}\cdot\sqrt{x+1}$
(B) $\sqrt{\sin^2 x}=\sin x$
(C) $x^0=1$
(D) $\sqrt[2n+1]{x}=-\sqrt[2n+1]{-x}$ (n은 자연수)

| 풀이 | 식 (A), (B), (C)에서 x의 허용되는 값의 범위는 각각 다음과 같다. (A) $x\geq1$, (B) $\sin x\geq0$, (C) $x\neq0$은 모두 모든 x에 대하여 성립해야 한다는 문제의 조건에 맞지 않는다. 그러나 식 (D) 중에서의 x의 허용되는 값은 임의의 실수이다.

∴ (D)를 선택해야 한다.

예제 04

$k<9$인 모든 실수에 대하여 방정식
$(k-5)x^2-2(k-3)x+k=0$ (   )
(A) 실근을 가지지 않는다.
(B) 실근을 하나만 가진다.
(C) 두 실근을 가진다.
(D) 실근의 개수가 일정하지 않다.

| 풀이 | ① $k=5$일 때 주어진 방정식은 x에 관한 일원일차방정식이며 따라서 실근을 하나 가진다.

② $k<9$이며 $k\neq5$일 때 주어진 방정식은 x에 관한 일원이차방정식이며 $D>0$이므로 두 실근을 가진다. 따라서 $k<9$인 모든 실수에 대하여 주어진 방정식의 근의 개수는 일정하지 않다.

∴ (D)를 선택해야 한다.

| 설명 | 이 문제를 풀 때 학생들은 흔히 미지수가 1개인 일원이차방정식의 이차항의 계수가 0이 아니라는 이 제한 조건을 무시하기 때문에 (C)가 정확한 답안이라고 잘못 생각한다.

(3) 배제법

배제법이란 수학 지식을 이용하여 문제의 조건, 또 선택용 답안을 정확히 추리, 계산, 분석하여 틀린 선택용 답안을 하나하나 배제해 버리고 정확한 답안을 얻는 방법이다. 만일 모든 선택용 답안 가운데서 한 가지를 놓고, 그 나머지를 모두 판정하였다면 남은 한 가지가 정확한 답안이므로 더 이상 검증할 필요가 없다. 배제법을 이용하는 전제 조건은 모든 선택용 답안 가운데서 한 가지만 정확한 것이다.

예제 05

사각형 ABCD의 내부에 점 E가 있다. A와 E, B와 E, C와 E, D와 E를 연결한다. 사각형 ABCD를 넓이가 같은 네 개의 삼각형으로 나누었을 때 다음 명제들 가운데서 옳게 추리한 사람은?

갑 : ABCD는 볼록사각형이다.

을 : E는 대각선 $\overline{AC}$의 중점 또는 대각선 $\overline{BD}$의 중점이다.

병 : ABCD는 평행사변형이다.

(A) : 갑만이 정확하다.

(B) : 을만이 정확하다.

(C) : 갑, 을, 병이 다 정확하다.

(D) : 갑, 을, 병 다 틀리다.

| 풀이 | ① 만일 ABCD가 $\overline{AC}$를 대칭축으로 하는 오목사각형이라면 $\overline{AC}$의 중점의 문제에서의 E점이 요구하는 성질을 가진다는 것이 확실하다. 이때 갑, 병은 모두 정확하지 않다.

따라서 (A), (C)를 배제할 수 있다.

② 만일 ABCD가 정사각형이라면 $\overline{AC}$의 중점은 문제에서의 E점이 요구하는 성질을 가지고 있다는 것이 확실하다. 이때, 갑, 병은 모두 정확하다. 따라서 (D)를 배제할 수 있다.

네 가지 선택용 답안 가운데서 (A), (C), (D)가 배제되었기 때문에 남은 (B)가 정확하다.

∴ (B)를 선택해야 한다.

| 설명 | 어느 한 선택용 답안이 정확하지 못하다는 것을 판단하려면 반례를 하나만 찾으면 된다. 반례에 대한 요구는 다음과 같다.

첫째로 가정을 만족하여야 하며, 둘째로 주어진 선택용 답안과 모순되어야 한다. 이를테면 (A), (C)가 정확하지 못하다는 것을 설명할 때에는 $\overline{AC}$를 대칭축으로 하는 오목사각형의 변 $\overline{AC}$의 중점을 E점으로 정해야 한다.

이와 같이 결정한 사각형 및 점 E는 가정을 만족하지만 볼록사각형이 아니기 때문에 (A), (C)에 모순된다.

따라서 (A), (C)는 성립하지 않는다.

예제 06

방정식 $1 - \dfrac{(2k-4)}{(x-1)} = k$가 양수해를 가지기 위한 조건은 ( )이다.

(A) $k < 1$ 또는 $k > 3$ (B) $1 < k < 3,\ k \neq 2$

(C) $1 \leq k < 3,\quad k \neq 2$ (D) $1 < k < 3$

| 풀이 | 이 문제의 네 가지 선택용 답안 가운데서 (C)는 (B)를 포함하고 (D)도 (B)를 포함한다. 만일 (C) 또는 (D)가 정확하면 (B)도 정확하다. 이는 한 가지 선택용 답안만이 정확하다는 것에 모순된다. 그러므로 (C), (D)가 정확하지 못하다는 판단을 내릴 수 있다. 따라서 (A)와 (B) 중에서 선택해야 한다.

(A)에서 $k=0$을 취하여 주어진 방정식에 대입하면
$x=-3$(음수)을 얻는다. 따라서 (A)가 배제되므로 (B)를
선택해야 한다.

| 설명 | 이 문제의 구조는 다음과 같다. 선택용 답안은 문제의 가정
부분이며 '방정식 $1-\dfrac{(2k-4)}{(x-1)}=k$가 양수해를 가진다'는 결론

부분이다. 문제에서 구할 것은 '방정식 $1-\dfrac{(2k-4)}{(x-1)}=k$가 양수

해를 가지기 위한' 조건(이 조건은 역으로 추리하지 못한다)이다.

한 가지 답안을 선택하는 이러한 문제에서 선택용 답안들 사이에
포함 관계가 있으면 범위가 큰 것은 필연적으로 정확하지 못하다.
여기서 다음 몇 가지에 주의해야 한다.

① 문제의 선택용 답안 (A) '$k<1$ 또는 $k>3$'을 '$1<k<2$'로 고
치면 이 문제의 (A)와 (C)는 모두 정확한 답안이다. 이것은
답안을 여러 개 선택하는 문제로서 우리가 연구하는 범위를 벗
어난다.

② 문제를 다음과 같이 고치자.

'방정식 $1-\dfrac{(2k-4)}{(x-1)}=k$가 양수해를 가지려면 (   )여야 한다.'

(A) $1<k<2$　　　　　　　　(B) $1<k<3$, $k \neq 2$
(C) $1 \leq k<3$, $k \neq 2$　　　　(D) $1<k<3$

이 문제의 (B)는 (A)를 포함한다. 그런데 문제에서는 방정식
$1-\dfrac{(2k-4)}{(x-1)}=k$가 양수해를 가지기 위한 k의 모든 가능한 값의

범위(역으로 추리할 수 있다)를 찾아야 한다.

따라서 (A)는 정확하지 못하다.

∴ (B)를 선택해야 한다.

(4) 특수값법

특수값법이란 문제의 요구에 맞는 일부 특수값을 대입하고 계산, 추리하여 일부 틀린 결론을 부정하고 정확한 답안을 찾아내는 방법이다. 이 방법은 빠르고 간단 명료한 특징을 가지고 있으며, 답안 선택 문제의 특이한 풀이 방법이다.

예제 07

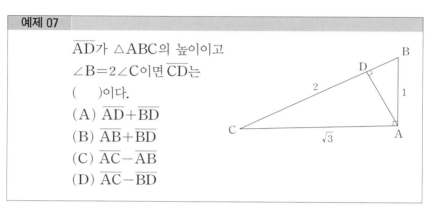

$\overline{\text{AD}}$가 $\triangle \text{ABC}$의 높이이고
$\angle \text{B} = 2\angle \text{C}$이면 $\overline{\text{CD}}$는
(　　)이다.
(A) $\overline{\text{AD}} + \overline{\text{BD}}$
(B) $\overline{\text{AB}} + \overline{\text{BD}}$
(C) $\overline{\text{AC}} - \overline{\text{AB}}$
(D) $\overline{\text{AC}} - \overline{\text{BD}}$

| 풀이 |　$\angle \text{C} = 30°$, $\overline{\text{AB}} = 1$이라 하면 간단한 계산을 통하여
$\overline{\text{CD}} = \dfrac{3}{2}$, $\overline{\text{AD}} = \dfrac{\sqrt{3}}{2}$, $\overline{\text{DB}} = \dfrac{1}{2}$을 얻을 수 있다.

이때, 네 답안의 값은 각각

(A) $\overline{\text{AD}} + \overline{\text{BD}} = \dfrac{\sqrt{3}}{2} + \dfrac{1}{2} \neq \dfrac{3}{2}$

(B) $\overline{\text{AB}} + \overline{\text{BD}} = 1 + \dfrac{1}{2} = \dfrac{2}{3}$

(C) $\overline{\text{AC}} - \overline{\text{AB}} = \sqrt{3} - 1 \neq \dfrac{3}{2}$

(D) $\overline{\text{AC}} - \overline{\text{BD}} = \sqrt{3} - \dfrac{1}{2} \neq \dfrac{3}{2}$

오직 (B)의 값만 $\overline{\text{CD}}$의 값과 같다. 그러므로 (B)를 선택해야 한다.

a, b는 서로 다른 두 양수이다. 세 대수식

(1) $\left(a+\dfrac{1}{a}\right)\left(b+\dfrac{1}{b}\right)$

(2) $\left(\sqrt{ab}+\dfrac{1}{\sqrt{ab}}\right)^2$

(3) $\left\{\dfrac{(a+b)}{2}+\dfrac{2}{(a+b)}\right\}^2$

가운데서 값이 가장 큰 것은 (   )이다.

(A)(1)   (B)(2)   (C)(3)   (D) 결정하지 못한다.

a, b가 가지는 값에 관계되지 않는다.

| 풀이 | ① $a=2$, $b=1$이면 이때 식 (1), (2), (3)의 값이 각각

   $5, \ 4\dfrac{1}{2}, \ 4\dfrac{25}{36}$가 된다. 따라서 (1)>(3)>(2)이다.

② $a=3$, $b=2$이면 이때 식 (1), (2), (3)의 값이 각각

   $\dfrac{2500}{300}, \ \dfrac{2450}{300}, \ \dfrac{2523}{300}$이 된다. 따라서 (3)>(1)>(2)이다.

그러므로 식 (1), (2), (3)의 값 중에서 어느 것이 가장 큰가 하는
문제는 a, b가 가지는 값에 따라 다르다. 따라서 (D)를 선택
해야 한다.

| 설명 | 특수값법을 이용할 때 다음과 같은 점들에 주의해야 한다.

① 선택한 특수값은 첫째로 문제의 가정을 만족해야 하고, 둘째로
   한 개 또는 몇 개의 선택용 답안을 배제해야 하고, 셋째로 계
   산이 간단해야 한다.

② 특수값을 넣고 계산하여 보아 알맞은 선택용 답안이라고 하여
   반드시 선택해야 할 답안은 아니다. 그러나 알맞지 않은 답안
   은 반드시 정확하지 못한 답안이므로 배제해야 한다.

(5) 검증법

검증법이란 모든 선택용 답안을 문제에 대입하여 각 선택용 답안이 정확한가 틀리는가를 검증함으로써 답안을 선택하는 방법이다.

예제 09

$$|1-\sqrt{(x-1)^2}|=x$$ 이면 (   )이다.

(A) $0 \leq x \leq 1$ (B) $x \leq 0$

(C) $1 < x < 2$ (D) $x > 2$

| 풀이 | (A)를 주어진 방정식의 좌변에 대입하면

$$|1-\sqrt{(x-1)^2}|=x$$

(B)를 주어진 방정식의 좌변에 대입하면

$$|1-\sqrt{(x-1)^2}|=-x \neq x$$

(C)를 주어진 방정식의 좌변에 대입하면

$$|1-\sqrt{(x-1)^2}|=2-x \neq x$$

(D)를 주어진 방정식의 좌변에 대입하면

$$|1-\sqrt{(x-1)^2}|=x-2 \neq x$$

$$\therefore (A)를 선택해야 한다.$$

| 설명 | (A)가 정확하다는 것을 검증하면 다른 것은 검증할 필요가 없다.

예제 10

방정식 $x^2-2x(k-x)+6=0$ 이 실근을 가지지 않을 때, 다음 수들 가운데 k가 가질 수 있는 가장 작은 정수는 (   )이다.

(A) -5 (B) -4 (C) -3 (D) -2

| 풀이 | $k=-5$를 주어진 방정식에 대입하면 $3x^2+10x+6=0$ 이며 $D>0$ 이다. $\therefore$ A는 배제된다.

$k=-4$를 주어진 방정식에 대입하면 $3x^2+8x+6=0$ 이며 $D<0$ 이다. 그리고 또, $-4 < -3 < -2$ 이다.

그러므로 -4는 k가 가질 수 있는 가장 작은 정수이다.

(6) 도해법

도해법이란 문제의 가정에 의하여 도형을 그리고 도형을 관찰, 분석하여 정확한 답안을 선택하는 방법이다. 도해법은 직관성이 강하여 이 방법을 이용해서 문제를 풀 때에는, 그린 도형만 보고 어느 한 선택용 답안이 남은 세 개의 선택용 답안보다 문제의 요구에 더 접근한다는 것을 명확히 알 수 있기 때문에, 정확하게 검증할 수 없다고 하여도 그 선택용 답안이 정확하다는 것을 인정할 수 있다.

예제 11

부등식 $|x+1|+|x|<2$를 만족하는 x의 값의 범위는 (　　)이다.

(A) $-\dfrac{3}{2}<x<-1$　　　　(B) $-\dfrac{3}{2}\leq x<0$

(C) $-\dfrac{3}{2}<x<\dfrac{1}{2}$　　　　(D) $0<x\leq\dfrac{1}{2}$

| 풀이 | 다음 그림과 같이
$y=|x+1|+|x|$와 $y=2$의 그래프를 그린다. 그래프에서 $|x+1|+|x|<2$의 값의 범위가 $-\dfrac{3}{2}<x<\dfrac{1}{2}$임을 알 수 있다.

∴ (C)를 선택해야 한다.

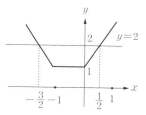

예제 12

한 직선은 평면을 두 부분으로 나누고 두 직선은 최대로 평면을 네 부분으로 나눈다. 다섯 개의 직선은 최대로 평면을 n개의 부분으로 나눌 수 있다고 하면 n은 (　　　)이다.

(A) 32　　　　(B) 31　　　　(C) 24　　　　(D) 16

| 풀이 | 둘씩 만나는 5개의 적선을 긋는다. 임의의 세 직선이 모두 한 점에서 만나지 않을 때 평면이 나누어지는 부분이 가장 많다. 다음 그림을 보면 (D)가 정확함을 알 수 있다.

∴ (D)를 선택해야 한다.

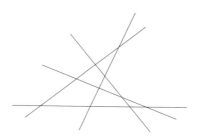

마지막으로 다음과 같은 몇 가지를 알아 두어야 한다.

(1) 답안 선택 문제를 푸는 방법은 다양하다.

앞에서 예를 든 몇 가지 흔히 쓰이는 기본 방법 외에도 다른 방법들이 있다. 일반적으로 말하여 답안 선택 문제의 풀이에서는 수학에서의 풀이 방법을 모두 이용할 수 있다.

(2) 답안 선택 문제를 푸는 여러 가지 방법은 서로 연관된다.

앞의 설명에서는 편리하게 하기 위하여 어떤 방법을 설명할 때의 필요성에 따라서 일부 예를 어느 한 유형의 해법에 귀속시켰다.

사실 답안 선택 문제에 대하여 말할 때 어떤 문제는 서로 다른 몇 가지 방법을 사용해서 판단할 수 있고 어떤 문제는 몇 가지 방법을 종합적으로 적용하여야 정확한 답안을 선택할 수 있다. 때문에 문제를 풀 때는 문제의 특징에 따라서 융통성 있게 풀이 방법을 결정해야 한다.

(3) 답안 선택 문제를 푸는 일반적 사고는 다음과 같다.

먼저 틀리다는 것이 명확한 선택용 답안을 배제한다. 배제하고 남은 선택용 답안이 하나 이상이면 먼저 개념 분석법을 이용해 본다. 그래도 정확한 판단을 내릴 수 없으면 특수값법, 도해법 등을 이용하여 판단한다. 이렇게 하여도 안 되면 직접법을 이용하여 판단할 수 있다.

연습문제 37

본 단원의 대표문제이므로 충분히 익히세요.

01 방정식 $x^2-2mx+m+2=0$의 두 실근의 제곱이 합이 y이다. y가 최
솟값을 가지면 m은 (　)와 같다.

(A) $\dfrac{1}{4}$　　　　(B) $\dfrac{1}{2}$　　　　(C) 2　　　　(D) -1

02 이차방정식 $x^2+2px+2q=0$이 실근을 가지며 그 중의 p, q는 모두
홀수이다. 그러면 그 근은 반드시 (　)이다.

(A) 홀수　　　　　　　　(B) 짝수
(C) 분수　　　　　　　　(D) 결정 못한다.

03 볼록 n각형 F$(n≥4)$의 대각선들이 모두 길이가 같으면 F는 (　)이다.

(A) F는 사각형
(B) F는 오각형
(C) F는 사각형 또는 오각형
(D) F는 변의 길이가 같은 다각형 또는 내각이 같은 다각형

04 다음 수들에서 어느 것이 한 자연수의 제곱이 아니겠는가?
(여기서 n은 자연수)

(A) $3n^2-3n+3$　　　　　　(B) $4n^2+4n+4$
(C) $5n^2-5n-5$　　　　　　(D) $7n^2-7n+7$

05 다음 대수식을 간단히 한 결과는 (　)이다.

$$\left(\frac{x^2+1}{x}\right)\left(\frac{y^2+1}{y}\right)+\left(\frac{x^2-1}{y}\right)\left(\frac{y^2-1}{x}\right),\ xy\neq0$$

(A) 1　　　　　　　　(B) $2xy$
(C) $2x^2y^2+2$　　　　(D) $2xy+\dfrac{2}{xy}$

06 $3x+5y=143$을 만족하는 양의 정수해 (x, y)는 모두 몇 개인가?

(A) 10   (B) 11   (C) 12   (D) 13

07 방정식 $\sqrt{7x-3}+\sqrt{x-1}=2$의 근은 (   )이다.

(A) 3   (B) $\dfrac{3}{7}$ (C) 2   (D) 1

08 방정식 $\sqrt{2-x}+|x-3|=3$의 해는 (   )이다.

(A) $x_1=2, \quad x_2=3$ (B) $x=1$

(C) $x_1=-2, \quad x_2=1$ (D) 없다.

09 방정식 $|2x-1|+|x-2|=|x+1|$의 실수해의 개수는 (   )이다.

(A) 1   (B) 2   (C) 3   (D) 무수히 많다.

10 $x=\sqrt{7-4\sqrt{3}}$ 이면 x^3-2x^2+x-3의 값은 (   )이다.

(A) $2-\sqrt{3}$ (B) $7-4\sqrt{3}$

(C) $8\sqrt{3}-11$ (D) $11-8\sqrt{3}$

11 $\triangle ABC$에서 $(\sin B + \sin C) : (\sin C + \sin A) : (\sin A + \sin B)$
$= 4 : 5 : 6$일 때 가장 큰 내각의 크기는 (   )이다.

(A) $72°$ (B) $84°$ (C) $105°$ (D) $120°$

12 한 삼각형에서 한 변이 다른 변의 2배이며 한 각이 $30°$이다. 그 삼각형은
(   )이다.

(A) 반드시 직각삼각형이다.

(B) 반드시 둔각삼각형이다.

(C) 예각삼각형일 수 있다.

(D) 위의 결론이 다 틀리다.

13 $a < 0$, $-1 < b < 0$이면 (   )이다.

(A) $a > ab > ab^2$ (B) $ab^2 > ab > a$

(C) $ab > a > ab^2$ (D) $ab > ab^2 > a$

14 방정식 $|x - |2x+1|| = 3$의 서로 다른 근의 개수는 (   )이다.

(A) 0   (B) 1   (C) 2   (D) 3

15 세 직선이 둘씩 만나며 동일한 점을 지나지 않는다면 세 직선에서 같은
거리에 있는 점은 (   )이다.

(A) 3개   (B) 4개

(C) 5개   (D) 위의 답안이 모두 틀리다.

특목고 및 경시대회 등
영재학습준비는 이렇게 하세요

수학은 문제의 원리를 알아나가는 것이 중요합니다.
영재반에서는 난이도가 높은 문제들을 주로 다루기 때문에 교과 과정을 충분히 숙지한 후 영수지,
올수지 초급~중급 상 · 하로 사고력의 개념과 경시 기본을 닦은 후 부족한 부분은 각 파트 별(기하,
대수, 정수, 조합) 심화교재로 채운 후 마지막으로 KMO수학올림피아드바이블과 KMO모의고사 및
기출문제집으로 학습하는 방법이 효과적입니다.

특목고 · 경시대회 · KMO 수학 준비과정

1단계 사고력 입문	영재입문 (장기완성)	**新 영재수학의 지름길** –초등 입문·초급·중급·고급 –중등 1~3단계	교육과정 내신심화와 연결된 사고력 유형중심의 문제 풀이로 개념잡는 최상위권 입문서(장기 완성) · 올림피아드수학의 지름길 (초 · 중급) 워크북 활용 *G&T는 gifted and talented의 약어로 영재를 말하는 미국식 표현입니다.

2단계 경시 입문	경시 입문 (단기완성)	택① 올림피아드수학의 **지름길** –초급 상 · 하, 중급 상 · 하 택② 올림피아드중등수학**클래스** –Pre, 1~3단계	① 초 · 중등심화 총정리와 경시 및 KMO 대비 문제풀이 로 개념잡는 경시 입문 필독서(단기 완성) ② 세계최고 수준의 영재학교(중국인화학교)와 본인의 실력을 가늠해 볼 수 있는 경시 입문서(장기 완성)

*올수지 고급 상 · 하/종합 상 · 하/는 고등경시 대비 입문서입니다.

3단계 경시의 과목별 심화 · 영재고 준비	과목별 심화	① 수학도형의 길잡이 ② 수학조합의 길잡이 ③ 수학愛미치다–도형(1~4권)	■ 1~5%의 대한민국 대표영재가 되는 과목별(기 하, 대수, 정수, 조합)로 실력이 부족했던 부분을 공략하는 과목별 경시 심화서 ■ 특목고 및 영재고를 준비하는 학생들을 위한 초 · 중 · 고등학생

4단계	KMO 필수	KMO수학올림피아드바이블 1. 정수론 2. 대수 3. 기하 4. 조합 ① 마두식의 정수론 ② 101 대수	■ KMO응시 전 과목(기하, 대수, 정수, 조합)별 로 세계 수준 문제 유형을 점검해볼 수 있는 경시 대비 문제집 ■ 1~3%의 대한민국 대표영재가 되는 과목별(기 하, 대수, 정수, 조합)로 실력이 부족했던 부분 을 공략하는 과목별 경시 심화서

5단계	실전 테스트	택① KMO모의고사 문제집 택② KMO금메달 수학 택③ PKMO모의고사문제집 *IMO기출문제해설집	최종점검 KMO 1, 2차 대비 실전모의고사 문제집 *국제수학경시대회(IMO)기출문제해설집

*학부모님의 요청으로 임의로 지정한것이기 때문에 지도하시는 선생님의 재량에 따라 순서를 바꾸셔도 됩니다.

중급-상

해답과 풀이

연습문제 해답
보충설명

씨실과 날실

씨실과 날실은 도서출판 세화의 자매브랜드입니다.

해답과 풀이

제Ⅰ편 | 연습문제 해답

연습문제 1-1

01 80 **02** -382 **03** 70 **04** 13.9 **05** 9999900000 **06** 7010

07 256.08 **08** -11111111108888888889 **09** 11111111108888888889

10 1199040000 **11** 25900000 **12** 39761.36

13 (원식)$=1990 \times (2000 \times 10001) - 2000 \times (1990 \times 10001) = 0$

14 0 **15** $N_1 = 9999978596061 \cdots 99100$

연습문제 1-2

01 -19 **02** -2 **03** $\dfrac{13}{22}$ **04** $-16\dfrac{1}{8}$ **05** $\dfrac{1990}{1991}$ **06** $\dfrac{990522}{1981045}$

07 $\dfrac{95}{572}$ **08** 1234567890

연습문제 1-3

01 $a = \dfrac{3}{2}$, $b = -2$, $c = b - a = -2 - \dfrac{3}{2}$ $\therefore$ (원식)$= -\dfrac{13}{6}$

02 절댓값이 9π보다 작은 정수 중에는 0이 포함되어 있으므로 곱은 0이다.

03 -3600 **04** -2 **05** 3

06 (원식)$= (|x-995| + |x-996|) + (|x-994| + |x-997|) + \cdots$
$\qquad\qquad + (|x-2| + |x-1989|) + (|x-1| + |x-1990|)$
$\qquad = 1 + 3 + \cdots + 1987 + 1989 = 995^2 = 990025$

07 19900

08 (원식)$= (|x-1| - |x|) + (|x-3| - |x-2|) + \cdots$
$\qquad\qquad + (|x-1991| - |x-1990|) = 1 + 1 + \cdots + 1 = 996$

연습문제 2

01 (1) 2   (2) 3   **02** $\overline{cba}=8(4+12c+b)$

03 $\overline{xyz}=700-90y-99z$, $y=z$일 때, $\overline{xyz}=7(100-27z)$

04 $9\,|\,(2x+4)$ $0\le x\le 9$ ∴ $x=7$. 구하려는 수는 3771이다.

05 $75=3\times25$이므로 $N=3\square6\square5$는 3과 25로 나누어떨어진다. 25로 나누어떨어지고 마지막 자리가 5인 $N=3\square675$ 또는 $3\square625$이다. 이 두 수는 3으로도 나누어떨어져야 하며 그 중 가장 큰 수는 39675이다.

06 임의의 네 자리 수 $\overline{abcd}$를 쓰면 새로운 네 자리 수는
$\overline{efgh}=|\overline{abcd}-\overline{dcba}|=9\,|\,111a+10b-10c-111d\,|$로 되는데
이것은 9의 배수이다. 따라서 $e+f+g+h$는 9의 배수이다. 그러므로 0이 아닌 숫자를 지워 버린 그 숫자와 다른 세 숫자의 합으로 9의 배수를 만들 수 있다.
그러면 답안을 얻을 수 있다.

07 마술수 N을 m자리의 수라고 하면 임의의 자연수 P에 대하여 $\overline{PN}=P\times10^m+N$이므로 $N\,|\,\overline{PN}$에 의하여 $N\,|\,P\times10m$을 얻는다. P가 임의성을 가지기 때문에 N이 마술수로 되기 위한 조건은 $N\,|\,10^m$이다.
$m=1$일 때 $N=1$, 2, 5이고 $m=2$일 때 $N=10$, 20, 25, 50이며 $m=3$이고 $N<130$일 때 $N=100$, 125이다. 그러므로 9가지이다.

08 $2\,|\,\overline{ab}$, $4\,|\,\overline{abcd}$, $6\,|\,\overline{abcdef}$에 의하여 b, d, f는 2, 4, 6 가운데서만 고를 수 있으므로 a, c, e는 1, 3, 5 가운데서 골라야 한다.
$5\,|\,\overline{abcde}$에 의하여 $e=5$가 얻어지므로 a, c는 1, 3 가운데서만 취할 수 있다. 따라서 $a+c=4$이다.
$3\,|\,\overline{abc}$에 의하여 $3\,|\,(a+b+c)$이므로 $3\,|\,(4+b)$를 얻는다. ∴ $b=2$이다.
따라서 d, f는 4, 6만을 취할 수 있다. 위에서 구하려는 여섯 자리 수는 네 수 123456, 123654, 321456, 321654 가운데서만 고를 수 있다.
$4\,|\,\overline{abcd}$에 의하여 $4\,|\,\overline{cd}$를 얻을 수 있으므로 상술한 네 수 가운데서 조건에 맞는 수는 123654와 321654이다.

09 $\overline{810ab315}=\overline{810ab}\times1000+315$, $7\,|\,315$이므로 $7\,|\,\overline{810ab}\times1000$이다. 그리고 7은 소수이며 1000은 7로 나누어 떨어지지 않는다. ∴ $7\,|\,\overline{810ab}$이다.
$\overline{810ab}/7=11500+\overline{5ab}/7$ ∴ $7\,|\,\overline{5ab}$이다. 500과 599 사이에 7의 배수인 수는 모두 14개 있다. 즉, 504, 511, 518, 525, 532, 539, 546, 553, 560, 567, 574, 581, 588, 595. 그 가운데서 마지막 두 숫자의 합(즉 $a+b$)이 소수인 것은 511, 525, 532, 567, 574뿐이다. 가정에 맞는 상응한 여덟 자리 수는 다음과 같다.
81011315, 81025315, 81032315, 81067315, 81074315

10 $792 = 8 \times 9 \times 11$, $\overline{13ab45c} = \overline{13ab000} + \overline{45c}$, $8 \mid \overline{13ab000}$ 이다.

$8 \mid \overline{13ab45c}$ 에 의하여 $8 \mid \overline{45c}$ 이므로 $8 \mid \overline{5c}(\because \overline{45c} = 400 + \overline{5c})$ 를 얻는다. $\therefore c = 6$

$9 \mid \overline{13ab456}$ 에 의하여 $9 \mid (a+b+19)$ 이므로 $9 \mid (a+b+1)$ 을 얻는다.

$\therefore a+b = 8$ 또는 17. $11 \mid \overline{3ab456}$ 에 의하여 $11 \mid \{(1+a+4+6) - (3+b+5)\}$,

즉 $11 \mid (a-b+3)$ 을 얻는다. $\therefore a-b = 8$ 또는 -3. 다음 연립방정식을 푼다.

$$\begin{cases} a+b=8 \\ a-b=8 \end{cases} \qquad \begin{cases} a+b=8 \\ a-b=-3 \end{cases} \qquad \begin{cases} a+b=17 \\ a-b=8 \end{cases} \qquad \begin{cases} a+b=17 \\ a-b=-3 \end{cases}$$

오직 첫 조에만 요구에 맞는 해 $a=8$, $b=0$이 있다.

그러므로 $a=8$, $b=0$, $c=6$

연습문제 3

01 (1) $x-8$과 $x-5$의 부호가 같거나 또는 어느 하나가 0이라야 한다(즉 $x \geq 8$ 또 는 $x \leq 5$).

(2) $5x+4$와 $7x-3$의 부호가 다르거나 또는 어느 하나가 0이라야 한다 $\left(즉 -\dfrac{4}{5} \leq x \leq \dfrac{3}{7}\right)$.

02 (1) $x \geq \dfrac{1}{2}$일 때 $3x-1$, $x < \dfrac{1}{2}$일 때 $1-x$

(2) $x < -1$일 때 $4-2x$, $-1 \leq x < 5$일 때 6, $x \geq 5$일 때 $2x-4$

(3) $x < -5$일 때 $-4x+9$, $-5 \leq x < -3$일 때 $-2x+19$, $-3 \leq x < 7$일 때 25, $7 \leq x < 10$일 때 $2x+11$, $x \geq 10$일 때 $4x-9$

03 주어진 식 $= -a-c-(a-c)-(b-2a)+(3b-a) = 2b-a$

04 $a=1$, $b=2$

$\therefore$ (원식)$= \left(1 - \dfrac{1}{2}\right) + \left(\dfrac{1}{2} - \dfrac{1}{3}\right) + \cdots + \left(\dfrac{1}{1992} - \dfrac{1}{1993}\right) = \dfrac{1992}{1993}$

05 $T = (x-p) - (x-15) - (x-p-15) = 30-x$

$\therefore x=15$일 때 T는 최솟값 15를 가진다.

06 최솟값은 $b-a(a \leq x \leq b$일 때)이다. 이것은 수직선에서의 절댓값의 의미에 의하여 얻는다.

07 수직선 위에서 a, b, c, d에 대응하는 점을 A, B, C, D라고 하면 수직선에서의 절댓값의 뜻에 의하여 주어진 식의 최솟값은 선분 AD와 CD의 길이의 합임을 알 수 있다. 즉, $(d-a) + (c-b) = d+c-(a+b)$ $(b \leq x \leq c$일 때)

[📌 예제 **05** 및 예제 **06**과 예제 **07**을 통하여 법칙을 더듬어 낼 수 있을까?

$[|x-a| + |x-b| + |x-c| + |x-d| + |x-e|$ (여기서 $a < b < c < d < e$)의 최솟 값을 고찰해 보아라.]

연습문제 4

01 (1) $\dfrac{4}{3}$ (2) $a+b\neq0$일 때 $x=b$, $a+b=0$일 때 무수히 많은 해가 있다.

(3) $m\neq n$일 때 $x=\dfrac{(m+n)^2}{(n-m)}$, $m=n$일 때 해가 없다.

(4) $a\neq0$일 때 $x=\dfrac{(a+b)}{(a-b)}$, $a=0$일 때 무수히 많은 해가 있다.

(5) $\dfrac{(m-n)}{(m+n)}$

02 (1) $-1<m<5$, $m\neq3$ (2) $a=2$; $a\neq2$

03 (1) 첫째 숫자 이외의 여섯 숫자를 x라고 하면 그 일곱 자리 수는 5172413이다.

(2) 3월 4일 (3) 10분

04 $-\dfrac{3}{4}<x<\dfrac{11}{2}$

05 원숭이 5마리, 밤 23알 또는 원숭이 6마리, 밤 26알

연습문제 5

01 (1) $x=2$, $y=4$, $z=6$ (2) $x=-0.5$, $y=-0.5$

(3) $a=1$일 때 해가 없고 $a=-2$일 때 무수히 많은 해가 있으며, $a\neq1$, -2일 때

$x=\dfrac{(a-3)}{(a-1)}$, $y=\dfrac{a}{(a-1)}$ 이다.

(4) $a\neq b$일 때 $x=\dfrac{1}{(a-b)}$, $y=\dfrac{b}{(a-b)}$ 이고, $a=b$일 때 해가 없다.

02 $k=4$ (제시 : $x=2-y$를 대입하고 k, y에 관한 연립방정식을 푼다.)

03 정확한 연립방정식은 $\begin{cases} 8x+5y=13 \\ 4x-9y=-2 \end{cases}$ 해는 $\begin{cases} x=\dfrac{107}{92} \\ y=\dfrac{17}{23} \end{cases}$

04 (1) A, B, C 가운데서 각각 $\dfrac{100}{7}$kg, $\dfrac{150}{7}$kg, $\dfrac{100}{7}$kg을 취한다.

(2) 250분 (3) 1900m

(4) 갑은 금년에 x살이고 을은 금년에 y살이라고 하자. 갑의 나이가 $\dfrac{y}{2}$살일 때 을의 나이가 x살이므로 문제의 뜻에 의하여 다음 연립방정식을 세울 수 있다. $x+y=63$, $x-\dfrac{y}{2}=y-x$. 이 연립방정식을 풀면 $x=27$, $y=36$

(5) 두 방정식에서 x^2의 항을 소거하면 $(bm-an)x+cm-ap=0$을 얻는다.

여기서 $x=\dfrac{(ap-cm)}{(bm-an)}$ 이다. 이것을 첫째 방정식에 대입하고 정리하면 된다.

연습문제 6

01 $16a^4-72a^2b^2+81b^4-8a^2c^2-18b^2c^2+c^4$　　**02** $\dfrac{27}{8}$

03 문제의 요구를 만족하는 수의 합은

$(100a+b)+(100b+a)+(100a+10b)+(100b+10a)=211(a+b)$

04 $x^2-\dfrac{x}{2}+\dfrac{3}{4},\ -\dfrac{31}{4}$

05 $2^{2^n}-1$. 제곱의 차의 공식에 의하여

$3\cdot5\cdot17\cdot\ \cdots\ (2^{2^{n-1}}+1)=(2^{2^1}-1)(2^{2^1}+1)(2^{2^2}+1)\ \cdots\ (2^{2^{n-1}}+1)$

$=(2^{2^2}-1)(2^{2^2}+1)(2^{2^3}+1)\ \cdots\ (2^{2^{n-1}}+1)=\ \cdots\ =2^{2^n}-1$

06 계산하여 보면 연이어 있는 네 자연수의 곱에 1을 더하면 완전제곱수가 얻어진다는 법칙을 찾을 수 있다. 연속되어 있는 네 자연수를 $n,\ n+1,\ n+2,\ n+3$이라 하면 $n(n+1)(n+2)(n+3)+1=(n^2+3n+1)^2$

07 (C)

08 가정에 의하여 $x^4+ax^3-3x^2+bx+3=(x-1)^2(x^2+\alpha x+\beta)+(x+1)$.

동차항의 계수를 비교하면 $\alpha-2=a,\ 1-2\alpha+\beta=-3,\ 1+\alpha-2\beta=b,$ $\beta+1=3$을 얻는다. 이것을 풀면 $\beta=2,\ \alpha=3,\ a=1,\ b=0$이다.

09 $x^3+3ax^2+3bx+c=(x^2+2ax+b)(x+m)$

$=x^3+(2a+m)x^2+(2am+b)x+bm$이라 하고 계수를 비교하면 다음 연립방정식을 얻는다.

$$\begin{cases}3a=2a+m\\3b=2am+b\\c=bm\end{cases}$$

이 연립방정식을 풀면

$$\begin{cases}a=m\\b=am=m^2\\c=bm=m^3\end{cases}$$

$\therefore\ x^3+3ax^2+3bx+c=(x+m)^3,\ x^2+2ax+b=(x+m)^2$

10 $m-1$, m, $m+1$은 임의의 정수가 아닌 연속되어 있는 세 정수이므로 그들의 곱은 반드시 3과 2로 나누어떨어진다.

$m-1$, m, $m+1$ 중에서 3의 배수와 2의 배수인 수가 같지 않다고 하면, $x^k-1(k=m-1, \ m, \ m+1)$ 중에서 k가 짝수인 수는 x^2-1로 나누어떨어지며 k가 3의 배수인 수는 x^3-1로 나누어떨어지며 남은 한 수는 반드시 $x-1$로 나누어떨어진다. 따라서 결론은 성립한다.

$m-1$, m, $m+1$ 가운데서 2, 3의 배수인 수는 반드시 6의 배수이다. 이때, $(x^{m-1}-1)(x^m-1)(x^{m+1}-1)$은 $(x-1)^2(x^6-1)$로 나누어떨어진다. 그런데
$(x-1)^2(x^6-1)=(x-1)^2(x^3-1)(x+1)(x^2-x+1)$
$=(x-1)(x^2-1)(x^3-1)(x^2-x+1)$이다. 그러므로 결론은 성립한다.

11 $(ac+bd)^2+(ad-bc)^2$ 또는 $(ac-bd)^2+(ad+bc)^2$.
$mn=(ac)^2+(ad)^2+(bc)^2+(bd)^2$이기 때문에 $2(ac)(bd)$ 또는 $2(ad)(bc)$ 를 더하거나 빼면 된다.

12 🄰 5. 간단한 해법은 다음과 같다.
$x=\sqrt{(4-\sqrt{3})^2}=4-\sqrt{3}$ 이므로 $(x-4)^2=3$, 즉 $x^2-8x+13=0$이다.
유클리드의 호제법을 이용해서 나누어보면
$(x^4-6x^3-2x^2+18x+23)\div(x^2-8x+13)$은 몫이 x^2+2x+1이고 나머지가 10이다.
∴ (주어진 식)$=(x^2-8x+13)(x^2+2x+1)+10$
∴ (원식)$=10$

13 🄰 1. 가정에 의하여 $x_0=\dfrac{1}{n}$, 즉 $nx_0=1$ ······①

$x_1=\dfrac{x_0}{(n-1)}$ 즉 $nx_1=x_0+x_1$ ······②

$x_2=\dfrac{(x_0+x_1)}{(n-2)}$ 즉 $nx_2=x_0+x_1+2x_2$ ······③

$x_3=\dfrac{(x_0+x_1+x_2)}{(n-3)}$ 즉 $nx_3=x_0+x_1+x_2+3x_3$ ······④

$\cdots x_{n-1}=\dfrac{(x_0+x_1+\cdots+x_{n-2})}{[n-(n-1)]}$ 즉 $nx_{n-1}=x_0+x_1+\cdots+x_{n-2}+(n-1)x_{n-1}$

위의 n개의 식을 변끼리 더하면
$n(x_0+x_1+\cdots+x_{n-1})=1+(n-1)(x_0+x_1+\cdots+x_{n-1})$
그러므로 주어진 식의 값은 1이다.

01 (1) $2a(x-1)^2(3x-4a-4)$ (2) $(ab+1+a)(ab+1+b)$

(3) $(ax+by-ay+bx)^2$ (4) $\{(a-1)x+ay\}\{(a-2)x+(a-1)y\}$

(5) $(ab+cd)(ab^2-c^2d)$ (6) $(y+1)(3x+y-5)$

(7) $2(a+b+c+d)(a-d)$ (8) $(x^2-x+1)(x^2+x+1)(x^4-x^2+1)$

(9) $(x+y-2)(x-y+4)$ (10) $(a+b-3c)(a-3b+c)$

(11) $(x+1)(ax-bx+a+b)$ (12) $3abxy(a+b)(x+y)$

(13) $(x+2y)(x-y)(x^2+xy+5y^2)$ (14) $x(x-3)(2x-3)(2x+3)$

(15) $(x+6)(x+2)(x^2+8x+10)$

02 $A=\dfrac{(a-b)^2+(b-c)^2+(c-a)^2}{2}=\dfrac{(-2)^2+(-4)^2+6^2}{2}=28$

03 132

04 $a^4-3a^2+9=(a^2+3)^2-(3a)^2=(a^2+3a+3)(a^2-3a+3)$

$\therefore$ $a\neq1$ 또는 $a\neq2$일 때에는 합성수이고 $a=1$ 또는 $a=2$일 때에는 소수 7 또는 13이다.

05 (1) 좌변$=(a^2+2ab+b^2)+(2bc+2ca)+c^2=(a+b)^2+2c(a+b)+c^2$

$=(a+b+c)^2=$우변. (2), (3)도 이와 비슷하다.

01 $\dfrac{x^3}{3(x^n+1)}$ **02** $\left(\dfrac{a+b}{a-b}\right)^2$

03 $(a-1)(b-1)(c-1)=0$이 성립한다는 것만 증명하면 된다.

주어진 등식에 의하여 $1-a-b-c=abc-ab-bc-ca(\because$모두 0)이므로

$(a-1)(b-1)(c-1)=0$

04 주어진 등식에 의하여 $x+y+z=0$ $\cdots\cdots$ ①

$x+y+z\neq0$일 때 $x=y=z$ $\cdots\cdots$ ②

①의 경우에 (원식)$=-1$, ②의 경우에 (원식)$=8$

05 $(a+b+c)^3=a^3+b^3+c^3+3(a+b)(b+c)(c+a)$ 답 9

06 $x=2-y,\ y^2-2=\dfrac{y}{2}$

$\therefore$ (원식)$=\dfrac{(y^2-x)}{y}=\dfrac{(y^2-2+y)}{y}=\dfrac{\left(\dfrac{y}{2}+y\right)}{y}=\dfrac{3}{2}$

01 $3^{35}+5\times2^{34}=3^3(3^{32}+5\times2^{31})-5\times2^{31}(3^3-2^3)$

$=3^3(3^{32}+5\times2^{31})-5\times2^{31}\times19$

02 $1000027=10^6+3^3=(10^2+3)(10^4-3\times10^2+9)=103\times7\times73\times19$

03 $5k$, $5k\pm1$, $5k\pm2$인 경우로 나누어서 증명하여라.

04 모든 꽃다발에 있는 꽃송이수를 가장 적게 하려면 꽃다발의 수를 될 수 있는 데까지 많게 해야 한다. 꽃다발의 수는 96과 72의 최대공약수이다.

$(72,\ 96)=24$이므로 꽃다발에 있는 붉은 꽃송이의 수는 $96\div24=4$이고 노란 꽃송이의 수는 $72\div24=3$이다. 그러므로 꽃송이가 적어도 7송이 있어야 한다.

05 $n>3$이고, n과 $n+2$가 모두 소수(홀수)이므로 $n+1$은 짝수이다.

$n(n+1)(n+2)$가 3의 배수이므로 $n+1$은 3의 배수이다. 따라서 그 수는 6의 배수이다.

06 $x=2k$, $x=2k+1$인 경우로 나누어서 생각해 보아라.

07 열개의 수는 $11!+2$, $11!+3,\cdots$, $11!+11$이고 N개의 수는 $(N+1)!+2$, $(N+1)!+3$, $\cdots$, $(N+1)!+(N+1)$이다.

08 $\underbrace{44\cdots4}_{n\text{개의}4}\underbrace{88\cdots8}_{(n-1)\text{개의}8}9=4\times\underbrace{11\cdots1}_{n\text{개의}1}\times10^n+8\times\underbrace{11\cdots1}_{n\text{개의}1}+1$

$=4\times\dfrac{(10^n-1)}{9}\times10^n+8\times\dfrac{(10^n-1)}{9}+1$

$=\dfrac{(2\cdot10^n+1)^2}{9}=\left[\dfrac{(2\cdot10^n+1)}{3}\right]^2$

그런데 $2\times10^n+1$이 3으로 나누어떨어진다.

그러므로 $\underbrace{44\cdots4}_{n\text{개의}4}\underbrace{88\cdots8}_{(n-1)\text{개의}8}9$는 정수 $\dfrac{(2\cdot10^n+1)}{3}$의 제곱이다.

01 $a_1+a_2+\cdots+a_n=1+2+\cdots+n$이다. 그러므로 홀수개의 수의 합

$(a_1\pm1)+(a_2\pm2)+\cdots+(a_n\pm n)=(a_1+a_2+\cdots+a_n)(1+2+\cdots+n)$

$=2(1+2+\cdots+n)$, 또는 0이다. 둘 모두 짝수이다. 때문에 $a_1\pm1$, $a_2\pm2$, $\cdots$, $a_n\pm n$ 중에서 적어도 하나는 짝수이다. 따라서 그 곱은 짝수이다.

02 선분 AB에서 한 개의 등분점을 잡을 때 그 점에 무슨 색을 칠하든지 표준선분은 역시 하나이다. 즉 표준선분은 증가되지 않는다(또는 '0'개 증가된다). 그 다음에 정하는 점은 두 가지 경우로 나눌 수 있다.

① 표준선분에 끼워 넣으면 표준선분이 증가되지 않는다.

② 표준선분이 아닌 선분에 끼워 넣으면 표준선분이 '0'개 또는 2개 증가된다. 그러므로 표준선분이 2개 증가되게 하는 점이 m개 $(0 \leq m \leq 1991)$ 있다고 하면 전체 표준선분의 개수는

$1 + 2m + (1991 - m) \cdot 0 = 2m + 1$로서 홀수이다.

03 그렇게 할 수 없다. 매번 짝수개를 뒤엎어 놓으므로 몇 번 뒤엎든지 뒤엎는 전체 차수는 짝수로 된다. 그런데 입구가 아래로 향한 홀수개의 컵을 모두 입구가 위로 향하게 뒤엎어 놓자면 홀수번 뒤엎어 놓아야 한다.

04 a, b, c 중에서 적어도 두 개는 동시에 홀수이거나 동시에 짝수이다. 그러므로 $a+b$, $b+c$, $c+a$ 중에서 적어도 하나는 짝수이다.

05 예제 **06**의 다른 한 가지 방법이다.

06 $(x+y)(x-y) = 1988$에서 $x+y \equiv x-y \pmod 2$이므로
$1988 = (\pm 2) \times (\pm 994)$, $(\pm 14) \times (\pm 142)$의 경우만 생각한다.
즉, $(x+y)(x-y) = (\pm 2) \times (\pm 994)$에서

$\begin{cases} x+y=2 \\ x-y=994 \end{cases}$ $\begin{cases} x+y=994 \\ x-y=2 \end{cases}$ $\begin{cases} x+y=-2 \\ x-y=-994 \end{cases}$ $\begin{cases} x+y=-994 \\ x-y=-2 \end{cases}$

$\therefore (x, y) = (498, -496), (498, 496), (-498, 496), (-498, -496)$

또한 $(x+y)(x-y) = (\pm 14) \times (\pm 142)$에서

$\begin{cases} x+y=14 \\ x-y=142 \end{cases}$ $\begin{cases} x+y=142 \\ x-y=14 \end{cases}$ $\begin{cases} x+y=-14 \\ x-y=-142 \end{cases}$ $\begin{cases} x+y=-142 \\ x-y=-14 \end{cases}$

$\therefore (x, y) = (78, -64), (78, 64), (-78, 64), (-78, -64)$

$\therefore$ 따라서 $(x, y) = (\pm 78, \pm 64), (\pm 498, \pm 496)$으로 모두 8쌍이다.

07 작은 칸들에 흰색과 검은색을 번갈아 칠하면 검은 칸과 흰 칸의 개수의 차가 2이다. 그런데 잘라서 얻은 작은 정사각형에는 반드시 검은 칸 하나와 흰 칸 하나가 들어 있게 된다. 그러므로 그렇게 할 수 없다.

08 이 문제는 한 개의 2×2와 세 개의 1×4인 종이로 한 개의 4×4인 종이를 덮어서 가릴 수 있는가 하는 문제로 고칠 수 있다. 그러므로 불가능하다.

09 (1) A띠에서 홀수개의 칸에 검은색을 칠하면 B띠에서도 홀수개의 칸에 검은색을 칠한다. 칠하는 방법은 다음과 같은 두 가지가 있을 수 있다.

① 홀수개의 검은 칸이 A띠의 검은 칸에 대응되게 칠한다(그러므로 B띠에는 A띠의 검은 칸에 대응되지 않는 검은 칸이 짝수개 남는다).

이때, A띠에서 짝수개의 검은 칸이 B띠의 흰 칸에 대응된다(그러므로 중첩될 때에는 같지 않은 색의 쌍으로 된다).

그리고 B띠에서 A띠의 검은 칸에 대응되지 않은 짝수개의 검은 칸이 A띠의 흰 칸에 대응된다(그러므로 중첩될 때에는 같지 않은 색의 쌍으로 된다).

따라서 중첩될 때 같지 않은 색의 쌍은 '짝수+짝수＝짝수쌍으로 된다.

② 짝수개의 검은 칸이 A띠의 검은 칸에 대응되게 칠한다(그러므로 B띠에는 A띠의 검은 칸에 대응되지 않는 검은 칸이 홀수개 남는다).

이때 A띠에서 홀수개의 검은 칸이 B띠의 흰 칸에 대응된다(그러므로 중첩될 때에는 같지 않은 색의 쌍으로 된다).

그리고 B띠에서 A띠의 검은 칸에 대응되지 않는 홀수개의 검은 칸이 A띠의 흰 칸에 대응된다(중첩될 때에는 같지 않은 색의 쌍으로 된다).

그러므로 중첩될 때 같지 않은 색의 쌍은 '홀수＋홀수'＝짝수쌍으로 된다.

(2) 같은 이유에 의하여 A띠에서 짝수개의 검은 칸을 칠하는 경우에도 역시 결론이 성립함을 증명할 수 있다.

10 쌓지 못한다. 26개의 $1 \times 1 \times 1$인 작은 입방체로 쌓은 $3 \times 3 \times 3$인 속이 빈 입방체에서 $1 \times 1 \times 1$의 모든 작은 입방체에 검은색과 흰색을 번갈아 칠하고 검은색과 흰색의 작은 입방체의 개수가 다르다는 데 의하여 증명한다.

연습문제 11

01 (1) 일반해 $\begin{cases} x=7+8k \\ y=1+7k \end{cases}$ k가 0, 1, 2, …일 때 무수히 많은 해를 가진다.

가장 작은 양의 정수해는 $(7, 1)$이다.

(2) 양의 정수해가 없다.

(3) 일반해 $\begin{cases} x=5+14k \\ y=1+5k \end{cases}$ k가 0, 1, 2, …일 때 무수히 많은 해를 가진다.

가장 작은 양의 정수해는 $(5, 1)$이다.

02 $\begin{cases} x=380-3k \\ y=1+2k \end{cases}$ k가 0, 1, 2, …, 126일 때 127개의 양의 정수해를 가진다.

03 7, 37, 67

04 1968년

05 사는 방법은 세 가지가 있다. $(6, 7, 2)$ $(7, 4, 4)$ $(8, 1, 6)$

06 $z=\dfrac{23-(2x+3y)}{7}$ 에 의하여 z는 1, 2만 취할 수 있음을 알 수 있다. 따라서 해 $(2, 4, 1)$, $(5, 2, 1)$, $(3, 1, 2)$를 얻을 수 있다.

07 $u=4x+7y$라고 하면 일반해는

$$\begin{cases} x=24-28k_2-7k_1 \\ y=-12+14k_2+4k_1 \ (k_1, k_2 \text{는 정수}) \\ z=2+k_2 \end{cases}$$

08 큰 배와 작은 배를 각각 x, y척 빌린다고 하면 $12x+5y=104$이다.
따라서 두 개의 해 $(7, 4)$, $(2, 16)$을 얻는다.

09 만원 : x장, 500원 동전 : y개, 남은 1000원 지폐 : z장

$10000x+500y=100000 \quad \longrightarrow \quad 20x+y=200 \quad \cdots \quad ①$

$1000z \leq 40000 \qquad\qquad \longrightarrow \quad z \leq 40 \qquad\qquad \cdots \quad ②$

$y=z \qquad\qquad\qquad\quad \longrightarrow \quad y \leq 40 \qquad\qquad \cdots \quad ③$

①에서 $y=200-20x=20(10-x)$이므로 $y=0, 20, 40$이 가능하다.
그런데 $y=0$이면 $z=0$이 되어 남은 돈이 없게 되므로 모순이고
$y=40$이면 $z=40$으로 주어진 조건을 만족하며 6만원을 사용한 것이 된다.
$y=20$이면 $z=20$으로 주어진 조건을 만족하며 8만원을 사용한 것이 된다.

10 세 번에 본 수는 차례로 $10x+y$, $10y+x$, $100x+y$이다. 문제의 뜻에 의하여
$100x+y-(10y+x)=10y+x-(10x+y)$임을 알 수 있다.
정리하면 $y=6x$. 그리고 $0<x\leq 9$, $0<y\leq 9$이며 y는 자연수이다. 그러므로 오
직 $x=1$, $y=6$이다. 세 이정표의 수는 차례로 16, 61, 106이다.

연습문제 12

01 (C)   **02** (C)   **03** (C)   **04** (B)   **05** (A)   **06** (C)

07 (B)   **08** (C)   **09** (D)   **10** (D)   **11** (B)   **12** (C)

13 (C)   **14** (B)   **15** (D)   **16** (B)

연습문제 13

01 (1) $-3, -2, -1$ (2) $-\dfrac{2}{3} \leq x < -\dfrac{1}{3}$

02 (1) $\dfrac{x}{3}-1<4$일 때, $x=3$, $\dfrac{x}{3}-1\geq 4$일 때 해가 없다.

     (2) $5\geq 9-3x$일 때, $x=2$

03 $n=0$, $F_0=3$; $n=1$, $F_1=5$; $n=2$, $F_2=17$; $n=3$, $F_3=257$; $n=4$, $F_4=65537$

04 (1) 분자, 분모를 xy로 나누면 분자 $=-3$, 분모 $=-5$ $\therefore$ (원식) $=\dfrac{3}{5}$

(2) $y_1=2x$, $y_2=\dfrac{1}{x}$, $y_3=2x$, $y_4=\dfrac{1}{x}$, $\cdots$, $y_{1991}=2x$, $y_{1992}=\dfrac{1}{x}$

$\therefore y_1 \cdot y_{1992}=2$

05 $x^5+y^5-(x^4y+xy^4)=(x-y)^2(x+y)(x^2+y^2)>0$

$\therefore x^5+y^5>x^4y+xy^4$

06 $\dfrac{1}{a}+\dfrac{1}{b}+\dfrac{1}{c}-\dfrac{1}{a+b+c}=0$ 즉 $\dfrac{(a+b)(b+c)(c+a)}{abc(a+b+c)}=0$

$\therefore a+b=0$, 또는 $b+c=0$ 또는 $c+a=0$

07 예제 **12**와 같다. 네 분동은 각각 1g, 3g, 9g, 27g이다.

08 $|2x-1|+|x+3|=\left|x-\dfrac{1}{2}\right|+\left|x-\dfrac{1}{2}\right|+|x+3|$. $x=\dfrac{1}{2}$일 때, 최솟값은 $\dfrac{7}{2}$이다.

09 두 가지 경우로 나눈다.

(1) 두 바늘이 겹쳐졌을 때 예제 14와 같다. 풀면 $x=\dfrac{540}{11}$. 즉, 9시 $49\dfrac{1}{11}$분일 때 두 바늘이 겹쳐진다.

(2) 두 바늘이 $180°$ 각을 이루었을 때 분침이 x칸을 지나면 시침은 $\dfrac{x}{12}$칸을 지나며 그 차는 30칸이다. 그러므로 $\left(45+\dfrac{x}{12}\right)-(x+30)=0$. 이 방정식을 풀면 $x=\dfrac{180}{11}$. 즉, 9시 $16\dfrac{4}{11}$분일 때 두 바늘이 $180°$ 각을 이룬다.

10 ① $+$ ② $+$ ③ $+$ $\cdots$ $+$ ⑧ $=3(x_1+x_2+\cdots+x_8)=0$

즉 $x_1+x_2\cdots+x_8=0$ $\cdots$ (9)

⑨ $-$ ① $-$ ④ $-$ ⑦ 에서 $x_1=1$, ⑨ $-$ ② $-$ ⑤ $-$ ⑧ 에서 $x_2=2$

대입하면 $x_3=3$, $x_4=4$, $x_5=-4$, $x_6=-3$, $x_7=-2$, $x_8=-1$

11 (1) $5\,|\,(2x+18y)$, $5\,|\,(10x+25y)$, $8x+7y=(10x+25y)-(2x+18y)$

(2) $4(3x-7y+12z)+3(7x+2y-5z)=11(3x-2y+3z)$

$\therefore 4(3x-7y+12z)=11(3x-2y+3z)-3(7x+2y-5z)$, 또 $(11, 4)=1$ 가정에 의하여 $11\,|\,(3x-7y+12z)$를 얻는다.

12 먼저 $p \neq q$를 증명한다. $p=q$이면 $\dfrac{(2p-1)}{p}=\dfrac{(2q-1)}{q}=2-\dfrac{1}{q}$은 정수가 아니다. 다음 대칭성에 의하여 $p>q$라 하고 $\dfrac{(2q-1)}{p}=m$을 양의 정수라고 하자.

$mp=2q-1<2p-1<2p$에서 $m=1$, $p=2q-1$을 얻는다.

따라서 $\dfrac{(2p-1)}{q}=\dfrac{(4q-3)}{q}=4-\dfrac{3}{q}$ ($q=1$이면 $p=1$이다. 앞에서 $p\ne q$를

증명하였으므로 $q\ne1$이다)

$q=3,\ p=5$ ∴ $p+q=8$

13 $\dfrac{21n+4}{14n+3}=1+\dfrac{7n+1}{14n+3},\ \dfrac{14n+3}{7n+1}=2+\dfrac{1}{7n+1}$

자연수 n에 대하여 $\dfrac{1}{7n+1}$ 이 기약분수이기 때문에 $\dfrac{14n+3}{7n+1}$ 은 기약분수이다.

따라서 $\dfrac{7n+1}{14n+3}$ 은 기약분수이다.

∴ $\dfrac{21n+4}{14n+3}$ 는 기약분수이다.

14 주어진 식이 한 양의 정수 $k(\ne1)$로 약분된다고 하면 $5n+6=ak$,

$8n+7=bk$($a,\ b$는 정수)라고 할 수 있다.

따라서 $5n-ak=-6,\ 8n-bk=-7$

이것을 풀면 $k=\dfrac{13}{8a-5b},\ n=(6b-7a)\div(8a-5b)$ ∴ $k=13,\ 8a-5b=1$

이 부정방정식은 한 개의 특수해 $a=2,\ b=3$을 가진다. 그러므로 그 전체 해는

$a=5q+2,\ b=8q+3$(q는 정수) ∴ $n=6b-7a=13q+4$.

주어진 분수식에 대입하고 검증하여 보면 임의의 정수 q에 대하여 $n=13q+4$

일 때 주어진 분수식은 13으로 약분됨을 알 수 있다.

15 직사각형의 변의 길이를 양의 정수 $a,\ b$라고 하면 $2(a+b)=ab$, 즉

$(a-2)(b-2)=4=1\times4=2\times2$. $b\ge a$라고 하면 $a-2=1,\ b-2=4$ 또는

$a-2=2,\ b-2=2$ 따라서 $a=3,\ b=6$ 또는 $a=4,\ b=4$를 얻는다.

이들은 가정을 만족한다.

16 7명의 어린이가 딴 버섯의 개수를 큰 것으로부터 차례로

$a_1>a_2>a_3>a_4>a_5>a_6>a_7$이라고 하면 $a_1+a_2+a_3+a_4+a_5+a_6+a_7=100$.

$a_1+a_2+a_3\ge50$임을 증명하면 된다.

$a_3\ge16$이면 $a_2\ge17,\ a_1\ge18$ ∴ $a_1+a_2+a_3\ge18+17+16=51>50$

$a_3<16$이면 즉 $a_3\le15$이면 $a_4\le14,\ a_5\le13,\ a_6\le12,\ a_7\le11$이다.

따라서 $a_4+a_5+a_6+a_7\le14+13+12+11=50$

∴ $a_1+a_2+a_3=100-(a_4+a_5+a_6+a_7)\ge100-50=50$

위를 종합하여 보면 결론은 성립한다.

제Ⅱ편 │ 연습문제 해답

연습문제 14

01 예제 **02**를 본따서 증명한다.

02 (1) 제곱하면 $x=y^2+2$, $2y=5$이므로 $x=\dfrac{33}{4}$, $y=\dfrac{5}{2}$이다.

(2) 세제곱하면 $1+6y^2=25$, $3y+2y^3=x$

따라서 $y=2$, $x=22$ 또는 $y=-2$, $x=-22$

03 $x=1$이므로 (D)를 선택해야 한다.

04 근을 방정식에 대입하면 $a=-10$, $b=22$ $\therefore (C)$를 선택해야 한다.

05 $x^3+ax^2-ax+b=(x-\sqrt{3}\,)(x^2+mx+n)$이라 하고 m, n을 어떤 상수라고 하면 $(x-\sqrt{3}\,)(x^2+mx+n)=x^3+(m-\sqrt{3}\,)x^2+(n-m\sqrt{3}\,)x-n\sqrt{3}$.

그러므로 a, b, m, n은 $m-\sqrt{3}=a$, $n-m\sqrt{3}=-a$, $-n\sqrt{3}=b$를 만족한다.

$n=-\dfrac{b}{\sqrt{3}}=-\dfrac{\sqrt{3}b}{3}$, $m=a+\sqrt{3}$을 $n-m\sqrt{3}=-a$에 대입하고 정리하면

$a-3-\left(\dfrac{b}{3}+a\right)\sqrt{3}=0$. 여기서 $a=3$, $b=-9$를 얻는다.

06 주어진 식을 정리하면 $(a-b-1)\sqrt{2}+(a^2+b^2-25)\sqrt{3}=0$

여기서 $a-b-1=0$, $a^2+b^2-25=0$을 얻는다. $\therefore a=4$, $b=3$

07 $a=-b$, $b=-c$, $c=-a$이므로 모두 변변 곱하면, $abc=0$을 얻을 수 있다. 그러면 어느 한 문자의 값이 0이 되므로 나머지 문자의 값도 모두 0이 되므로 반수 관계가 성립하지 않게 된다. 따라서 둘씩 반수 관계이면 모순이 되므로 3개의 실수가 모두 둘씩 서로 반수 관계가 될 수는 없다.

연습문제 15

01 빈 자리에 써넣기 (1) 1 (2) $1-x$ (3) $+$ (4) $x=\dfrac{2}{3}$, $y=\dfrac{\sqrt{6}}{2}$

(5) 0.0001, 10^{-2}, $10^{-1.5}$, 0.1^0, $10^{1/3}$, 0.1^{-2} (6) b^{-4} (7) -12, $\dfrac{81}{100}$

(8) $(-1)^n 1991^{-1}$

02 (1) $\dfrac{2\sqrt{3}}{5}+\dfrac{\sqrt{2}}{5}$ (2) $-\dfrac{4}{3}$ (3) $33\dfrac{2}{5}$ (4) 4

03 (1) xz^{-2} (2) $(-1)^n(1-a-3b)$

04 $\dfrac{2}{3}$

05 $-3<x<1$일 때 주어진 식 $=-2x-2$, $1\leq x<3$일 때 (원식)$=-4$

06 5 또는 1

07 $a^{\frac{1}{w}}=70^{\frac{1}{x}}$, $b^{\frac{1}{w}}=70^{\frac{1}{y}}$, $c^{\frac{1}{w}}=70^{\frac{1}{z}}$

$\therefore (abc)^{\frac{1}{w}}=(abc)^{\frac{1}{x}+\frac{1}{y}+\frac{1}{z}}=70^{\frac{1}{w}}$ $\therefore abc=70$

가정에 의하여 $a^x=b^y=c^z=70^w\neq1$. 즉, a, b, c는 1이 아니며

$70=2\times5\times7$ (2, 5, 7은 소수이므로 유일하게 소인수분해된다)이다. 따라서

$a=2$, $b=5$, $c=7$ $\therefore a+b=c$

연습문제 16

01 $m-1\neq0$, $\mathrm{D}=0$에 의하여 $m=3$을 얻는다. $m-1=0$이면 근이 없다.

02 (E). 정확한 답안은 $x_1^2+x_2^2=10 \Rightarrow (x_1+x_2)^2-2x_1x_2=10 \Rightarrow 4h^2+6=10$

$\Rightarrow |h|=1$

03 (D). 두 근은 $-p\pm\sqrt{p^2-2q}$ 이다. $\sqrt{p^2-2q}=d$가 유리수이면 $p^2-2q=d^2$에

서 d는 홀수이다. $2q=(p+d)(p-d)$이고 p, d가 홀수이므로 q는 짝수이다.

이는 가정과 모순된다. $\therefore d$는 무리수이다.

04 (B). 방정식은 $(2k-1)x^2-8x+6=0$이다. $k=\dfrac{1}{2}$일 때 근은 $\dfrac{3}{4}$이며

$k\neq\dfrac{1}{2}$일 때 $\mathrm{D}<0$에 의하여 $k>\dfrac{11}{6}$을 얻는다. $\therefore$구하려는 $k=2$이다.

05 (C). 가정에 의하여 두 방정식의 다른 한 근이 같음을 알 수 있다.

따라서 $x_1+x_2=3$, $-x_1+x_2=-3 \Rightarrow x_1=3$, $x_2=0$

06 (D). 처음 방정식에 실근이 없다는 것으로부터 $m>4$를 끌어낸다. 이 조건에 의

하여 $m\neq5$일 때 둘째 방정식에는 서로 다른 두 실근이 있고 $m=5$일 때 실근이

하나만 있음을 알 수 있다. $\therefore$ (D)

07 (D). $(b-c)+(a-b)+(c-a)=0$이므로 방정식에는 근 1이 있다.

같은 근이므로 $\dfrac{c-a}{b-c}=1\times1$. 즉, (D)

08 $a=1$. $a=1$일 때 방정식은 일차방정식이고 $a=-1$일 때 방정식은 모순된다.

09 $p=0$, $-\dfrac{1}{2}$. $\alpha+\beta=2-p$, $\alpha\beta=-8$. 계속 대입하면 주어진 등식의 좌변

$=\{1+\alpha(2-\beta)-\beta\}\{1+\beta(2-\alpha)-\alpha\}$

$=(9+2\alpha-\beta)(9+2\beta-\alpha)=\cdots=19-p-2p^2$. $19-p-2p^2=19$에서

$p=0$, $-\dfrac{1}{2}$을 얻는다.

10 0. 두 근을 α, β라 하면 $a\alpha^2+b\alpha+c=0$이므로 $a\alpha^3+b\alpha^2+c\alpha=0$ $\cdots\cdots$ ①

$\alpha\beta^2+b\beta+c=0$이다. 따라서 $a\beta^3+b\beta^2+c\beta=0$ $\cdots\cdots$ ②

①+②에서 $aS_3+bS_2+cS_1=0$

11 $p+q=99$이며 p, q는 모두 소수이다. 그러므로 p, q 중에서 하나는 반드시 짝수, 즉 2이다. $p=2$라고 하면 $q=97$

$\dfrac{q}{p}+\dfrac{p}{q}=\dfrac{9413}{194}$. $q=2$일 때의 결과는 마찬가지이다.

12 $k=\pm 14$(두 근을 x_1, x_2라 하면 $(x_1-x_2)^2=(x_1+x_2)^2-4x_1x_2=16$이다. 여기서 $x_1+x_2=-k$, $x_1x_2=45$. k의 관계식에 대입하면 $k^2-4\times 45=16$, 따라서 $k=\pm 14$)

13 문제의 뜻에 의하여 다음 연립방정식을 세울 수 있다.

$$\begin{cases} a\alpha^2+b\alpha+c=\beta & \cdots\cdots ① \\ a\beta^2+b\beta+c=\alpha & \cdots\cdots ② \\ a+b+c=1 & \cdots\cdots ③ \end{cases}$$

α, β는 방정식 $x^2-x-1=0$의 두 근이다.

$$\therefore \begin{cases} \alpha+\beta=1 \\ \alpha\beta=-1 \end{cases}$$

①+②에서 $a(\alpha^2+\beta^2)+b(\alpha+\beta)+2c=\alpha+\beta$, $3a+b+2c=1$ $\cdots\cdots$ ④

①-②에서 $a+b=-1$ $\cdots\cdots$ ⑤

③, ④, ⑤를 연립하여 풀면 $a=-1, b=0, c=2$

14 비에트의 정리에 의하여

$$\alpha_n+\beta_n=\frac{\sqrt{n}}{n+\sqrt{n(n-1)}}=\frac{1}{\sqrt{n}+\sqrt{n-1}}=\sqrt{n}-\sqrt{n-1}$$

$$\begin{aligned}(\text{원식})&=(\alpha_1+\beta_1)+(\alpha_2+\beta_2)+\cdots+(\alpha_{100}+\beta_{100}) \\ &=\sqrt{1}-\sqrt{0}+\sqrt{2}-\sqrt{1}+\sqrt{3}-\sqrt{2}+\cdots+\sqrt{99}-\sqrt{98}+\sqrt{100}-\sqrt{99} \\ &=\sqrt{100}=10\end{aligned}$$

15 두 근의 차의 제곱이 같다는 데 의하여 $\dfrac{(b^2-4ac)}{a^2}=\dfrac{(b^2-4ac)}{c^2}$

$\therefore b^2-4ac\neq 0$ $\therefore a^2=c^2$ $\therefore a=\pm c$

16 주어진 방정식의 두 근을 α, β라 하면

$$\begin{cases} \alpha+\beta=-a & \cdots\cdots ① \\ \alpha\beta=b & \cdots\cdots ② \end{cases} \qquad \begin{cases} (\alpha+1)+(\beta+1)=a^2 & \cdots\cdots ③ \\ (\alpha+1)\cdot(\beta+1)=ab & \cdots\cdots ④ \end{cases}$$

$a=-2, b=-1$이 얻어지므로 주어진 방정식의 두 근은 $1\pm\sqrt{2}$ 이다.

따라서 정답은 $x^2-2x-1=0$이다.

17 α를 같은 근이라고 하면 $\begin{cases} a^2 + m\alpha + n = 0 & \cdots\cdots\ ① \\ a^2 + p\alpha + q = 0 & \cdots\cdots\ ② \end{cases}$

①$-$②, $(m-p)\alpha + (n-q) = 0$

$m-p=0$이면 $n-q=0$

$\therefore (n-q)^2 - (m-p)(np-mq) = 0$

$m-p \neq 0$이면 $\alpha = -\dfrac{(n-q)}{(m-p)}$

이것을 $a^2 + m\alpha + n = 0$에 대입하고 정리하면,

$(n-q)^2 - (m-p)(np-mq) = 0$을 얻는다.

18 (1) 한 근을 x라고 하면 다른 근은 $\dfrac{1}{9x}$이다. 비에트의 정리에 의하여

$$x \cdot \frac{1}{9x} = m^2, \ m^2 = \frac{1}{9}. \ m = \pm\frac{1}{3}$$

(2) 방정식의 두 실근은 서로 반수가 아니다. 두 실근이 서로 반수이면 그 곱은 반드시 음수이다. 그러나 그 곱은 m^2이며 $m^2 \geq 0$이다.

19 두 근을 x_1, x_2라고 하면 $x_1 + x_2 = \dfrac{q}{p}$, $x_1 \cdot x_2 = \dfrac{1985}{p}$. $x_1 \cdot x_2$가 소수이고

자연수이므로, $x_1 \cdot x_2 = \dfrac{1985}{p} = 397 \times \dfrac{5}{p}$이며 5와 397이 소수이고 p가 자연

수이므로 오직 $p=1$이다. x_1, x_2가 5, 397이므로 $q = 5 + 397 = 402$이다.

$\therefore 12p^2 + q = 414$

연습문제 17

01 방정식의 근을 $x = \dfrac{r}{s}$ (r, s는 정수이고 $s \neq 0$이며 r, s는 서로소이다)이라 하고

방정식에 대입하면 $r^2 + prs + qs^2 = 0$. $|s| \neq 1$이면 등식의 마지막 두 항에 모두 인수 s가 있으므로 s는 반드시 r의 인수이다. 이것은 r, s가 서로소인 수라는 것과 모순된다. 따라서 $|s| = 1$. 그러므로 $\dfrac{r}{s}$은 정수이다.

02 이차라는 데 의하여 $k \neq \pm 1$임을 알 수 있다. 그러므로 두 근은 $x_1 = -\dfrac{12}{(k+1)}$,

$x_2 = -\dfrac{6}{(k-1)}$이다. 두 근이 양의 정수가 되려면 오직 $k = -5$, -2라야 한다.

03 $x_{1,2} = -5a \pm \sqrt{25a^2 - 5b + 3}$. $25a^2 - 5b + 3 = 5(5a^2 - b) + 3$의 일의 자리의 숫자는 3 또는 8이다. 그러나 어떤 정수의 완전제곱의 일의 자리의 숫자든지 오직 0, 1, 4, 5, 6, 9 중의 어느 하나로만 될 수 있다. 그러므로 정수근이 없다.

04 (B) $x_1 + x_2 = -m$이므로 m은 정수이다.

$x_1 x_2 = -6 = -1 \times 6,\ 1 \times (-6),\ -2 \times 3,\ 2 \times (-3)$

05 두 근이 $x_1 = \dfrac{9}{(6-k)},\ x_2 = \dfrac{6}{(9-k)}$ 이므로 $x_1,\ x_2$가 정수가 되려면

오직 $k = 3,\ 7,\ 15$라야 한다.

06 $x_{1,\ 2} = \dfrac{m(1+n) \pm \sqrt{-(m^2-n)^2}}{(1+m^2)}$. 정수근을 가지려면 $m^2 - n = 0$

즉 $n = m^2$이라야 한다. 이때, $x_{1,\ 2} = m$

07 (1) 두 근의 합이 3이라는 데 의하여 알 수 있다.

(2) 두 근의 곱이 $a+4$라는 것과 (1)에 의하여 a가 짝수임을 알 수 있고 $\mathrm{D} \geq 0$ 에 의하여 a가 음수임을 알 수 있다.

(3) $\mathrm{D} \geq 0$ 및 $a + 4 > 0$에 의하여 $-4 < a \leq -\dfrac{7}{4}$임을 알 수 있다. a는 짝수이다.

$\therefore a = -2$. 이 때 두 근은 1, 2이다.

08 두 양의 정수근을 $\alpha,\ \beta$라고 하면 $\alpha + \beta = \dfrac{p}{(k-1)},\ \alpha \cdot \beta = \dfrac{k}{(k-1)}\ (k \neq 1)$.

$\dfrac{k}{(k-1)}$ 가 양의 정수로 되려면 오직 $k - 1 = 1$이라야 한다.

따라서 $k = 2$. 그러므로 $\alpha \cdot \beta = 2$에서 $\alpha = 1,\ \beta = 2$ 또는 $\alpha = 2,\ \beta = 1$을 얻는다. 그리하여 $\alpha + \beta = 3$이다. 따라서 $p = 3$ $\therefore k^p(p^p + k^k) = 2^6(3^3 + 2^2) = 1984$

09 x가 홀수일 때 $x^{10} + px^7 + q = $ 홀수 $+$ 홀수 $\times$ 홀수 $+$ 홀수 $= $ 홀수 $\neq 0$

x가 짝수일 때 $x^{10} + px^7 + q = $ 짝수 $+$ 홀수 $\times$ 짝수 $+$ 홀수 $= $ 홀수 $\neq 0$

10 a를 소거하면 $y^2 - xy + 3x^2 - 15 = 0$을 얻는다. y가 양의 정수해를 가지려면 반드시 $\mathrm{D} = 60 - 11x^2$이 양의 정수의 제곱이라야 한다. x가 양의 정수로 되려면 $x = 1$ 또는 2라야 한다. 따라서 $y = 4,\ -3$ 또는 $3,\ -1$이다. $\therefore a = \dfrac{1}{2}$ 또는 $\dfrac{1}{6}$

11 방정식을 y에 관한 이차방정식으로 보고 풀면

$y = (10 - x) \pm \sqrt{-8(x-3)(x-6)}$이다. y가 실수이므로 $(x-3)(x-6) \leq 0$이며 따라서 $3 \leq x \leq 6$이다.

$\therefore$ 정수해 $(x, y) = (3, 7),\ (4, 10),\ (4, 2),\ (5, 9),\ (5, 1),\ (6, 4)$

12 $\because \mathrm{D} = \{c(3a^2 - 2ab + b^2)\}^2$

13 $\mathrm{D} = 4n^2 = (2n)^2$

14 $4f(a) = f(b)$에서 $4a^2 + 4a = b^2 + b$를 얻는다. 이 방정식의 a에 관한 방정식은 $4a^2 + 4a - (b^2 + b) = 0$이며 그 판별식은 $\mathrm{D}_a = 16(b^2 + b + 1)$이다.

$\phi(b)=b^2+b+1$은 임의의 유리수 b에 대하여 b에 관한 일차식의 완전제곱으로 될 수 없다(∴ $\phi(b)$는 b에 관한 이차삼항식이다. 이것이 b에 관한 일차식의 완전제곱으로 되려면 반드시 그 판별식 $D_b=1^2-4\times1\times1=-3$이 유리수의 완전제곱으로 되어야 하는데 $D_b=-3$은 그렇지 않다). 그러므로 D_a는 b에 관한 일차식의 완전제곱이 아니다. 따라서 $4f(a)=f(b)$의 a에 관한 이차방정식은 유리근을 가지지 않는다. 같은 이유에 의하여 $4f(a)=f(b)$의 b에 관한 이차방정식도 유리근을 가지지 않음을 증명할 수 있다.

15 한 근을 x_1이라 하면 다른 근은 $3x_1$이다. 비에트의 정리에 의하여

$$4x_1=\frac{(3n+2)}{4},\ 3x_1^2=\frac{(n^2-1)}{4}$$ 임을 알 수 있다. x_1을 소거하면

$37n^2-36n-76=0$을 얻는다. 따라서 $(37n+38)(n-2)=0$ ∴ $n=2$

16 두 근을 $3u$, $4u$라고 하면 $7u=-p$, $12u^2=q$이다.

$D=p^2-4q=2-\sqrt{3}$이므로 $49u^2-48u^2=2-\sqrt{3}$, 즉 $u^2=2-\sqrt{3}$

∴ $u=\pm\sqrt{2-\sqrt{3}}=\pm\frac{(\sqrt{6}-\sqrt{2})}{2}$

∴ 두 근은 $\dfrac{3(\sqrt{6}-\sqrt{2})}{2}$, $2(\sqrt{6}-\sqrt{2})$

또는 $-\dfrac{3(\sqrt{6}-\sqrt{2})}{2}$, $-2(\sqrt{6}-\sqrt{2})$

17 두 근을 x_0, x_0^2이라고 하면 $a=-(x_0+x_0^2)$, $b=x_0^3$이다.

이것을 대입하면 $3ab=-3x_0^4-3x_0^5$. $a^3+b^2+b=-3x_0^4-3x_0^5$

∴ $3ab=a^3+b^2+b$

18 주어진 식은 $x^2+(b-3)x-2a=0$이다.

두 근을 x_1, $-x_1$이라고 하면 $x_1+(-x_1)=-(b-3)=0$ ∴ $b=3$

따라서 $x^2=2a>0$ ∴ $a>0$. $x\neq-3$, $x^2=2a$ ∴ $2a\neq9$, 즉 $a\neq\dfrac{9}{2}$

그러므로 구하려는 범위는 $b=3$, $a>0$. 그러나 $a\neq\dfrac{9}{2}$

19 공통근을 x_1이라 하고 두 식을 변끼리 빼면 (x_1^2에 관한 항을 소거한다)

$(b+1)(x_1+1)=0$을 얻는다. $b+1=0$에서 $b=-1$

따라서 $D=-3<0$ ∴ $b\neq-1$

∴ $x_1+1=0$. 즉, 공통근은 $x_1=-1$. 이 때 $(-1)^2-(-1)-b=0$ ∴ $b=2$

20 공통근을 α라 하고 두 방정식에 대입한 다음 두 방정식을 변끼리 빼서 α^2의 항을 소거하면 $(p-q)(\alpha-1)=0$. $p-q=0$일 때 만족하지 않으므로 $\alpha-1=0$이다. 따라서 공통근 $\alpha=1$이며 이때 $p+q=-1$이다.

∴ $(p+q)^{20}=1$, 공통근이 아닌 두 근을 x_1, x_2라고 하자.

$1+x_1=-p$, $1+x_2=-q$ $\therefore x_1+x_2=-(p+q)-2=-1$

21 공통근을 구하는 방법을 이용하여 공통근 α를 얻으면 $(a-c)\alpha^2+(c-a)=0$. $\alpha^2=1$. 주어진 방정식에 대입하면 $a+b\alpha+c=0$, $c+b\alpha+a=0$

따라서 $a+c=-b\alpha$ $\therefore (a+c)^2=b^2\alpha^2=b^2$

22 (E). 두 방정식을 변끼리 빼면 $(m-1)(x-1)=0$. $m-1=0$ 즉 $m=1$일 때 주어진 방정식에는 실근이 없다. $\therefore x-1=0$, 즉 공통근은 $x=1$이다. 이때(주 어진 방정식에 대입하면) $m=-2$ $\therefore$ (E)를 선택해야 한다.

23 (1) 주어진 세 방정식을 차례로 ①, ②, ③으로 놓으면

②−③에서 $(q-p)(x+2)=0$. $p\neq q$ $\therefore$ ②, ③의 공통근은 $x=-2$이다.

(2) 가정에 의하여 방정식 ①에서 다음 관계식을 얻을 수 있다.

$D=m^2-16n>0$ ④, $p+q=-\dfrac{m}{4}$ ⑤, $qp=\dfrac{n}{4}$ ⑥. $x=-2$는 ②의 근이다.

$\therefore$ ②에 대입하면 $4+2p+2q=0$. 즉 $p+q=-2$ ⑦

⑤, ⑦에서 $m=8$을 얻는다. 이것을 ④에 대입하면 $n<4$ $\therefore n=1$, 2, 3

$\therefore (m, n)=(8, 1)$, $(8, 2)$, $(8, 3)$

(3) ⑦의 $p=-(q+2)$를 ②에 대입하면 $x^2+(q+2)x+2q=0 \Rightarrow (x+2)$ $(x+q)=0$. 그러므로 ②에서 공통근이 아닌 다른 한 근은 $x=-q$이다.

⑤, ⑥식에 의하여 $(m, n)=(8, 1)$과 $(8, 2)$일 때 p, q는 유리수가 아니다.

$(m, n)=(8, 3)$일 때 $p+q=-2$, $pq=\dfrac{3}{4}$이다. 이것을 연립하여 풀면

$p=-\dfrac{1}{2}$, $q=-\dfrac{3}{2}$ $(\because p>q)$이다. 그러므로 방정식 ②의 다른 한 근은

$x=\dfrac{3}{2}$이다.

24 (1) 세 방정식의 공통근을 x라 하고 이것을 세 방정식에 대입한 다음 세 방정식을 변끼리 더하면 $(a+b+c)(x^2+x+1)=0$을 얻는다.

$x^2+x+1\neq 0$ $\therefore a+b+c=0$

(2) $a^3+b^3+c^3-3abc=(a+b+c)(a^2+b^2+c^2-ab-bc-ac)=0$이므로 $a^3+b^3+c^3=3abc$ $\therefore$ (원식)$=3$

25 $a=1$을 취하면 $3y+5-2=0$이므로 $y=-1$

$a=-2$를 취하면 $-3x+5+4=0$이므로 $x=3$

$x=3$, $y=-1$을 주어진 방정식에 대입하고 검증하면 임의의 a에 대하여 모두 만족함을 알 수 있다. $\therefore$ 이 방정식들의 공통해는 $(3, -1)$이다(🔧 다른 두 개의 a의 값을 임의로 취하여 두 방정식을 얻고 연립하고 풀어 $x=3$, $y=-1$을 얻은 다음 주어진 방정식에 대입하고 검증하여도 된다).

01 (1) 근은 1, -2, -4이다.

(2) 근은 -1, 2, $-\dfrac{1}{2}$이다.

(3) x^2으로 나누면 방정식은 $\left(3x+\dfrac{2}{x}\right)^2+\left(3x+\dfrac{2}{x}\right)-30=0$으로 변한다.

$y=3x+\dfrac{2}{x}$ 라 하면 해는 1, $\dfrac{2}{3}$, $-1\pm\dfrac{\sqrt{3}}{3}$ 이다.

또, 먼저 $x=1$($\because$ 계수의 합이 0이다)을 구한 다음 식 $(3x-2)$에서 $x=\dfrac{2}{3}$ 를 얻고 남은 이차식에서 다른 두 근을 구하여도 된다.

(4) 방정식을 $(6x+7)^2\cdot\left(\dfrac{1}{12}\right)\{(6x+7)^2-1\}=6$으로 변형할 수 있다.

$y=(6x+7)^2$이라고 하면 해는 $-\dfrac{2}{3}$, $-\dfrac{5}{3}$이다.

(5) 예제 **06**에서와 같이 하여 $x=8$을 얻는다.

(6) 예제 **06**에서와 같이 하여 $x=1$을 얻는다.

(7) 예제 **09**에서와 같이 하여 $x=9$를 얻는다.

(8) 예제 **09**에서와 같이 하여 $x=6-4\sqrt{2}$를 얻는다. ($6+4\sqrt{2}$는 무연근)

(9) 근호를 없애면 $4x^4+4x^3-71x^2-18x+81=0$을 얻는다. 계수들의 합이 0 이므로 해 $x_1=1$이다. $(x-1)$로 나누면 $4x^3+8x^2-6x-81=0$을 얻는다.

따라서 $x_2=-\dfrac{9}{2}$, $x_3=\dfrac{5-\sqrt{97}}{4}$ ($\dfrac{5+\sqrt{97}}{4}$ 은 무연근)

(10) 예제 **11**에서와 같이 하여 $x=\dfrac{5}{8}$를 얻는다.

(11) 예제 **12**에서와 같이 하여 $x=\dfrac{-7+\sqrt{57}}{4}$을 얻는다.

(12) 예제 **13**에서와 같이 하여 $x=1$을 얻는다.

(13) 변형하면 $\dfrac{x^2+x+1}{x^2+1}+\dfrac{x^2+1}{x^2+x+1}=\dfrac{13}{6}$

$y=\dfrac{(x^2+x+1)}{(x^2+1)}$ 이라 하면 해 $x=1$, $\dfrac{(-3\pm\sqrt{5})}{2}$ 를 얻는다.

(14) $y=2\sqrt[5]{x+1}$ $\Rightarrow$ $(y-1)^4+(y-3)^4=16$이라 하고 $z=y-\dfrac{(-1-3)}{2}$ 이라 고 하면 해는 $x=-\dfrac{31}{32}$, $\dfrac{211}{32}$이다.

(15) 주어진 방정식을 다음과 같이 변형하면 $\sqrt[3]{\left(\dfrac{x^2+1}{x^2-1}\right)^2}+\sqrt[3]{\dfrac{x^2+1}{x^2-1}}=6$

$y=\sqrt[3]{\dfrac{x^2+1}{x^2-1}}$ 이라고 하면 해는 $x=\pm\dfrac{1}{14}\sqrt{182}$ 또는 $\pm\dfrac{3}{7}\sqrt{7}$

(16) 주어진 방정식을 다음과 같이 변형한다.

$$\dfrac{4}{\sqrt{2x+7}-\sqrt{2x+3}}=\dfrac{4}{\sqrt{3x+5}-\sqrt{3x+1}}$$
$$\Rightarrow \sqrt{2x+7}-\sqrt{2x+3}=\sqrt{3x+5}-\sqrt{3x+1}$$

이것과 주어진 방정식을 연립하고 풀면 해 $x=2$를 얻는다.

(17) $y=\dfrac{x}{3}-\dfrac{4}{x} \Rightarrow 3y^2-10y+8=0$이라고 하면 근은 $x=-2,\ 6,\ 3\pm\sqrt{21}$

(18) $y=x+\dfrac{5}{2}a \Rightarrow \left(y^2-\dfrac{1}{4}a^2\right)\cdot\left(y^2-\dfrac{9}{4}a^2\right)=b^4$이라 하고

$y^2=z \Rightarrow z=\dfrac{5}{4}a^2\pm\sqrt{a^4+b^4} \Rightarrow x_{1,\,2}=-\dfrac{5}{2}a\pm\sqrt{\dfrac{5}{4}a^2+\sqrt{a^4+b^4}}$

$x_{3,\,4}=-\dfrac{5}{2}a\pm\sqrt{\dfrac{5}{4}a^2-\sqrt{a^4+b^4}}$ 이라고 하자.

실수해만 구하라고 할 때는,

$A=\dfrac{5}{4}a^2-\sqrt{a^4+b^4}<0$일 때에는 $x_3,\ x_4$를 버리고, $x_1,\ x_2$를 해로 하며

$A\geq0$ 일 때에는 $x_1,\ x_2,\ x_3,\ x_4$를 해로 한다.

02 $x\geq\dfrac{1}{2}$일 때 $x=3$, $x<\dfrac{1}{2}$일 때 $x=-1-\sqrt{6}$

03 $x=0$과 $x=1$을 방정식에 각각 대입하면 $2a+6b+3c=0$과 $6a+12b+8c=0$을 얻는다. $a,\ b$를 c로 표시하고 각각 풀면 $a=-c,\ b=-\dfrac{c}{6}$를 얻는다.

$\therefore a:b:c=6:1:(-6)$

04 주어진 방정식을 변형하여 $6\left(\dfrac{x}{y}\right)^2+\dfrac{x}{y}-1=0$을 얻고 풀면 $\dfrac{x}{y}=\dfrac{1}{3}$ 또는 $-\dfrac{1}{2}(xy>0$이므로 버린다) 즉, $x:y=1:3$

05 (1) 상수항이 아닌 항을 좌변에 옮기고 인수분해하면

$$\begin{cases}(x+y)(x+z)=4\\(x+y)(y+z)=9\\(x+z)(y+z)=25\end{cases}$$

세 방정식을 변끼리 곱하면

$(x+y)(y+z)(x+z)=\pm30$

이 방정식을 각각 세 방정식으로 나누면

$$\begin{cases}x+z=15/2\\x+z=30/9\\x+y=6/5\end{cases} \Rightarrow \begin{cases}x_1=-89/60\\y_1=161/60\\z_1=289/60\end{cases} \begin{cases}x_2=89/60\\y_2=-161/60\\z_2=-289/60\end{cases}$$

(2) 세 식을 변끼리 더하면 $x+y+z=\pm6$을 얻는다. 이것을 각각 주어진 방정식에 대입하고 풀면 $x_1=1,\ y_2=2,\ z_1=3$과 $x_2=-1,\ y_2=-2,\ z_2=-3$을 얻는다.

(3) 방정식의 우변에 있는 이차항을 좌변에 옮기고 인수분해하면 $x+y+z=\pm13$. 따라서 $x_1=3,\ y_1=4,\ z_1=6$과 $x_2=-3,\ y_2=-4,\ z_2=-6$을 얻는다.

06 자연수를 n이라 하면 $n-53=x^2$, $n+36=y^2$ ($x,\ y$는 양의 정수)을 얻는다.

$y^2-x^2=89$. 89는 소수이다. $\therefore (y+x)(y-x)=1\times89,\ y+x=89,$

$y-x=1 \quad \therefore y=45,\ x=44$

$\therefore n=x^2+53=y^2-36=1989$

07 갑이 D에서 $x(\mathrm{km})$ 떨어진 곳에서 을을 따라잡았다고 하고 갑의 속력을 한 시간에 $\mathrm{V}_{갑}(\mathrm{km})$, 을의 속력을 한 시간에 $\mathrm{V}_{을}(\mathrm{km})$, A와 B 사이의 거리를 $\mathrm{S}(\mathrm{km})$라고 하자.

$$\begin{cases} \dfrac{15}{\mathrm{V}_{갑}}=\dfrac{10}{\mathrm{V}_{을}} \\[2mm] \dfrac{(10+x)}{\mathrm{V}_{갑}}=\dfrac{x}{\mathrm{V}_{을}} \end{cases}$$

$\therefore \dfrac{10+x}{x}=\dfrac{15}{10} \quad \therefore x=20$

$\dfrac{\mathrm{S}}{\mathrm{V}_{갑}}=\dfrac{15}{\mathrm{V}_{을}},\ \dfrac{\mathrm{S}}{15}=\dfrac{\mathrm{V}_{갑}}{\mathrm{V}_{을}}=\dfrac{3}{2}$

$\mathrm{S}=22.5,\ 22.5+15+10+20=67.5(\mathrm{km})$

연습문제 19

01 (1) $(x+y)(x-y)(x^2+xy+y^2)(x^2-xy+y^2)$

(2) $(x^5+2)(x-1)(x^4+x^3+x^2+x+1)$

(3) $(x-1)^2\ (x+2)$

(4) $(x+1)^2\ (x-3)(3x^2+2)$

(5) $-(x-y)(y-z)(z-x)(xy+xz+yz)$

(6) $(a+b-c)(b+c-a)(c+a-b)$

(7) $-(a-b)(b-c)(c-a)(a+b+c)$

(8) $(a+b-1)(a^2+b^2-ab+a+b+1)$

(9) $(2x^3+y^3)(16x^{12}-8x^9y^3+4x^6y^6-2x^3y^9+y^{12})$

02 $k=-5,\ p=20$

(원식)$=(x-1)(x-2)(x+2)(x-4)$

03 주어진 식의 좌변 $= (a^2 + 6ab + 9b^2) - (25b^2 - 10bc + c^2)$

$$= (a + 3b)^2 - (5b - c)^2$$

$$= (a + 8b - c)(a - 2b + c) = 0$$

$a + b - c > 0$(두 변의 합은 셋째 변보다 크다) 그러므로 $a + 8b - c > 0$

$\therefore a - 2b + c = 0$, 즉 $a + c = 2b$

04 $1984 = 2 \times 992$, $993 - 1 = 991 + 1 = 992$. $993^{993} - 1 = (993 - 1)$

$(993^{992} + 993^{991} + \cdots + 1) = 992(2m + 1)$ (m은 모두 양의 정수)

같은 이유에 의하여 $991^{991} + 1 = (991 + 1)(991^{990} - 991^{989} + \cdots + 1) = 992(2n + 1)$($n$은 양의 정수)

$\therefore 993^{993} + 991^{991} = 992(2m + 2n + 2) = 1984 \cdot (m + n + 1)$

연습문제 20

01 가정에 의하여 $a - c = 4$이므로 예제 1에서와 같이 하면

(원식) $= 15$이다.

02 예제 **04**에서와 같이 하면

$$(원식) = \frac{1}{x} - \frac{1}{x+4} = \frac{4}{x(x+4)}$$

03 예제 **06**에서와 같이 하면

$$(원식) = \frac{26}{29}$$

04 가정에 의하여 $q^2 - pq - p^2 = 0$이므로 $\left(\dfrac{q}{p}\right)^2 - \dfrac{q}{p} - 1 = 0$, $\dfrac{q}{p} = \dfrac{1 \pm \sqrt{5}}{2}$

$\therefore$ (원식) $= \pm\sqrt{5}$

05 (원식) $= \dfrac{(a-b)+(a-c)}{(a-b)(a-c)} + \dfrac{(b-c)+(b-a)}{(b-c)(b-a)} + \dfrac{(c-a)+(c-b)}{(c-a)(c-b)}$

항들을 분리하면 0이 된다.

06 $a = x + \dfrac{1}{x}$이라 하면 $x^2 + \dfrac{1}{x^2} = a^2 - 2$

$$(원식) = a^2 - \left(a - \frac{1}{1-a}\right)^2 \div \frac{a^2 - a + 1}{a^2 - 2a + 1} = a - 1 = x + \frac{1}{x} - 1$$

07 가정에 의하여 $ab + bc + ca = 0$이므로 $2ab + 2bc + 2ca = 0$, 양변에 $a^2 + b^2 + c^2$을 더하면 된다.

08 등식을 k와 같다고 하면 $p = k(x^2 - yz)$, $q = k(y^2 - zx)$, $r = k(z^2 - xy)$이므로 좌변 $= k(x^3 + y^3 + z^3 - 3xyz)$, 우변 $= (x + y + z) \cdot k(x^2 + y^2 + z^2 - xy - yz - zx) = k(x^3 + y^3 + z^3 - 3xyz)$ $\therefore$ 좌변 = 우변

09 주어진 등식의 양변에 $abc(a+b+c)$를 곱하면

$(a+b+c)(ab+bc+ca)=abc$이므로, $(a+b+c)(ab+bc)+ca(a+c)=0$

따라서 $(c+a)(a+b)(b+c)=0$

$c+a=0$에서 $a=-c$를 얻거나, $a+b=0$에서 $b=-a$를 얻거나, $b+c=0$에서 $b=-c$를 얻는다. 어느 경우든지 증명하려는 등식이 성립한다.

10 가정한 등식에서 $x-y=-3xy$를 얻어 주어진 등식에 대입하면

주어진 등식$=\dfrac{3}{5}$

11 등식을 k와 같다고 하면

$a+b=k(a-b)$ $\qquad$ ……①

$b+c=2k(b-c)$ $\qquad$ ……②

$c+a=3k(c-a)$ $\qquad$ …… ③

①$\times 6+$②$\times 3+$③$\times 2$. 그러면 증명하려는 등식을 얻는다.

12 (원식)$=\sqrt{a^2+2a\sqrt{a^2-b^2}+(a^2-b^2)}+\sqrt{(a^2-b^2)-2b\sqrt{a^2-b^2}+b^2}$

$=a-b+2\sqrt{a^2-b^2}$

13 산술적 제곱근의 성질에 의하여 등식의 우변에서는 $y<a<x$이고 좌변에서는 $a\geq 0$ 또는 $a\leq 0$임을 알 수 있다. $\therefore a=0$ 따라서 $x=-y$. 그러므로 (원식)$=\dfrac{1}{3}$

14 $x^3=6+3x$ $\therefore x^3-3x-7=-1$

15 $\sqrt{\dfrac{a-1}{3}}=x$라고 하면 $a=3x^2+1$

$\therefore$ (원식)$=\sqrt[3]{3x^2+1+\dfrac{3x^2+9}{3}\cdot x}+\sqrt[3]{3x^2+1-\dfrac{3x^2+9}{3}\cdot x}$

$=\sqrt[3]{(x+1)^3}+\sqrt[3]{(1-x)^3}=2$

16 $ax^3=by^3=cz^3=k^3$이라고 하면 $a=\dfrac{k^3}{x^3}$, $b=\dfrac{k^3}{y^3}$, $c=\dfrac{k^3}{z^3}$이다. 따라서

우변$=k\left(\dfrac{1}{x}+\dfrac{1}{y}+\dfrac{1}{z}\right)=k$

좌변$=\sqrt[3]{ax^3\cdot\dfrac{1}{x}+by^3\cdot\dfrac{1}{y}+cz^3\cdot\dfrac{1}{z}}=\sqrt[3]{k^3\left(\dfrac{1}{x}+\dfrac{1}{y}+\dfrac{1}{z}\right)}=k$

$\therefore$ 좌변$=$우변

17 $a^5=b^4$에서 $\left(\dfrac{b}{a}\right)^4$은 자연수임을 알 수 있다. 따라서 $\dfrac{b}{a}$는 자연수이다.

$\dfrac{b}{a}=t$라고 하면 $a=t^4$, $b=t^5$이다.

같은 이유에 의하여 $\dfrac{d}{c}=m$(자연수)이라고 하면 $d=m^3$, $c=m^2$이다.

따라서 $c-a=m^2-t^4=(m+t^2)(m-t^2)=19$

19가 소수이므로 $m+t^2=19$, $m-t^2=1$

이것을 풀면 $m=10$, $t=3$을 얻는다. 따라서 $d-b=m^3-t^5=10^3-3^5=757$.

또는 $a=x^4$, $c=y^2$이라고 하면 $b=x^5$, $d=y^3$이므로

$19=(c-a)=y^2-x^4=(y-x^2)(y+x^2)$이다. 위에서와 같이 하여

$x=3$, $y=10$을 얻는다. $\therefore d-b=y^3-x^5=757$

18 주어진 등식이 모든 $x>0$에 대하여 언제나 성립하므로 $x=1$을 취한다. 그러면
$$2^m-1=2^p$$
$2^m\neq 0$이므로 2^m-1은 홀수이다. $\therefore p=0$, $m=1$이다.

다음, $x=2$를 취한다. 그러면 $\dfrac{3}{2^n}-1=\dfrac{1}{2^q}$, 즉 $3-2^n=2^{n-q}$이다.

$n>q$이면 위 식의 좌변이 홀수가 되고 우변이 짝수가 되어 모순된다.

$n<q$이면 위 식의 좌변이 정수가 되고 우변이 진분수가 되어 모순된다. 그러므로 오직 $n=q=1$이다.

따라서 (원식)$=9$이다.

19 방정식을 $x^2-1991x-1=0$으로 변형한다. 그러면 $m+n=1991$, $mn=-1$이다. 그러므로 (원식)$=m(1+n+n^2)=m+mn+mn^2=m-n-1$

$m>n$이므로 $m-n=\sqrt{(m-n)^2}=\sqrt{(m+n)^2-4mn}=\sqrt{1991^2+4}$

$\therefore$ (원식)$=\sqrt{1991^2+4}-1$

20 $a=p-\dfrac{1}{b}$ 을 $p=c+\dfrac{1}{a}$ 에 대입하면 $p=c+\dfrac{b}{bp-1}$를 얻는다.

또, $b=p-\dfrac{1}{c}$ 을 위 식에 대입하고 정리하면,

$(p^2-1)\left(p-c-\dfrac{1}{c}\right)=0$, $p-c=\dfrac{1}{a}\neq\dfrac{1}{c}$ $\Rightarrow$ $p-c-\dfrac{1}{c}\neq 0$

$\therefore p^2=1$

$a+\dfrac{1}{b}=p$에서 $ab=bp-1$을 얻는다. 따라서 $abc=c(bp-1)$, $p=b+\dfrac{1}{c}$

여기서 $p^2=pb+\dfrac{p}{c}$를 얻는다. 또 $p^2=1$

$\therefore pb-1=-\dfrac{p}{c}$ $\therefore abc=c\left(-\dfrac{p}{c}\right)=-p$ $\therefore abc+p=0$

01 C와 D를 연결한다. 그러면 △ACD≡△BCD, △BFD≡△BCD, ∠BFD=30°

02 $\overline{DA}$ 위에서 $\overline{DM}=\overline{EB}$되게 $\overline{DM}$을 잘라내고 △DME≡△EBF임을 증명한다.

03 B와 F를 연결하고 $\overline{BF}$를 연장하여 $\overline{CD}$와 만나는 점을 G라 하고
△AFB≡△FGD, $EF=\dfrac{b-a}{2}$임을 증명한다.

04 $\overline{AM}$을 $\overline{MD}=\overline{AM}$이 되게 D까지 연장하고 △ABM≡△DCM임을 증명한다.

05 $\overline{BN}$을 연장하여 $\overline{AC}$와 만나는 점을 H라 한다. △ABC의 둘레의 길이는 41cm이다.

06 $\overline{PM}$을 연장하여 $\overline{CQ}$와 만나는 점을 R이라 하고 △MPB≡△MRC임을 증명한다.

07 $\overline{BC}$에 평행되게 $\overline{DF}$, $\overline{BD}$에 평행되게 $\overline{CF}$를 긋고 F와 E를 연결한 다음 ∠DFE > ∠DEF임을 증명한다.

08 다음 그림에서와 같이 $\overline{BQ}$를 l에 따라 대칭이동시켜 $\overline{SQ}$를 얻고(즉, $\overline{AP}$를 $\overline{PS}=\overline{BP}$되게 S까지 연장하고 Q와 S를 연결한다) △BPQ≡△SPQ임을 증명한다.

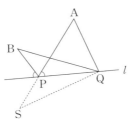

09 다음 그림에서와 같이 점 C를 중심으로 하여 △CBP를 시계 바늘이 도는 방향으로 60° 회전시켜 △CAP′의 위치에 오게 한다.
△CAP′≡△CBP, $\overline{AB}=2\sqrt{7}$

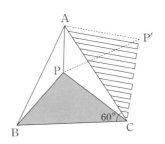

10 다음 그림에서와 같이 점 A를 중심으로 하여 △ADF를 시계 바늘이 도는 반대 방향으로 90° 회전시킨다. D → B, F → G

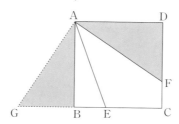

연습문제 22

01 1000m.

CD를 대칭축으로 하여 A점의 대칭점 A′를 찍고 300m, 500m, 600m를 한 직각삼각형에 집중시켜 해결한다.

02 생략

03 A와 C, B와 D를 연결한다. △ABD와 △CBD가 이등변삼각형이므로 $\overline{AC}$는 대칭축이며 B, D는 서로 대칭점이다. 따라서 $\overline{AC}$, $\overline{BD}$는 서로 수직이다.

04 점 A에서 $\overline{MN}$까지의 거리가 점 B에서 $\overline{MN}$까지의 거리보다 크다 하고 점 A의 $\overline{MN}$에 관한 대칭점을 A′라고 한다. A′와 B를 연결하고 $\overline{A'B}$를 연장하여 $\overline{MN}$과 만나는 점을 P라고 한다. 그러면 P가 구하려는 점이다.

05 옆변은 4cm이고 두 밑변은 각각 4cm, 10cm이다.

06 점 O가 □ABCD의 대칭중심이라는 데 의하여 $\overline{OG}=\overline{OH}$, $\overline{OE}=\overline{OF}$임을 증명한다.

07 중점을 대칭중심으로 하여 주어진 삼각형의 점대칭도형을 그린다.

08 다음 그림에서와 같이 $\overline{DN}$에 관한 점 M의 대칭점을 찍고 E와 N, E와 C를 연결한다. 그러면

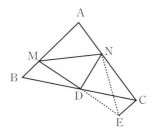

$\overline{MN}=\overline{EN}$, $\overline{MD}=\overline{ED}$,

또 $\overline{BD}=\overline{DC}$

∴ D는 △DMB와 △DEC의 대칭중심이다.

∴ $\overline{MB}=\overline{EC}$, $\overline{CN}+\overline{CE}>\overline{EN}$

∴ $\overline{BM}+\overline{CN}>\overline{MN}$

09 △DFM을 $\overline{DF}$에 따라 접어 엎는다.

연습문제 23

01 왼쪽에서 오른쪽으로 가면서 □ 안에 차례로 $-7, 3, 1, 3, -1$ 또는 $\dfrac{21}{2}, \dfrac{1}{2}, 1,$ $3, -6$을 써 넣는다.

02 $x^3+px^2+qx+r=(x-1)(x-a)^2$이라 하고 계수를 비교하여 a를 소거하면 $p+q+r+1=0,\ (r+q)^2=-4r$

03 (원식)$=\dfrac{1}{(x+1)}+\dfrac{2}{(x+2)}+\dfrac{3}{(x+3)}$

04 예제 **07**에서와 같이 한다. 유리화 인수를 $(1+\mathrm{A}\sqrt[3]{2}+\mathrm{B}\sqrt[3]{4})$, A와 B를 유리수 라고 하면 (원식)$=5+4\sqrt[3]{2}+3\sqrt[3]{4}$

05 $\mathrm{A}=1,\ f(x)=(x^2+3x-1)^2$

06 $x^4-5x^3+11x^2+mx+n=(x^2-2x+1)(x^2+\mathrm{A}x+\mathrm{B})$라고 하면 $\mathrm{A}=-3,\ \mathrm{B}=4,\ m=-11,\ n=4$

07 $x^3+px^2+qx+r=(x-\alpha)(x-\beta)(x-\gamma)$라고 한다.

08 $x^2+y^2+1=(x+ay+b)(x+cy+d)$라고 하면 결과에 a, b, c, d가 없으므 로 결론을 만족한다.

09 가정에서 $bd+cd=(b+c)d$가 홀수라는 것이 주어졌다. 그러므로 $b+c$와 d 는 모두 홀수이다. 따라서 b가 짝수이고 c가 홀수이거나 또는 b가 홀수이고 c가 짝수이다.

(1) b가 짝수이고 c, d가 홀수일 때 $x^3+bx^2+cx+d=(x+p)\cdot(x^2+qx+r)$ 그 중에서 p, q, r는 정수이다. 계수를 비교하면 ① $pr=d$는 홀수이다.

② $pq+r=c$는 홀수이다. ③ $p+q=b$는 짝수이다.

①에서 p, r가 모두 홀수임을 알 수 있다. ②와 결합하여 보면 q는 반드시 짝 수이다. 그러므로 ③은 모순되는 식이다.

(2) c가 짝수이고, b, d가 홀수일 때, 위에서와 같이 하여 모순을 얻어낼 수 있다. 그러므로 주어진 다항식을 인수분해하여 정수계수 다항식의 곱으로 되게 할 수 없다.

10 $p>0,\ q>0,\ p^2+q^2=7pq \Rightarrow p+q=3\sqrt{pq}$. 다항식을 두 일차인수의 곱이 되 게 인수분해할 수 있다.

$\therefore\ xy+px+qx+1=(ax+b)\cdot(cy+d)=acxy+adx+bcy+bd$

여기서 $ac=1,\ bd=1,\ ad=p,\ bc=q$

그러므로 $pq=abcd=1,\ p+q=3\sqrt{pq}=3$. 따라서

$$p=\frac{(3+\sqrt{5})}{2},\ q=\frac{(3-\sqrt{5})}{2}\ \text{또는}\ p=\frac{(3-\sqrt{5})}{2},\ q=\frac{(3+\sqrt{5})}{2}$$

11 만일 인수분해할 수 있다면 (원식)$=(x+ay)(x+by+c)$라고 한다. 결과 a, b, c를 찾을 수 없으므로 해가 없다.

12 주어진 방정식이 ① $(x^2+mx+1)(x^2+nx-2)$ 또는 ② (x^2+mx-1) (x^2+nx+2)로 인수분해된다고 하자. (원식)=① 식일 때 계수를 비교하면, $m+n=-1$, $mn-1=k$, $n-2m=-2k$를 얻는다. m, n을 소거하면 $4k^2+11k+7=0$을 얻는다. 여기서 $k=-1\left(-\dfrac{7}{4}\text{을 버린다}\right)$

따라서 $m=-1$, $n=0$

∴ (원식)$=(x^2-x+1)(x^2-2)$. 같은 이유에 의하여 (원식)=② 식일 때 $k=1$, $m=-1$, $n=0$을 얻는다. 따라서 구하려는 $k=\pm1$

연습문제 24

01 직접 서랍원칙을 이용하여 증명할 수 있다.

02 변의 길이가 1인 그 정삼각형을 네 개의 작은 정삼각형으로 나눈다.

03 임의로 취한 11개의 자연수를 10으로 나누었을 때의 나머지 가운데서 적어도 두 개는 같다. 나머지가 같은 그 두 자연수의 차는 10의 배수이다.

04 한 권만 빌려 볼 수 있는 부동한 유형은 네 가지 A, B, C, D가 있고 두 권을 빌려 볼 수 있는 유형은 여섯 가지가 있다. 즉, 모두 열 가지가 있다. 그러므로 적어도 11명의 학생이 책을 빌려 보아야 결론이 성립될 수 있다.

05 정수를 5로 나누었을 때의 나머지를 0, 1, 2, 3, 4 다섯 가지로 나누고 **예제 05**의 방법에 따라서 증명한다.

06 숫자 2로만 이루어진 두 자연수의 차의 수가 숫자 2와 0으로만 이루어지기 때문에 N+1개의 수 2, 22, 222, $\cdots$, $\underset{\text{N+1}}{22\cdots22}$를 살펴본다. N의 나머지의 유형은 N개뿐이므로, 위의 N+1개의 수 중에서 적어도 두 개는 동일한 유형 중에 있다. 그것을 a, $b(a>b)$라고 하면 $\text{N}\,|\,(a-b)$이다. $(a-b)$는 숫자 2 및 0으로만 이루어졌다.

07 가정에서 곱을 p로 놓는다. a, b, c, d 중에서 적어도 두 개는 3으로 나누었을 때의 나머지가 같다. 그러므로 p는 3으로 나누어떨어진다. 다음 a, b, c, d를 4로 나누었을 때를 보자. 그 중에 나머지가 같은 것이 두 개 있으면 p는 4로 나누어떨어진다. 그 중에서 임의의 두 나머지가 모두 같지 않으면 a, b, c, d 중에 두 개의 짝수(a, b라고 한다) 및 두 개의 홀수(c, d라고 한다)가 있다. 그러면 $b-a$ 및

$d-c$는 모두 짝수이며 따라서 p는 4로도 나누어떨어진다. 3과 4가 서로소이므로 명제는 증명된다.

08 각 무더기의 과일에서 사과와 배의 수가 있는 경우는 많아서 다음 네 가지 경우가 있다. 즉, (홀수, 홀수), (홀수, 짝수), (짝수, 홀수), (짝수, 짝수). 그러므로 다섯 무더기의 과일 가운데서 적어도 두 무더기는 위의 가능한 경우의 동일한 종류에 속할 수 있다. 즉, 그 두 무더기에서 사과와 사과, 배와 배의 수가 동시에 홀수이거나 동시에 짝수일 수 있다. 동시에 홀수이거나 동시에 짝수일 때 두 수의 합은 짝수이므로 그 두 무더기가 결론을 만족한다.

09 $325 = 13 \times 5^2$이다. 이제 14개의 정수를 $a_1, a_2, \cdots, a_{14}$라고 하자.

이들 중에는 13으로 나눈 나머지가 같은 두 수가 존재한다. 편의상 이 두 수를 a_1, a_2라고 하면 $(a_1 - a_2)$는 13의 배수이다.

이제 남은 12개의 수 중에는 5로 나눈 나머지가 같은 두 수가 존재한다. 편의상 이 두 수를 a_3, a_4라고 하면 $(a_3 - a_4)$는 5의 배수이다. 마지막으로 남아있는 12개의 수 중에는 5로 나눈 나머지가 같은 두수가 존재한다. 편의상 이 두수를 a_5, a_6라고 하면 $(a_5 - a_6)$는 5의 배수이다.

따라서 $(a_1 - a_2)(a_3 - a_4)(a_5 - a_6)$은 $13 \times 5^2 = 325$의 배수이다.

10 가정에 의하여 알 수 있는 바와 같이 a_2로는 1개의 차 $a_2 - a_1$, a_3으로는 2개의 차 $a_3 - a_1, a_3 - a_2, \cdots, a_{21}$로는 20개의 차 $a_{21} - a_1, a_{21} - a_2, \cdots, a_{21} - a_{20}$을 만들 수 있다. 그러므로 차가 모두 $1 + 2 + 3 + \cdots + 20 = 210$개 있다. $1 \le a_j - a_i \le 68$, 즉 차의 값이 1부터 68까지이므로 68가지로 나눌 수 있다. $210 = 68 \times 3 + 6$이므로 따라서 적어도 4개의 차는 서로 같다.

연습문제 25

01 $101101 = 1001 \times 101$이므로 101101을 101개의 1001의 합으로 볼 수 있다. 따라서 그 최대공약수는 1001이다. 다른 한편 (한 개의) 1001을 기타의 100개의 1001에 분배하여 그 최대공약수를 크게 할 수 없기 때문에 구하려는 수는 1001이다(이를테면 101101을 $2 \times 1001 + \underbrace{1001 + \cdots + 1001}_{99개의 1001}$로 분해한다).

02 직사각형의 변의 길이를 x, y라고 하면 네 자리 수

$N = 1000x + 100x + 10y + y = 11(99x + x + y)$. N이 완전제곱수이고 11이 소수이므로 $11 \,|\, (x+y)$. $1 \le x, y \le 9$ ∴ $2 \le x + y \le 18$ ⇨ $x + y = 11$ ∴

$N = 11^2(9x+1)$. 따라서 $9x + 1$은 완전제곱수이고 $1 \le x \le 9$이다. 검산하여 보면 $x = 7$ ∴ $y = 4$. 직사각형의 넓이 $= xy = 28 (\text{cm}^2)$

03 $\sqrt{899\cdots9400\cdots01+1}$(9와 0이 각각 $n-1$개)

$=\sqrt{8\times10^{2n}+(10^{n-1}-1)\times10^{n+1}+4\times10^n+1}+1$

$=\sqrt{9\times10^{2n}-6\times10^n+1}+1$

$=3\times10^n-1+1=3\times2^n\times5^n=3\times10^n$

04 문제의 뜻에 의하여 $p=2m+1$, $q=2n+1$(m, $n>2$인 정수)이라고 하면

$p^4-q^4=(p^2+q^2)(p+q)(p-q)=8(2m^2+2n^2+2m+2n+1)(m+n+1)$

$(m-n)$

그러므로 8로 나누어떨어진다. $m+n+1$과 $m-n$ 중에서 하나는 반드시 짝수이다. 따라서 p^4-q^4은 16으로 나누어떨어진다.

p, q가 5보다 큰 소수이므로 그 끝자리의 숫자는 1, 3, 7, 9 중의 어느 하나로만 될 수 있다. 1^4, 3^4, 7^4, 9^4의 끝자리의 숫자가 모두 1이므로 p^4, q^4의 끝자리의 숫자도 모두 1이다. 따라서 p^4-q^4의 끝자리의 숫자는 모두 0이다. 그러므로 $5\mid(p^4-q^4)$, $(16,5)=1$(서로소) $\therefore 80\mid(p^4-q^4)$

05 $(m+n)^m\geq m^n+n^m$ $\therefore m^m\leq1413$, 따라서 $m\leq4(\because 5^5=3125>1413)$

$(m+n)^m=n^m+1413$이므로 m은 홀수로밖에 될 수 없다. 그런데 $m=1$은 조건을 만족하지 못한다. $\therefore m=3$. 주어진 등식에 대입하면 $n=11$

06 $1988=2^2\times7\times71$(2, 7, 71은 소수) $\therefore a$, b, c는 세 소수 2, 7, 71만을 포함한다. $a>b>c>0$이고 짝수(반드시 인수 2를 포함한다)이므로 a는 반드시 소인수 2와 71을 포함하고 b는 반드시 소인수 2와 7을 포함하며 c는 반드시 소인수 2를 포함한다.

따라서 a는 $2^2\times7\times71$, $2\times7\times71$, $2^2\times71$, 2×71을 취할 수 있다. a가 그 중에서 가장 작은 값 $a=2\times71=142$를 취할 때 b는 4×7, 2×7을 취할 수 있고 c는 2×7, 4, 2를 취할 수 있다.

그러므로 a, b, c가 이룰 수 있는 수의 조는

$(a,b,c)=(142,28,14)$, $(142,28,4)$, $(142,28,2)$, $(142,14,4)$

이다.

07 $x\geq1$, $y\geq2$, $z\geq3$이므로 $0\leq a\leq\dfrac{1}{1}+\dfrac{1}{2}+\dfrac{1}{3}=1\dfrac{5}{6}$. a는 정수이다.

$\therefore a=1$이므로 $x\neq1\left(\because x=1\Rightarrow\dfrac{1}{y}+\dfrac{1}{z}=0\right)$

$x\geq3$이면 $\dfrac{1}{x}+\dfrac{1}{y}+\dfrac{1}{z}\leq\dfrac{1}{3}+\dfrac{1}{4}+\dfrac{1}{5}=\dfrac{47}{60}<1$

$\therefore x=2$. 따라서 $\dfrac{1}{y}+\dfrac{1}{z}=\dfrac{1}{2}$

$y \geq 4$이면 $\dfrac{1}{y} + \dfrac{1}{z} \leq \dfrac{1}{4} + \dfrac{1}{5} = \dfrac{9}{20} < \dfrac{1}{2}$

$\therefore 2 < y < 4$ $\therefore y = 3, z = 6$

08 $a_1 + a_3 + a_5 + \cdots + a_{99} + a_{101} = p$라고 하면

$S = p + 2\{(a_2 + 2a_4 + \cdots + 50a_{100}) + (a_3 + 2a_5 + \cdots + 50a_{101})\}$

즉, $S = p +$ 짝수. S가 짝수이므로 p는 짝수이다.

09 $N = p_1^{a_1} p_2^{a_2} \cdots p_n^{a_n}$ (N의 소인수분해 표준 형식)이라고 하면 N의 양의 약수의

개수$= (a_1 + 1) \times (a_2 + 1) \times \cdots \times (a_n + 1)$.

이것이 홀수(가정)이므로 $a_1, a_2, \cdots, a_n$은 모두 짝수이다. 따라서 N은 완전제곱

수이다. 거꾸로 N이 완전제곱수일 때 $N = p^2$이라고 하면 N의 모든 양의 약수

중에서 p만이 짝을 짓지 못한다($N = p \times p$이므로 p는 한 개의 양의 약수로 친

다). 그러므로 N의 양의 약수의 개수는 홀수이다.

10 $a < b < c$, $c \mid (a + b)$, $a + b = c$, $b \mid (c + a)$, $c + a = 2a + b$에 의하여 $b \mid 2a$임을

알 수 있다. 그런데 $b > a$ $\therefore b \neq 1$ $\therefore (a, b) = 1$ $\therefore b \mid 2$

즉 $b = 2$ 따라서 $a = 1, c = 3$

11 $n + 1$개의 임의의 수를 $a_1, a_2, \cdots, a_n, a_{n+1}$이라 하고 $a_i \leq 2n (i = 1, 2, \cdots,$

$n + 1)$이라고 하자. $a_i = 2^{a_i} c_i$ (a_i는 음수가 아닌 정수이고, c_i는 홀수이며 $i = 1$,

$2, \cdots, n + 1$)이라고 하자. $2n$을 넘지 않는 양의 홀수가 n개 있으므로 서랍원칙

에 의하여 $c_1, c_2, \cdots, c_{n+1}$ 중에서 적어도 두 개는 같다는 것을 알 수 있다.

$c_k = c_m (1 \leq k \neq m \leq n + 1)$이라고 하면 $a_k = 2^{a_k} c_k$, $a_m = 2^{a_k} c_k$이다. 그러므로

반드시 $a_k \mid a_m (a_k < a_m$ 일 때) 또는 $a_m \mid a_k (a_m < a_k$일 때)이다.

🔑 임의의 자연수 $N (N > 1)$에 대하여 흔히 두 가지 표시 형식이 있다. 한 가지는 소

인수분해의 표준 형식, 이를테면 9번의 해답에서 사용한 형식 $N = p_1^{a_1} p_2^{a_2} \cdots p_n^{a_n}$ 이

고 다른 한 가지는 이 문제에서 사용한 형식 $N = 2_1^{a} l$ (그 중에서 $p_1, \cdots, p_n$은 소수

이고 l은 홀수이며 $a_1, \cdots, a_n$은 양의 정수이며 a는 음수가 아닌 정수이다)이다. 문

제를 풀 때에는 그 중에서 적합한 형식을 골라 쓸 수 있다.

12 $ab = cd$이므로 $a = uv$, $b = wt$, $c = uw$, $d = vt$가 성립되게 하는 네 개의 양의

정수 u, v, w, t가 반드시 존재한다.

따라서 $a^n + b^n + c^n + d^n = (uv)^n + (wt)^n + (uw)^n + (vt)^n = (u^n + t^n)(u^n + w^n)$.

그러므로 합성수이다.

연습문제 26

01 ① $m^2+2m \neq 0$, $m^2+m-1=1$ $\Rightarrow$ $m=1$

② $m^2+2m \neq 0$, $m^2+m-1=-1$ $\Rightarrow$ $m=-1$

02 직선 $y=k(x+1)$이 점 $(-1, 0)$을 지나므로 (D)는 제외된다.

$k<0$이면 $y=\dfrac{(k-1)}{x}$의 그래프는 제 2, 4사분면에 존재하므로 (C)는 제외된다.

$k<0$이면 $k(x+1)=\dfrac{(k-1)}{x}$에서 $D<0$인 경우와 $D \geq 0$인 경우로 나누어

생각한다.

① $D<0$인 경우에는 $0<k<\dfrac{4}{5}$일 때, (B)가 가능하다.

② $D \geq 0$인 경우에는 $k>1$일 때, (A)가 가능하다.

03 (C)

04 (D). $-\dfrac{b}{2a}=1$이고 두 근의 곱이 $(-1) \cdot 3 = \dfrac{c}{a}$이다. $\therefore 2c=3b$

05 $f(p(x))=2p(x)+3$이므로 $2p(x)+3=4x-5$에서 $p(x)=2x-4$를 얻는다.

$\therefore p(3)=2$

06 (1) $y=a(x-1)^2+2$라 하고 $(2, -1)$을 대입하면 $a=-3$을 얻는다.

$\therefore y=-3x^2+6x-1$

(2) $(2, -1)$을 $y=2x+k$에 대입하면 $y=2x+k$, $k=-5$

07 $y=\dfrac{m^2}{x}$. 그림은 생략한다.

08 $c=f(0)=-2$. $f\left(\dfrac{1}{2}\right)=f\left(\dfrac{5}{2}\right)$에서 $b=-3a$를 얻는다. $\therefore y=ax^2-3ax-2$.

이 방정식의 x 절편은 x_1, $2x_1$이다. $x_1+2x_1=-3$, $x_1(2x_1)=-\dfrac{2}{a}$에서

$a=-1$을 얻는다. 그러므로 $b=3$

09 (1) 포물선이 위로 볼록하면 $a<0$이다. 꼭짓점이 제 2사분면에 있으므로

$-\dfrac{b}{2a}<0$이다. 따라서 $b<0$. x축과 두 점에서 만나므로 $D=b^2-4ac>0$

(2) 꼭짓점이 $x+y=0$ 위에 있으므로 $-\dfrac{b}{2a}+\dfrac{(4ac-b^2)}{4a}=0$이며 원점을

지나므로 $c=0$이다. $\therefore b^2+2b=0(\because a\neq 0)$. 여기서 $b=-2$ 또는 0을 얻는다(0은 문제의 뜻을 만족하지 못하므로 버린다). 꼭짓점에서 원점까지의 거리가 $3\sqrt{2}$이므로

$$\left(-\frac{b}{2a}\right)^2+\left[\frac{(4ac-b^2)}{4a}\right]^2=(3\sqrt{2})^2$$

$b=-2$, $c=0$을 대입하면 $a=\pm\dfrac{1}{3}$을 얻는다$\left(a<0$이므로 $\dfrac{1}{3}$은 버린다$\right)$.

그러므로 구하려는 관계식은 $y=-\dfrac{x^2}{3}-2x$이다.

10 (1) $a=-2$, $b=6$, $c=-3$

　　(2) $1<x<2$일 때 $y>1$, $x<0$ 또는 $x>3$일 때 $y<-3$

　　(3) $x=\dfrac{3}{2}$일 때 $y_{최대}=\dfrac{3}{2}$

11 a는 $a>0$을 만족해야 한다. $\mathrm{D}=16-4a(a+2)<0$. 여기서 $a>\sqrt{5}-1$을 얻는다.

12 (1) $|\mathrm{AB}|=\dfrac{(a\sqrt{a^2+4})}{2}$

　　(2) $a=\pm2$

13 $\sin\mathrm{A}=\cos\mathrm{B}=\dfrac{4}{5}$, $\cos\mathrm{A}=\sin\mathrm{B}=\dfrac{3}{5}$ $\therefore y=\dfrac{2(x+1)^2}{5}+\dfrac{6}{5}$. 따라서

$y_{최소}=\dfrac{6}{5}$(그림 참조)

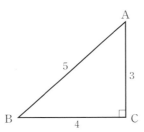

14 그림에서 $3<x<6$임을 알 수 있다.

연습문제 27

01 (1) (D), (2) (B), (3) (C)

02 ① $a>1$일 때 $x<a+1$, $a<1$일 때 $x>a+1$, $a=1$일 때 해가 없다.

　　② $x\leq2$ 또는 $x\geq3$

　　③ 먼저 $\left|\dfrac{2}{x-1}\right|<\dfrac{1}{1000}$로 고친다. 그러면 해는 $x>2001$ 또는 $x<-1999$

④ 통분하면 동치인 연립부등식으로 변한다. 0점 구분법으로 풀면 $-1 < x < 1$ 또는 $3 < x < 7$을 얻는다.

⑤ $x < -3$ 또는 $x > 5$

⑥ 인수분해하면 $(x-1)(x+3)^2 > 0$의 해는 $x > 1$

⑦ $a > -2$, $a \neq 0$일 때 $x < a-2$, $a < -2$일 때 $x > a-2$, $a = -2$일 때 해가 없다.

03 $a = -12$, $b = -2$

04 $a > 0$일 때 $-\dfrac{a}{7} < x < \dfrac{a}{8}$, $a < 0$일 때 $\dfrac{a}{8} < x < -\dfrac{a}{7}$, $a = 0$일 때 해가 없다.

05 $D \geq 0$, 첫 항의 계수가 0인 경우를 생각하면 정답은 $a > -1$ 또는 $a \leq -17$이다.

06 세 방정식에 모든 실근이 없다고 하면

$$\begin{cases} (4a^2) - 4(-4a+3) < 0 \\ (a-1)^2 - 4a^2 < 0 \\ (2a)^2 - 4(-2a) < 0 \end{cases} \quad \Rightarrow \quad \begin{cases} -\dfrac{3}{2} < a < \dfrac{1}{2} \\ a > \dfrac{1}{3} \ \text{또는} \ a < -1 \\ -2 < a < 0 \end{cases}$$

그러므로 $-\dfrac{3}{2} < a < -1$일 때, 세 방정식에 모든 실근이 없음을 설명한다. 때문에 $a \leq -\dfrac{3}{2}$ 또는 $a \geq -1$일 때 세 방정식에 적어도 한 개의 실근이 있다.

07 $x^2 - 4x + 3 < 0 \Rightarrow 1 < x < 3$

08 문제 x개를 맞게 선택해야 성적이 60점 이상이라고 하자. x는 다음을 만족한다. $6x - 2(15-x) > 60$, $0 \leq x \leq 15$, x는 정수이다. 이 연립부등식을 풀면 x는 12, 13, 14 또는 15이다. 그러므로 적어도 문제 12개를 옳게 선택해야 한다.

연습문제 28

01 코사인법칙을 이용하여 $b=2$를 구한다. $b > a$이고 B가 둔각이므로 A는 예각이다. 사인법칙에 의하여 $\sin A = \dfrac{a \sin B}{b} = \dfrac{1}{2}$을 얻는다. $\therefore A = 30°$, $C = 15°$

02 사인법칙 및 같은 호에 대한 중심각이 같다는 것을 이용하여 증명하면 된다.

03 $\left(\dfrac{\overline{HB}}{\overline{HC}}\right) \cdot \left(\dfrac{\overline{MC}}{\overline{MA}}\right) \cdot \left(\dfrac{\overline{NA}}{\overline{NB}}\right) = 1$(일정한 값)

04 $\overline{AB}$의 중점을 O라고 하면 $\overline{OA} = \overline{OB} = R$, $\overline{OP} = r$, $\angle POA = \alpha$, $\overline{PA}^2 = R^2 + r^2 - 2Rr\cos\alpha$, $\overline{PB}^2 = R^2 + r^2 - 2Rr\cos\angle POB = R^2 + r^2 + 2Rr\cos\alpha$. $\overline{PA}^2 + \overline{PB}^2 = 2(R^2 + r^2)$(일정한 값)

05 두 사람은 반드시 정삼각형의 변을 따라 같은 방향으로 같은 속도로 걸어야 하므로 앞사람이 한 꼭짓점을 돌아 가면서 뒷사람과 삼각형을 이룰 때만이 그 거리가 200m보다 작고 가장 가까운 거리가 100m일 수 있다.

06 $\triangle ABC$는 $\overline{CB}=\overline{CA}$인 이등변삼각형이거나 또는 $\angle C$가 직각인 직각삼각형이다.

07 주어진 삼각형의 넓이 $S=1^2 \times \dfrac{\sin 60^\circ}{2}=\dfrac{\sqrt{3}}{4}$이다. $\overline{AB}=l$, $\overline{AC}=x$, $\overline{BC}=y$ 라고 하면 잘라서 얻은 $\triangle ABC$의 넓이 $S_{\triangle ABC}=\dfrac{S}{2}=\dfrac{\sqrt{3}}{8}=\dfrac{xy\sin 60^\circ}{2}$이다. 따라서 $xy=\dfrac{1}{2}$. 코사인법칙에 의하여 $l^2=x^2+y^2-2xy\cos 60^\circ=(x-y)^2+xy=(x-y)^2+\dfrac{1}{2}$을 얻을 수 있다. 오직 $x=y$일 때만이 l이 최소값 $\dfrac{\sqrt{2}}{2}$ 를 취할 수 있고 이때 $x=y=\dfrac{\sqrt{2}}{2}$이다.

08 다음 그림에서와 같이 $\triangle ABC$가 단위원 O에 내접하였다. $\angle C=30^\circ$. O와 A, O와 B를 연결한다. $\angle AOB=2\angle C=60^\circ$이므로 $\triangle AOB$는 정삼각형이다. 따라서 AB=1이다. $BC=a$, $AC=b$라고 하면 $a+b=\sqrt{3}+1$. $\triangle ABC$에서 $1=a^2+b^2-2ab\cos 30^\circ=a^2+b^2-\sqrt{3}ab$.
$a^2+b^2=(a+b)^2-2ab=(\sqrt{3}+1)^2-2ab$
$\therefore 1=(\sqrt{3}+1)^2-2ab-\sqrt{3}ab$, 즉
$ab=\dfrac{(\sqrt{3}+1)^2-1}{2+\sqrt{3}}=\sqrt{3}$ $\therefore S_{\triangle ABC}=\dfrac{1}{2}ab\sin 30^\circ=\dfrac{\sqrt{3}}{4}$

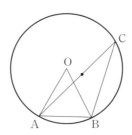

연습문제 29

01 네 점 B, C, E, F가 한 원 위에 있음을 증명하고 $\triangle AEF \backsim \triangle ABC$임을 증명한다.

02 (1) $\triangle ACE \backsim \triangle ADF$, $\triangle ACD \backsim \triangle ABC$임을 증명한다.

(2) 생략한다.

(3) (1), (2)에 의하여 (3)을 증명한다.

03 직각삼각형 ABC∽직각삼각형 ABD, △BDF∽△FAD임을 증명한다.

04 $\overline{AF}=a$라고 하면 $\overline{FD}=a$, $\overline{AD}=2a$, $\overline{EC}=3a$, $\overline{BE}=2a$. 따라서 $S_{\triangle EFD} : S_{\triangle DEC} =1 : 3$. $\overline{CD}$에 평행하게 $\overline{EM}$을 그어 $\overline{DA}$의 연장선과 만나는 점을 M이라고 한다. 그러면 MECD는 평행사변형이다.

다음, △GFD∽△MEF를 증명한다.

그러면 $S_{\triangle GFD} : S_{\triangle FED} : S_{\triangle DEC}=1 : 2 : 6$을 얻는다.

05 C를 지나 $\overline{BA}$에 평행하게 직선을 그어 $\overline{EF}$와 만나는 점을 M이라고 한다.

△FMC∽△FDB, △CME∽△ADE에서 두 비례식을 얻는다.

$\dfrac{\overline{AD}}{\overline{DB}} = \dfrac{\overline{DE}}{\overline{DF}}$와 앞의 두 비례식을 곱하면 결론이 얻어진다.

06 C를 지나 $\overline{AB}$에 평행한 직선을 그어 $\overline{DN}$과 만나는 점을 Q라고 한다.

그러면 $\dfrac{\overline{AD}}{\overline{DB}} \cdot \dfrac{\overline{BM}}{\overline{MC}} \cdot \dfrac{\overline{CN}}{\overline{NA}} = \dfrac{\overline{AD}}{\overline{DB}} \cdot \dfrac{\overline{BD}}{\overline{CQ}} \cdot \dfrac{\overline{CQ}}{\overline{AD}} = 1$

07 △BOC∽△AOD임을 증명하면 $\overline{BO} : \overline{OD}=q : p$를 얻는다.

△AOB와 △AOD는 높이가 같으므로 $\dfrac{S_{\triangle AOB}}{S_{\triangle AOD}} = \dfrac{\overline{OB}}{\overline{DO}}$, 즉 $S_{\triangle AOB}=pq$

같은 이유에 의하여 $S_{\triangle COD}=pq$

08 사영에 대한 정리에 의하여 $\overline{AD}^2=\overline{BD}\cdot\overline{CD}$, $\overline{BD}^2=\overline{BE}\cdot\overline{BA}$, $\overline{CD}^2=\overline{CF}\cdot\overline{CA}$를 얻는다. $\therefore \overline{AD}^4=\overline{BE}\cdot\overline{AB}\cdot\overline{CF}\cdot\overline{CA}$

$\therefore \overline{AB}\cdot\overline{AC}=\overline{AD}\cdot\overline{BC}$, $\overline{AD}^4=\overline{BE}\cdot\overline{CF}\cdot\overline{AD}\cdot\overline{BC}$

09 직각삼각형 CBM∽직각삼각형 CPB, △BPN∽△CPD를 증명한다.

10 증명 : 다음 그림에서 A_0와 A_2를 연결한다. A_0A_2를 연장하여 A_4A_5와 만나는 점을 A'_5라고 한다. $\angle A_0A_1A_2=60°$, $A_0A_1 : A_1A_2=1 : 2$

$\therefore A_2A_0 \perp A_0A_1$

A_0A_1, A_2A_1을 연장하여 A_4A_5, A_3A_4와 만나는 점을 C, B라고 한다.

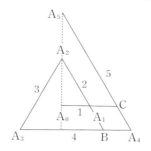

$\triangle A_2A_3B$가 정삼각형이므로 $\overline{A_0A_1}$ ∥ $\overline{A_3A_4}$. $\angle A_3A_4A_5=60°$이므로
$\overline{BA_4}=\overline{A_4C}=\overline{CA_1}=\overline{A_1B}=1$
$\triangle A_0A_1A_2\backsim \triangle A_0CA_5'$에서 $\overline{CA_5'}=4$를 얻는다. 따라서 $\overline{A_4A_5'}=5$. 그러므로
A_5'와 A_5는 일치한다. 이리하여 $\overline{A_5A_0}\perp\overline{A_3A_4}$임을 증명하였다.

연습문제 30

01, 02 생략

03 $\angle BMD=\dfrac{\overset{\frown}{AE}+\overset{\frown}{BD}}{2}\angle CNE$

04 $\triangle ACD\backsim\triangle BED$에서 $\dfrac{\overline{AC}}{\overline{BE}}=\dfrac{\overline{AD}}{\overline{BD}}$를 얻고 $\triangle ABD\backsim\triangle CED$에서

$\dfrac{\overline{AB}}{\overline{CE}}=\dfrac{\overline{BD}}{\overline{ED}}$를 얻는다.

05 $\triangle APB\backsim\triangle ABE$에서 $\overline{PA}\cdot\overline{AE}=\overline{AB}^2$을 얻고, $\triangle ACP\cdot\triangle BEP$에서

$\overline{PA}\cdot\overline{PE}=\overline{PB}\cdot\overline{PC}$

06 D와 F를 연결하고 $\triangle ADE\backsim\triangle AFD$임을 증명한다.

07 $\overline{AD}$를 연장하여 원 O와 만나는 점을 E라고 하고, B와 E를 연결한다. 그러면
$\triangle ABE$는 직각삼각형이다. 사영에 대한 정리에 의하여 $\overline{AD}=4$를 구한다. 옆변
에 내린 높이를 x라고 한다. $\overline{AB}\cdot\dfrac{x}{2}=\overline{BD}\cdot\overline{AD}$에 의하여 $x=\dfrac{8\sqrt{5}}{3}$를 구한다.

08 B와 E를 연결한다. $\triangle ABE\backsim\triangle ADC\Rightarrow\overline{AB}\cdot\overline{AC}=\overline{AD}\cdot\overline{AE}$
$=\overline{AD}(\overline{AD}+\overline{DE})=\overline{AD}^2+\overline{AD}\cdot\overline{DE}$
$\triangle ADC\backsim\triangle BDE\Rightarrow\overline{AD}\cdot\overline{DE}=\overline{BD}\cdot\overline{CD}$
$\therefore\ \overline{AD}\cdot\overline{AE}=\overline{AD}^2+\overline{BD}\cdot\overline{CD}$
$\therefore\ \overline{AD}^2=\overline{AB}\cdot\overline{BC}-\overline{BD}\cdot\overline{CD}$

09 $\angle ADE=60°$를 증명한다.

10 $\dfrac{3\sqrt{5}}{2}$. 먼저 $\overline{BM}$이 지름임을 증명하고 다음에 직각삼각형 $AMN\backsim$직각삼
각형 ABC임을 증명한다. 다음, 피타고라스 정리에 의하여 지름 $\overline{BM}$을 구한다.

11 P128 해답편의 보충설명에 있습니다.

연습문제 31

01 B와 E를 연결한다. O, F, E, B 네 점이 한 원 위에 있다는 데 의하여
$\overline{AF} \cdot \overline{AE} = \overline{AO} \cdot \overline{AB} = \dfrac{\overline{AB} \cdot \overline{AB}}{2} = \dfrac{\overline{AB}^2}{2}$ 을 얻는다.

02 다음 그림에서 네 점 A, B, C, D는 한 원 위에 있다.
∴ ∠1=∠3. $\overline{PT}$는 접선이다. ∴ ∠1=∠2 ∴ ∠2=∠3 ∴ $\overline{PT} /\!/ \overline{CD}$

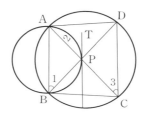

03 $\overline{OB} = \overline{OC}$ ∴ 네 점 B, O, C, A가 한 원 위에 있음을 증명하면 $\overline{AO}$가
∠BAC를 이등분함을 증명할 수 있다. ∠OBP=∠OCP=∠OAP=90°
∴ B, O, C, A가 모두 $\overline{OP}$를 지름으로 하는 원 위에 있다.

04 다음 그림에서 F는 직각삼각형 AMB의 빗변 $\overline{AB}$의 중점이다. ∴ $\overline{MF} = \overline{AF}$
∴ ∠FAM=∠FMA=∠CME
$\overline{ME}$는 직각삼각형 DMC의 빗변에 내린 수선이다.

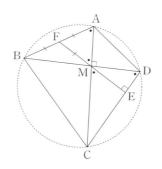

∴ ∠CME=∠MDC ∴ ∠BAC=∠BDC ∴ 네 점 A, B, C, D는 한 원 위에 있다.

05 O와 D, O와 B를 연결한다. $\overline{EB}$는 원 O와 B에서 접하고 $\overline{ED}$는 원 O와 D에서 접한다. ∴ 네 점 B, O, D, E는 한 원 위에 있다.
∴ ∠EDB=∠EOB, ∠CAB=∠EDB ∴ ∠CAB=∠EOB ∴ $\overline{OE} /\!/ \overline{AC}$

06 다음 그림에서와 같이 A와 D, F와 D를 연결한다. D는 직각이등변삼각형 ABC의 밑변 $\overline{BC}$의 중점이다. ∴ $\overline{AD} \perp \overline{BC}$ ∴ ∠BAD=∠C, ∠BFD=∠C

∴ ∠BFD=∠BAD ∴ 네 점 A, B, D, F는 한 원 위에 있다.

∴ ∠AFB=∠ADB=90 ∴ $\overline{AF} \perp \overline{BE}$

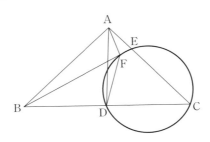

07 ∠B=∠EDA=∠EFA ∴ 네 점 B, C, F, E는 한 원 위에 있다. 그러면 할선에 대한 정리에 의하여 증명할 수 있다.

08 그림에서 E, F, G, H가 각각 네 변 위에 있다고 하자. 네 점 A, B, C, D가 한 원 위에 있다는 데 의하여 ∠1=∠4를 얻는다. 또 네 점 P, F, C, G가 한 원 위에 있으므로 ∠1=∠2이다. 또한 E, B, F, P도 한 원 위에 있으므로 ∠3=∠4이다.

∴ ∠2=∠3, 즉 PF는 ∠EFG를 이등분한다. 그 나머지는 같은 이유에 의하여 증명할 수 있다.

09 그림에서 네 점 A, E, P, H는 한 원 위에 있다. ∴ ∠1=∠2

또, 네 점 P, F, C, G는 한 원 위에 있다. ∴ ∠3=∠4

또 $\overline{AB} /\!/ \overline{CD}$ ∴ ∠1=∠4

∴ ∠2=∠3. 그러므로 $\overline{EH} /\!/ \overline{GF}$

10 그림에서 H가 △ABC의 내부에 있다고 하면 네 점 H, M, D, P가 한 원 위에 있다는 데 의하여 ∠HDM=∠HPM을 얻는다.

$\overline{QD} /\!/ \overline{BE}$, $\overline{DM} \perp \overline{BE}$ ∴ ∠QDC=∠HBD=∠HDM

네 점 D, P, Q, C가 한 원 위에 있으므로 ∠CDQ=∠CPQ

∴ ∠CPQ=∠HPM

이상으로 Q와 M은 $\overline{EF}$의 양쪽에 있다. ∴ 세 점 M, P, Q는 한 직선 위에 있다. 같은 이유에 의하여 세 점 L, M, P가 한 직선 위에 있음을 증명할 수 있다. 그러므로 네 점 L, M, P, Q는 한 직선 위에 있다.

01 A와 E를 연결한다. 그러면 네 점 A, D, F, E가 한 원 위에 있음을 쉽게 증명할 수 있다. 그러므로 $\overline{BE}\cdot\overline{BF}=\overline{BD}\cdot\overline{BA}$이다.

02 개략적인 증명 : $\angle PEB \underset{m}{=} \dfrac{\overset{\frown}{BE}}{2}$, $\angle PFE \underset{m}{=} \dfrac{(\overset{\frown}{ED}+\overset{\frown}{BD})}{2} \underset{m}{=} \dfrac{(\overset{\frown}{ED}+\overset{\frown}{BD})}{2} \underset{m}{=} \overset{\frown}{BE}$

∴ $\angle PEB = \angle PFE$ ∴ $\overline{PE}=\overline{PF}$, $\overline{PE}^2=\overline{PD}\cdot\overline{PC}$

∴ $\overline{PF}^2=\overline{PD}\cdot\overline{PC}$

03 개략적인 증명 : C를 지나 $\overline{AB}$에 평행한 선분을 긋고, $\overline{PD}$와 만나는 점을 E라고 한다. 그러면 $\triangle AMD \equiv \triangle MCE$를 쉽게 증명할 수 있다.

∴ $\overline{CE}=\overline{AD}$, $\overline{PA}^2=\overline{PC}\cdot\overline{PB}$, $\dfrac{\overline{PA}^2}{\overline{PC}^2}=\dfrac{\overline{PC}\cdot\overline{PB}}{\overline{PC}^2}=\dfrac{\overline{PB}}{\overline{PC}}=\dfrac{\overline{BD}}{\overline{CE}}=\dfrac{\overline{BD}}{\overline{AD}}$

04 개략적인 증명 : A와 E, B와 F를 연결하고 점 P를 지나서 두 원의 공통접선 $\overline{MN}$을 긋는다. 그러면 $\angle BFP = \angle AEP$를 쉽게 증명할 수 있다.

따라서 $\triangle BFP \backsim \triangle AEP$ ∴ $\overline{AP} : \overline{BP} = \overline{EP} : \overline{FP}$

∴ $\dfrac{\overline{AC}^2}{\overline{BD}^2}=\dfrac{(\overline{AP}\cdot\overline{AB})}{(\overline{BP}\cdot\overline{BA})}=\dfrac{\overline{AP}}{\overline{BP}}=\dfrac{\overline{EP}}{\overline{FP}}$

05 개략적인 증명 : $\overline{CD}$와 $\overline{PQ}$가 G에서 만난다고 하고, $\overline{CD}$를 연장하여 원 O와 만나는 점을 H, $\overline{CD}$를 연장하여 원 C와 만나는 점을 K라고 한다.

그러면 $\overline{CG}\cdot\overline{HG}=\overline{PG}\cdot\overline{QG}$, $\overline{KG}\cdot\overline{DG}=\overline{PG}\cdot\overline{QG}$ ∴ $\overline{CG}\cdot\overline{HG}=\overline{KG}\cdot\overline{DG}$

∴ $\dfrac{\overline{HG}}{\overline{DG}}=\dfrac{\overline{KG}}{\overline{CG}}$ ∴ $\dfrac{(\overline{HG}-\overline{DG})}{\overline{DG}}=\dfrac{(\overline{KG}-\overline{CG})}{\overline{CG}}$

∴ $\dfrac{\overline{DH}}{\overline{DG}}=\dfrac{\overline{CK}}{\overline{CG}}$, $\dfrac{\overline{CG}}{\overline{DG}}=\dfrac{\overline{CK}}{\overline{DH}}$ 여기서 $\overline{CK}=2\overline{CD}=\overline{DH}$임을 쉽게 알 수 있다.

∴ $\dfrac{\overline{CG}}{\overline{DG}}=1$ ∴ $\overline{CG}=\overline{DG}$

06 개략적인 증명 : B와 G를 연결하면 네 점 B, E, D, G가 한 원 위에 있음을 쉽게 증명할 수 있다. ∴ $\overline{AG}\cdot\overline{AD}=\overline{AB}\cdot\overline{AE}$. 같은 이유에 의하여 B와 F를 연결하면 $\overline{AF}\cdot\overline{AC}=\overline{AB}\cdot\overline{AE}$ ∴ $\overline{AG}\cdot\overline{AD}=\overline{AF}\cdot\overline{AC}$ ∴ 네 점 F, G, D, C는 한 원 위에 있다.

07 개략적인 증명 : O와 R를 연결하면 점 C는 반드시 $\overline{OR}$ 위에 있다. O와 P, O와 Q를 연결하면 네 점 O, Q, R, P가 한 원 위에 있음을 쉽게 증명할 수 있다.

따라서 $\overline{CO}$, $\overline{CR}=\overline{CP}\cdot\overline{CQ}$

그런데 $\overline{CA}\cdot\overline{CB}=\overline{CP}\cdot\overline{CQ}$ ∴ $\overline{CO}\cdot\overline{CR}=\overline{CA}\cdot\overline{CB}$

∴ 네 점 B, O, A, R는 한 원 위에 있다.

08 개략적인 증명 : 원 O'와 $\overline{AB}$가 만나는 점을 D라 하고, P와 D, A와 P를 이으면
$\overline{AP}^2 = \overline{AD} \cdot \overline{AB}$임을 쉽게 알 수 있다.
∴ $\overline{AQ}^2 = \overline{AD} \cdot \overline{AB}$ ∴ $\overline{AQ}$는 원 O'의 접선이다.

연습문제 33

01 다음 그림에서 △DAF와 △CAE의 관계에 주의를 돌린다. ∠DFA = ∠C,
∠AEC = ∠D. 만일 ∠DBA = ∠CBA ⇨ $\overline{AF} = \overline{AC}$(또는 $\overline{DA} = \overline{AE}$)이면
△DFA ≡ △AEC. 거꾸로 $\overline{DF} = \overline{CE}$일 때에도 역시 △DFA ≡ △AEC이다.

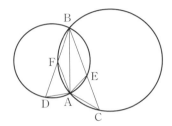

02 다음 그림에서와 같이 P를 지나는 공통내접선을 그으면 ∠MPB = ∠C,
∠MPA = ∠BAP ∴ ∠DPA = ∠BAP + ∠C = ∠MPA + ∠MPB = ∠APB

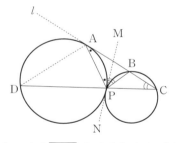

03 다음 그림에서와 같이 중심선 $\overline{O_1O_2}$에 평행한 A를 지나는 직선을 그으면 된다.
그러면 이때 잘리어서 생긴 선분 $\overline{MN}$은 A를 지나는 임의의 직선이 잘리어
서 생긴 선분 $\overline{EF}$보다 작지 않다는 것을 쉽게 증명할 수 있다.
(그림에서 $\overline{M'N'} \geq \overline{EF'}$)

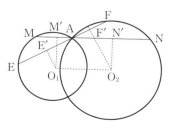

04 다음 그림에서와 같이 현에서 중심까지의 거리 $\overline{OE}$, $\overline{OF}$를 그으면

$$\overline{AB}^2+\overline{CP}^2=4(\overline{AE}^2+\overline{PF}^2)=4(\overline{OA}^2-\overline{OE}^2+\overline{PF}^2)=4(R^2-\overline{OE}^2+\overline{OE}^2)=4R^2$$

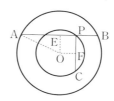

05 다음 그림에서와 같이 보조선을 긋고 원 O_3의 반지름을 x라고 하면

$\overline{CO_3}=\sqrt{(R+x)^2-(R-x)^2}=2\sqrt{Rx}$를 쉽게 구할 수 있다.

같은 이유에 의하여 $\overline{O_3D}=2\sqrt{rx}$. $\overline{AB}=\overline{CD}=\sqrt{a^2-(R-r)^2}$

그런데 $\overline{CO_3}+\overline{O_3D}=\overline{AB}$ 즉, $2(\sqrt{R}+\sqrt{r})\sqrt{x}=\sqrt{a^2-(R-r)^2}$

그러므로 $x=\dfrac{a^2-(R-r)^2}{4(\sqrt{R}+\sqrt{r})^2}$

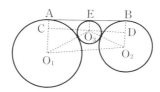

06 다음 그림에서 A에서 l까지의 거리 $\overline{AD}=t$라고 하면 원에서의 사영에 대한 정리에 의하여 $AB=\sqrt{2Rt}$, $\overline{AC}=\sqrt{2rt}$, $\angle ABD=\angle BED$

$\therefore \sin\angle ABD=\sin\angle BED=\dfrac{\overline{BA}}{\overline{AE}}=\dfrac{\sqrt{2Rt}}{2R}=\sqrt{\dfrac{t}{2R}}$

$\triangle ABC$의 외접원의 지름$=\dfrac{\overline{AC}}{\sin\angle ABD}=\dfrac{\sqrt{2rt}}{\sqrt{\dfrac{t}{2R}}}=2\sqrt{Rr}$

$\therefore$ 외접원의 반지름$=\sqrt{Rr}$

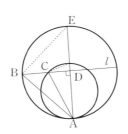

연습문제 34

01 생략

02 개략적인 풀이 : $\overline{PA}=\overline{BA}=$일정한 길이 ∴ P의 자취는 A를 중심으로 하고 $\overline{AB}$를 반지름으로 하는 원이다.

03 생략

04 📄 이 조의 현에 수직인 지름(끝점을 포함하지 않는다)

05 개략적인 풀이 : $\overline{BC}$의 중점 O를 정점으로 하면, 삼각형의 중점연결정리에 의하여 △ABC에서 $\overline{OP}=\dfrac{\overline{AB}}{2}=$정해진 길이 ∴ 점 P의 자취는 O를 중심으로 하고 $\dfrac{\overline{AB}}{2}$를 반지름으로 하는 원이다.

06 풀이 : $\angle BPC=180°-\dfrac{1}{2}(\angle ABC+\angle ACB)$

$=180°-\dfrac{1}{2}(180°-\angle BAC)=90°+\dfrac{1}{2}\angle BAC=$정해진 각

그러므로 점 P의 자취는 $\overline{BC}$를 현으로 하고, 원주각이 $90°+\dfrac{1}{2}\angle BAC$이며, 점 A와 함께 $\overline{BC}$의 같은 쪽에 있는 호(끝점을 포함하지 않는다)이다.

$\overline{BC}$의 중점을 D라고 하면 $\overline{QD}=\dfrac{1}{3}\overline{AD}$. 그러므로 동점 D와 동점 A는 닮음의 위치에 있다. B에서 C로 가면서 선분 $\overline{BC}$의 삼등분점을 B′, C′라고 하면 $\angle B'QC'=\angle BAC$ 그러므로 점 Q의 자취는 원주각이 $\angle BAC$이고, A와 함께 $\overline{BC}$의 같은 쪽에 있는 호(끝점을 포함하지 않는다)이다.

07 이등변삼각형의 밑변 위에 있는 임의의 점에서 두 옆변까지의 거리의 합은 옆변에 내린 수선의 길이와 같다.

08 7번의 결론을 이용한다.

09 O′는 ∠AOB의 이등분선 $\overline{OD}$ 위에 있다. 원 O′와 $\overline{OA}$가 E에서 접한다고 하고 도형의 닮음을 이용하여 E를 결정한다. 따라서 O′는 또 점 E를 지나는 $\overline{OA}$의 수선 위에 있다(이 문제에는 두 가지 해가 있다).

10 개략적인 풀이 : P, A, E, F는 한 원 위에 있는 네 점이다.

∴ $\angle FPA=\angle FEA$. 네 점 P, C, D, E는 한 원 위에 있다.

∴ $\angle CPD=\angle CED$

맞꼭지각 $\angle FEA=\angle CED$ ∴ $\angle FPA=\angle CPD$

따라서 $\angle FPD=\angle APC$, $\angle APC+\angle B=\angle FPD+\angle B=180°$

∴ 네 점 P, A, B, C는 한 원 위에 있다. 즉, P의 자취는 △ABC의 외접원이다

46 | 해답편

(이 풀이에서는 E가 F와 D 사이에 있다고 가
정하였다).

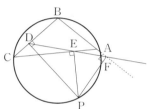

11 10개의 점 중에서 두 점 A_1, A_2를 취하여 그 나머지 8개의 점이 직선 $\overrightarrow{A_1\,A_2}$의
같은 쪽에 있게 한다. 한 원 위에 있는 네 점이 없고, 한 직선 위에 있는 세 점이
없으므로, 그 나머지 8개의 점과 $A_1\,A_2$가 이루는 각을 큰 것으로부터 차례로 배
열하면 $(\angle A_1A_3A_2) > (\angle A_1A_4A_2) > \cdots > (\angle A_1A_{10}A_2)$이다.
그러므로 $A_1A_2A_6$을 지나는 원이 구하려는 원이다.

연습문제 35

01 $\overline{ED}\,/\!/\,\overline{BC}$ ∴ $S_{\triangle BCD} = S_{\triangle BCE}$, $S_{\triangle BCG}$는 공통 부분이다.
∴ $S_{\triangle GCD} = S_{\triangle GBE}$, $S_{\triangle ADB} = S_{\triangle CDB}$. 두 식을 변끼리 빼면 된다.

02 $\overline{AC}$와 $\overline{DE}$의 교점을 O라 하고 A와 E를 연결한다.
$S_{\triangle ABC} = S_{\triangle CDF}$에서 공통 부분 $S_{\triangle COE}$를 빼면 $S_{\triangle DOC} + S_{\triangle CEF} = S_{ABEO}$.
$\overline{AD}\,/\!/\,\overline{CE}$ ∴ $S_{\triangle DOC} = S_{\triangle AEO}$. 두 식을 변끼리 빼면 $S_{\triangle CEF} = S_{\triangle ABE}$

03 윗변과 밑변을 a와 b, $S_{\triangle OBC} = S_x$라고 하면 $S_1 : S_2 = \left(\dfrac{a}{b}\right)^2$, $S_1 : S_x = \dfrac{a}{b}$,
$S = S_1 + S_2 + 2 \cdot S_x$. 세 식에서 S_x, a, b를 소거하면 증명된다.

04 예제 **03**의 해설을 따라 분석한다.

05 닮은 삼각형의 넓이의 비가 닮음비의 제곱과 같다는 것을 이용하여 S_1, S_2, S_3,
S 사이의 관계를 맺고 닮음비를 소거한다.

06, 07, 08은 모두 본문의 해설을 참조하여 풀 수 있다.

09 $S_{\triangle ABC} = S$라고 하면 $S = \dfrac{ah_a}{2} = \dfrac{bh_b}{2} = \dfrac{ch_c}{2} = r\dfrac{(a+b+c)}{2} \;\Rightarrow\; \dfrac{1}{h_a} + \dfrac{1}{h_b} + \dfrac{1}{h_c}$
$= \dfrac{a}{2S} + \dfrac{b}{2S} + \dfrac{c}{2S} = \left(\dfrac{1}{S}\right) \cdot \dfrac{(a+b+c)}{2} = \dfrac{1}{r}$. $r = 1$이라고 하면
$\dfrac{1}{h_a} + \dfrac{1}{h_b} + \dfrac{1}{h_c} = 1$에 의하여 세 항 가운데서 적어도 한 항은 $\dfrac{1}{3}$보다 크지 않음을
알 수 있다.
$\dfrac{1}{h_a} \leq \dfrac{1}{3}$이라고 하면 $h_a \geq 3$
같은 이유에 의하여 적어도 한 항은 3보다 작지 않음을 알 수 있다.

10 A와 E, B와 E를 연결하고 $S_{\triangle ABC}=S$라고 하면 $S_{\triangle ACE}=3S$, $S_{\triangle BCE}=2S$이다.

$r=\dfrac{\overline{AM}}{\overline{AC}}=\dfrac{S_{\triangle ABM}}{S_{\triangle ABC}}$에 의하여 $\dfrac{S_{\triangle BCM}}{S}=1-r$를 얻는다.

그러므로 $S_{\triangle BCM}=(1-r)\cdot S$

$r=\dfrac{\overline{CN}}{\overline{CE}}=\dfrac{S_{\triangle BCN}}{S_{\triangle BCE}}$에 의하여 $S_{\triangle BCN}=2rS$를 얻는다.

$\dfrac{S_{\triangle CMN}}{S_{\triangle ACE}}=\dfrac{\overline{CM}\cdot\overline{CN}}{\overline{AC}\cdot\overline{CE}}=r(1-r)$에 의하여 $S_{\triangle CMN}=3r(1-r)\cdot S$를 얻는다.

$S_{\triangle BCN}=S_{\triangle BCM}+S_{\triangle CMN}$에 의하여 $2r\cdot S=(1-r)S+3r(1-r)\cdot S$를 얻는다.

$3r^2=1$ $\therefore r=\dfrac{\sqrt{3}}{3}$

연습문제 36

01 $\angle B>60°$, $\angle C>60°$, $\cos B<\dfrac{1}{2}$, $b^2=a^2+c^2-2ac\cos B>a^2+c^2-ac$라고 하자. 여기에 $b=\dfrac{(a+c)}{2}$를 대입하고 정리하면 $(a-c)^2<0$이 되어 모순된다.

02 15로 나누어떨어진다고 하자. $n^2+n+2=15k$. $n=\dfrac{-1\pm\sqrt{60k-7}}{2}$.
$60k-7$은 반드시 제곱수이어야 한다. 그런데 그 끝자리의 숫자가 3인 수는 제곱수가 아니다.

$\therefore n$은 자연수가 아니다. 모순된다.

03 $\overline{AB}$와 $\overline{CD}$가 평행하지 않다고 가정하고 A와 C를 연결한다. $\overline{AC}$의 중점 G를 정하고 G와 E, G와 F를 연결한다. 증명하면 $\overline{EF}<\dfrac{\overline{AD}+\overline{BD}}{2}$로 모순된다.

04 $m\neq n$이라고 가정한다. $n=m+r(r\neq0)$이라 하고 증명하면 $a^r=1$.
이는 $a^r\neq1$과 모순이다.

05 $\angle A\neq\angle D$라고 가정한다. $\angle A<\angle D$라 하고 C와 E, B와 F, B와 E를 맺고 증명하면 $(\angle A+\angle C+\angle E)<(\angle B+\angle D+\angle F)$이다. 모순된다.

$\therefore \angle A=\angle D$ 이와 마찬가지로 하여 $\angle B=\angle E$, $\angle C=\angle F$를 증명할 수 있다.

06 두 직각변을 각각 소수 $p(p\neq2)$와 $p+2$라고 하자. 빗변이 양의 정수 k이면 $2\cdot(p^2+2p+2)=k^2$. k가 짝수 $2m$이면 $p^2+2p+2=2m^2$이다. 이 식의 좌변이 홀수이고 우변이 짝수이므로 모순된다.

연습문제 37

01 D	02 D	03 C	04 B	05 D	06 A	07 D	08 B
09 D	10 D	11 D	12 D	13 D	14 C	15 B	

연습문제 해답편의 보충설명

그 동안 독자 여러분의 요청에 의해 연습문제 해답편 보충설명을
수정, 보완하여 출간하게 되었습니다.
참여하신 선생님들은 다음과 같습니다.

감수위원
중학 1학년 문제 | 한현진 선생님 E-mail : fractalh@hanmail.net
　　　　　　　　신성환 선생님 E-mail : shindink@naver.com
　　　　　　　　한승우 선생님 E-mail : hotman@postech.edu
중학 2학년 문제 | 위성희 선생님 E-mail : math-blue@hanmail.net
　　　　　　　　정원용 선생님 E-mail : areekaree@daum.net
　　　　　　　　정현정 선생님 E-mail : hj-1113@hanmail.net
　　　　　　　　정호진 선생님 E-mail : chj2595@naver.com
중학 3학년 문제 | 안치연 선생님 E-mail : lounge79@naver.com
　　　　　　　　변영석 선생님 E-mail : youngaer@paran.com
　　　　　　　　김강식 선생님 E-mail : kangshikkim@hotmail.com
책임감수
정호영　E-mail : allpassid@naver.com

의문사항이나 궁금한 점이 있으시면 위의 감수위원에게 E-mail로
문의하시기 바랍니다.

연습문제 해답편의 보충 설명

연습문제 1-1

01 $34.3+27.6-64.1+65.7-25.9+42.4$

$=(34.3+65.7)+(27.6+42.4)-(64.1+25.9)$

$=100+70-90=80$

02 $(1990+1)+999+629-1-(2783+1217)$

$=2990+628-4000$

$=-382$

03 $47.8-(29.3+27.8)+109.3-14.6-15.4$

$=(47.8-27.8)+(109.3-29.3)-(14.6+15.4)$

$=20+80-30=70$

04 $1\dfrac{1}{3}\times18\dfrac{1}{2}-10\dfrac{1}{4}\times1\dfrac{1}{3}+3\dfrac{5}{7}-\left(2.1-1\dfrac{2}{7}\right)$

$=1\dfrac{1}{3}\times\left(18\dfrac{1}{2}-10\dfrac{1}{4}\right)+\left(3\dfrac{5}{7}+1\dfrac{2}{7}\right)-2.1$

$=1\dfrac{1}{3}\times8\dfrac{1}{4}+5-2.1$

$=\dfrac{4}{3}\times\dfrac{33}{4}+5-2.1=11+5-2.1=13.9$

05 $99999\times77778+33333\times66666$

$=99999\times77777+33333\times66666+99999$

$=\dfrac{7}{9}\times(99999\times99999)+\dfrac{3}{9}\times\dfrac{6}{9}\times(99999\times99999)+99999$

$=\dfrac{7}{9}\times(99999\times99999)+\dfrac{2}{9}\times(99999\times99999)+99999$

$=\left(\dfrac{7}{9}+\dfrac{2}{9}\right)\times(99999\times99999)+99999$

$=99999\times99999+99999=99999\times(99999+1)=9999900000$

06 $-(5^2\times3^2\times2^2)+(5^3\times2^6)+(5\times3^2\times3^2\times2)$

$=-1800+8000+810$

$=7010$

07 $\dfrac{37 \times 2^3 \times 5^3}{5^3} - \left(\dfrac{351 + 647}{25} \right) \times \dfrac{4}{4}$

$= 296 - \dfrac{998 \times 4}{100}$

$= 296 - 39.92$

$= 256.08$

08 $1111111111 \times (-9999999999)$

$= \dfrac{1}{9} \times 9999999999 \times (-9999999999)$

$= -\dfrac{1}{9} \times (9999999999)^2$

$= -\dfrac{1}{9} \times (10^{10} - 1)^2$

$= -\dfrac{1}{9} \times (10^{20} - 2 \times 10^{10} + 1)$

$= -\dfrac{1}{9} \times (100 \cdots 00 - 200 \cdots 00 + 1)$

$= -\dfrac{1}{9} \times (99 \cdots 99800 \cdots 00 + 1)$

$= -\dfrac{1}{9} \times 99 \cdots 99800 \cdots 01$

$= -1111111108888888889$ ← 1이 9개, 0이 1개, 8이 9개, 9가 1개

09 $(3333333333)^2$ ← 3이 10개인 10의 자리의 수

$= \left(\dfrac{1}{3} \times (9999999999) \right)^2$

$= \dfrac{1}{9} \times (10^{10} - 1)^2$

$= \dfrac{1}{9} \times (10^{20} - 2 \times 10^{10} + 1)$

$= \dfrac{1}{9} \times (100 \cdots 00 - 200 \cdots 00 + 1)$

$= \dfrac{1}{9} \times (99 \cdots 99800 \cdots 00 + 1)$

$= \dfrac{1}{9} \times 99 \cdots 99800 \cdots 01$

$= 1111111108888888889$ ← 1이 9개, 0이 1개, 8이 9개, 9가 1개

10 $39976^2 - 19976^2$

$= (39976 + 19976) \times (39976 - 19976)$ ← 합 · 차의 공식

$= 59952 \times 20000 = 1199040000$

11 $(6295+3705)\times(6295-3705)$

$\quad=10000\times2590$

$\quad=25900000$

12 $(-997)^2\div25-3694\times3692+3693^2$

$\quad=997^2\div25-(a+1)(a-1)+a^2$

$\quad=(10^3-3)^2\div25-(a^2-1)+a^2$

$\quad=(10^6-6\times10^3+9)\div25+1$

$\quad=994009\div25+1=994009\times\dfrac{4}{100}+1$

$\quad=\dfrac{3976036}{100}+1=39761.36$

13 생략

14 $1987\times1986\times10001-1986\times1987\times10001$

$\quad=0$

15 다섯 자리의 수 99988과 99199가 있을 때 누가 클까? 당연히 같은 자리의 수라면 왼쪽에서부터 연속된 9가 많은 99988이 더 크다. 이제 그러한 원리를 주어진 문제에 적용하면 된다.

N=123456789101112⋯9899100

위 N이 최대수가 되게 하려면 왼쪽의 자리에 되도록 9가 많아야 한다. 그러려면 왼쪽부터 100개의 숫자를 지워 버리는데 9가 아닌 수들부터 지워 나가야 한다.

㈎ 먼저 한 자리의 수들 중에서 1, 2, 3, ⋯, 8의 8개를 없애면,

　→8개의 수를 없앤 것이 되고 9를 한 개 남긴다.

㈏ 10, 11, 12, ⋯, 18, 19 가운데 10, 11, 12, ⋯, 18, 1을 없애면,

　→19개의 수를 없앤 것이 되고 9를 또 한 개 남긴다.

　여기까지 제거한 수들의 개수는 8+19=27(개)이고 왼쪽 자리에서 연속된 9는 총 2개 남았다.

㈐ 20, 21, 22, ⋯, 28, 29 가운데 20, 21, 22, ⋯, 28, 2를 없애면,

　→19개의 수를 없앤 것이 되고 9를 또 한 개 남긴다.

　여기까지 제거한 수들의 개수는 8+19×2=46(개)이고 왼쪽 자리에서 연속된 9는 총 3개 남았다.

㈑ 마찬가지 원리로 하여 십의 자릿수가 3인 것과 4인 것까지 9가 아닌 수들을 제거하면, 제거되는 수들의 개수는 89+19×4=84(개)이고 왼쪽 자리에서 연속된 9는 총 5개가 된다. 이제 여기까지의 결과를 적어보면 다음과 같다.

　999995051525354555657585960616263⋯100

　이제 더 제거되어야 할 수는 100-84=16(개)이다.

⑷ 이제 16개는 손수 지워 보자. 되도록 큰 수가 되게 하려면 어떻게 해야 할까 생각하자. 다음 수에서 밑줄 그은 것(5보다 작은)들 5개를 우선 지운다.

999995 05 15 25 35 4555657585960616263⋯100

그러면 모두 89개가 지워졌다.

99999555555567585960616263⋯100

이제 마지막으로 왼쪽으로부터 연속된 8개의 5를 지우면 다음과 같이 된다.

99999 65 7585960616263⋯100

그러면 모두 97개가 지워졌다. 이제 위에서 밑줄 그은 두 수 6, 5를 지우자.

999997585960616263⋯100

그러면 모두 99개가 지워졌고 마지막으로 1개만 더 지우면 된다.

따라서 구하는 답은 99999785960616263⋯100 이다.

연습문제 1-2

01 $\left(63+\dfrac{18}{17}\right) \div 9 - \left(13+\dfrac{1}{17}\right) \times 2$

$= 7 + \dfrac{2}{17} - \left(26 + \dfrac{2}{17}\right)$

$= 7 - 26$

$= -19$

02 $\left(59+\dfrac{9}{11}\right) \times 4 - \left(1687+\dfrac{12}{11}\right) \div 7$

$= 236 + \dfrac{36}{11} - \left(241 + \dfrac{3}{11}\right)$

$= 236 - 241 + 3$

$= -2$

03 $\dfrac{1}{6} + \dfrac{8}{15} + \dfrac{3}{28} - \dfrac{2}{35} - \dfrac{7}{44}$

$= \dfrac{3-2}{2 \times 3} + \dfrac{5+3}{3 \times 5} + \dfrac{7-4}{4 \times 7} - \dfrac{7-5}{5 \times 7} - \dfrac{11-4}{4 \times 11}$

$= \left(\dfrac{1}{2} - \dfrac{1}{3}\right) + \left(\dfrac{1}{3} + \dfrac{1}{5}\right) + \left(\dfrac{1}{4} - \dfrac{1}{7}\right) - \left(\dfrac{1}{5} - \dfrac{1}{7}\right) - \left(\dfrac{1}{4} - \dfrac{1}{11}\right)$

$= \dfrac{1}{2} - \dfrac{1}{3} + \dfrac{1}{3} + \dfrac{1}{5} + \dfrac{1}{4} - \dfrac{1}{7} - \dfrac{1}{5} + \dfrac{1}{7} - \dfrac{1}{4} + \dfrac{1}{11}$

$= \dfrac{1}{2} + \dfrac{1}{11} = \dfrac{13}{22}$

4 $3\dfrac{1}{3}-9\dfrac{7}{12}+4\dfrac{9}{20}-16\dfrac{11}{30}+7\dfrac{13}{42}-5\dfrac{15}{56}$

$=(3-9+4-16+7-5)+\left(\dfrac{1}{3}-\dfrac{7}{12}+\dfrac{9}{20}-\dfrac{11}{30}+\dfrac{13}{42}-\dfrac{15}{56}\right)$

$=-16+\dfrac{1}{3}-\dfrac{7}{12}+\dfrac{9}{20}-\dfrac{11}{30}+\dfrac{13}{42}-\dfrac{15}{56}$

$=-16+\dfrac{1}{3}-\left(\dfrac{4+3}{3\times 4}\right)+\left(\dfrac{5+4}{4\times 5}\right)-\left(\dfrac{6+5}{5\times 6}\right)+\left(\dfrac{7+6}{6\times 7}\right)-\left(\dfrac{8+7}{7\times 8}\right)$

$=-16+\dfrac{1}{3}-\left(\dfrac{1}{3}+\dfrac{1}{4}\right)+\left(\dfrac{1}{4}+\dfrac{1}{5}\right)-\left(\dfrac{1}{5}+\dfrac{1}{6}\right)+\left(\dfrac{1}{6}+\dfrac{1}{7}\right)-\left(\dfrac{1}{7}+\dfrac{1}{8}\right)$

$=-16+\dfrac{1}{3}-\dfrac{1}{3}-\dfrac{1}{4}+\dfrac{1}{4}+\dfrac{1}{5}-\dfrac{1}{5}-\dfrac{1}{6}+\dfrac{1}{6}+\dfrac{1}{7}-\dfrac{1}{7}-\dfrac{1}{8}$

$=-16\dfrac{1}{8}$

5 $\dfrac{2}{1\times 3}+\dfrac{2}{3\times 5}+\dfrac{2}{5\times 7}+\cdots+\dfrac{2}{1989\times 1991}$

$=\left(\dfrac{1}{1}-\dfrac{1}{3}\right)+\left(\dfrac{1}{3}-\dfrac{1}{5}\right)+\left(\dfrac{1}{5}-\dfrac{1}{7}\right)+\cdots+\left(\dfrac{1}{1989}-\dfrac{1}{1991}\right)$

$=1-\dfrac{1}{1991}=\dfrac{1990}{1991}$

6 $\dfrac{2}{1\times 2\times 3}+\dfrac{2}{2\times 3\times 4}+\cdots+\dfrac{2}{1989\times 1990\times 1991}$

$=\left(\dfrac{1}{1\cdot 2}-\dfrac{1}{2\cdot 3}\right)+\left(\dfrac{1}{2\cdot 3}-\dfrac{1}{3\cdot 4}\right)+\left(\dfrac{1}{3\cdot 4}-\dfrac{1}{4\cdot 5}\right)$

$\quad+\cdots+\left(\dfrac{1}{1989\cdot 1990}-\dfrac{1}{1990\cdot 1991}\right)$

$=\left(\dfrac{1}{1\cdot 2}-\dfrac{1}{1990\cdot 1991}\right)=\dfrac{995\cdot 1991-1}{1990\cdot 1991}=\dfrac{1981044}{3962090}=\dfrac{990522}{1981045}$

7 $\dfrac{3}{1\times 2\times 3\times 4}+\dfrac{3}{2\times 3\times 4\times 5}+\cdots+\dfrac{3}{10\times 11\times 12\times 13}$

$=\left(\dfrac{1}{1\cdot 2\cdot 3}-\dfrac{1}{2\cdot 3\cdot 4}\right)+\left(\dfrac{1}{2\cdot 3\cdot 4}-\dfrac{1}{3\cdot 4\cdot 5}\right)$

$\quad+\left(\dfrac{1}{3\cdot 4\cdot 5}-\dfrac{1}{4\cdot 5\cdot 6}\right)+\cdots+\left(\dfrac{1}{10\cdot 11\cdot 12}-\dfrac{1}{11\cdot 12\cdot 13}\right)$

$=\left(\dfrac{1}{1\cdot 2\cdot 3}-\dfrac{1}{11\cdot 12\cdot 13}\right)=\left(\dfrac{1}{6}-\dfrac{1}{1716}\right)=\dfrac{285}{1716}=\dfrac{95}{572}$

8 $\dfrac{1234567890}{1234567891^2-(1234567890\times1234567892)}$

$=\dfrac{a-1}{a^2-(a-1)\times(a+1)}$ ← $a=1234567890$이라 하자.

$=\dfrac{a-1}{a^2-(a^2-1)}=a-1=1234567890$

연습문제 1-3

1 각 항이 모두 음수가 아닌데도 더하여 0이 되고 있다.

그러므로 각 항은 모두 0이 되어야 한다.

$\therefore a=\dfrac{3}{2},\ b=-2,\ c=-\dfrac{7}{2}$

따라서 묻고 있는 식의 계산값은 $-\dfrac{13}{6}$이다.

2 생략

3 구하는 것은 결국 3 이상 5 이하의 정수들과 -5 이상 -3 이하의 정수들의 곱이다. 따라서 $-(3\times4\times5)^2=-3600$이 답이다.

4 $x<3$이므로 $|x+3|=-(x+3)$

(원식)$=x-(x+3)-\dfrac{-(x+3)}{x+3}$

$=x-x-3+1$

$=-2$

5 $1<x<2$이므로 $|x|=x,\ |x-3|=-(x-3)$

(원식)$=x-(x-3)$

$=3$

6 결국 1부터 시작된 연속한 홀수 995개의 합을 묻고 있다.

따라서 $995^2=990025$가 원식의 계산값이다.

7 $1991<x<1999$이므로

$|x-1|=x-1,\ |x-1991|=x-1991,\ |x-1990|=x-1990,$

$|x-2000|=-(x-2000)$

(원식)$=\{x-1-(x-1991)\}\times\{(x-1990)-(x-2000)\}$

$=1990\times10$

$=19900$

8 어떤 실수 a와 특정한 실수 x에 대하여

$|x-(a+1)|$은 수직선 위에서 x와 $a+1$ 사이의 거리를 뜻하고,

$|x-a|$는 수직선 위에서 x와 a 사이의 거리를 뜻한다.

그러므로 $|x-(a+1)|-|x-a|=1$이다.

따라서 (원식)$=1+1+\cdots+1=996$이다.

연습문제 2

1 (1) 우변 계산 값의 끝수가 4이므로 좌변 계산 값의 끝수도 4가 되어야 한다. 그러므로 좌변의 □ 안에 들어가야 할 수는 2 또는 7이어야 한다. 그런데 그 중 조건식을 만족시키는 것은 2뿐이다. 따라서 □ 안에 들어가야 할 수는 2이다.

(2) 다음과 같이 □$=x$라 하고서 방정식을 이용해서 풀 수도 있다.

$24 \times (201+10x) = (102+10x) \times 42$

$\therefore 8 \times (201+10x) = (102+10x) \times 14$

$\therefore 1608+80x = 1428+140x$

$\therefore 60x = 180$

따라서 구하는 □$=3$이다.

[별해]

문제에서 주어진 $12 \times 231 = 132 \times 21$과 (1) 12×46□$=$□64×21을 비교해보면 46□, □64가 231×2와 321×2임을 알 수 있다.

마찬가지로 (2) 24×2□$1 = 1$□2×42는 $24 = 12 \times 2$, $42 = 21 \times 2$임을 알 수 있다.

(1) 2 (2) 3

2 $\overline{dcba} = 1000d + \overline{cba} = 8 \times 125d + \overline{cba}$

그러므로 $\overline{cba} = 100c + 10b + a$가 8로 나누어떨어짐을 보이면 된다.

그런데 $\overline{cba} = 100c + 10b + a = 8 \times (16c+b) + 4c + 2b + a$이다.

한편 문제의 조건에서 $4c + 2b + a$가 8로 나누어떨어진다고 하였다.

그러므로 $\overline{cba}$는 8로 나누어떨어진다.

따라서 $\overline{dcba}$도 8로 나누어떨어진다.

3 $y = z$일 때 결국 $x + 2y = 7$이고, 그 경우 세 자리의 수 $\overline{xyy}$는 7로 나누어떨어짐을 보이라는 문제이다.

$\overline{xyz} = \overline{xyy} = 100x + 11y$

$\qquad\qquad = 7 \times (14x+y) + 2(x+2y)$

$\qquad\qquad = 7 \times (14x+y) + 2 \times 7 = 7 \times (14x+y+2)$

따라서 $\overline{xyz}$는 명백히 7로 나누어떨어진다.

4 $\overline{3xx1}$이 9로 나누어떨어진다고 했으므로 $3+x+x+1=2\times(x+2)$는 9의 배수이다. 그런데 2는 9의 배수가 아니므로 $x+2$가 9의 배수이어야 한다. 한편 x는 0부터 9까지의 정수이다. 그러므로 문제의 조건을 만족시키는 $x=7$뿐이다. 따라서 구하는 수는 3771이다.

5 $75=25\times3$이므로 75로 나누어떨어지려면 3과 25로 모두 나누어떨어져야 한다. 그런데 $\overline{3a6b5}$가 25로 모두 나누어떨어지는 경우는 $\overline{3a625}$, $\overline{3a675}$ 뿐이다. 한편 이 수들이 3으로도 나누어떨어진다고 했으므로 다음과 같을 것이다.

$\overline{3a625}=32625$, 35625, 38625

$\overline{3a675}=30675$, 33675, 36675, 39675

따라서 위 수들 가운데 가장 큰 수인 39675가 구하는 답이다.

6~7 생략

8 $2\,|\,\overline{ab}$, $4\,|\,\overline{abcd}$, $6\,|\,\overline{abcdef}$에 의하여 b, d, f는 2, 4, 6 가운데서만 고를 수 있으므로 a, c, e는 1, 3, 5 가운데서 골라야 한다.

$4\,|\,\overline{abcd}$에 의하여 $c=5$가 얻어지므로 a, c는 1, 3 가운데서만 취할 수 있다.

따라서 $a+c=4$이다.

$3\,|\,\overline{abc}$에 의하여 $3\,|\,(a+b+c)$이므로 $3\,|\,(4+b)$를 얻는다. $\therefore b=2$이다.

따라서 d, f는 4, 6만을 취할 수 있다.

위에서 구하려는 여섯 자리 수는 네 수 123456, 123654, 321456, 321654 가운데서만 고를 수 있다. $4\,|\,\overline{abcd}$에 의하여 $4\,\overline{cd}$를 얻을 수 있으므로 상술한 네 수 가운데서 조건에 맞는 수는 123654와 321654[풀이에서 빠진 부분]이다.

9~10 생략

연습문제 3

1~6 생략

7 $a<b<c<d$이다.

$f(x)=|x-a|+|x-b|+|x-c|+|x-d|$ 이다.

그러므로 다음과 같이 그래프로 풀 수도 있다.

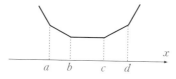

위 그림에서 보듯이 $b\le x\le c$일 때, $f(x)$는 최솟값을 갖는다.

따라서 구하는 최솟값은 다음과 같다.

$$(x-a)+(x-b)+(c-x)+(d-x)=c+d-a-b$$

연습문제 4

1 (1) $|x-2|-3|x+1|=2x-9$

$x<-1$; $-x+2+3x+1=2x-9$ ← 불능

$-1\leq x\leq 2$; $-x+2-3x-1=2x-9$ ∴ $x=\dfrac{4}{3}$

$2\leq x$; $x-2-3x-1=2x-9$ ← 범위에 맞지 않음

(2) (원식) → $\left(1+\dfrac{a}{b}\right)x=a+b$

$\left(\dfrac{a+b}{b}\right)x=a+b$

$a+b\neq 0$일 때 $x=b$, $a+b=0$일 때 무수히 많은 해가 있다.

(3) 원식의 양변에 mn을 곱하면

$m^2+mx+2mn=nx-n^2$

$(m-n)x=-m^2-2mn-n^2$

$(m-n)x=-(m+n)^2$

$m\neq n$일 때 $x=\dfrac{(m+n)^2}{(n-m)}$, $m=n$일 때 해가 없다.

(4) 원식의 양변에 $(a+b)(a-b)$를 곱하면 $(a+b\neq 0,\ a-b\neq 0)$

$(a+b)(a-b)x=b(a-b)x+a(a+b)$

$a(a-b)x=a(a+b)$

$a\neq 0$일 때 $x=\dfrac{(a+b)}{(a-b)}$, $a=0$일 때 무수히 많은 해가 있다.

(5) 원식의 양변에 mn을 곱하면 $(m\neq 0,\ n\neq 0)$

$(m^2+n^2)x=m^2-n^2-2mnx$

$(m^2+n^2+2mn)x=m^2-n^2$

$(m+n)^2=(m+n)(m-n)$

문제 조건에서 $m+n\neq 0$이라 하였으므로 양변을 $m+n$으로 나누면

$(m+n)x=m-n$

$x=\dfrac{(m-n)}{(m+n)}$

2 (1) $(m^2-8m+15)x=m^2-2m-3$에서 각 변을 인수분해하자.

$(m-3)(m-5)x=(m+1)(m-3)$

해가 음수이려면 위 계수들의 부호가 반대이어야 한다.

즉 $(m-3)(m-5)\cdot(m+1)(m-3)<0$이어야 한다.

$\therefore (m-3)^2(m-5)(m+1)<0$ ······㉮

그런데 $m-3>0$이므로 $(m-5)(m+1)<0$이다.

(* $m=3$이면 ㉮는 성립하지 못하므로 그렇다. *)

따라서 구하는 m의 범위는 $-1<m<5$(단, $m\neq3$)이다.

(2) 원식의 양변에 6을 곱하면

$2x+6a=3x-x+12$

$0\cdot x=12-6a$

$a=2$일 때 무수히 많은 해가 있고, $a\neq2$일 때 해가 없다.

3 (1) 구하는 수를 $5\,\overline{abcdef}$라 하자. 그리고 $\overline{abcdef}=x$라 하자.

그러면 구하는 원래의 수는 $5000000+x$이다. 한편 문제의 뜻에 알맞은 식을 세우면 다음과 같다.

$5000000+x=3(10x+5)+8$이다. 그러므로 $x=172413$이다.

따라서 구하는 원래의 수는 5172413이다.

(2) 출생한 날을 x라 하고, 출생한 달을 y라 하자. 그러면 다음과 같이 식을 세울 수 있다.

$5(2x+5)+y-25=43\ \therefore y=43-10x$

이제 $x=1,\ 2,\ \cdots,\ 31$을 대입하여 $y=1,\ 2,\ \cdots,\ 12$와 견주어 본다.

따라서 $x=4,\ y=3$이니까 3월 4일에 태어났음을 알 수 있다.

(3) 회사까지의 거리를 1이라 하자. 그러면 아버지의 속력은 $\dfrac{1}{30}$이고 아들의 속력은 $\dfrac{1}{20}$이다. 여기서 단위는 생략하자. 그리고 아들이 출발하여 아버지와 만나게 되는 시간을 t라 하자. 그러면 아버지가 움직인 거리는 $\dfrac{1}{30}(t+5)$이고 아들이 움직인 거리는 $\dfrac{1}{20}t$이다. 그러므로 다음과 같이 식을 세울 수 있다.

$\dfrac{1}{30}(t+5)=\dfrac{1}{20}t\ \therefore t=10$

따라서 10분이 구하는 답이다.

4 $|3x-4|<|x+7|$에서 $\begin{cases} y=|3x-4| & \cdots ㉮ \\ y=|x+7| & \cdots ㉯ \end{cases}$ 라 하자.

다음 그림에서 생각해 보자.

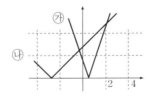

즉 ㉮의 그래프가 ㉯의 그래프보다 아래 있는 부분의 범위를 묻고 있는 문제라 할 수 있다.

따라서 구하는 범위는 $-\dfrac{3}{4}<x<\dfrac{11}{2}$이다.

여기서 $-\dfrac{3}{4}$은 $-(3x-4)=x+7$의 근이고, $\dfrac{11}{2}$은 $3x-4=x+7$의 근이다.

5 밤이 x알, 원숭이가 y마리라고 하자. 그러면 문제의 뜻에 의하여 다음과 같이 식을 세울 수 있다.

$\begin{cases} x=3y+8 & \cdots ㉮ \\ 5(y-1)<x\le 5(y-1)+4 & \cdots ㉯ \end{cases}$

㉮를 ㉯에 대입하면, $5(y-1)<3y+8\le 5(y-1)+4$이다.

위 부등식을 풀면 $4.5\le y<6.5$이다. 즉 $y=5$, 6이다.

$\therefore (x=23, y=5)$, $(x=26, y=6)$

따라서 원숭이 5마리, 밤 23알 또는 원숭이 6마리, 밤 26알이 답이다.

연습문제 5

1 (1) $x:y:z=1:2:3$이므로 $x=k$, $y=2k$, $z=3k$하고 $3x+5y+2z=40$에 대입하면 $4k+10k+6k=40$ 즉, $k=2$이다.

그러므로 $x=2$, $y=4$, $z=6$

(2) 원식에 $|y+1|$이 있으므로 y를 영점구분법에 의해서 구간을 나누면

(i) $y<-1$일 때

원식은 $\begin{cases} -y-1=x+1 \\ x-3y=1 \end{cases}$

이것을 연립하여 풀면 $y=-\dfrac{3}{4}$이 된다. 그런데 이것은 $y<-1$라는 조건에 위배되므로 해가 존재하지 않는다.

(ii) $y \geq -1$일 때

원식은 $\begin{cases} y+1 = x+1 \\ x - 3y = 1 \end{cases}$

이것을 연립하여 풀면 $x = -\dfrac{1}{2}$, $y = -\dfrac{1}{2}$이다.

(3) 원식의 $x + (a+1)y = a+3$의 양변에 a를 곱하면

$\begin{cases} ax + 2y = a & \cdots\cdots ① \\ ax + (a^2+a)y = a^2 + 3a & \cdots\cdots ② \end{cases}$

②식에서 ①식을 빼면

$(a^2 + a - 2)y = a^2 + 2a$

$(a+2)(a-1)y = a(a+2)$

$a=1$일 때 해가 없고 $a=-2$일 때 무수히 많은 해가 있으며,

$a \neq 1, -2$일 때 $x = \dfrac{(a-3)}{(a-1)}$이며, 식 ①에 $x = \dfrac{(a-3)}{(a-1)}$을 대입하면

$y = \dfrac{a}{(a-1)}$이다.

(4) $\begin{cases} a(ax-1) = b(y+1) & \cdots\cdots ① \\ b(bx+1) = ay & \cdots\cdots ② \end{cases}$ 에서

y항을 소거하기 위하여 $①\times a - ②\times b$하면 $(a^3 - b^3)x = a^2 + ab + b^2$이다.

x의 계수를 인수분해하여 정리하면 $(a-b)(a^2+ab+b^2)x = a^2 + ab + b^2$이므로

(i) $a=b$일 때, 해가 없다. (참고로 $ab \neq 0$이라는 조건에 의해 $a \neq 0$, $b \neq 0$이므로 $a^2 + ab + b^2 \neq 0$이다.)

(ii) $a \neq b$일 때, $x = \dfrac{1}{a-b}$

(ii)에서 구한 x의 값을 ①식에 대입하여 정리하면 $y = \dfrac{b}{a-b}$를 얻을 수 있다.

2 $x+y=2$이므로 원식에 $x = 2-y$를 대입하여 정리하면 $\begin{cases} -2x - k = -8 \\ -x - k = -6 \end{cases}$ 이고,

이것을 x, k에 대한 연립방정식을 풀면 $k=4$를 얻을 수 있다.

3 갑은 ①식을 잘못 본 대신 ②식은 제대로 보았고, 을은 ②식을 잘못 본 대신 ①식은 제대로 보았다. 그러므로 갑이 구한 해는 ②식에 대입하고, 을이 구한 해는 ①식에 대입해도 좋다.

즉 $\left(x=\dfrac{107}{47},\, y=\dfrac{58}{47}\right)$을 ②에 대입하여 $b=9$를 구한다.

또한 $\left(x=\dfrac{81}{76},\, y=\dfrac{17}{19}\right)$을 ①에 대입하여 $a=8$을 구한다.

그러므로 원래의 방정식은 $\begin{cases} 8x+5y=13 \\ 4x-9y=-2 \end{cases}$ 임을 알 수 있다.

따라서 위 방정식을 풀면 $\left(x=\dfrac{107}{92},\, y=\dfrac{17}{23}\right)$이 답이다.

4 (1) 문제의 뜻을 식으로 옮기면 다음과 같다.

　　물론 여기서 x, y, z는 각각 차례로 A, B, C가 취하는 양을 뜻한다.

　　그리고 특상, 상, 보통의 쌀은 각각 $\dfrac{50}{3}\,(\mathrm{kg})$씩이다.

$$\begin{cases} \dfrac{4}{9}x+\dfrac{3}{9}y+\dfrac{2}{9}z=\dfrac{50}{3} \\[2mm] \dfrac{3}{9}x+\dfrac{1}{9}y+\dfrac{6}{9}z=\dfrac{50}{3} \\[2mm] \dfrac{2}{9}x+\dfrac{5}{9}y+\dfrac{1}{9}z=\dfrac{50}{3} \end{cases} \qquad \therefore \begin{cases} 4x+3y+2z=150 \\ 3x+y+6z=150 \\ 2x+5y+z=150 \end{cases}$$

　　위 세 식을 연립하여 풀면 $x=\dfrac{100}{7},\, y=\dfrac{150}{7},\, z=\dfrac{100}{7}$이다.

　　따라서 A, B, C를 각각 차례로 $\dfrac{100}{7}\,(\mathrm{kg})$, $\dfrac{150}{7}\,(\mathrm{kg})$, $\dfrac{100}{7}\,(\mathrm{kg})$씩 취하면 된다.

(2) 문제의 뜻을 헤아려보면, B가 20분 동안 간 거리와 C가 25분 동안 간 거리가 같고, A가 50분 동안 간 거리와 C가 65분 동안 간 거리가 같다. 그러므로 A, B, C의 속력을 각각 차례로 x, y, z라 하여 식을 세우면 다음과 같다.

$$\begin{cases} 20y=25z \\ 50x=65z \end{cases} \quad \therefore \begin{cases} 4y=5z \\ 10x=13z \end{cases} \quad \therefore \begin{cases} 52y=65z \\ 50x=65z \end{cases}$$

$$\therefore 52y=50x \qquad \therefore 26y=25x \qquad \therefore x=26k,\, y=25k$$

　　이제 A가 t분 동안 달린 거리와 B가 $t+10$분 동안 달린 거리가 같다고 하면 다음과 같이 식을 세울 수 있다.

$$26k\cdot t=25k(t+10) \quad \therefore t=250$$

　　따라서 A는 출발 후 250분 만에 B를 따라잡을 수 있다.

(3) 강의 폭을 $x\,(\mathrm{m})$라고 하자. 그리고 문제의 뜻을 그림으로 나타내면 다음과 같다.

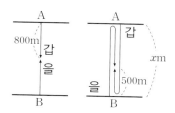

이제 갑의 속력을 a라 하고, 을의 속력을 b라 하자.

이제 문제의 뜻에 따라서 식을 세우면 다음과 같다.

$$\begin{cases} \dfrac{800}{a} = \dfrac{x-800}{b} \\ \dfrac{x+500}{a} = \dfrac{2x-500}{b} \end{cases}$$

위 두 식을 변변 나누면 다음과 같다.

$$\dfrac{800}{x+500} = \dfrac{x-800}{2x-500} \quad \therefore 800(2x-500)=(x-800)(x+500)$$

$$\therefore x(x-1900)=0$$

그런데 $x \neq 0$이므로 $x=1900$이다. 따라서 구하는 강의 폭은 1900m이다.

(4) 생략

(5) $\begin{cases} ax^2+bx+c=0 & \cdots\cdots① \\ mx^2+nx+p=0 & \cdots\cdots② \end{cases}$ 에서 ①$\times m -$②$\times a$하여 두 방정식에서

x^2의 항을 소거하면 $(bm-an)x+cm-ap=0$을 얻는다.

여기서 $x=\dfrac{(ap-cm)}{(bm-an)}$이다. 이것을 식 ①대입하면

$\dfrac{a(ap-cm)^2}{(bm-an)^2}+\dfrac{b(ap-cm)}{(bm-an)}+c=0$이고, $(bm-an)^2$으로 분모를 통분

하면 $\dfrac{a(ap-cm)^2+b(ap-cm)(bm-an)+c(bm-an)^2}{(bm-an)^2}=0$이다.

즉, 분자가 0이어야 한다.

$a(ap-cm)^2+b(ap-cm)(bm-an)+c(bm-an)^2=0$

$a(ap-cm)^2+(bm-an)(abp-bcm+bcm-acn)=0$

$a(ap-cm)^2+(bm-an)(abp-acn)=0$

$a(ap-cm)^2+a(bm-an)(bp-cn)=0$ 양변을 a로 나누면 $(a \neq 0)$

$(ap-cm)^2+(bm-an)(bp-cn)=0$

$(ap-cm)^2=-(bm-an)(bp-cn)$ 그러므로

$(cm-ap)^2=(an-bm)(bp-cn)$

1 합차공식을 이용하기 위하여 원식을 다시 쓰면

$\{(2a+3b)+c\}\{(2a+3b)-c\}\{(2a-3b)+c\}\{(2a-3b)-c\}$이다.

합차공식을 이용하여 둘씩 전개하면 $\{(2a+3b)^2-c^2\}\{(2a-3b)^2-c^2\}$이다.

순서대로 전개하면

$\{(2a+3b)(2a-3b)\}^2-c^2\{(2a+3b)^2+(2a-3b)^2\}+c^4$

$=(4a^2-9b^2)^2-c^2(8a^2+18b^2)+c^4$

$=16a^4-72a^2b^2+81b^4-8a^2c^2-18b^2c^2+c^4$

2 $b=a-2$, $c=a-\left(\dfrac{1}{2}\right)$이므로 $b-c=-\left(\dfrac{3}{2}\right)$이다. 이를 주어진 식에 대입하고

계산하면 그 값은 $\dfrac{27}{8}$이 된다.

3 생략

4 조립제법을 사용하면 다음과 같다.

$$
\begin{array}{r}
\quad 2 \quad 0 \quad 1 \quad -7 \\
-\dfrac{1}{2}) \quad -1 \quad \dfrac{1}{2} \quad -\dfrac{3}{4} \\
\hline
2 \quad -1 \quad \dfrac{3}{2} \quad \boxed{-\dfrac{31}{4}}
\end{array}
$$

따라서 몫은 $\dfrac{1}{2}\left(2x^2-x+\dfrac{3}{2}\right)=x^2-\dfrac{1}{2}x+\dfrac{3}{4}$이고, 나머지는 $-\dfrac{31}{4}$이다.

5 생략

6 생략

7 임의의 두 자리의 수를 $\overline{ab}=10a+b$라 하자. 그러면 문제의 뜻에 의하여 다음과 같다.

$10a+b=k(a+b)$ ∴ $(10-k)a=(k-1)b$ ⋯㉮

결국 문제는 다음 식을 만족시키는 m을 찾으라는 문제이다.

$10b+a=m(a+b)$ ∴ $(m-1)a=(10-m)b$ ⋯㉯

이제 (㉮÷㉯)하면 다음과 같다.

$\dfrac{10-k}{m-1}=\dfrac{k-1}{10-m}$ ∴ $(10-k)(10-m)=(k-1)(m-1)$

따라서 $m=11-k$이니까 정답은 (C)이다.

[별해]

임의의 두 자리수를 $\overline{ab}$라 하고 문제의 조건에 맞게 식을 세우면

$$\begin{cases} 10a+b=k(a+b) & \cdots\cdots ① \\ 10b+a=p(a+b) & \cdots\cdots ② \end{cases}$$

결국 p를 k에 관해 표현하면 된다.

a, b를 소거하기 위하여 식 ①, ②를 변변 더하면

$11(a+b)=(a+b)(k+p)$이고, $a+b\neq0$이므로 양변 $a+b$로 나누면

$p=11-k$이다.

그러므로 답은 (C)

8 [별해]

수치대입법을 이용하기 위하여 주어진 조건에 맞게 식을 쓰면

$x^4+ax^3-3x^2+bx+3=(x-1)^2Q(x)+(x+1)$이고 나머지를 좌변으로

이항하면 $x^4+ax^3-3x^2+(b-1)x+2=(x-1)^2Q(x)$ $\cdots\cdots$①이다.

식 ①에 $x=1$을 대입하면 $a+b=1$을 얻을 수 있다.

$a+b=1$이므로, 식 ①에 $b=1-a$를 대입하면

$x^4+ax^3-3x^2-ax+2=(x-1)^2Q(x)$ $\cdots\cdots$②를 얻을 수 있다.

식 ②의 좌변의 계수의 합이 0이므로 $x-1$을 인수로 갖는다.

조립제법을 통하여 식 ②의 좌변을 $(x-1)$로 나눈 몫으로 표현하면

$(x-1)\{x^3+(a+1)x^2+(a-2)x-2\}=(x-1)^2Q(x)$

양변을 $(x-1)$로 나누면

$x^3+(a+1)x^2+(a-2)x-2=(x-1)Q(x)$ $\cdots\cdots$③

식 ③에 $x=1$을 대입하면 $a=1$이고 $a+b=1$이므로 $b=0$이다.

9 생략

10 [별해]

[참고] $x^n-1=(x-1)(x^{n-1}+x^{n-2}+\cdots+x+1)$의 공식을 이용한다.

우선 $(x^{m-1}-1)(x^m-1)(x^{m+1}-1)$을 인수분해하면

$(x-1)(x^{m-2}+x^{m-3}+\cdots+1)(x-1)(x^{m-1}+x^{m-2}+\cdots+1)(x-1)$

$(x^m+x^{m-1}+\cdots+1)-①$

$(x-1)(x^2-1)(x^3-1)$을 인수분해하면

$(x-1)(x-1)(x+1)(x-1)(x^2+x+1)-②$

식 ①, ②에 있는 $(x-1)^3$은 공통인수이므로

결국 식 ①의

$(x^{m-2}+x^{m-3}+\cdots+1)(x^{m-1}+x^{m-2}+\cdots+1)(x^m+x^{m-1}+\cdots+1)$이

식 ②의 $(x+1)(x^2+x+1)$로 나누어떨어지는가를 증명하는 문제로 귀결된다.

편의상 $(x^{m-2}+x^{m-3}+\cdots+1)(x^{m-1}+x^{m-2}+\cdots+1)(x^m+x^{m-1}+\cdots+1)$의 인수를 분리해서 생각해 보자.

$(x^{m-2}+x^{m-3}+\cdots+1)$ ······ⓐ

$(x^{m-1}+x^{m-2}+\cdots+1)$ ······ⓑ

$(x^m+x^{m-1}+\cdots+1)$ ······ⓒ

식 ⓐ, ⓑ, ⓒ에서 항의 개수는 연속된 세 자연수와 같다.

연속된 세 자연수에는 반드시 2의 배수와 3의 배수가 각각 존재하는 경우와 $(5,\ 6,\ 7)$처럼 한 수가 2의 배수, 3의 배수가 되는, 즉, 6의 배수가 존재하는 경우가 있다. 각각 보면

(ⅰ) 식 ⓐ, ⓑ, ⓒ중에서 항의 개수가 2의 배수와 3의 배수가 각각 있는 경우 :

　　항의 개수가 2의 배수인 항은 $(x+1)$로 나누어떨어진다.

　　항의 개수가 3의 배수인 항은 (x^2+x+1)로 나누어떨어진다.

(ⅱ) 식 ⓐ, ⓑ, ⓒ중에서 항의 개수가 6의 배수가 있는 경우 :

　　$(x+1)(x^2+x+1)$로 나누어떨어진다.

　그러므로 결론은 성립한다.

11 생략

12 생략

13 생략

1 (1) 원식을 공통인수 $2a(x-1)^2$으로 묶어서 정리한다.

$2a(x-a)^2(3x-4a-4)$

(2) $ab+1=A$라 하고 원식을 정리하면

$A(A+a+b)+ab$

$=A^2+(a+b)A+ab$

$=(A+a)(A+b)$

그러므로 $(ab+1+a)(ab+1+b)$

(3) $x(a+b)=A$, $y(a-b)=B$라 하면 원식은

$A^2-2AB+B^2$ 즉, $(A-B)^2$이다.

그러므로 $(ax+by-ay+bx)^2$

(4) 원식의 x^2의 계수와 y^2의 계수를 먼저 인수분해하면

$(a-1)(a-2)x^2+(2a^2-4a+1)xy+a(a-1)y^2$이다.

공식 $[acx^2+(ad+bc)x+bd=(ax+b)(cx+d)]$를 이용하면

원식$=\{(a-1)x+ay\}\{(a-2)x+(a-1)y\}$

(5) 원식이 항이 4개이므로 두 개씩 짝을 맞추어 정리하면

$a^2b^3+ab^2cd-(abc^2d+c^3d^2)$

$=ab^2(ab+cd)-c^2d(ab+cd)$

$=(ab+cd)(ab^2-c^2d)$

(6) x에 대하여 내림차순정리를 하면

$3(y+1)x+(y-5)(y+1)$

$=(y+1)(3x+y-5)$

(7) 합차공식을 이용하기 위하여 두 개씩 짝을 맞추어 정리하면

$(a+b)^2-(c+d)^2+(a+c)^2-(b+d)^2$

$=(a+b+c+d)(a+b-c-d)+(a+b+c+d)(a+c-b-d)$

$=2(a+b+c+d)(a-d)$

(8) A^2-B^2꼴로 유도하기 위하여 x^4을 더하고, 빼 주면

$(x^8+2x^4+1)-x^4$

$=(x^4+1)^2-(x^2)^2$

$=(x^2-x+1)(x^2+x+x)(x^4-x^2+1)$

(9) x에 대하여 내림차순정리를 하면

$x^2+2x-(y-2)(y-4)$이고,

이것을 공식 $[x^2+(a+b)x+ab=(x+a)(x+b)]$에 적용하면
$(x+y-2)(x-y+4)$

(10) a에 대하여 내림차순정리를 하면 $a^2-2(c+b)a-(3b-c)(b-3c)$이고,
이것을 공식 $[x^2+(a+b)x+ab=(x+a)(x+b)]$에 적용하면
$(a+b-3c)(a-3b+c)$

(11) 원식을 공식 $[x^2+(a+b)x+ab=(x+a)(x+b)]$에 적용하면
$(x+1)(ax-bx+a+b)$

(12) 원식의 각항을 먼저 전개한 후 정리하면 다음과 같은 간단한 식이 나온다.
$3abxy(ay+bx)+3abxy(ax+by)$
$=3abxy(ay+bx+ax+by)$
$=3abxy(a+b)(x+y)$

(13) $x^2+xy+y^2=A$라 하면 원식은
$A(A+y^2)-12y^4$
$=A^2+y^2A-12y^4$ 이것을 공식 $[x^2+(a+b)x+ab=(x+a)(x+b)]$에
적용하면
$(A+4y^2)(A-3y^2)$
$=(x^2+xy+5y^2)(x^2+xy-2y^2)$
$=(x+2y)(x-y)(x^2+xy+5y^2)$

(14) $2x^2-3x=A$라 하면 원식은
$(A+1)^2-11A-1$
$=A^2-9A$
$=A(A-9)$
$=(2x^2-3x)(2x^2-3x-9)$
$=x(x-3)(2x-3)(2x+3)$

(15) 원식을 공통부분이 나타나도록 순서를 맞추어 정리하면
$(x+1)(x+7)(x+3)(x+5)+15$
$=(x^2+8x+7)(x^2+8x+15)+15$
$x^2+8x=A$라 하고 윗 식을 정리하면
$A^2+22A+120$이고 이것을 공식 $[x^2+(a+b)x+ab=(x+a)(x+b)]$에
적용하면 $(A+10)(A+12)$이다.
$A=x^2+8x$를 대입하면
$(x^2+8x+10)(x^2+8x+12)$
$=(x+6)(x+2)(x^2+8x+10)$

2 생략

3 빗변의 길이를 a라 하고, 다른 두 변의 길이를 11, b라 하자.

그러면 피타고라스 정리에 의하여 $a^2 - b^2 = 11^2$이다.

$\therefore (a-b)(a+b) = 1 \times 121$

$\therefore a-b = 1 \ \text{and} \ a+b = 121$

그러므로 위 두 식을 연립하여 풀면 $a = 61$, $b = 60$이다.

따라서 구하는 둘레 길이는 $61 + 60 + 11 = 132$이다.

4 생략

5 (1) 생략

(2) 위 (1)번의 c 대신 $-c$를 대입하면 (2)번이 증명된다.

(3) 위 (2)번의 b 대신 $-b$를 대입하면 (3)번이 증명된다.

연습문제 8

1 (원식)

$$= \left(\frac{4(x^n-1)}{x^{2n}-2} + \frac{x^{2n}-2}{x^n+1} \right) \cdot \frac{x^n(x^{2n}-2) + 5(x^{2n}-2)}{3x^{n-4}(x^{n+2}-4)} \times \frac{(x^{n+2}-4)}{x^{3n+1}(x^n+5)}$$

$$= \left(\frac{4(x^n-1)}{x^{2n}-2} + \frac{x^{2n}-2}{x^n+1} \right) \cdot \frac{(x^n+5)(x^{2n}-2)}{3x^{n-4}} \times \frac{1}{x^{3n+1}(x^n+5)}$$

$$= \left(\frac{4(x^n-1)}{x^{2n}-2} + \frac{x^{2n}-2}{x^n+1} \right) \cdot \frac{(x^{2n}-2)}{3x^{4n-3}}$$

$$= \left(\frac{4(x^n-1)(x^n+1) + (x^{2n}-2)^2}{(x^{2n}-2)(x^n+1)} \right) \cdot \frac{(x^{2n}-2)}{3x^{4n-3}}$$

$$= \frac{4(x^n-1)(x^n+1) + (x^{2n}-2)^2}{3x^{4n-3} \cdot (x^n+1)}$$

$$= \frac{x^{4n}}{3x^{4n-3} \cdot (x^n+1)} = \frac{x^3}{3(x^n+1)}$$

2 $\dfrac{\left(\dfrac{1}{a} + \dfrac{1}{b} \right)^2 - \dfrac{1}{ab} - \dfrac{4}{(a-b)^2}}{\left(\dfrac{1}{a} - \dfrac{1}{b} \right)^2 - \dfrac{1}{ab}}$

$= \dfrac{\left(\dfrac{1}{a} - \dfrac{1}{b} \right)^2 + \dfrac{3}{ab} - \dfrac{4}{(a-b)^2}}{\left(\dfrac{1}{a} - \dfrac{1}{b} \right)^2 - \dfrac{1}{ab}}$

$$= \cfrac{\dfrac{(a-b)^2}{(ab)^2} + \dfrac{3}{ab} - \dfrac{4}{(a-b)^2}}{\dfrac{(a-b)^2}{(ab)^2} - \dfrac{1}{ab}}$$

$$= \frac{(a-b)^4 + 3ab(a-b)^2 - 4(ab)^2}{(a-b)^4 - ab(a-b)^2}$$

$$= \frac{\{(a-b)^2 + 4ab\} \cdot \{(a-b)^2 - ab\}}{(a-b)^2 \cdot \{(a-b)^2 - ab\}}$$

$$= \frac{(a-b)^2 + 4ab}{(a-b)^2} = \frac{(a+b)^2}{(a-b)^2} = \left(\frac{a+b}{a-b}\right)^2$$

3 $a+b+c = \dfrac{1}{a} + \dfrac{1}{b} + \dfrac{1}{c} = 1$

$\therefore 1-a-b-c=0$ 그리고 $1 - \dfrac{1}{a} - \dfrac{1}{b} - \dfrac{1}{c} = 0$

$\therefore 1-a-b-c=0$ 그리고 $abc-bc-ca-ab=0$

$\therefore 1-a-b-c = abc-bc-ca-ab$

$\therefore 1^3 - (a+b+c) \cdot 1^2 + (ab+bc+ca) \cdot 1 - abc = 0$

$\therefore (1-a)(1-b)(1-c) = 0$

$\therefore a=1$ or $b=1$ 또는 $c=1$

따라서 a, b, c 가운데 적어도 하나는 0임을 알 수 있다.

4 $x \neq 0$, $y \neq 0$, $z \neq 0$이다. 그리고 주어진 식의 값을 k라 하면 다음이 성립한다.

$$\begin{cases} x+y-z = zk \\ x-y+z = yk \\ -x+y+z = xk \end{cases} \qquad \therefore \begin{cases} x+y-(k+1)z = 0 \\ x-(k+1)y+z = 0 \quad \cdots ㉮ \\ -(k+1)x+y+z = 0 \end{cases}$$

㉮의 세 식을 변변 더하면 다음과 같이 된다.

$(1-k) \cdot (x+y+z) = 0$

(ⅰ) $x+y+z \neq 0$일 경우

$k=1$이다. 즉 ㉮는 $\begin{cases} x+y = 2z \\ x+z = 2y \\ y+z = 2x \end{cases}$ 이 된다.

$\therefore \dfrac{(x+y)(y+z)(z+x)}{xyz} = 8$이다.

(ii) $x+y+z=0$일 경우

$$\therefore \frac{(x+y)(y+z)(z+x)}{xyz} = \frac{(-z)(-x)(-y)}{xyz} = -1$$

따라서 원하는 식의 계산값은 8 또는 -1이다.

5 $a^3+b^3+c^3-3abc=(a+b+c)(a^2+b^2+c^2-ab-bc-ca)$

위 인수분해 공식에 $a+b+c=0$을 대입하자.

그러면 $a^3+b^3+c^3=3abc$임을 알 수 있다.

① $\dfrac{b-c}{a} + \dfrac{c-a}{b} + \dfrac{a-b}{c}$

$= \dfrac{bc(b-c)+ca(c-a)+ab(a-b)}{abc}$

$= \dfrac{(b-c)a^2-(b-c)(b+c)a+bc(b-c)}{abc}$

$= \dfrac{(b-c)(a^2-(b+c)a+bc)}{abc}$

$= \dfrac{(b-c)(a-b)(a-c)}{abc} = \dfrac{-(a-b)(b-c)(c-a)}{abc}$

② $\dfrac{a}{b-c} + \dfrac{b}{c-a} + \dfrac{c}{a-b}$

$= \dfrac{a(c-a)(a-b)+b(b-c)(a-b)+c(b-c)(c-a)}{(a-b)(b-c)(c-a)}$

$= \dfrac{a(-a^2+(c+b)a-bc)+b(b-c)(a-b)+c(b-c)(c-a)}{(a-b)(b-c)(c-a)}$

$= \dfrac{-a(2a^2+bc)+b(b-c)(a-b)+c(b-c)(c-a)}{(a-b)(b-c)(c-a)}$

$= \dfrac{-a(2a^2+bc)-b(2b^2+ca)-c(2c^2+ab)}{(a-b)(b-c)(c-a)}$

$= \dfrac{-2(a^3+b^3+c^3)-3abc}{(a-b)(b-c)(c-a)}$

$= \dfrac{-6abc-3abc}{(a-b)(b-c)(c-a)} = \dfrac{-9abc}{(a-b)(b-c)(c-a)}$

따라서 주어진 식의 계산값은 9이다.

6 생략

1 생략

2 생략

3 임의의 양의 정수는 $5n$, $5n\pm1$, $5n\pm2$ 중 어느 하나에 해당한다.

  (i) a, b 중 적어도 하나가 5의 배수이면 ab가 5의 배수가 된다.

  (ii) $a=5k\pm1$, $b=5m\pm1$이면 (a^2-b^2)은 5의 배수가 된다.

  (iii) $a=5k\pm2$, $b=5m\pm2$이면 (a^2-b^2)은 5의 배수가 된다.

  (iv) $a=5k\pm1$, $b=5m\pm2$이면 (a^2+b^2)은 5의 배수가 된다.

  (v) $a=5k\pm2$, $b=5m\pm1$이면 (a^2+b^2)은 5의 배수가 된다.

  따라서 임의의 양의 정수 a, b에 대하여 ab, (a^2-b^2), (a^2+b^2) 중 적어도 어느 하나는 반드시 5의 배수임을 알 수 있다.

4 생략

5 생략

6 x가 짝수라면 좌변은 짝수가 되어 모순이다. 그리고 x가 홀수일 경우에는 좌변을 4로 나눈 나머지가 1인 반면에 우변을 4로 나눈 나머지는 3이 되어 모순이다. 따라서 주어진 방정식의 정수해는 없다.

7 생략

8 생략

1~4 생략

5 문제의 결론에 반대하여 모든 좌석에 오전, 오후 통틀어 같은 학교의 학생만 앉는다고 가정하자. 그리고 갑 학교의 학생이 오전에 앉은 좌석수가 m개라 하자. 그러면 갑 학교의 학생이 오후에 앉은 좌석도 m개가 된다. 그러므로 오전, 오후 통틀어 영화 관람을 한 갑 학교의 학생수는 $m+m=2m$(짝수)명이 된다. 그런데 이는 갑의 학교 학생수가 홀수(1991)라는 조건에 모순이다. 을 학교에 대해서도 마찬가지 설명이 가능하다. 따라서 문제의 결론은 옳다.

6~10 생략

1 (1) 생략

(2) 양의 정수해가 있다고 가정하자. 그러면 $x \geq 1$, $y \geq 1$이므로 좌변은 39 이상의 정수가 된다. 이는 우변의 20과 모순이다. 따라서 이 방정식을 만족시키는 양의 정수해는 없다.

(3) 생략

2 생략

3 (ⅰ) 구하고자 하는 수를 A라 하자. 13과 A의 합이 5의 배수이므로 13을 5로 나눈 나머지와 A를 5로 나눈 나머지의 합은 5의 배수이다. 그런데 13을 5로 나눈 나머지는 3이므로 A는 5로 나눈 나머지가 2가 되는 수이다.

(ⅱ) 13과 A의 차가 6의 배수이므로 13을 6으로 나눈 나머지와 A를 6으로 나눈 나머지는 같다. 그런데 13을 6으로 나눈 나머지는 1이므로 A는 6으로 나눈 나머지가 1이 되는 수이다. 그러므로 A는 5로 나누어 나머지가 2이며 동시에 6으로 나누어 나머지가 1이 되는 수이다.

그러므로 위 (ⅰ), (ⅱ)의 내용에 의하여 A는 30($=5 \times 6$)으로 나누어 나머지가 7이 되는 수이다. 따라서 구하는 세 개의 최소의 수는 7, 37, 67이다.

4 $\overline{19xy}$년에 태어난 청년이라고 가정하자. 그러면 문제의 뜻에 의하여 다음과 같이 식을 세울 수 있다.

$\{1992 - (1900 + 10x + y)\} = (1 + 9 + x + y)$

$\therefore 11x + 2y = 82$ $\therefore 11x = 2(41 - y)$

그러므로 x의 후보로서 가능한 것은 0, 2, 4, 6, 8인데, 그 중 위 방정식을 만족시키는 것은 6뿐이다. 즉 $x = 6$, $y = 8$이다. 따라서 문제의 그 사람은 1968년에 태어났음을 알 수 있다.

5 4원짜리 우표가 x장, 8원짜리 우표가 y장, 10원짜리 우표가 z장이 들어 있다고 가정하자. 그리고 문제에서 세 종류의 우표가 들어 있다고 했으므로 x, y, z는 각각 1 이상의 정수이다.

$x + y + z = 15$ ⋯ ㉮ $4x + 8y + 10z = 100$ ⋯ ㉯

㉮에서 $x = 15 - y - z$를 ㉯에 대입하고 정리하면 다음과 같다.

$2y + 3z = 20$

위 방정식을 만족시키는 경우는 다음과 같다.

$(y, z) = (7, 2), (4, 4), (1, 6)$

위 해들을 ㉮에 대입하면 구하는 해는 다음과 같다.

$(x, y, z) = (6, 7, 2), (7, 4, 4), (8, 1, 6)$

6~10 생략

1 $n+(n+1)+(n+2)+(n+3)+(n+4)\leq25$

$\therefore 5n\leq15$ $\therefore n\leq3$

그러므로 $n=1,\ 2,\ 3$이다. 따라서 구하는 답은 (C)이다.

2 $-x+\dfrac{1}{x}=0$이므로 $x^2=1$이다. 그러므로 $|x|=1$이다.

따라서 구하는 답은 (C)이다.

3 m은 50개의 홀수의 합이고 n은 50개의 짝수의 합이다. 그런데 그들 홀수는 짝수들보다 모두 1씩 작다. 따라서 $m-n=-50$이다. 따라서 구하는 답은 (C)이다.

4 $x<-2$이다.

$|1-|1+x||=|1+(1+x)|=|2+x|=-2-x$

따라서 구하는 답은 (B)이다.

5 만드는 사람이 많을수록 작업 기간이 짧아지고, 만드는 개수가 많을수록 작업 기간은 길어진다. 문제의 조건에 따르면 a명이 c개 만드는 데 b일이 걸린다고 했다. 그러므로 1명이 c개 만드는 데 ab일이 걸린다.

그러므로 1명이 1개 만드는 데 $\dfrac{ab}{c}$일이 걸린다.

그러므로 b명이 1개 만드는 데 $\dfrac{ab}{c}\div b=\dfrac{a}{c}$일이 걸린다.

그러므로 b명이 a개 만드는 데 $\dfrac{a}{c}\times a=\dfrac{a^2}{c}$일이 걸린다.

따라서 구하는 답은 (A)이다.

6 $0<x<1,\ y<-1$이다.

$\therefore 0<x^2<1$ 그리고 $y^2>1$

$\therefore 0<4x^2<4$ 그리고 $4<y^2+3$

$\therefore 4x^2<y^2+3$

따라서 구하는 답은 (C)이다.

7 생략

8 생략

9 다음과 같이 그래프를 그려서 두 그래프가 겹치는 구간을 찾아보면 된다.

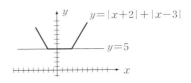

그러므로 $-2 \leq x \leq 3$이다. 따라서 구하는 답은 (D)이다.

10 (D)의 양변에서 c^2을 빼면 $a > b$이고, 이는 주어진 조건에 모순이다.
따라서 구하는 답은 (D)이다.

11
$$\begin{cases} x = 1 + \dfrac{1}{y} \\[2mm] y = 1 + \dfrac{1}{x} \end{cases} \quad \therefore \begin{cases} xy = y + 1 \\ xy = x + 1 \end{cases} \quad \therefore y = x$$

따라서 구하는 답은 (B)이다.

12 $x = 3k$, $y = k$, $z = 2k$를 $xy + yz + zx = 99$에 대입하자. 그러면 $k^2 = 9$이다.
$$\therefore x^2 + y^2 + z^2 = 9k^2 + k^2 + 4k^2 = 14k^2 = 14 \times 9 = 126$$
따라서 구하는 답은 (C)이다.

13 $|x+3| + (y-2)^2 = 0$에서, $|x+3| \geq 0$, $(y-2)^2 \geq 0$이다.
그러므로, $|x+3| = 0$, $(y-2)^2 = 0$이다.
즉 $x = -3$, $y = 2$이다. 따라서 구하는 답은 (C)이다.

14 $x^2 - 3x + 1 = 0$의 양변을 x로 나누면 $x + \dfrac{1}{x} = 3$이다.
$$\therefore x^2 + \frac{1}{x^2} = \left(x + \frac{1}{x} \right)^2 - 2 = 7$$
$$\therefore x^4 + \frac{1}{x^4} = \left(x^2 + \frac{1}{x^2} \right)^2 - 2 = 47$$
따라서 구하는 답은 (B)이다.

15 $6 < a < 10$이므로 $3 < \dfrac{a}{2}$, $2a < 20$이다.
$$\therefore 3 < b < 20$$
그러므로 $6 + 3 < c < 10 + 20$이다.
따라서 구하는 답은 (D)이다.

16 $0 < c < b < a$, $0 < n < m$이다. (단, m, n은 정수이다.)
$c^n < b^n$이므로 $c^n a^m < a^m b^n$이 성립한다.
또한 다음이 성립한다.
$$\frac{c^n a^m}{b^n c^m} = \left(\frac{c}{b} \right)^n \left(\frac{a}{c} \right)^m > \left(\frac{c}{b} \right)^n \left(\frac{b}{c} \right)^m = \left(\frac{b}{c} \right)^{m-n} > 1$$
$$\therefore c^n a^m > b^n c^m$$
따라서 구하는 답은 (B)이다.

연습문제 13

1 (1) $-1 \leq \dfrac{x}{3} \leq 0$ ∴ $-3 \leq x < 0$ ∴ $x = -3, -2, -1$

(2) $[3x] = -2$ ∴ $-3 \leq 3x < -1$ ∴ $-\dfrac{2}{3} \leq x < -\dfrac{1}{3}$

2~16 생략

연습문제 14

1 아리스토텔레스 증명법(귀류법)

이 문제는 직접증명법이 어려운 문제이므로 결론을 부정하여 모순인지 여부를 찾는 귀류법을 이용하여 증명한다.

먼저 $\sqrt{2}$ 가 실수임을 먼저 증명한다.

$(\sqrt{2})^2 = 2 \geq 0$ 이므로 실수이다.

$\sqrt{2}$ 가 유리수라고 가정한다.

$\sqrt{2} = \dfrac{q}{p}$ (p, q는 서로소인 자연수)

양변을 제곱한다. $(\sqrt{2})^2 = \dfrac{q^2}{p^2}$, $2p^2 = q^2$ 따라서 q는 2의 배수이다.

$q = 2k$, $2p^2 = 4k^2$, $p^2 = 2k^2$, $p = 2k'$

$q = 2k$ 이고 $p = 2k'$ 이다. p, q는 2의 배수가 된다.

따라서 가정의 조건에서 p, q가 서로소이므로 결론과 가정이 모순이므로 $\sqrt{2}$ 는 유리수가 아니라 무리수이다.

2 (1) 양변을 제곱하면 $x - 5\sqrt{2} = (y^2 + 2) - 2y\sqrt{2}$ 이다.

∴ $x = y^2 + 2$, $2y = 5$ ∴ $x = \dfrac{33}{4}$, $y = \dfrac{5}{2}$

(2) 양변을 세제곱하면 $1 + 6y^2 = 25$, $3y + 2y^3 = x$ 이다.

∴ $(y = 2, \ x = 22)$ 또는 $(y = -2, \ x = -22)$

[별해]

(1) $\sqrt{x - \sqrt{50}} = y - \sqrt{2}$

무리방정식의 해법은 양변을 제곱하여 정방정식으로 고친후 해를 구한다.

$\sqrt{x - \sqrt{50}} = y - \sqrt{2}$ 에서 $x - \sqrt{50} \geq 0$, ∴ $x \geq 5\sqrt{2}$

$y - \sqrt{2} \geq 0$, ∴ $y \geq \sqrt{2}$

준식을 양변을 제곱하면 $x-5\sqrt{2}=y^2-2\sqrt{2}y+2$

좌변과 우변이 서로 같으므로 무리수의 상등관계를 이용한다.

$x=y^2+2$, $2y=5$ $\therefore y=\dfrac{5}{2}$, $x=\dfrac{33}{4}$

(2) $\sqrt[3]{25+\sqrt{2}x}=1+2y$

양변을 세제곱하면 $25+\sqrt{2}x=1+2\sqrt{2}y^3+3\sqrt{2}y(1+\sqrt{2}y)$이다.

이 식을 무리수의 상등관계를 이용하여 정리하면 $6y^2=24$, $3y+2y^3=x$이다.

따라서 $y=2$, $x=22$ 또는 $y=-2$, $x=-22$

3 $y=||\sqrt{-(x-1)^2}\pm2|\pm5|$는 실수 범위에서 정의된 식이므로 $-(x-1)^2\geq0$ 이어야 한다. 즉 $(x-1)^2\leq0$이다. 그런데 $x-1$은 실수이므로 $(x-1)^2\geq0$이다.

$\therefore (x-1)^2=0$ $\therefore x=1$

이제 $x=1$을 $y=||\sqrt{-(x-1)^2}\pm2|\pm5|$에 대입하면 구하는 답은 (D)이다.

[별해]

제곱의 성질에 의해서 실수 범위내에서는 제곱근속의 수는 음수가 아니여야 한다. 따라서 $\sqrt{-(x-1)^2}$에서 $-(x-1)^2\geq0$, $(x-1)^2\leq0$이므로 $x=1$이고, 이것을 주어진 식에 대입하면

$y=||\sqrt{-(1-1)^2}\pm2|\pm5|$

$=||\pm2|\pm5|=|\pm5|$

$\therefore y=7, 3$

4 $\sqrt{28-10\sqrt{3}}=\sqrt{(5-\sqrt{3})^2}=5-\sqrt{3}$ 이다. 그리고 주어진 방정식은 계수가 유리수인 이차방정식이므로 두 근은 $5-\sqrt{3}$, $5+\sqrt{3}$이다. 그러므로 근과 계수의 관계에 의하여 a, b의 값을 구하면 다음과 같다.

$\therefore a=-((5-\sqrt{3})+(5+\sqrt{3}))=-10$

$\therefore b=(5-\sqrt{3})(5+\sqrt{3})=22$

따라서 구하는 답은 (C)이다.

[별해]

이 문제는 주어진 근을 직접 대입하여 무리수의 상등관계로 풀어도 되나 10-가의 이중근호의 해법을 통해 구하는 것도 좋은 방법이다.

$\sqrt{28-10\sqrt{3}}=\sqrt{28-2\sqrt{25\times3}}=5-\sqrt{3}$

여기서 계수가 유리계수이면 2차방정식의 근이 무리수이면 나머지 하나는 켤레근인 $5+\sqrt{3}$을 가짐을 이용할 수 있다. 따라서 두 근의 합은 10이고 두 근의 곱은 22이다. 근과 계수와의 관계(비에트의 정리)에 의해

$$\alpha + \beta = -\frac{b}{a} = -\frac{a}{1} = 10 \quad \therefore a = -10$$

$$\alpha\beta = \frac{c}{a} = \frac{b}{1} = 22 \quad \therefore b = 22$$

따라서 $ab = -220$

5 (무리수의 상등관계 이용)

직접 대입하는 수치대입법을 통해 무리수의 상등관계로 구할 수 있다.

준식에 $\sqrt{3}$을 직접대입하여 본다.

$$x^3 + ax^2 - ax + b = 0$$

$$3\sqrt{3} + 3a - a\sqrt{3} + b = 0$$

$$3a + b + (3-a)\sqrt{3} = 0$$

따라서 $3 - a = 0 \quad \therefore a = 3, \ b = -9$

6 주어진 식을 정리하면 $(a-b-1)\sqrt{2} + (a^2+b^2-25)\sqrt{3} = 0$

여기서 $a-b-1 = 0, \ a^2 + b^2 - 25 = 0$을 얻는다. $\quad \therefore a = 4, \ b = 3$

7 여기서 반수관계란 부호가 서로 다른 수를 말한다. 또는 덧셈에 대한 역원을 뜻한다.

[별해 1]

3개의 실수를 $a, \ b, \ c$라고 하자.

서로 둘씩 반수관계이므로 $a+b = 0, \ b+c = 0, \ c+a = 0$이 성립한다.

각각의 변을 더하면 $a+b+c = 0$이 된다.

따라서 $a = 0, \ b = 0, \ c = 0$이 되며 모두 0임이 증명되었다.

[별해 2]

반수 관계이므로 $a = -b, \ b = -c, \ c = -a$라고 두자.

$a = -b = -(-c) = c$이다.

$a = c = -a$이므로 $a = -a$가 되는 경우는 $a = 0$이다.

따라서 세 수는 모두 0이다.

연습문제 15

1 (1) $(1-\sqrt{2})^0 + \sqrt{(-2)^2} - \left(\frac{1}{2}\right)^{-1} = 1 + \sqrt{4} - 2 = 1$

[별해]

0을 제외한 모든 수의 0제곱은 1이다. 분수는 지수법칙의 성질에 의해 음의 제곱으로 바뀐다.

$1 + 2 - (2^{-1})^{-1} = 1 + 2 - 2 = 1$

(2) $x<1$이므로 (준식)$=|x-1|=1-x$

    [별해]

$$\sqrt{a^2}=|a|=\begin{cases} a\geq 0, & a \\ a<0, & -a \end{cases}$$

    위의 성질을 이용한다.

$$\sqrt{x^2-2x+1}=\sqrt{(x-1)^2}=|x-1|$$

    $x<1$이므로 $-x+1$이다.

(3) 밑이 1보다 큰 지수함수는 증가함수이다.

    즉 $\left(\dfrac{5}{4}\right)^{-1.2}>\left(\dfrac{5}{4}\right)^{-2.3}$이므로 부호는 $+$이다.

    [별해 1]

$$\left(\frac{5}{4}\right)^{-1.2}-\left(\frac{5}{4}\right)^{-2.3}=\left(\frac{4}{5}\right)^{1.2}-\left(\frac{4}{5}\right)^{2.3}=\left(\frac{4}{5}\right)^{1.2}\left(1-\left(\frac{4}{5}\right)^{1.1}\right)>0\left(\because \frac{4}{5}<1\right)\text{이}$$

    성립한다.

    [별해 2]

    지수함수의 성질을 이용하면

    $y=a^x$에서

    $a>1$, $x_1>x_2$이면 $a^{x_1}>a^{x_2}$이고, $0<a<1$, $x_1>x_2$이면 $a^{x_1}<a^{x_2}$이다.

(4) $3x-2\geq 0$이고 또한 $2-3x\geq 0$이므로 $x=\dfrac{2}{3}$이다.

    따라서 $y=\dfrac{\sqrt{6}}{2}$이다.

    [별해]

    제곱근의 성질에 의해 다음과 같이 준식을 변형한다.

$$y=\sqrt{3x-2}+\sqrt{2-3x}+\frac{\sqrt{6}}{2}$$

    $3x-2\geq 0$, $2-3x\geq 0$을 만족하는 값은 $x=\dfrac{2}{3}$이다.

    따라서 $y=\dfrac{\sqrt{6}}{2}$이다.

(5) 위의 수들을 모두 밑이 10인 수로 전환한 후 비교한다.

    $0.1^0=10^0$, $0.1^{-2}=10^2$, $0.0001=10^{-4}$이다.

    따라서 밑이 같을 때 크기비교는 지수의 크기에 따라서 크기의 비교가 가능하
다. 지수가 클수록 큰 수가 된다.

(6) (준식)$=(x-a^{-3})^2=(b^{-2})^2=b^{-4}$

[별해]
$$x - a^{-3} = b^{-2}$$
양변을 제곱한다.
$$(x - a^{-3})^2 = (b^{-2})^2 = b^{-4}$$
$$x^2 - 2a^{-3}x + a^{-6} = b^{-4}$$
$$\therefore\ x^2 - 2a^{-3}x + a^{-6} = b^{-4}$$

(7) $(-8 \times 16^{-1})^{-2} - (-2^2)^2$

$$= \left(-\frac{1}{2}\right)^{-2} - (-4)^2 = 4 - 16 = -12$$

$$\left[1 + \left\{ 1 - \left(\frac{1}{2}\right)^{-2} \right\}^{-2} \right]^{-2}$$

$$= \{1 + (1-4)^{-2}\}^{-2} = \left(1 + \frac{1}{9}\right)^{-2} = \frac{81}{100}$$

$$(-8 \times 16^{-1})^{-2} - (-2^2)^2 = \left(-8 \times \frac{1}{16}\right)^{-2} - (-4)^2 = \left(-\frac{1}{2}\right)^{-2} - 16$$

$$= 4 - 16 = -12$$

$$\left[1 + \left\{ 1 - \left(\frac{1}{2}\right)^{-2} \right\}^{-2} \right]^{-2} = \{1 + (1-4)^{-2}\}^{-2} = \{1 + (-3)^{-2}\}^{-2}$$

$$= \left(1 + \frac{1}{9}\right)^{-2} = \left(\frac{9}{10}\right)^2 = \frac{81}{100}$$

(8) n은 자연수이다.

$$x = \frac{1}{2}(1991^{\frac{1}{n}} - 1991^{-\frac{1}{n}})$$

$$\therefore\ x^2 = \frac{1}{4}(1991^{\frac{2}{n}} - 2 + 1991^{-\frac{2}{n}})$$

$$\therefore\ 1 + x^2 = \frac{1}{4}(1991^{\frac{2}{n}} + 2 + 1991^{-\frac{2}{n}})$$

$$\therefore\ 1 + x^2 = \left[\frac{1}{2}(1991^{\frac{1}{n}} + 1991^{-\frac{1}{n}}) \right]^2$$

$$\therefore\ \sqrt{1 + x^2} = \frac{1}{2}(1991^{\frac{1}{n}} + 1991^{-\frac{1}{n}})$$

$$\therefore\ x - \sqrt{1 + x^2} = \frac{1}{2}(1991^{\frac{1}{n}} - 1991^{-\frac{1}{n}}) - \frac{1}{2}(1991^{\frac{1}{n}} + 1991^{-\frac{1}{n}})$$

$$\therefore\ x - \sqrt{1 + x^2} = -1991^{-\frac{1}{n}}$$

$$\therefore\ (x - \sqrt{1 + x^2})^n = (-1)^n \cdot 1991^{-1}$$

$x=\dfrac{1}{2}\left(1991^{\frac{1}{n}}-1991^{-\frac{1}{n}}\right)$ 에서 $a=1991^{\frac{1}{n}}$, $b=1991^{-\frac{1}{n}}$ 이라고 두자.

$x=\dfrac{1}{2}(a-b)$ 이고 $ab=1$ 이다.

$1+x^2=1+\dfrac{1}{4}(a-b)^2=\dfrac{1}{4}(a+b)^2$

$\sqrt{1+x^2}=\sqrt{\dfrac{1}{4}(a+b)^2}=\dfrac{1}{2}(a+b)\,(\because a+b>0)$

$\left(\dfrac{1}{2}(a-b)-\dfrac{1}{2}(a+b)\right)^n=(-b)^n$

$\therefore (-b)^n=\left(-1991^{-\frac{1}{n}}\right)^n=(-1)^n 1991^{-1}=\dfrac{(-1)^n}{1991}$

2 (1) $=\dfrac{\sqrt{(-2)^2}}{3\sqrt{3}+\dfrac{1}{2\sqrt{2}-\dfrac{1}{\sqrt{3}-\sqrt{2}}}}$

$=\dfrac{\sqrt{(-2)^2}}{3\sqrt{3}+\dfrac{\sqrt{3}-\sqrt{2}}{2\sqrt{2}(\sqrt{3}-\sqrt{2})-1}}=\dfrac{2}{3\sqrt{3}+\dfrac{\sqrt{3}-\sqrt{2}}{2\sqrt{6}-5}}$

$=\dfrac{2(2\sqrt{6}-5)}{3\sqrt{3}(2\sqrt{6}-5)+\sqrt{3}-\sqrt{2}}=\dfrac{2(2\sqrt{6}-5)}{18\sqrt{2}-15\sqrt{3}+\sqrt{3}-\sqrt{2}}$

$=\dfrac{4\sqrt{6}-10}{17\sqrt{2}-14\sqrt{3}}=\dfrac{(4\sqrt{6}-10)\times(17\sqrt{2}+14\sqrt{3})}{-10}$

$=\dfrac{136\sqrt{3}+168\sqrt{2}-170\sqrt{2}-140\sqrt{3}}{-10}$

$=\dfrac{2\sqrt{3}+\sqrt{2}}{5}=\dfrac{2\sqrt{3}}{5}+\dfrac{\sqrt{2}}{5}$

[별해]

$2\sqrt{2}-\dfrac{1}{\sqrt{3}-\sqrt{2}}=2\sqrt{2}-(\sqrt{3}+\sqrt{2})=\sqrt{2}-\sqrt{3}$

$3\sqrt{3}-\dfrac{1}{\sqrt{2}-\sqrt{3}}=3\sqrt{3}-(\sqrt{2}+\sqrt{3})=2\sqrt{3}-\sqrt{2}$

$\dfrac{2}{2\sqrt{3}-\sqrt{2}}=\dfrac{2(2\sqrt{3}+\sqrt{2})}{10}=\dfrac{2\sqrt{3}+\sqrt{2}}{5}$

(2) $-2^2[3\times1]^{-1}\cdot\left[\left(3^4\right)^{-\frac{1}{4}}+\left(\dfrac{8}{27}\right)^{\frac{1}{3}}\right]^{\frac{1}{2}}$

$=-4\times\dfrac{1}{3}\times\left[\dfrac{1}{3}+\dfrac{2}{3}\right]^{0.5}=-\dfrac{4}{3}$

[별해]

$-2^2[3\times1]^{-1}\cdot\left[\left(3^4\right)^{-\frac{1}{4}}+\left(\dfrac{8}{27}\right)^{\frac{1}{3}}\right]^{\frac{1}{2}}=-\dfrac{4}{3}\times\left(\dfrac{1}{3}+\dfrac{2}{3}\right)^{\frac{1}{2}}$

$\therefore -\dfrac{4}{3}$

(3) $\left(6\dfrac{1}{4}\right)^{-\frac{1}{2}}+0.027^{-\frac{1}{3}}-\left(-\dfrac{1}{6}\right)^{-2}$

$+256^{0.75}-3^{-1}+\pi^0+0.2^4\times5^4$

$=\dfrac{2}{5}+\dfrac{10}{3}-36+64-\dfrac{1}{3}+1+1=33\dfrac{2}{5}$

[별해]

$\left(\dfrac{4}{25}\right)^{\frac{1}{2}}+\dfrac{1000}{27^{\frac{1}{3}}}-36+(2^8)^{\frac{3}{4}}-\dfrac{1}{3}+1+1$

$=\dfrac{2}{5}+\dfrac{10}{3}-36+2^6-\dfrac{1}{3}+1+1=\dfrac{167}{5}$

(4) $2x=\sqrt{2-\sqrt3}$ 이므로

$2\sqrt2x=\sqrt{4-2\sqrt3}=\sqrt3-1$ $\therefore x=\dfrac{\sqrt3-1}{2\sqrt2}$

또한 $8x^2=(\sqrt3-1)^2=4-2\sqrt3$ $\therefore x^2=\dfrac{2-\sqrt3}{4}$

$\therefore \sqrt{1-x^2}=\sqrt{\dfrac{2+\sqrt3}{4}}=\dfrac{\sqrt3+1}{2\sqrt2}$

따라서 구하는 식의 값은 다음과 같다.

$\dfrac{x}{\sqrt{1-x^2}}+\dfrac{\sqrt{1-x^2}}{x}=\dfrac{\sqrt3+1}{\sqrt3-1}+\dfrac{\sqrt3-1}{\sqrt3+1}=4$

[별해]

$\dfrac{x}{\sqrt{1-x^2}}+\dfrac{\sqrt{1-x^2}}{x}=\dfrac{x^2+1-x^2}{x\sqrt{1-x^2}}=\dfrac{1}{\sqrt{x^2(1-x^2)}}$

$x^2=\dfrac{2-\sqrt3}{4}$

$\dfrac{1}{\sqrt{x^2(1-x^2)}}=\dfrac{1}{\sqrt{\dfrac{2-\sqrt3}{4}\times\dfrac{2+\sqrt3}{4}}}=\dfrac{1}{\dfrac{1}{4}}=4$

3 (1) $(x^{\frac{2}{3}}y^{\frac{1}{4}}z^{-1})(x^{-1}y^3z^3)^{-\frac{1}{3}}=(x^{\frac{2}{3}}y^{\frac{1}{4}}z^{-1})(x^{\frac{1}{3}}y^{-\frac{1}{4}}z^{-1})$

$x^{\frac{2}{3}+\frac{1}{3}}y^{\frac{1}{4}-\frac{1}{4}}z^{-1-1}=xy^0z^{-2}=xz^{-2}$

[별해]

$x^{\frac{2}{3}}\times x^{\frac{1}{3}}\times y^{\frac{1}{4}}\times y^{-\frac{1}{4}}\times z^{-1}\times z^{-1}=xz^{-2}=\dfrac{x}{z^2}$

(2) $\dfrac{(2^n a)^2[1-(a/b)^{-2}]}{(-4)^n(a^2-4ab-a+3b^2+b)}\div\dfrac{\left(\dfrac{a\sqrt{a}-b\sqrt{b}}{a+\sqrt{ab}+b}\right)^2+2\sqrt{ab}}{2a+9b^2-a^2-1}$

$=\dfrac{(2^n a)^2[1-(a/b)^{-2}]}{(-4)^n(a^2-4ab-a+3b^2+b)}\times\dfrac{2a+9b^2-a^2-1}{\left(\dfrac{a\sqrt{a}-b\sqrt{b}}{a+\sqrt{ab}+b}\right)^2+2\sqrt{ab}}$

$=\dfrac{4^n(a-b)(a+b)}{(-1)^n4^n(a-b)(a-3b-1)}\times\dfrac{2a+9b^2-a^2-1}{\left(\dfrac{a\sqrt{a}-b\sqrt{b}}{a+\sqrt{ab}+b}\right)^2+2\sqrt{ab}}$

$=\dfrac{a+b}{(-1)^n(a-3b-1)}\times\dfrac{2a+9b^2-a^2-1}{\left(\dfrac{(\sqrt{a})^3-(\sqrt{b})^3}{a+\sqrt{ab}+b}\right)^2+2\sqrt{ab}}$

$=\dfrac{a+b}{(-1)^n(a-3b-1)}\times\dfrac{2a+9b^2-a^2-1}{(\sqrt{a}-\sqrt{b})^2+2\sqrt{ab}}$

$=\dfrac{a+b}{(-1)^n(a-3b-1)}\times\dfrac{2a+9b^2-a^2-1}{a+b}$

$=\dfrac{2a+9b^2-a^2-1}{(-1)^n(a-3b-1)}\times\dfrac{(3b)^2-(a-1)^2}{(-1)^n(a-3b-1)}$

$=\dfrac{(3b-a+1)(3b+a-1)}{-(-1)^n(1-a+3b)}$

$=\dfrac{(3b+a-1)}{-(-1)^n}=\dfrac{(1-a-3b)}{(-1)^n}$

$=(-1)^n\cdot(1-a-3b)$

[별해]

$(-4)^n(a^2-4ab-a+3b^2+b)=(-4)^n(a-b)(a-3b-1)$

$(2^n a)^2\left[1-\left(\dfrac{a}{b}\right)^{-2}\right]=4^na^2\left(\dfrac{a^2-b^2}{a^2}\right)=4^na^2\dfrac{(a+b)(a-b)}{a^2}$

$2a+9b^2-a^2-1=(3b-a+1)(3b+a-1)$

$\left(\dfrac{a\sqrt{a}-b\sqrt{b}}{a+\sqrt{ab}+b}\right)^2+2\sqrt{ab}=\left(\dfrac{(\sqrt{a}-\sqrt{b})(\sqrt{a^2}+\sqrt{ab}+\sqrt{b^2})}{a+b+\sqrt{ab}}\right)^2+2\sqrt{ab}$

$=a+b$

따라서 이와 같이 4개의 식을 간단히 한 후 정리하면 $(-1)^n(1-a-3b)$이다.

4 $a+1=\dfrac{1}{2+\sqrt{3}}+1=3-\sqrt{3}$

   $b+1=\dfrac{1}{2-\sqrt{3}}+1=3+\sqrt{3}$

   $(a+1)^{-2}+(b+1)^{-2}=\dfrac{1}{3-\sqrt{3}}+\dfrac{1}{3+\sqrt{3}}=\dfrac{2}{3}$

5 $-3<x<3$이다.

   (원식)$=|x-1|-|x+3|=|x-1|-x-3$

   (i) $-3<x<1$;(원식)$=-x+1-x-3=-2x-2$

   (ii) $1\le x<3$;(원식)$=x-1-x-3=-4$

   [별해]

   문제 1번의 (2)와 같이 풀이 할 수 있다.

   $\sqrt{x^2-2x+1}-\sqrt{x^2+6x+9}=|x-1|-|x+3|$

   $-3<x<1$일 때 주어진 식$=-2x-2$, $1\le x<3$일 때 (원식)$=-4$

6 주어진 방정식은 $(3^x-1)\cdot(3^x-9)=0$으로 변형된다.

   따라서 $x=0$ 또는 $x=2$이다. 그러므로 구하는 값은 1 또는 5이다.

   [별해]

   $3^x=t(t>0)$

   $t^2-10t+9=0$, $(t-9)(t-1)=0$ $\therefore t=9$ 또는 $t=1$

   따라서 $3^x=9$, 1 $\therefore x=2$ 또는 $x=0$

   $(x^2+1)=2^2+1=5$, $(x^2+1)=0^2+1=1$

7 [증명] 조건에서 a, b, c는 양의 정수이고 x, y, z, w는 모두 0이 아니다.

   또한 $a^x=b^y=c^z=70^w\ne1(\because a, b, c\ne1$이고, $x, y, z, w\ne0)$

   만약 $a^x=b^y=c^z=70^w$ 의 값이 1이면 w는 0이 되기 때문이다.

   따라서 $a^{\frac{1}{w}}=70^{\frac{1}{x}}$, $b^{\frac{1}{w}}=70^{\frac{1}{y}}$, $c^{\frac{1}{w}}=70^{\frac{1}{z}}$이고 각각의 식의 좌변과 우변의 식을 변끼리 곱하면 다음이 성립한다.

   $\therefore (abc)^{\frac{1}{w}}=(abc)^{\frac{1}{x}+\frac{1}{y}+\frac{1}{z}}=70^{\frac{1}{w}}$ $\therefore abc=70$

   가정에 의하여 $a^x=b^y=c^z=70^w\ne1$, 즉 a, b, c는 1이 아니며 $70=2\times5\times7(2,$ 5, 7은 소수이므로 유일하게 소인수분해된다)이다. 조건에 따라 $a=2$, $b=5$, $c=7$ $\therefore 2+5=7$, $a+b=c$이다.

1 $(판별식)=2(m-1)^2-4(m-1)=0$

$\therefore (m-1)(2m-6)=0$ $\therefore m=1$ or 3

그런데 $m=1$이면 주어진 방정식은 1차방정식이 되므로 2개의 근을 가질 수 없다. 따라서 $m=3$이다.

$m-1=0$이면 근이 없다.

$m-1\neq 0$, $D=0$에 의하여 $m=3$을 얻는다.

2 생략

3 (D). 두 근은 $-p\pm\sqrt{p^2-2q}$이다. $\sqrt{p^2-2q}=d$가 유리수이면 $p^2-2q=d^2$에서

홀수-짝수=홀수

따라서 d는 홀수이다. $2q=(p+d)(p-d)$이고 p, d가 홀수이므로

$2q=(p+d)(p-d)=$짝수$\times$짝수$=$짝수

따라서 q는 짝수이다. 이는 가정과 모순된다. $\therefore d$는 무리수이다.

4~5 생략

6 $mx^2-2(m+2)x+m+5=0$ ......(1)

$m=0$일 때 $x=\dfrac{5}{4}$의 실근을 가진다.

$m\neq 0$일 때, $D<0$, $m>4$ ......(2)

(1)의 식이 (2)에서 근을 가지지 않는 조건은 $m>4$이다.

$(m-5)x^2-2(m+2)x+m=0$ ......(3)

$m>4$, $m=5$이면 $x=\dfrac{5}{14}$의 하나의 실근을 가진다.

$m>4$, $m\neq 5$이면

$D=(m+2)^2-(m-5)m=9m+4>0$

따라서 서로 다른 두 실근을 갖는다.

여기에서 객관식이므로 해를 정확히 개수를 정할 수 없어서 범위를 나누어서 서술해야 하나 객관식인 관계로 부정으로 한 것으로 해석된다.

7 $b-c\neq 0$이므로 중근을 가질 조건은

$D=(a-b)^2-4(b-c)(c-a)=0$이다.

$=a^2+b^2+(-2c)^2+2ab-4bc-4ca$

$=(a+b-2c)^2=0$

$\therefore a+b-2c=0$, $c=\dfrac{a+b}{2}$

8 $a=1$, $a=1$일 때 방정식은 일차방정식이고 $a=-1$일 때 방정식은 모순된다.

(1) $a^2=1$일 때, $a=\pm1$

   $a=1$이면 $x=\dfrac{1}{4}$ 한 개의 실근 존재

   $a=-1$이면 근이 없다.

(2) $a^2\neq1$이면 판별식이 0이면 된다.

   $$\frac{D}{4}=(a+1)^2-(a^2-1)=0$$

   $$\therefore a=-1$$

(1)과 (2)에서 $a=-1$이다.

9 생략

10 생략

11 $p+q=99$이며 p, q는 모두 소수이다. 그러므로 p, q 중에서 하나는 반드시 짝수, 즉 2이다. $p=2$라고 하면 $q=97$ (왜냐하면 홀수 + 짝수 = 홀수)

$\dfrac{q}{p}+\dfrac{p}{q}=\dfrac{9413}{194}$. $q=2$일 때의 결과는 마찬가지이다.

12~14 생략

15 [참고]

$$|\alpha-\beta|=\sqrt{(\alpha+\beta)^2-4\alpha\beta}=\frac{|b^2-4ac|}{a}$$

16 생략

17 α를 같은 근이라고 하면 $\begin{cases} \alpha^2+m\alpha+n=0 & \cdots\cdots① \\ \alpha^2+p\alpha+q=0 & \cdots\cdots② \end{cases}$

①$-$②, $(m-p)\alpha+(n-q)=0$

$m-p\neq0$이면 $\alpha=-\dfrac{(n-q)}{(m-p)}$

이것을 $\alpha^2+m\alpha+n=0$에 대입하고 정리하면,

$(n-q)^2-(m-p)(np-mq)=0$을 얻는다.

18 생략

19 생략

연습문제 17

1 $x = \dfrac{-p \pm \sqrt{p^2 - 4q}}{2} = -\dfrac{p}{2} \pm \dfrac{\sqrt{p^2 - 4q}}{2}$

근이 유리수이므로 $p^2 - 4q = k^2$이다.

(1) $k = 0$일 때, $p^2 = 4q$ ∴ $p = 2m$ 따라서 근은 정수이다.

(2) $k = 2m$일 때, $p^2 - 4q = 4m^2$ ∴ $p^2 = 4(q + m^2)$

  p는 2의 배수이다. 따라서 근은 정수이다.

(3) $k = 2m + 1$일 때, $p^2 - 4q = (2m + 1)^2$ ∴ $p = 2n + 1$(홀수)

  따라서 $-\dfrac{2n + 1}{2} \pm \dfrac{2m + 1}{2}$은 정수이다.

(1), (2), (3)에서 반드시 정수임이 증명된다.

2 이차라는 데 의하여 $k \neq \pm 1$임을 알 수 있다. 그러므로 두 근은 $x_1 = -\dfrac{12}{(k + 1)}$

$x_2 = -\dfrac{6}{(k - 1)}$이다.

x_1, x_2는 정수이므로 $k + 1$은 -12의 음의 약수이고, $k - 1$은 -6의 음의 약수이어야 한다. $k + 1 = -1, -2, -3, -4, -6, -12$ 중에서 두 근이 양의 정수가 되려면 오직 $k = -5, -2$어야 한다.

3 생략

4 생략

5 두 근이 $x_1 = \dfrac{9}{(6 - k)}$, $x_2 = \dfrac{6}{(9 - k)}$이므로

두 근이 정수이므로 $6 - k$는 9의 약수이고 $9 - k$는 6의 약수이다.

$6 - k = \pm 1, \pm 3, \pm 9$에서 x_1, x_2가 정수가 되려면 오직 $k = 3, 7, 15$라야 한다.

6 생략

7 두 근을 α, β라고 하자.

(1) 두 근의 합이 $\alpha + \beta = 3$이므로 두 개의 정수의 합이 홀수인 경우는
  짝 + 홀수 = 홀수인 경우이다.

(2) 두 근의 곱이 $\alpha\beta = a + 4$라는 것과 (1)에 의하여 두 근의 곱이 짝수이므로 a가
  짝수임을 알 수 있고 $D \geq 0$에 의하여 $a \leq -\dfrac{7}{4}$이므로 a는 음수인 짝수이다.

(3) $D \geq 0$ 및 $a + 4 > 0$에 의하여 $-4 < a \leq -\dfrac{7}{4}$인 음수인 짝수는
  ∴ $a = -2$이다. 따라서 $x^2 - 3x + 2 = 0$이고 두 근은 1, 2이다.

8 두 양의 정수근을 α, β라고 하면 $\alpha+\beta=\dfrac{p}{(k-1)}$, $\alpha\cdot\beta=\dfrac{k}{(k-1)}$ $(k\neq1)$

$\dfrac{k}{(k-1)}$ 가 양의 정수로 되려면 $k-1=1$, k이라야 한다.

그러나 $k-1=k$이면 성립하지 않는다.

따라서 $k-1=1$이고 $k=2$

그러므로 $\alpha\cdot\beta=2$에서 $\alpha=1$, $\beta=2$ 또는 $\alpha=2$, $\beta=1$을 얻는다.

그리하여 $\alpha+\beta=3$이다. 따라서 $p=3$ $\quad\therefore k^{kp}(p^p+k^k)=2^6(3^2+2^2)=1984$

9~11 생략

12 $D=(3a^2c+b^2c)^2-4abc^2(3a^2-ab+b^2)$

$=9a^4c^2+6a^2b^2c^2+b^4c^2-12a^3bc^2-4ab^3c^2$

$=c^2(9a^4+4a^2b^2+b^4+6a^2b^2-12a^3b-4ab^3)$

$=c^2\{(3a)^2+(-2ab)^2+(b^2)^2-12a^3b-4ab^3+6a^2b^2\}$

$\therefore D=[c(3a^2-2ab+b^2)]^2$

13 (1) $p+k+n=0$일 때,

$\quad -2(p+k)x+(p+k-n)=0$

$\quad 2nx=2n \quad \therefore x=1$(유리수)

(2) $p+k+n\neq0$

근의 공식을 사용하면

$x=\dfrac{(p+k)\pm\sqrt{n^2}}{2(p+k+n)}$

(i) $n\geq0$일 때,

$\quad x=\dfrac{(p+k)\pm\sqrt{n^2}}{2(p+k+n)}=\dfrac{p+k\pm n}{2(p+k+n)}$ 유리수이다.

(ii) $n<0$일 때,

$\quad x=\dfrac{(p+k)\pm\sqrt{n^2}}{2(p+k+n)}=\dfrac{p+k\mp n}{2(p+k+n)}$ 유리수이다.

(1)과 (2)에서 준식은 유리수의 해를 갖는다.

14~18 생략

19 공통근을 x_1이라 하고 두 식을 변끼리 빼면(x_1^2에 관한 항을 소거한다)

$(b+1)(x_1+1)=0$을 얻는다. $b+1=0$에서 $b=-1$

따라서 $D=-3<0$

$\therefore b\neq-1(b=-1$이면 두 식이 일치한다. 2개의 공통근이 존재)

$\therefore x_1+1=0$ 즉, 공통근은 $x_1=-1$ 이 때 $(-1)^2-(-1)-b=0$ $\quad\therefore b=2$

20 생략

21 공통근을 구하는 방법을 이용하여 공통근 α를 얻으면 $(a-c)\alpha^2+(c-a)=0$

(1) $a=c$일 때, $\alpha=0$, $a=0$, $c=0$이므로 조건에 모순

(2) $a\neq c$일 때, $\alpha=\pm1$

$\alpha=1$이면 $a+b+c=0$, $(a+c)^2=b^2$

$\alpha=-1$이면 $a-b+c=0$, $(a+c)^2=b^2$

(1)과 (2)에서 $(a+c)^2=b^2$이 성립한다.

22~25 생략

연습문제 18

1 (1) $x=1$을 대입하면 0이 되므로 $x-1$을 인수로 갖는다.

조립제법, 인수정리, 나눗셈, 나머지 정리를 사용하여 인수분해를 한다.

$(x-1)(x^2+6x+8)=(x-1)(x+4)(x+2)=0$

$\therefore x=1$ 또는 $x=-4$ 또는 $x=-2$

(2) $\pm\dfrac{\text{상수항의 약수}}{\text{최고차항계수의 약수}}$ 를 인수로 하는 인수분해

$2x^3-x^2-5x-2=0$

$(x+1)(2x^2-3-2)=(x+1)(2x-1)(x+2)=0$

(근은 정확히 쓸 경우 문제 (1)번과 같이 사용하는 것이 정확하나 편의상 다음과 같이 쓰기로 한다.)

$\therefore x=-1, \dfrac{1}{2}, -2$

(3) 준식은 상반방정식과 유사한 형태로 상반방정식의 풀이를 이용하여 본다.

$x\neq0$이므로 양변을 x로 나눈다.

$9x^2+3x-18+\dfrac{2}{x}+\dfrac{4}{x^2}=0$

$9x^2+\dfrac{4}{x^2}+3x+\dfrac{2}{x}-18=0$

$3x+\dfrac{2}{x}=t$, $9x^2+\dfrac{4}{x^2}=t^2-12$로 치환한다.

$t^2+t-30=0$, $(t-5)(t+6)=0$ $\quad\therefore t=5, -6$

$3x+\dfrac{2}{x}=t=5, -6$

$3x^2-5x+2=0$ $\quad\therefore x=1, \dfrac{2}{3}$

$3x^2-6x+2=0$ $\quad\therefore x=-\dfrac{-3\pm\sqrt{3}}{3}$

(4) 전개시켜서 근을 구하는 것보다는 차수를 낮출 수 있는 방법인 치환을 생각한다.

$(6x+7)=t$

$(3x+4)(x+1)=\dfrac{1}{12}(6x+7)^2-\dfrac{1}{12}=\dfrac{1}{12}\{(6x+7)^2-1\}$

$t^2(t^2-1)-72=0,\ t^4-t^2-72=0$

$(t^2+8)(t^2-9)=0\quad\therefore t^2=9(\because t^2\geq0)$

$6x+7=\pm3\quad\therefore x=-\dfrac{2}{3},\ -\dfrac{5}{3}$

(5) 분수방정식의 해법으로 분자의 차수를 낮추는 방법을 생각한다.

분모를 0으로 만드는 x값을 제외시킨다.

$x\neq6,\ 7,\ 9,\ 10$

$\dfrac{x-10+2}{x-10}+\dfrac{x-6+2}{x-6}+\dfrac{x-7+2}{x-7}+\dfrac{x-9+2}{x-9}$

$\dfrac{1}{x-10}+\dfrac{1}{x-6}=\dfrac{1}{x-7}+\dfrac{1}{x-9}$

$\dfrac{1}{x-10}-\dfrac{1}{x-7}=\dfrac{1}{x-9}-\dfrac{1}{x-6}$

$\dfrac{1}{x^2-17x+70}=\dfrac{1}{x^2-15x+54}$

$\therefore 2x=16,\ x=8$

(6) (5)번과 같은 방법으로 푼다. — 분모를 0으로 만드는 값을 제외시킨다.

$\dfrac{4(4x-3)-1}{4x-3}+\dfrac{5(8x-9)+2}{8x-9}=\dfrac{4(8x-7)-2}{8x-7}+\dfrac{5(4x-5)+1}{4x-5}$

$\dfrac{-1}{4x-3}+\dfrac{+2}{8x-9}=\dfrac{-2}{8x-7}+\dfrac{+1}{4x-5}$

$\dfrac{-8x+9+8x-6}{32x^2-60x+27}=\dfrac{-8x+10+8x-7}{32x^2-68x+35}$

$32x^2-60x+27=32x^2-68x+35$

$\therefore x=1$

(7) 10 — 가의 이중근호의 해법으로 푼다.

제곱근에서 $x\geq0$ 범위에서 해를 구한다.

$\sqrt{x+7}-\sqrt{x}+x+7+x-2\sqrt{x^2+7x}=2$

$(\sqrt{x+7}-\sqrt{x})+(x+7+x-2\sqrt{x(x+7)})=2$

$(\sqrt{x+7}-\sqrt{x})+(\sqrt{x+7}-\sqrt{x})^2=2$

$\sqrt{x+7}-\sqrt{x}=t\,(>0)$

$t^2+t-2=0,\ (t+2)(t-1)=0$ $\therefore t=1$

($\sqrt{x+7}-\sqrt{x}=1$ - 보조항등식으로 풀어도 되나 식이 간단하여 바로 제곱을 이용하는 방법도 좋다.)

$\sqrt{x+7}-\sqrt{x}=1$

$\sqrt{x+7}=\sqrt{x}-1$의 양변을 제곱하여 정리하면

$\sqrt{x}=3$ $\therefore x=9$

[참고] 보조항등식 이용

$\sqrt{x+7}+\sqrt{x}=t$라 두자.

$\sqrt{x+7}-\sqrt{x}=1$과 양변 곱하면 $t=7$이다.

두 식을 연립하여 풀면 $\sqrt{x+7}=4$ $\therefore x=9$

(8) 이중근호를 유도하기 위해서 식을 변형시킨다.

$2x+3x-1+2\sqrt{2x(3x-1)}+\sqrt{2x}+\sqrt{3x-1}-2=0$

$x\geq\dfrac{1}{3}$

$(\sqrt{2x}+\sqrt{3x-1}\,)^2+\sqrt{2x}+\sqrt{3x-1}-2=0$

$\sqrt{2x}+\sqrt{3x-1}=t\,(\geq 0)$

$t^2+t-2=0$ $\therefore t=1\,(\because t\geq 0)$

$\sqrt{2x}-\sqrt{3x-1}=t$라 두고 보조항등식을 이용하자.

(여기서 직접 근호를 이항한 후 제곱하는 방법인 (7)번과 같은 풀이로 풀면 오히려 간단히 나온다.)

$\sqrt{2x}+\sqrt{3x-1}=1$과 변변끼리 곱하면 $t=1-x$

두 식을 서로 더하면 $2\sqrt{2x}=2-x\geq 0$ $\therefore \dfrac{1}{3}\leq x\leq 2$

$2\sqrt{2x}=2-x,\ x^2-12x+4=0$ $\therefore x=6-4\sqrt{2}$

(9) 이중근호의 해법을 이용하기 위해 준식을 변형시킨다.

$4x^2+x+2\sqrt{x^2(3x^2+x)}-9=0,\ (\sqrt{3x^2+x}+\sqrt{x^2}\,)^2=9$

$\sqrt{3x^2+x}+\sqrt{x^2}=3$

$\sqrt{3x^2+x}+|x|=3$

$\sqrt{3x^2+x}=3-|x|$ $\cdots\cdots$①

$3x^2+x\geq 0$ $\therefore -\dfrac{1}{3}\geq x,\ x\geq 0$

$3-|x|\geq 0$ $\therefore -3\leq x\leq 3$

따라서 $-3\leq x\leq -\dfrac{1}{3},\ 0\leq x\leq 3$ $\cdots\cdots$②의 범위내에서 해를 구한다.

(i) $-3 \leq x \leq -\dfrac{1}{3}$ 일 때

$\sqrt{3x^2+x} = 3 - |x|$ 의 절댓값을 풀고 양변제곱하여 정리한다.

$2x^2-5x-9=0$　　$\therefore x = \dfrac{5-\sqrt{97}}{4}$

(ii) $0 \leq x \leq 3$ 일 때, (i)과 동일한 방법으로 풀면

$2x^2+7x-9=0$　　$\therefore x=1$

(10) 준식에서 $x \geq \dfrac{1}{2}$

이항을 한후 제곱하면

$\sqrt{2x+5} = 3 - \sqrt{2x-1}$

$\sqrt{2x-1} = \dfrac{1}{2}$　　$\therefore x = \dfrac{5}{8}$

[별해] 보조항등식(방정식) 이용

$\sqrt{2x+5} - \sqrt{2x-1} = t$

준식과 곱하면 $t=2$

$\sqrt{2x+5} - \sqrt{2x-1} = 2$

준식과 연립하여 풀면

$\sqrt{2x+5} = \dfrac{5}{2}$　　$\therefore x = \dfrac{5}{8}$

(11) 보조항등식(방정식 이용)

$2x^2-3x+2>0$,

$2x^2-7x+1 \geq 0$,　　$\therefore \dfrac{7-\sqrt{41}}{4} \leq x,\ x \geq \dfrac{7+\sqrt{41}}{4}$

$\sqrt{2x^2-3x+2} + \sqrt{2x^2-7x+1} = t$

$t = 4x+1$

$\sqrt{2x^2-3x+2} + \sqrt{2x^2-7x+1} = 4x+1$

준식과 연립하여 풀면

$\sqrt{2x^2-3x+2} = 2x+1 \geq 0,\ x \geq -\dfrac{1}{2}$

양변제곱하여 정리하면

$2x^2+7x-1=0$　$\therefore x = \dfrac{-7 \pm \sqrt{57}}{4}$

$-\dfrac{1}{2} \leq x \leq \dfrac{7-\sqrt{41}}{4},\ x \geq \dfrac{7+\sqrt{41}}{4}$

$\therefore x = \dfrac{-7+\sqrt{57}}{4}$

(12) $a=\sqrt[3]{2x-1}$, $b=\sqrt[3]{3-2x}$로 두자.

$a+b=2$

양변을 제곱하면 $ab=1$ ······①

a, b를 두 근으로 하는 이차방정식을 만든다.

$t^2-2t+1=0$, $\therefore t=1$(중근) ······②

$a=\sqrt[3]{2x-1}=1$, $b=\sqrt[3]{3-2x}=1$

따라서 $2x-1=1$ $\therefore x=1$, $3-2x=1$ $\therefore x=1$

(13)~(18) 생략

2 이렇게도 풀 수 있다.

$x^2-4=|2x-1|$ $\therefore x^2-4=2x-1$ 또는 $-2x+1$

(i) $x^2-4=2x-1$일 경우

$x^2-2x-3=0$ $\therefore x=-1$, 3

(ii) $x^2-4=-2x+1$일 경우

$x^2+2x-5=0$ $\therefore x=-1\pm\sqrt{6}$

그런데 원 방정식을 만족시키는 것만 답으로 하여야 한다.

따라서 구하는 해는 $x=3$, $x=-1-\sqrt{6}$이다.

$x\geq\dfrac{1}{2}$일 때 $x=3$, $x<\dfrac{1}{2}$일 때 $x=-1-\sqrt{6}$

3~7 생략

연습문제 19

1 (1) 원식을 $(x^3)^2-(y^3)^2$으로 변형하여 합차공식을 적용하면

$(x^3+y^3)(x^3-y^3)$

$=(x+y)(x-y)(x^2+xy+y^2)(x^2-xy+y^2)$

(2) $x^5=A$로 치환하면

A^2+A-2

$=(A+2)(A-1)$

$=(x^5+2)(x^5-1)$

$=(x^5+2)(x-1)(x^4+x^3+x^2+x+1)$

(3) 원식의 계수의 합이 0이므로 1로 조립제법을 한 후, 몫을 다시 인수분해한다.

원식$=(x-1)^2(x+2)$

(4) 짝수 차수의 계수의 합과 홀수 차수의 계수의 합이 같으므로 -1로 조립제법을 한 후, 다시 -1과 3으로 조립제법을 한다.

원식 $= (x+1)^2(x-3)(3x^2+2)$

(5) 원식을 $P(x,\ y,\ z) = x^3(y^2-x^2) + y^3(z^2-x^2) + z^3(x^2-y^2)$이라 놓으면

y에 x를 대입하면 $P(x,\ x,\ z) = 0$이므로 $(x-y)$를 인수로 갖는다.

윤환대칭식이며, 차수가 5차이므로 다음과 같이 쓸 수 있다.

원식 $= (x-y)(y-z)(z-x)\{m(x^2+y^2+z^2) + n(xy+yz+zx)\}$

여기서 x의 최고차항 즉, x^3의 계수를 비교하면 $m=0,\ n=-1$이다.

그러므로 원식 $= -(x-y)(y-z)(z-x)(xy+xz+yz)$

(6) 원식을 a에 대하여 내림차순정리하면

$-a^3 + (b+c)a^2 + (b^2+c^2-2bc)a + b^2c+c^2b - (b^3+c^3)$

$= -a^3 + (b+c)a^2 + (b-c)^2 a - (b+c)(b-c)^2$

$= -a^3 + (b-c)^2 a + (b+c)a^2 - (b+c)(b-c)^2$

$= -a\{a^2-(b-c)^2\} + (b+c)\{a^2-(b-c)^2\}$

$= \{a^2-(b-c)^2\}\{b+a-a\}$

$= (a+b-c)(b+c-a)(c+a-b)$

(7) 원식을 $P(a,\ b,\ c) = a^3(b-c) + b^3(c-a) + c^3(a-b)$라 놓으면

b에 a를 대입하면 $P(a,\ a,\ z) = 0$이므로 $(a-b)$를 인수로 갖는다.

윤환대칭식이며, 차수가 4차이므로 다음과 같이 쓸 수 있다.

원식 $= (a-b)(b-c)(c-a)\{m(a+b+c)\}$

여기서 a의 최고차항 즉, a^3의 계수를 비교하면 $m=-1$이다.

그러므로 원식 $= -(a-b)(b-c)(c-a)(a+b+c)$

(8) 원식의 -1을 $(-1)^3$이라 보면 공식을 바로 적용할 수 있다.

원식은 $(a)^3 + (b)^3 + (-1)^3 - 3(a)(b)(-1)$이라 쓸 수 있다.

그러므로 원식 $= (a+b-1)(a^2+b^2-ab+a+b+1)$

(9) 원식을 변형하면

$(2x^3)^5 + (y^3)^5$이다.

공식$[x^n+y^n = (x+y)(x^{n-1}+x^{n-2}y - x^{n-3}y^2 + \cdots - xy^{n-2} + y^{n-1})$ 단, n은 홀수]을 적용하면 원식 $= (2x^3+y^3)(16x^{12}-8x^9y^3+4x^6y^6-2x^3y^9+y^{12})$

2 원식에 $x=1,\ x=2$를 차례로 대입하면 $\begin{cases} 2p+8k=0 \\ 2p+2k=30 \end{cases}$ 을 얻는다.

연립하여 풀면 $k=-5,\ p=20$이다.

$k,\ p$값을 원식에 대입하여 조립제법을 한다.

원식$=(x-1)(x-2)(x-4)(x+2)$

3~4 생략

연습문제 20

1 $a^2+b^2+c^2-ab-bc-ca=\dfrac{1}{2}\{(a-b)^2+(b-c)^2+(c-a)^2\}$이다.

$a-b=2+\sqrt{3}$, $b-c=2-\sqrt{3}$이므로 $a-c=4$이다.

따라서 준식은

$\dfrac{1}{2}\{(2+\sqrt{3})^2+(2-\sqrt{3})^2+4^2\}=\dfrac{1}{2}\times 30=15$이다.

2 준식을 $\dfrac{1}{A \cdot B}=\dfrac{1}{B-A}\left(\dfrac{1}{A}-\dfrac{1}{B}\right)$를 이용하여 풀면 아래와 같다.

$준식=\left(\dfrac{1}{x}-\dfrac{1}{x+1}\right)+\left(\dfrac{1}{x+1}-\dfrac{1}{x+2}\right)+\left(\dfrac{1}{x+2}-\dfrac{1}{x+3}\right)+\left(\dfrac{1}{x+3}-\dfrac{1}{x+4}\right)$

$\qquad =\dfrac{1}{x}-\dfrac{1}{x+4}=\dfrac{4}{x(x+4)}$

3 $\dfrac{x}{2}=\dfrac{y}{3}=\dfrac{z}{4}=k$라 하면, $x=2k$, $y=3k$, $z=4k$이다.

위의 식을 준식에 대입하면 아래와 같다.

$\dfrac{xy+yz+zx}{x^2+y^2+z^2}=\dfrac{6k^2+12k^2+8k^2}{4k^2+9k^2+16k^2}=\dfrac{26}{29}$

4 생략

5 준식은 아래와 같이 바꿀 수 있다.

$\dfrac{(a-b)+(a-c)}{(a-b)(a-c)}+\dfrac{(b-c)+(b-a)}{(b-c)(b-a)}+\dfrac{(a-b)+(c-a)}{(a-c)(c-a)}$

$=\dfrac{1}{a-c}+\dfrac{1}{a-b}+\dfrac{1}{b-c}+\dfrac{1}{b-a}+\dfrac{1}{c-b}+\dfrac{1}{c-a}=0$

6~13 생략

14 $\sqrt[3]{3+2\sqrt{2}}=a$, $\sqrt[3]{3-2\sqrt{2}}=b$라 하면,

$a^3+b^3=3+2\sqrt{2}+3-2\sqrt{2}=6$, $ab=\sqrt[3]{(3+2\sqrt{2})(3-2\sqrt{2})}=\sqrt[3]{1}=1$이다.

준식은 $x=a+b$이므로 양변을 세제곱하면

$x^3=a^3+b^3+3ab(a+b)=6+3x$, $x^3-3x-6=0$

이다. 따라서 구하고자 하는 값은 다음과 같다.

$x^3-3x-7=(x^3-3x-6)-1=-1$

15~20 생략

1
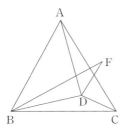

C와 D를 연결하면 $\overline{DA}=\overline{BD}$, $\overline{AC}=\overline{BC}$, ∠DBC=∠CAD이므로

△ACD≡△BCD

∴ ∠ACD=∠BCD=30°

또한 $\overline{BD}$는 공통, ∠DBF=∠CBD, $\overline{BF}=\overline{AB}=\overline{BC}$이므로

△BDF=△BCD

∴ ∠BFD=∠ACD=30°

2
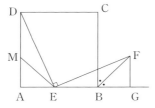

$\overline{AD}$ 위에 $\overline{BE}=\overline{DM}$이 되는 M을 잡는다.

$\overline{MA}=\overline{AE}$, ∠AME=∠MEA=45°

F에서 $\overline{AD}$에 수선을 그어 수선의 발을 G라 하면

∠FBG=∠BFG=45°

△DME와 △EBF에서

∠DME=∠EBF, $\overline{DM}=\overline{BE}$, ∠EDM=∠FEG

∴ △DME≡△EBF

∴ $\overline{DE}=\overline{EF}$

3
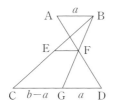

$\triangle ABF \equiv \triangle GDF(ASA)$이므로

$\therefore \overline{AB}=\overline{GD}=a, \overline{BF}=\overline{GF}$

$\overline{CD}=b, \overline{CG}=b-a$

$\triangle BCG$에서 중점연결정리에 의하여 $\overline{EF}=\dfrac{\overline{CG}}{2}=\dfrac{b-a}{2}$

4

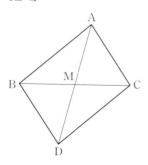

$\angle BAM=x$, $\angle CAM=y$, $\angle AMC=\theta$라 한다.

$\triangle ABM$에서 사인법칙을 적용하면,

$\dfrac{\overline{BM}}{\sin x}=\dfrac{\overline{AB}}{\sin\theta}$ 이므로 $\overline{AB}=\dfrac{\sin\theta}{\sin x}\overline{BM}$이다.

$\triangle AMC$에서 사인법칙을 적용하면,

$\dfrac{\overline{MC}}{\sin y}=\dfrac{\overline{AC}}{\sin(\pi-\theta)}$ 이므로 $\overline{AC}=\dfrac{\sin(\pi-\theta)}{\sin y}\overline{MC}$이다.

$\sin\theta=\sin(\pi-\theta)$이고, $\overline{AB}>\overline{AC}$이므로 $\dfrac{1}{\sin x}>\dfrac{1}{\sin y}$ 이다.

즉, $\sin y=\sin x$이므로 $y>x$이다.

[별해]

$\overline{AM}=\overline{MD}$까지 연장하고 B와 C를 연결한다.

$\overline{BM}=\overline{CM}$, $\overline{AM}=\overline{MD}$, $\angle AMB=\angle CMD$

$\therefore \triangle AMB \equiv \triangle CMD$

$\therefore \angle BAM = \angle MDC$, $\overline{AB} = \overline{CD}$

$\triangle ADC$에서 $\angle MDC$의 대변은 $\overline{AC}$

$\angle MAC$의 대변은 $\overline{CD}$

$\overline{AB} = \overline{CD} > \overline{AC}$이므로

$\therefore \angle BAM < \angle CAM$

5

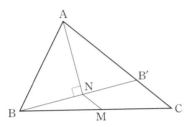

$\overline{BN}$의 연장선이 $\overline{AC}$와 만나는 점을 B′라 한다.

$\overline{AN}$이 $\angle BAC$의 이등분선이고, $\overline{AN}$은 공통이므로 $\overline{AB} = \overline{AB'}$이다.

또한 $\overline{BB'}$의 중점이 N이고, $\overline{MN} /\!/ \overline{B'C}$이므로 중점연결정리에 의해

$B'C = 3 \times 2 = 6$이다.

따라서 $\triangle ABC$의 둘레의 길이는 $10 + 15 + (10 + 6) = 41$이다.

[별해]

$\overline{BN}$을 연장하여 $\overline{AC}$와 만나는 점을 H라 한다. $\overline{AN}$이 $\angle BAH$의 이등분선이고

이므로 $\overline{BH} \perp \overline{AN}$이므로 $\triangle ABH$는 이등변삼각형이다.

$\therefore \overline{AH} = 10$

$\overline{BN} = \overline{NH}$이고 $\overline{BM} = \overline{CM}$이므로 $\triangle BCH$에서 중점연결정리에 의해

$\overline{HC} = 2\overline{NH} = 6$

$\therefore \overline{AC} = \overline{AH} + \overline{HC} = 16$

$\triangle ABC$의 둘레$= \overline{AB} + \overline{BC} + \overline{CA} = 10 + 15 + 16 = 41 (\text{cm})$

6

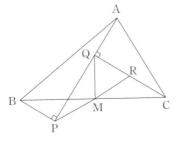

$\overline{PM}$을 연장하여 $\overline{CQ}$와 만나는 점을 R이라 한다.

M은 $\overline{BC}$의 중점이므로 $\overline{BM}=\overline{MC}$이고, $\angle RMC = \angle PMB$이다.
또한 $\overline{CQ} /\!/ \overline{BP}$이므로 $\angle RCM = \angle PBM$이다.
따라서 $\triangle MRC \equiv \triangle MPB(SAS)$이고, $\overline{PM}=\overline{MR}$이다.
$\triangle PQR$은 직각삼각형이고, M은 $\overline{PR}$의 중점이므로 M의 외심이다.
즉, $\overline{PM}=\overline{MQ}=\overline{MR}$이다.

7

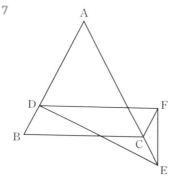

$\overline{BC} /\!/ \overline{DF}$, $\overline{BD} /\!/ \overline{CF}$인 점 F를 찾으면 $\overline{BC}=\overline{DF}$이다.
$\angle DBC = \angle DFC$, $\angle DBC > \angle DEA$이므로 $\angle DFE > \angle DEF$이다.
따라서 $\overline{DF} < \overline{DE}$이다.

[별해]

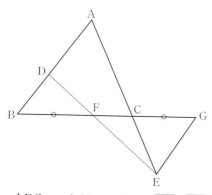

$\overline{DE}$와 $\overline{BC}$의 교점을 F라 하고 $\overline{BC}$의 연장선 위에 $\overline{BF}=\overline{CG}$인 G를 잡는다.
$\overline{BC}=\overline{FG}$

$\angle ABC = \angle ACB = \angle ECG$, $\overline{BD}=\overline{CE}$, $\overline{BF}=\overline{CG}$
$\therefore \triangle DBF \equiv \triangle CEG$
$\therefore \overline{DF}=\overline{EG}$
$\triangle FEG$에서 $\overline{DE}=\overline{FE}+\overline{EG}>\overline{FG}=\overline{BC}$
$\therefore \overline{DE} > \overline{BC}$

8

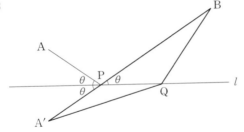

A를 l에 대칭시킨 점을 A′라 하면, A′, P, B는 일직선에 있다.

$\overline{AP}+\overline{BQ}=\overline{A'B}<\overline{A'Q}+\overline{BQ}=\overline{AQ}+\overline{BQ}$이다.

따라서 P가 등각을 이룰때 최솟값을 가진다.

9 [별해]

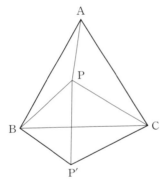

△ABP를 시계방향으로 $60°$ 회전시켜 △BCP′를 만든다.

$\overline{AB}=\overline{BC}$, $\overline{AP}=\overline{CP'}=2$, $\overline{BP}=\overline{BP'}=2\sqrt{3}$

P와 P′를 연결하면

$\angle PBP'=60°$, $\overline{BP}=\overline{BP'}$이므로

△PBP′는 정삼각형

△PP′C에서 $4^2=(2\sqrt{3})^2+2^2$이고

$\overline{PC}:\overline{P'C}:\overline{PP'}=2:1:\sqrt{3}$이므로

$\overline{PP'}=2\sqrt{3}$

$\angle P'PC=30°$, $\angle PCP'=60°$, $\angle PP'C=90°$

∴ $\angle BPC=30°+60°=90°$

△BPC에서 $\overline{BC}^2=\overline{AB}^2=(2\sqrt{3})^2+4^2$

∴ $\overline{AB}=2\sqrt{7}$

10

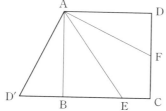

$\angle\mathrm{DAF}=\angle\mathrm{EAF}=x$라 하면, $\angle\mathrm{DAE}=2x$, $\angle\mathrm{EAB}=90°-2x$,
$\angle\mathrm{AEB}=2x$이다.
$\triangle\mathrm{DAF}$를 A를 중심으로 회전이동하여 $\overline{\mathrm{AD}}=\overline{\mathrm{AB}}$가 되게 하면
$\angle\mathrm{EAD'}=90°-x=\angle\mathrm{ED'A}$이므로 $\overline{\mathrm{AE}}=\overline{\mathrm{D'E}}=\overline{\mathrm{D'A}}+\overline{\mathrm{BE}}=\overline{\mathrm{DF}}+\overline{\mathrm{BE}}$이다.

연습문제 22

1 문제의 그림을 간략하게 그리면 아래의 그림과 같다.

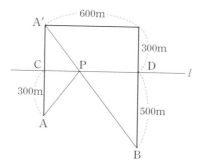

A를 l에 대칭시킨 점을 A′라 하면, $\overline{\mathrm{PA}}=\overline{\mathrm{PA'}}$이다.
즉, $\overline{\mathrm{PA}}+\overline{\mathrm{PB}}=\overline{\mathrm{PA'}}+\overline{\mathrm{PB}}\geq\overline{\mathrm{A'B}}$이다.
따라서 피타고라스 정리에 의해 $\mathrm{A'B}=\sqrt{600^2+800^2}=1000\mathrm{m}$이다.

2 정삼각형 ABCD의 각 변의 중점 E, F, G, H를 꼭짓점으로 가지는 사각형 EFGH는 정사각형이다. 그러므로 이 정사각형 EFGH의 한 점 P에 관한 점대칭도형 또한 정사각형 EFGH와 합동인 정사각형 PQRS이다. 그리고 EFGH의 점 P에 관한 대칭점은 PQRS이므로 P, Q, R, S는 바로 정사각형 EFGH의 각 꼭짓점임을 알 수 있다.

[별해]

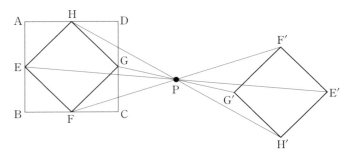

정사각형 ABCD의 각 변의 중점을 E, F, G, H라 하고, 점 P에 대한 대칭점을 E′, F′, G′, H′라 한다.

대칭점이므로 $\overline{PG}=\overline{PG'}$, $\overline{PF}=\overline{PF'}$, $\angle GPE=\angle G'PF'$이므로

$\triangle PGF \equiv \triangle PG'F'$(SAS)이다. 따라서 $\overline{GF}=\overline{G'F'}$, $\angle FGP=\angle F'G'P$이다.

또한, 대칭점이므로 $\overline{HP}=\overline{H'P}$, $\overline{GP}=\overline{G'P}$, $\angle HPG=\angle H'PG'$이므로

$\triangle HPG \equiv \triangle H'PG'$(SAS)이다. F, G, H는 변의 중점이므로 $\overline{GF}=\overline{GH}$이고,

$\angle FGP+\angle HGP=270°$이다. 즉, $\overline{G'F'}=\overline{G'H'}$이고,

$\angle F'G'P+\angle H'G'P=270°$, $\angle F'G'H'=90°$이다.

위와 같은 방법으로 반복하면 □G′H′E′F′는 정사각형이다.

3

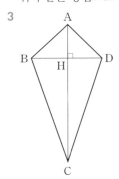

$\triangle ABD$의 꼭짓점 A에서 $\overline{BD}$에 내린 수선의 발을 H라 하면, $\overline{BH}=\overline{DH}$이고, $\angle BHA=\angle DHA=90°$이다. 또한 $\triangle BCD$의 꼭짓점 C에서 $\overline{BD}$에 수선의 발을 내리면, $\triangle BCD$는 이등변삼각형이므로 H와 일치한다. 따라서 그 넓이는 다음과 같다.

$$(\square ABCD)=\frac{1}{2}\times\overline{BD}\times\overline{AH}+\frac{1}{2}\times\overline{BD}\times\overline{CH}=\frac{1}{2}\overline{BD}(\overline{AH}+\overline{CH})$$

$$=\frac{1}{2}\overline{AC}\cdot\overline{BD}$$

4

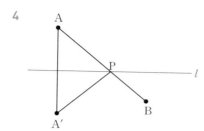

점 A를 직선 l에 대해 대칭시킨 점을 A′라 하면
$|\mathrm{PA}-\mathrm{PB}|=|\mathrm{PA}′-\mathrm{PB}|$이다.

△PA′B에서 삼각형 결정조건에 의해 $\mathrm{PA}′<\mathrm{PB}+\mathrm{A}′\mathrm{B}$이다. 즉,
$\mathrm{PA}′-\mathrm{PB}<\mathrm{A}′\mathrm{B}$이다.

△PA′B에서 $|\mathrm{PA}-\mathrm{PB}|$는 A′B를 넘을 수 없다. 따라서 최대가 되게 하기 위해
서는 A′, B, P가 일직선에 있으면 된다. 즉, P의 위치는 A′B의 연장선이 l과 만
나는 점이다.

5

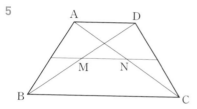

윗변의 길이를 a, 등변의 길이를 b, 아랫변의 길이를 c, 대각선의 중점을 M, N이
라 한다. 둘레의 길이가 22이므로 $a+2b+c=22$이고, 등변의 중점을 연결한 길
이가 7이므로 $a+c=14$, 대각선의 중점을 이은 선분의 길이가 3이므로,
$c-a=6$이다.

위의 세 식을 연립하여 풀면, $a=b=4$, $c=4$이다.

[별해]

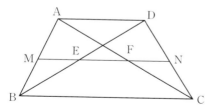

중간선을 $\overline{\mathrm{MN}}$이라고 하면 $\overline{\mathrm{MN}}$과 두 대각선이 만나는 교점 E, F는 각 대각선의
중점이 된다.

$\overline{MN}=7$, $\overline{EF}=3$

△ABD와 △ACD에서 삼각형의 중점연결정리에서 $\dfrac{1}{2}\,\overline{AD}=\overline{ME}=\overline{FN}$

따라서 $\overline{ME}=\overline{FN}=2$, $\overline{AD}=4$, $\dfrac{1}{2}(\overline{AD}+\overline{BC})=\overline{MN}$이므로,

$\overline{BC}=10$이다.

등변사다리꼴이므로 $\overline{AB}=\overline{CD}$이며

$\overline{AB}=\overline{CD}=\dfrac{22-10-4}{2}=4$이다.

6

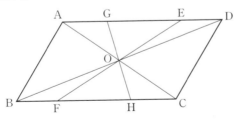

평행사변형의 대각선의 교점 O를 지나는 직선을 l, l'라 할 때, l이 평행사변형과 만나는 점을 E, F, l'와 만나는 점을 G, H라 한다.

점 O는 대각선의 교점이므로 $\overline{BO}=\overline{DO}$이고, 맞꼭지각으로 $\angle DOE = \angle BOF$이다. 또한 평행사변형이므로 $\angle EDO = \angle FBO$이므로, $\triangle BOF \equiv \triangle DOE$(ASA)이다. 즉, $\overline{EO}=\overline{FO}$이고, 똑같은 방법으로 $\overline{GO}=\overline{HO}$이다. 또한, 맞꼭지각으로 $\angle GOF = \angle HOE$이므로 $\triangle GOF \equiv \triangle HOE$(SAS)이다. 즉, $\overline{GF}=\overline{HE}$, 똑같은 방법으로 $\overline{GE}=\overline{HF}$임을 알아낼수 있다. 따라서 대변의 길이가 서로 같으므로 □EGFH는 평행사변형이다.

[별해]

△ODG와 △OBH에서

$\angle GDO = \angle OBH$(엇각)

$\overline{OB}=\overline{OD}$(대각선)

$\angle GOD = \angle BOH$(맞꼭지각)

$\therefore \triangle \text{ODG} \equiv \triangle \text{OBH}(\text{ASA})$

$\therefore \overline{\text{GO}} = \overline{\text{HO}}$

$\triangle \text{AOE}$와 $\triangle \text{FOC}$에서

$\angle \text{EAO} = \angle \text{OCF}$(엇각)

$\overline{\text{AO}} = \overline{\text{CO}}$(대각선)

$\angle \text{AOE} = \angle \text{FOC}$(맞꼭지각)

$\therefore \triangle \text{AOE} \equiv \triangle \text{FOC}(\text{ASA})$

$\therefore \overline{\text{EO}} = \overline{\text{OF}}$

□EGFH에서 대각선을 서로 이등분하므로 □EGFH는 평행사변형이다.

7

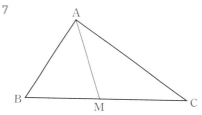

$\triangle \text{ABC}$에서 $\overline{\text{BC}}$의 중점을 M이라 하자. $\overline{\text{AM}}$의 중선이자 각 이등분선이므로 각 이등분선 성질에 의해 다음의 식이 성립한다.

$\overline{\text{AB}} : \overline{\text{AC}} = \overline{\text{BM}} : \overline{\text{MC}} = 1 : 1$

따라서 $\overline{\text{AB}} = \overline{\text{AC}}$인 이등변삼각형이 된다.

[별해]

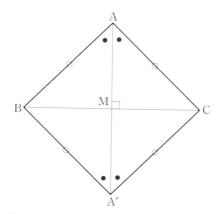

중점 M에 대하여 $\triangle \text{ABC}$의 점대칭도형을 그리면

$\overline{\text{AC}} = \overline{\text{A}'\text{B}}$, $\overline{\text{AB}} = \overline{\text{A}'\text{C}}$

$\overline{\text{AM}}$이 $\angle \text{A}$의 이등분선이므로

$\angle BAM = \angle CAM = \angle BA'M = \angle CA'M$

$\therefore \overline{AB} = \overline{A'B} = \overline{AC}$

$\therefore \triangle ABC$는 이등변삼각형이다.

8 생략

9

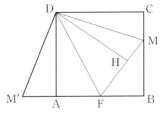

$\overline{AD} = \overline{DC}$이므로, D를 중심으로 C와 A가 겹치게 만들면 M에 대응되는 점을 M′라 한다.

$\overline{DF}$는 공통이고, $\overline{DM} = \overline{DM'}$, $\angle M'DF = \angle MDF = 45°$이므로 $\triangle M'DF \equiv \triangle MDF$ (SAS)이다. 따라서 D에서 $\overline{FM}$에 내린 수선의 길이 $\overline{DH}$와 D에서 $\overline{M'F}$에 내린 수선 $\overline{DA}$의 길이는 같다.

연습문제 23

1 $6x^2 - axy - 3y^2 - x - 7y - 2 = (2x + by + c)(dx + ey - 2)$

$= 2dx^2 + (2e + bd)xy + bey^2 + (-4 + cd)x + (ce - 2b)y - 2c$

$2d = 6 \qquad \cdots ①$

$2e + bd = -a \quad \cdots ②$

$be = -3 \qquad \cdots ③$

$-4 + cd = -1 \quad \cdots ④$

$ce - 2b = -7 \quad \cdots ⑤$

$-2c = -2 \qquad \cdots ⑥$

①에서 $d = 3$, ⑥에서 $c = 1$, ②에서 $2e + 3b = -a$,

⑤에서 $e - 2b = -7$, $e = 2b - 7$을 ③에 대입하면

$b(2b - 7) = -3$

$2b^2 - 7b + 3 = 0$

$(2b - 1)(b - 3) = 0$

$\therefore b = \dfrac{1}{2}$ 또는 3

(i) $b=\dfrac{1}{2}$, $e=-6$, $a=\dfrac{21}{2}$

(ii) $b=3$, $e=-1$, $a=-7$

왼쪽부터 차례로 $\dfrac{21}{2}$, $\dfrac{1}{2}$, 1, 3, -6 또는 -7, 3, 1, 3, -1

2 $x^3+px^2+qx+r=0$의 세 근을 1, α, α라 하면, 근과 계수와의 관계에 의해 다음과 같은 식이 성립한다.

$1+\alpha+\alpha=-p$, $\alpha+\alpha^2+\alpha=q$, $\alpha^2=-r$

위의 식을 정리하면 $2\alpha=-p-1$, $\alpha^2+2\alpha=q$, $\alpha^2=-r$이다.

$\alpha^2+2\alpha=-r-p-1=q$이므로 $p+q+r=-1$이다.

[별해]

$x^3+px^2+qx+r=0$의 한 근이 1, 다른 두 근이 같으므로 그 중근을 α라 하면

$x^3+px^2+qx+r=(x-1)(x-\alpha)^2$이 된다.

$x^3-px^2+qx+r=x^3+(-1-2\alpha)x^2+(\alpha^2+2\alpha)x-\alpha^2$에서 계수를 비교하면

$p=-1-2\alpha$, $q=\alpha^2+2\alpha$, $r=-\alpha^2$

준식에 $x=1$을 대입하면 $1+p+q+r=0$이다.

3 $\dfrac{6x^2+22x+18}{x^3+6x^2+11x+6}=\dfrac{6x^2+22x+18}{(x+1)(x+2)(x+3)}$

이제 다음과 같이 놓자.

$\dfrac{6x^2+22x+18}{(x+1)(x+2)(x+3)}=\dfrac{a}{x+1}+\dfrac{b}{x+2}+\dfrac{c}{x+3}$

위 식의 우변을 통분하면 다음과 같다.

$\dfrac{a(x+2)(x+3)+b(x+1)(x+3)+c(x+1)(x+2)}{(x+1)(x+2)(x+3)}$

$=\dfrac{(a+b+c)x^2+(5a+4b+3c)x+6a+3b+2c}{(x+1)(x+2)(x+3)}$

계수를 비교하면 된다.

$\therefore \begin{cases} a+b+c=6 \\ 5a+4b+3c=22 \\ 6a+3b+2c=18 \end{cases}$ $\therefore a=1,\ b=2,\ c=3$

따라서 $\dfrac{6x^2+22x+18}{(x+1)(x+2)(x+3)}=\dfrac{1}{x+1}+\dfrac{2}{x+2}+\dfrac{3}{x+3}$이다.

[별해]

$x^3+6x^2+11x+6=(x+2)(x+3)(x+1)$이므로 다음과 같이 표현할 수 있다.

$$\frac{6x^2+22x+18}{x^3+6x^2+11x+6}=\frac{a}{x+2}+\frac{b}{x+3}+\frac{c}{x+1}$$

위의 식을 통분하여 정리하면,

$$\frac{(a+b+c)x^2+(4a+3b+5c)x+3a+2b+6c}{(x+2)(x+3)(x+1)}$$

계수를 비교하면, $a+b+c=6$, $4a+3b+5c=22$, $3a+2b+6c=18$이다.

위의 식을 연립하면 $a=2$, $b=3$, $c=1$이다.

따라서 $\dfrac{6x^2+22x+18}{x^3+6x^2+11x+6}=\dfrac{2}{x+2}+\dfrac{3}{x+3}+\dfrac{1}{x+1}$ 과 같이 표현할 수 있다.

4 $x=1-2\sqrt[3]{2}+\sqrt[3]{4}$라 한다. 즉, $x-1=-2\sqrt[3]{2}+\sqrt[3]{4}$이다.

양변을 세제곱하여 정리하면, $(x-1)^3=-8\times2+4+3\times(-2)\times2(x-1)$

$$x^3-3x^2+15x=1$$

$\dfrac{1}{x}=\dfrac{x^2-3x-15}{x(x^2-3x-15)}=\dfrac{x^2-3x-15}{1}$ 이므로 $x^2-3x+15$의 값만 구하면 된다.

$x^2-3x-15=(1-2\sqrt[3]{2}+\sqrt[3]{4})^2-3(1-2\sqrt[3]{2}+\sqrt[3]{4})+15=3\sqrt[3]{4}+4\sqrt[3]{2}+5$

이다.

[별해]

예제 **07**과 같이 유리화 인수를 $1+A\sqrt[3]{2}+B\sqrt[3]{4}$라 하자 ($A$, B는 유리수)

$$\frac{1}{1-2\sqrt[3]{2}+\sqrt[3]{4}}\times\frac{1+A\sqrt[3]{2}+B\sqrt[3]{4}}{1+A\sqrt[3]{2}+B\sqrt[3]{4}}$$

$$=\frac{1+A\sqrt[3]{2}+B\sqrt[3]{4}}{(1-4B+2A)+(A+2B-2)\sqrt[3]{2}+(B-2A+1)\sqrt[3]{4}}=유리수$$

$$\therefore A=\frac{4}{5},\ B=\frac{3}{5}$$

따라서 분모 유리화를 하면

$$\frac{1+\dfrac{4}{5}\sqrt[3]{2}+\dfrac{3}{5}\sqrt[3]{4}}{\dfrac{1}{5}}=5+4\sqrt[3]{2}+3\sqrt[3]{4}$$

5 $f(x)=(x^2+ax+b)^2$이라 하고, 풀면 다음과 같다.

$(x^2+ax+b)^2=x^4+2ax^3+(a^2+2b)x^2+2abx+b^2$이다.

계수를 비교하면 다음과 같다.

$2a=6$, $a^2+2b=7$, $2ab=-6$, $A=b^2$이다.

즉, $a=3$, $b=-1$, $A=1$이다.

따라서 $f(x)=(x^2+3x-1)^2$이 된다.

6 $x^4-5x^3+11x^2+mx+n=(x-1)^2Q(x)$라 하자.

위의 식에 $x=1$을 대입하면, $m+n=-7$이다.

$n=-7-m$을 대입하여 인수분해하면 다음과 같다.

$x^4-5x^3+11x^2+mx-7-m=(x-1)(x^3-4x^2+7x+m+7)$

즉, $x^3-4x^2+7x+m+7=(x-1)Q(x)$이므로 $x=1$을 대입한다.

$m=-11$이므로 $n=4$가 된다.

7 x^3+px^2+qx+r의 세근이 α, β, γ이므로 다음과 같이 표현될 수 있다.

$x^3+px^2+qx+r=(x-\alpha)(x-\beta)(x-\gamma)$

위의 식을 정리하면

$x^3+px^2+qx+r=x^3-(\alpha+\beta+\gamma)x^2+(\alpha\beta+\beta\gamma+\gamma\alpha)x-\alpha\beta\gamma$이므로

$\alpha+\beta+\gamma=-p$, $\alpha\beta+\beta\gamma+\gamma\alpha=q$, $\alpha\beta\gamma=-\gamma$이다.

8 $x^2+y^2+1=(x+ay+b)(x+cy+d)$가 성립한다고 가정해 보자.

위의 식을 풀면 다음과 같다.

$x^2+y^2+1=x^2+acy^2+(a+c)xy+(b+d)x+(ad+bc)y+bd$

위의 식의 계수를 비교하면,

$ac=1$, $a+c=0$, $b+d=0$, $ad+bc=0$, $bd=1$

이다. $c=-a$이므로 $ac=-a^2=1$이 되므로 만족하는 실수 a는 존재 하지 않는

다. 즉, 일차인수의 곱으로 나타낼 수 없다.

9 $bd+cd=d(b+c)=$홀수 이므로 $d=$홀수, $b+c=$홀수이다.

$x^3+bx^2+cx+d=(x+p)(x^2+qx+r)$이 성립한다고 가정하자.

위의 식을 풀면 $x^3+bx^2+cx+d=x^3+(p+q)x^2+(pq+r)x+pr$이므로

$d=pr=$홀수, $b+c=pq+p+q+r=$홀수이다.

p, r은 모두 홀수이므로, $q(1+p)+p+r$은 짝수이다. 즉, 모순이다.

따라서 두 계수가 정수인 다항식의 곱으로 나타낼 수 없다.

10 $xy+px+qy+1=(ax+b)(xy+d)$가 성립한다고 가정하자.

위의 식을 풀면 $xy+px+qy+1=acxy+adx+bcy+bd$이므로 계수 비교하

면 다음과 같다.

$ac=1$, $ad=p$, $bc=q$, $bd=1$이다.

$c=\dfrac{1}{a}$, $d=\dfrac{1}{b}$이므로 , $p=\dfrac{a}{b}$, $q=\dfrac{b}{a}$이고, $pq=1$이다.

$p^2+q^2=7$이므로 $(p+q)^2=9$ 즉, $p+q=3$이다.

$pq=1$ 즉, $q=\dfrac{1}{p}$이므로 , $p+\dfrac{1}{p}=3$, $p^2-3p+1=0$이므로 $p=\dfrac{3\pm\sqrt{5}}{2}$이다.

$q=\dfrac{1}{p}$이므로 $q=\dfrac{3\mp\sqrt{5}}{2}$이다.

11 주어진 식이 x, y에 관한 1차식의 곱으로 나타낼 수 있다고 가정하자.

그러면 $x^2-xy+y^2+x+y=0$이라 놓았을 경우 y는 x에 관한 일차식으로 표현 가능할 것이다. $\therefore y^2-(x-1)y+(x^2+x)=0$

위 식에 근의 공식을 적용하면 다음과 같다.

$$y=\dfrac{(x-1)\pm\sqrt{(x-1)^2-4(x^2+x)}}{2}$$

여기서 y가 x에 관한 1차식으로 표현 가능하므로 근호($\sqrt{}$) 안의 식이 완전제곱식으로 될 것이다. 즉 $(x-1)^2-4(x^2+x)=-3x^2-6x+1$이 완전제곱식이 될 것이다. 그러므로 바로 위 식의 판별식이 0이 되어야 한다.

그런데 (판별식)$=(-6)^2-4\times(-3)\times1=36+12=48\neq0$이다. 이는 모순이다. 따라서 주어진 식은 x, y에 관한 1차식의 곱으로 나타낼 수 없다.

[별해]

$x^2-xy+y^2+x+y=(x+ay+b)(x+cy+d)$가 성립한다고 가정하자.

위의 식을 풀어서 정리하면 다음과 같다.

$x^2-xy+y^2+x+y=x^2+(c+a)xy+acy^2+(b+d)x+(ad+bc)y+bd$

계수를 비교하면 $c+a=-1$, $ac=1$, $b+d=1$, $ad+bc=1$, $bd=0$이다.

① $b=0$

$b+d=1$이므로, $d=1$, $ad+bc=1$이므로 $a=1$, $ac=1$이므로 $c=1$이다.

$a+c=1+1\neq-1$이므로 모순이다.

② $d=0$

$b+d=1$이므로 $b=1$, $ad+bc=1$이므로 $c=1$, $ac=1$이므로 $a=1$이다.

$a+c=1+1\neq-1$이므로 모순이다.

따라서 위의 식은 성립할 수 없으므로 두 일차인수의 곱으로 나타낼수 없다.

12 ① $x^4-x^3+kx^2-2kx-2=(x^2+ax+1)(x^2+bx-2)$인 경우

위의 식을 풀면 다음과 같이 정리할 수 있다.

$x^4-x^3+kx^2-2kx-2=x^4+(a+b)x^3+(ab-1)x^2-(2a-b)x-2$

계수를 비교하면 $a+b=-1$, $ab-1=k$, $2a-b=2k$이다.

위의 식을 만족하는 정수 $(a,\,b)$쌍은 $(0,\,-1)$이고, $k=-1$이다.

② $x^4-x^3+kx^2-2kx-2=(x^2+ax-1)(x^2+bx+2)$인 경우

위의 식을 풀면 다음과 같이 정리할 수 있다.

$x^4-x^3+kx^2-2kx-2=x^4+(a+b)x^3+(ab+1)x^2+(2a-b)x-2$

계수를 비교하면 $a+b=-1$, $ab+1=k$, $2a-b=-2k$이다.

위의 식을 만족하는 정수 (a, b)쌍은 $(-1, 0)$이고, $k=1$이다.

연습문제 24

1 6개의 물건을 2군데의 서랍에 넣을 때 적어도 3개 이상의 물건이 1개의 서랍에 중복되어 넣어지는 경우가 반드시 있다. 그러므로 6군데(물건)를 2종류(서랍)의 색만을 이용해서 칠하려고 할 때, 서랍의 원칙에 의하여 적어도 어느 세 곳은 같은 색깔의 칠을 해야만 하는 경우가 반드시 생긴다.

[별해]

면이 6개이므로 서랍원리에 의해 적어도 한 개의 서랍에는 3개가 들어간다. 즉, 적어도 3면은 같은 색을 가진다.

2 문제의 정삼각형을 아래와 같이 각 변의 길이가 $\frac{1}{2}$인 4개의 정삼각형으로 분할하자.

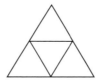

이제 위 그림의 가장 큰 삼각형의 내부에 5개의 점을 찍는다고 할 때, 적어도 어느 2개의 점은 1개의 작은 삼각형의 내부 및 경계에 찍어야만 하는 경우가 반드시 생긴다. 그런데 1개의 작은 정삼각형의 내부 및 경계에 속한 2점 사이의 거리는 $\frac{1}{2}$을 절대로 넘을 수 없다. 이로써 문제의 요구하는 바가 충분히 설명되었다.

[별해]

각 변의 중점을 연결하여 4개의 정삼각형으로 나눈다. 즉, 4개의 서랍에 5개의 점을 넣는다고 생각하면 적어도 한 개의 서랍에는 점 2개가 들어있다.

따라서 같은 서랍에 들어있는 두 점사이의 거리는 $\frac{1}{2}$보다 작다.

3 11개의 수를 x_1, x_2, x_3, $\cdots$, x_{11}이라 하자.

정수를 10으로 나눈다면 나머지는 0, 1, 2, $\cdots$, 9(10가지)가 가능하다.

10개의 서랍에 11가지의 수를 넣으면 적어도 2개의 수는 같은 서랍에 있게 된다. 즉, 나머지가 같게 되는 수가 적어도 2개 있다. 그 수를 x_i, $x_j(1 \le i, j \le 11)$라 한다면 $x_i - x_j$는 10의 배수가 된다.

4 한권 A, B, C, D 4가지

두권 AB, AC, AD, BC, BD, CD 6가지

즉 10가지가 있다. 따라서 적어도 11명의 학생이 빌려보아야 한다.

5 정수를 5로 나누면 나머지가 0, 1, 2, 3, 4가 된다.

　① 나머지가 0, 1, 2, 3, 4의 5개 모두 나타날 때

　　$(5a)+(5b+1)+(5c+2)+(5d+3)+(5e+4)=5(a+b+c+d+e)+15$

　　이므로 5로 나누어 떨어진다.

　② 나머지가 0, 1, 2, 3, 4 중에 4개가 나타날 때

　　17개를 취하므로 서랍원칙 Ⅱ에 의하여 적어도 나머지가 같은 5개의 정수를 취

　　할 수 있다. 나머지가 같은 5개의 정수의 합은 5로 나누어 떨어진다.

　③ 나머지가 0, 1, 2, 3, 4 중에 2개 또는 3개가 나타날 때, 역시 서랍의 원칙 II에

　　의해 나머지가 같은 5개의 정수를 취할 수 있다.

　④ 나머지가 0, 1, 2, 3, 4 중에 1개가 나타날 때, 모두 나머지가 같으므로 5개를

　　취하면 5로 나누어 떨어진다.

6~9 생략

10 $1 \leq a_j - a_i \leq 68$

즉, 차의 값이 1부터 68까지이므로 68가지로 나눌 수 있다.

$210 = 68 \times 3 + 6$이므로

따라서 적어도 4개의 차는 같다.

연습문제 26

1 ① $m^2 + 2m \neq 0$, $m^2 + m - 1 = 1 \Rightarrow m = 1$

　① $m^2 + 2m \neq 0$, $m^2 + m - 1 = -1 \Rightarrow m = -1$

2~3 생략

4 (A) $a < 0$, $b > 0$, $c > 0 \rightarrow abc > 0 (\times)$

　(B) $f(x) = ax^2 + bx + c \rightarrow f(1) = a + b + c > 0 (\times)$

　(C) $b < a + c \Longleftrightarrow a - b + c > 0 \rightarrow f(-1) = a - b + c = 0 (\times)$

　(D) $-\dfrac{b}{2a} = 1$이고 두 근의 곱이 $(-1) \cdot 3 = \dfrac{c}{a}$이다.　∴ $2c = 3b$

5~6 생략

7 총 작업량 $= m(대) \times m(시간) = m^2$

　x대의 1시간당 작업량 $= x(대) \times 1(시간) = x$

(작업시간)=(작업량)÷(기계수)이므로 $y=\dfrac{m^2}{x}$ (그림 생략)

8~9 생략

10 (1) $-\dfrac{b}{2a}=\dfrac{3}{2}$, $\dfrac{1}{\alpha}+\dfrac{1}{\beta}=\dfrac{\alpha+\beta}{\alpha\beta}=-\dfrac{b}{c}=2$

$9a+3b+c=-3$을 연립하면 $a=-2$, $b=6$, $c=-3$

(2) $y=-2x^2+6x-3>1 \Rightarrow \therefore 1<x<2$

$y=-2x^2+6x-3<3 \Rightarrow \therefore x<0$ 또는 $x<3$

$y>1$, $x<0$ 또는 $x<3$일 때 $y<-3$

(3) $x=\dfrac{3}{2}$일 때 $y_{최대}=\dfrac{3}{2}$

11 이차함수라는 말이 없으므로 $a=0$인 경우도 살펴야 한다. 그러나 이 경우에는 성립하지 않으므로 $a>0$을 만족해야 한다. $\mathrm{D}=16-4a(a-2)$

여기서 $a>\sqrt{5}-1$을 얻는다.

12 (1) $y=x^2+ax+\sqrt{2}$에서 꼭짓점 $A\left(-\dfrac{a}{2},\ \sqrt{2}-\dfrac{a^2}{4}\right)$

$y=-x^2+ax+\sqrt{2}$에서 꼭짓점 $B\left(\dfrac{a}{2},\ \sqrt{2}+\dfrac{a^2}{4}\right)$

$AB=\sqrt{\left(\dfrac{a}{2}+\dfrac{a}{2}\right)^2+\left(\sqrt{2}+\dfrac{a^2}{4}-\sqrt{2}+\dfrac{a^2}{4}\right)^2}$

$=\dfrac{\left(a\sqrt{a^2+4}\right)}{2}$

(2) 기울기의 곱이 -1이어야 하므로 $a=\pm2$

13~14 생략

연습문제 27

1 (1) 각 경우에 대하여 옳고 그름을 가려보자.

  (A) 예컨대 a, b가 음수일 경우 성립하지 않는다.

  (B) 예컨대 a가 양수, b가 음수일 경우 성립하지 않는다.

  (C) 예컨대 c가 0일 경우 성립하지 않는다.

  (D) 옳다.

  [별해]

  (1) (A) 반례 : $0 > 1 \rightarrow 0^2 < (-1)^2$

   (B) 반례 : $1 > (-1) \rightarrow \dfrac{1}{1} > \dfrac{-1}{1}$

   (C) 반례 : $ac^2 > bc^2$, $0 < \dfrac{1}{3} < 1 \rightarrow \left(\dfrac{1}{3}\right)^{ac^2} < \left(\dfrac{1}{3}\right)^{bc^2}$

   (D) $\dfrac{1}{c^2} > 0$이므로 양변에 곱해도 부등호 방향이 변하지 않는다. 그러므로 옳다.

  (2) $\dfrac{c}{a} < -\dfrac{d}{b}$ $\quad \therefore \dfrac{c}{a} > \dfrac{d}{b}$

  한편 a, b의 부호가 같으므로 $ab > 0$이니까 위 식의 양변에 ab를 곱해도 부등호는 변하지 않는다. 따라서 $bc > ad$가 성립한다. 따라서 답은 (B)이다.

  [별해]

  $-\dfrac{c}{a} < -\dfrac{d}{b} \Longleftrightarrow \dfrac{c}{a} > \dfrac{d}{b}$, 그런데 $ab > 0$이므로 양변에 곱하고 정리하면

  $bc > ad$임을 알 수 있다.

  (3) $3a + 7 < 0$이라면 해는 도저히 같을 수 없다. 그리고 $3a + 7$이 분모에 있으므로 $3a + 7 \neq 0$이다. 그러므로 $3a + 7 > 0$이다. 따라서 첫번째 식의 양변을 $3a + 7$로 나누어도 부등호는 변하지 않는다.

  $\therefore x > \dfrac{a+1}{3a+7}$

  위의 해와 $x > -\dfrac{a+1}{3a+7}$ 이 같다고 했으므로 $\dfrac{a+1}{3a+7} = -\dfrac{a+1}{3a+7}$ 이다.

  그러므로 $a = -1$이다. 물론 $a = -1$일 때 $3a + 7 > 0$이다.

  따라서 정답은 (C)이다.

[별해]

(3) $(3a+7)$을 이항하여도 부등호방향이 그대로이므로

$$(3a+7)>0 \Rightarrow a>-\frac{7}{3}$$

따라서 $x>-\frac{(a+1)}{(3a+7)}=\frac{(a+1)}{(3a+7)}$ 이므로 $a=-1$

2 생략

3 $ax^2+bx+2>0$의 해가 $-\frac{1}{2}<x<\frac{1}{3}$이므로

$a<0$을 알 수 있다.

준식은

$a\left(x+\frac{1}{2}\right)\left(x-\frac{1}{3}\right)>0$이 되므로

$a\left(x^2+\frac{1}{6}x-\frac{1}{6}\right)>0$

$ax^2+\frac{1}{6}ax-\frac{1}{6}a>0$

$\therefore -\frac{1}{6}a=2$

$\therefore a=-12,\ b=-2$

4 생략

5 이차방정식이라는 말이 없으므로 일단 $a=\pm1$인 경우를 살펴본다. 그러나 이때 실근이 존재하지 않는다.

이제 이차방정식인 경우를 생각한다. $D \geq 0$, 첫 항의 계수가 0인 경우를 생각하면 정답은 $a>-1$ 또는 $a \leq -17$이다.

[별해]

실근을 가지므로 $D \geq 0$이다.

$$\frac{D}{4}=9(a+1)^2-8(a^2-1)\geq0$$

$$=a^2+18a+17=(a+1)(a+17)\geq0$$

$\therefore a \geq -1$ 또는 $a \leq -17$

(1) $a=-1$이 되면 준식은 $8=0$이 되므로 만족할 수 없다.

$\therefore a>-1,\ a \leq -17$

6 [참고] 세 방정식이 모두 허근을 갖게 하는 범위의 여집합을 구하는 것과 같다.

7 $|x^2-4x+3|>x^2-4x+3$이려면 $x^2-4x+3<0 \Rightarrow 1<x<3$

8 생략

1 제2코사인법칙을 이용하면 $b=2$, $b>a$이고 B가 둔각이므로 A는 예각이다.

사인법칙에 의하여 $\sin A = \dfrac{a\sin B}{b} = \dfrac{1}{2}$ 을 얻는다. $\therefore$ A$=30°$, C$=15°$

2 문제의 뜻을 그림으로 옮기면 다음과 같다.

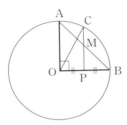

$\overline{CM}$의 M 쪽 연장과 $\overline{OB}$가 만나는 점을 P라 하자.

$\overline{AB}$의 중점이 M이고, $\overline{AO} /\!/ \overline{CM}$이므로 P는 $\overline{OB}$의 중점이다.

$$\therefore \overline{OP} = \frac{1}{2}\overline{OB} = \frac{1}{2}\overline{CO} \text{ and } \overline{OP} \perp \overline{CO}$$

그러므로 $\triangle$COP는 변의 길이 비가 $1 : \sqrt{3} : 2$인 직각삼각형이다.

$$\therefore \angle COB = 60° \quad \therefore \angle AOC = 30°$$

그러므로 호 AC의 중심각은 호 AB의 중심각의 $\dfrac{1}{3}$이다.

따라서 $\overparen{AC} = \dfrac{\overparen{AB}}{3}$이다.

[별해]

P는 $\overline{OB}$의 중점이므로 $\triangle$COP는 세 변의 길이의 비가 $1 : \sqrt{3} : 2$인 직각삼각형이다.

따라서 $\angle COB = 60°$, $\angle AOC = 30°$. 중심각과 호의 길이는 비례하므로

$\angle AOB : \angle AOC = \overparen{AB} : \overparen{AC} = 3 : 1$

3 점 C를 지나며 직선 $\overline{HN}$에 평행선을 그리고 $\overline{AB}$와의 교점을 D라고 한다.

그러면 삼각형의 닮음에 의하여

$\dfrac{\overline{HB}}{\overline{HC}} = \dfrac{\overline{NB}}{\overline{ND}}$, $\dfrac{\overline{MC}}{\overline{MA}} = \dfrac{\overline{ND}}{\overline{NA}}$이므로

$\left(\dfrac{\overline{BH}}{\overline{HC}}\right) \cdot \left(\dfrac{\overline{MC}}{\overline{MA}}\right) \cdot \left(\dfrac{\overline{NA}}{\overline{NB}}\right) = \left(\dfrac{\overline{NB}}{\overline{ND}}\right) \cdot \left(\dfrac{\overline{ND}}{\overline{NA}}\right) \cdot \left(\dfrac{\overline{NA}}{\overline{NB}}\right) = 1$(일정한 값)

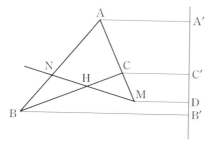

$\overline{\text{MN}}$에 수직이 되는 직선 l을 긋고 만나는 점을 D라 한다.

A, B, C점에서 l 위에 내린 수선의 발은 A′, B′, C′이라고 한다.

$\dfrac{\overline{\text{HB}}}{\overline{\text{HC}}}=\dfrac{\overline{\text{B}′\text{O}}}{\overline{\text{C}′\text{O}}}$ ...... ①

$\dfrac{\overline{\text{MA}}}{\overline{\text{MC}}}=\dfrac{\overline{\text{C}′\text{O}}}{\overline{\text{A}′\text{O}}}$ ...... ②

$\dfrac{\overline{\text{NA}}}{\overline{\text{NB}}}=\dfrac{\overline{\text{A}′\text{O}}}{\overline{\text{B}′\text{O}}}$ ...... ③

①, ②, ③을 각각 곱하면

$\dfrac{\overline{\text{HB}}}{\overline{\text{HC}}}\cdot\dfrac{\overline{\text{MC}}}{\overline{\text{MA}}}\cdot\dfrac{\overline{\text{NA}}}{\overline{\text{NB}}}=\dfrac{\overline{\text{B}′\text{O}}}{\overline{\text{C}′\text{O}}}\cdot\dfrac{\overline{\text{C}′\text{O}}}{\overline{\text{A}′\text{O}}}\cdot\dfrac{\overline{\text{A}′\text{O}}}{\overline{\text{B}′\text{O}}}=1$

4

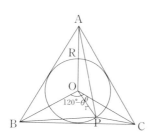

$\overline{\text{PA}}^2=\text{R}^2+\text{r}^2-2\text{rR}\cos(120+\theta)$

$\overline{\text{PB}}^2=\text{R}^2+\text{r}^2-2\text{rR}\cos(120-\theta)$

$\overline{\text{PC}}^2=\text{R}^2+\text{r}^2-2\text{rR}\cos\theta$

$\therefore \text{PA}^2+\text{PB}^2+\text{PC}^2=3(\text{R}^2+\text{r}^2)$으로 일정.

$\cos(\alpha\pm\beta)=\cos\alpha\cos\beta\mp\sin\alpha\sin\beta$임을 이용하면 된다.

5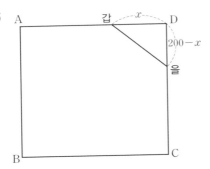

그림과 같이 있을 때 갑, 을 두사람의 거리가 가장 가깝게 된다.

갑, 을 두 사람의 거리 $=\sqrt{x^2+(200-x)^2}=\sqrt{2x^2-400x+40000}$

$=\sqrt{2(x-100)^2+20000}$

따라서 $x=100$일 때, 최소가 되며 그 거리는 $\sqrt{20000}=100\sqrt{2}$

6 코사인 제2법칙에 따라 각을 전부 변에 대한 식으로 바꿔서 정리한다.

$$\frac{a}{\cos B}=\frac{a}{\dfrac{c^2+a^2-b^2}{2ca}}=\frac{2ca}{c^2+a^2-b^2} \quad \cdots\cdots ①$$

$$\frac{b}{\cos A}=\frac{b}{\dfrac{b^2+c^2-a^2}{2bc}}=\frac{2bc}{b^2+c^2-a^2} \quad \cdots\cdots ②$$

$2c$를 약분하고 연립하여 정리하면 $(a-b)(a^2+b^2-c^2)=0$

△ABC는 $\overline{CB}=\overline{CA}$인 이등변삼각형이거나 또는 ∠C가 직각인 직각삼각형이다.

7–8 생략

연습문제 29

1 문제의 뜻을 그림으로 옮기면 다음과 같다.

내각의 이등분선 정리에 의하여 다음이 성립한다.

$\overline{FG}:\overline{EG}=\overline{AF}:\overline{AE}$ ······㉮

$\overline{CD}:\overline{BD}=\overline{AC}:\overline{AB}$ ······㉯

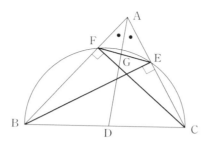

한편 ∠BFC＝∠BEC＝90°이므로 위 그림처럼 □FBCE는 원에 내접하는 사각형이며 $\overline{BC}$는 지름이다. 그러므로 다음이 성립한다.

$$\angle ACB=\angle AFE \text{ and } \angle ABC=\angle AEF$$

그러므로 △ABC와 △AEF는 AA 닮음이 됨을 알 수 있다.

$$\therefore \overline{AF}:\overline{AE}=\overline{AC}:\overline{AB} \quad \cdots\cdots \text{⑤}$$

⑤와 ㉮에 의하여 다음이 성립한다.

$$\overline{FG}:\overline{EG}=\overline{AC}:\overline{AB} \quad \cdots\cdots \text{⑭}$$

그러므로 ⑭, ⑭에 의하여 다음이 성립한다.

$$\overline{CD}:\overline{BD}=\overline{FG}:\overline{EG} \quad \therefore \overline{BD}\cdot\overline{FG}=\overline{CD}\cdot\overline{EG}$$

따라서 $\overline{BD}\cdot\overline{FG}=\overline{DC}\cdot\overline{GE}$가 성립한다.

[별해]

∠BFC＝∠BEC＝90°이므로 네 점 B, C, E, F가 한 원 위에 있다.

□BCEF는 내접사각형이므로 ∠AFE＝∠ECB, ∠AEF＝∠FBC

따라서 △AEF∽△ABC이고 또한 △AGE∽△ADB, △AFG∽△ACD (AA닮음)이고 닮음비는 모두 같음을 알 수 있다. 따라서

$$\overline{FE}:\overline{CB}:\overline{FG}:\overline{CD}=\overline{EG}:\overline{DB} \quad \therefore \overline{BD}:\overline{FG}=\overline{DC}:\overline{EG}$$

2 문제의 그림을 좀더 자세히 그리면 오른쪽 그림과 같다.

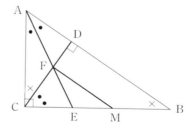

(1) AA 닮음에 의하여 다음이 성립한다.

△ACF∽△ABE

그러므로 $\overline{AE}:\overline{AF}=\overline{AB}:\overline{AC}$이다.

(2) 또한 $\overline{FM}\,/\!/\,\overline{AB}$이므로 $\overline{EB}:\overline{MB}=\overline{EA}:\overline{FA}$이다.

그러므로 $\overline{EB}:\overline{MB}=\overline{AE}:\overline{AF}$

(3) 위 (1)과 (2)의 결과에 의하여 다음이 성립한다.

$$\overline{AB} : \overline{AC} = \overline{EB} : \overline{MB} \quad \cdots\cdots \text{㉮}$$

또한 내각의 이등분선 정리에 의하여 다음이 성립한다.

$$\overline{AB} : \overline{AC} = \overline{EB} : \overline{CE} \quad \cdots\cdots \text{㉯}$$

따라서 ㉮와 ㉯에 의하여 $\overline{CE} = \overline{MB}$이다.

[별해]

(1) $\triangle ACF \backsim \triangle ABE$ (AA닮음) $\rightarrow \overline{AE} : \overline{AF} = \overline{AB} : \overline{AC}$

(2) $\overline{MF} /\!/ \overline{AB}$이므로 $\triangle AEB \backsim \triangle FEM \rightarrow \overline{EB} : \overline{MB} = \overline{AE} : \overline{AF}$

(3) (1), (2)에서 $\overline{AB} : \overline{AC} = \overline{EB} : \overline{MB}$이고 또한 각의 이등분선 정리에 의해

$\overline{AB} : \overline{AC} = \overline{EB} : \overline{EC}$이므로 $\overline{MB} = \overline{EC}$이다.

3

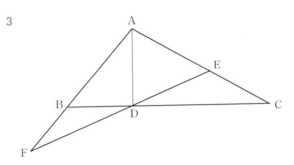

$\angle ABD + \angle BAD = 90°$

$\angle ABD = \angle CAD$, $\angle BAD = \angle ACD$

점 E는 $\triangle ACD$의 외심이므로

$\overline{AE} = \overline{AD} = \overline{CE}$

$\therefore \angle ADE = \angle DAE$, $\angle EDC = \angle ECD = \angle BDF$

$\therefore \triangle FBD \backsim \triangle ADF$

$\overline{DF} : \overline{AF} = \overline{BF} : \overline{DF} = \overline{BD} : \overline{AD} \quad \cdots\cdots \text{①}$

$\triangle ABC \backsim \triangle ABD$

$\overline{AB} : \overline{AC} = \overline{BD} : \overline{AD} \quad \cdots\cdots \text{②}$

①, ②에 의하여

$\overline{AB} : \overline{AC} = \overline{DF} : \overline{AF}$

4 $\overline{AF} = a$라고 하면 $\overline{FD} = a$, $\overline{AD} = 2a$, $\overline{EC} = 3a$, $\overline{BE} = 2a$. 따라서 $S_{\triangle EFD} : S_{\triangle DEC}$

$= 1 : 3$. $\overline{CD}$에 평행하게 $\overline{EM}$을 그어 $\overline{DA}$의 연장선과 만나는 점을 M이라고 한

다. 그러면 MECD는 평행사변형이다. 그리고 $FD /\!/ EC$이므로 △FGD∽
△EGC이고 닮음비는 $1:3$이다. 그러면 $S_{\triangle GFD} : S_{\triangle FED} : S_{\triangle DEC}=1:2:6$을 얻는
다.

[별해]

$\overline{AF}=a$라 하면 $\overline{FD}=a$, $\overline{AD}=2a$, $\overline{EC}=3a$, $\overline{BE}=2a$

△GFD의 넓이를 b라 하면

△GEC$=9b$, □FDEC$=8b$

△FDE와 △DEC는 각 밑변의 길이가 a와 $3a$이고 높이가 같으므로

$\triangle FDE=2b$, $\triangle DEC=6b$

∴ △GFD : △FED : △DEC$=b:2b:6b=1:2:6$

5 문제의 뜻을 그림으로 옮기면 다음과 같다.

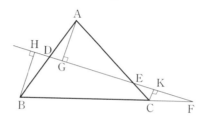

세 꼭짓점 A, B, C에서 직선 DEF에 내린 수선의 발을 G, H, K라고 하면 다음
관계가 성립한다.

$$\begin{cases} △BHF∽△CKF \\ △CKE∽△AGE \\ △AGD∽△BHD \end{cases}$$

닮은꼴인 도형은 서로 대응하는 변의 닮음비가 같으므로 역시 다음이 성립한다.

$$\frac{\overline{BF}}{\overline{FC}}=\frac{\overline{BH}}{\overline{CK}}, \quad \frac{\overline{CE}}{\overline{EA}}=\frac{\overline{CK}}{\overline{AG}}, \quad \frac{\overline{AD}}{\overline{DB}}=\frac{\overline{AG}}{\overline{BH}}$$

이제 위 세 식을 변변 곱하면 다음과 같이 된다.

$$\frac{\overline{BF}}{\overline{FC}} \times \frac{\overline{CE}}{\overline{EA}} \times \frac{\overline{AD}}{\overline{DB}}=\frac{\overline{BH}}{\overline{CK}} \times \frac{\overline{CK}}{\overline{AG}} \times \frac{\overline{AG}}{\overline{BH}}=1$$

따라서 $\dfrac{\overline{BF}}{\overline{FC}} \cdot \dfrac{\overline{CE}}{\overline{EA}} \cdot \dfrac{\overline{AD}}{\overline{DB}}=1$이다.

6 C를 지나 $\overline{\mathrm{AB}}$에 평형한 진석을 그어 $\overline{\mathrm{DN}}$과 만나는 점을 Q라 한다.

△CQM∽△MBD에서

$$\frac{\overline{\mathrm{BM}}}{\overline{\mathrm{CM}}} = \frac{\overline{\mathrm{DB}}}{\overline{\mathrm{CQ}}} \ \cdots\cdots ①$$

△CNQ∽△AND에서

$$\frac{\overline{\mathrm{CN}}}{\overline{\mathrm{AN}}} = \frac{\overline{\mathrm{CQ}}}{\overline{\mathrm{AD}}} \ \cdots\cdots ②$$

①, ②를 곱하면

$$\frac{\overline{\mathrm{BM}}}{\overline{\mathrm{CM}}} \times \frac{\overline{\mathrm{CN}}}{\overline{\mathrm{AN}}} = \frac{\overline{\mathrm{DB}}}{\overline{\mathrm{CQ}}} \times \frac{\overline{\mathrm{CQ}}}{\overline{\mathrm{AD}}}$$
$$\therefore \overline{\mathrm{AD}} \times \overline{\mathrm{BM}} \times \overline{\mathrm{CN}} = \overline{\mathrm{BD}} \times \overline{\mathrm{CM}} \times \overline{\mathrm{AN}}$$

7 $\overline{\mathrm{AD}}/\!/\overline{\mathrm{BC}}$, $S_{\triangle \mathrm{AOD}} = p^2$, $S_{\triangle \mathrm{BOC}} = q^2$인 사다리꼴 ABCD를 그리면 다음과 같다.

편의상 $S_{\triangle \mathrm{AOD}} = (\triangle \mathrm{AOD})$, $S_{\triangle \mathrm{BOC}} = (\triangle \mathrm{BOC})$로 나타내기로 하자.

물론 $(\square \mathrm{ABCD})$는 사다리꼴 ABCD의 넓이를 뜻한다.

문제는 $(\triangle \mathrm{AOD}) = p^2$, $(\triangle \mathrm{BOC}) = q^2$일 때 $(\square \mathrm{ABCD})$를 구하라는 것이다.

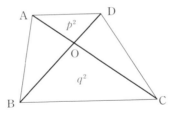

∠AOD = ∠COB, ∠OAD = ∠OCB이므로 다음이 성립한다.

△AOD∽△COB(AA 닮음)

이제 닮음인 도형의 넓이비는 대응변의 길이의 제곱비이다. 그런데 △AOD와 △COB의 넓이의 비는 $p^2 : q^2$이므로 두 삼각형의 대응변의 닮음비는 $p : q$이다.

$$\therefore \frac{\overline{\mathrm{OD}}}{\overline{\mathrm{OB}}} = \frac{p}{q} \qquad \therefore (\triangle \mathrm{AOB}) = p^2 \times \frac{q}{p} = pq$$

마찬가지 원리로 $\therefore (\triangle \mathrm{COD}) = q^2 \times \frac{p}{q} = qp$

따라서 $(\square \mathrm{ABCD}) = p^2 + pq + qp + q^2 = (p+q)^2$이다.

8~10 생략

연습문제 30

1 다음 그림처럼 보조선 $\overline{AE}$를 긋는다.

$\triangle OAE$는 이등변삼각형이다.

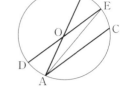

$\therefore \angle BAE = \angle OAE = \angle OEA$

그런데 $\overline{OE} /\!/ \overline{AC}$이므로 $\angle OEA = \angle EAC$(엇각)이다.

그러므로 $\angle BAE = \angle EAC$이다.

즉 한 원 O에서 호 BE와 호 EC의 원주각이 같다.

따라서 호 BE와 호 EC의 길이도 같다.

[별해]

$\overline{AC} /\!/ \overline{DE}$이므로 $\angle BOE = \angle BAC$

$\angle BOE$는 $\overset{\frown}{BE}$의 중심각이고 $\angle BAC$는 $\overset{\frown}{BC}$의 원주각인데 서로 같으므로

$\overset{\frown}{BE} = \dfrac{1}{2}\overset{\frown}{BC}$ $\therefore \overset{\frown}{BE} = \overset{\frown}{EC}$

2 다음 그림처럼 점 O에서 현 AB에 수선을 내려 그 발을 H라 하자.

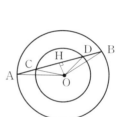

$\triangle OHC \equiv \triangle OHD$, $\triangle OHA \equiv \triangle OHB$이다.

/*자세한 증명은 생략한다.*/

$\angle AOC = \angle AOH - \angle COH = \angle BOH - \angle DOH$

$= \angle BOD$

또한 $\overline{CO} = \overline{DO}$, $\overline{AO} = \overline{BO}$이다.

그러므로 $\triangle AOC \equiv \triangle BOD$이다.

따라서 $\overline{AC} = \overline{BD}$이다.

[별해]

중심 O에서 $\overline{CD}$ (또는 $\overline{AB}$)에 내린 수선의 발을 H이라고 한다.

그러면 $\overline{OH}$은 현 CD와 현 AB를 각각 수직이등분한다.

즉 $\overline{AH} = \overline{HB}$

   $\overline{CH} = \overline{HD}$

변변 빼면

   $\overline{AH} - \overline{CH} = \overline{HB} - \overline{HD}$ $\therefore \overline{AC} = \overline{DB}$

3 다음 그림처럼 보조선 $\overline{AE}$와 $\overline{BE}$를 긋고 생각한다.

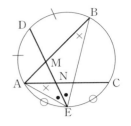

호의 길이가 같으면 원주각도 같다는 성질을 이용하자.

∴ ∠EAC＝∠ABE, ∠AED＝∠BED

△MEB에서 ∠AMN＝∠ABE＋∠BED이다.

△NAE에서 ∠ANM＝∠EAC＋∠AED＝

∠ABE＋∠BED이다.

∴ ∠AMN＝∠ANM

따라서 $\overline{AM}＝\overline{AN}$이다.

[별해]

$\overline{BE}$와 $\overline{CD}$를 그린다.

$\widehat{AD}＝\widehat{DB}$이므로 ∠DCA＝∠DEB＝$\alpha$

$\widehat{AE}＝\widehat{EC}$이므로 ∠ABE＝∠EDC＝$\beta$

∠DNA는 △CND에서 ∠CND의 외각이므로 ∠DNA＝$\alpha+\beta$

∠AME는 △BME에서 ∠BME의 외각이므로 ∠AME＝$\alpha+\beta$

따라서 △AMN에서 ∠AMN＝∠ANM이므로 AM＝AN

4 이 문제를 풀기 전에 먼저 다음과 같은 내용을 알아

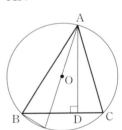

두자. 즉 다음 그림과 같이 임의의 △ABC와 그 외
접원 O가 있어서 그 지름을 d라 할 때, 꼭짓점 A에
서 변 BC에 내린 수선의 길이가 h이면
$\overline{AB}\cdot\overline{AC}＝d\cdot h$가 성립한다.

먼저 위 식이 왜 성립하는지 증명해 보자.

위 그림에서 ∠ABE＝90°＝∠ADC,

∠AEB＝∠ACD이다.

∴ △ABE∽△ADC ∴ $\overline{AB}:\overline{AD}＝\overline{AE}:\overline{AC}$이다.

따라서 $\overline{AB}\cdot\overline{AC}＝d\cdot h$가 성립한다.

이로써 원래의 문제를 풀기 위한 워밍업이 끝났다. 그럼 이제 원래의 문제로 돌아
가서 본격적으로 풀어 보자.

다음 그림과 같이 점 A, E에서 선분 BC에 내린 수선의 발을 각각 차례로 S, T
라 하자. 그리고 편의상 각 선분의 길이를 다음과 같이 정하자.

$$\overline{AB}＝x, \quad \overline{AC}＝y, \quad \overline{AD}＝p, \quad \overline{AS}＝e,$$
$$\overline{EB}＝l, \quad \overline{EC}＝m, \quad \overline{ED}＝q, \quad \overline{ET}＝f$$

그리고 주어진 원의 지름을 d라고 하자.

그러면 앞에서 배운 내용에 의하여 다음 식들이 성립한다.

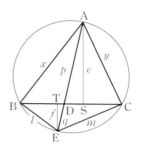

$$\begin{cases} xy=de \\ lm=df \end{cases} \quad \therefore \ \frac{xy}{lm}=\frac{e}{f} \quad \cdots\cdots \text{㉮}$$

또한 $\triangle \text{ADS} \backsim \triangle \text{EDT}$이니까 다음이 성립한다.

$$\frac{e}{f}=\frac{p}{q} \qquad\qquad \cdots\cdots \text{㉯}$$

그러므로 ㉮, ㉯에 의하여 $\dfrac{xy}{lm}=\dfrac{p}{q}$이다.

따라서 $\dfrac{\overline{\text{AB}}}{\overline{\text{CE}}} \cdot \dfrac{\overline{\text{AC}}}{\overline{\text{BE}}} \cdot \dfrac{\overline{\text{AD}}}{\overline{\text{DE}}}$가 성립한다.

[별해]

원주각을 잘 살펴보면

$\triangle \text{ADB} \backsim \triangle \text{CDE}$, $\triangle \text{BDE} \backsim \triangle \text{ADC}$

여기서 다음 식을 얻는다.

$$\frac{\overline{\text{AC}}}{\overline{\text{BE}}}=\frac{\overline{\text{AD}}}{\overline{\text{BD}}}, \ \frac{\overline{\text{AB}}}{\overline{\text{CE}}}=\frac{\overline{\text{BD}}}{\overline{\text{DE}}}$$

따라서 변변 곱하면

$$\frac{\overline{\text{AC}}}{\overline{\text{BE}}} \cdot \frac{\overline{\text{AB}}}{\overline{\text{CE}}}=\frac{\overline{\text{AD}}}{\overline{\text{BD}}} \cdot \frac{\overline{\text{BD}}}{\overline{\text{DE}}}=\frac{\overline{\text{AD}}}{\overline{\text{DE}}}$$

5 문제의 그림은 다음과 같다.

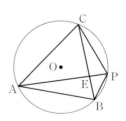

$\angle \text{EPB}=\angle \text{APB}=\angle \text{ACB}=60\degree$이다.

그리고 $\angle \text{CPA}=\angle \text{CBA}=60\degree$이다.

$$\therefore \ \angle \text{EPB}=\angle \text{CPA} \ \cdots\cdots \text{㉮}$$

또한 $\angle \text{EBP}=\angle \text{CBP}=\angle \text{CAP}$이다.

$$\therefore \ \angle \text{EBP}=\angle \text{CAP} \ \cdots\cdots \text{㉯}$$

그러므로 ㉮, ㉯에 의하여 $\triangle \text{APC} \backsim \triangle \text{BPE}$이다.

$$\therefore \ \overline{\text{PA}} : \overline{\text{PC}}=\overline{\text{PB}} : \overline{\text{PE}}$$

$$\therefore \ \overline{\text{PB}} \cdot \overline{\text{PC}}=\overline{\text{PA}} \cdot \overline{\text{PE}}$$

$$=\overline{\text{PA}} \cdot (\overline{\text{PA}}-\overline{\text{AE}})$$

$$=\overline{\text{PA}}^2-\overline{\text{PA}} \cdot \overline{\text{AE}}$$

$$\therefore \ \overline{\text{PA}}^2=\overline{\text{PA}} \cdot \overline{\text{AE}}+\overline{\text{PB}} \cdot \overline{\text{PC}} \ \cdots\cdots \text{㉰}$$

한편 $\angle \text{EBA}=\angle \text{CBA}=60\degree=\angle \text{ACB}=\angle \text{APB}$이다.

그리고 $\angle EAB = \angle BAP$이다.

$\therefore \triangle ABE \backsim \triangle PAB$ $\therefore \overline{AB} : \overline{AE} = \overline{PA} : \overline{AB}$

$\therefore \overline{PA} \cdot \overline{AE} = \overline{AB}^2$ ······㉱

따라서 ㉱를 ㉲에 대입하면 $\overline{PA}^2 = \overline{AB}^2 + \overline{PB} \cdot \overline{PC}$이다.

[별해]

$\angle PAB = \angle EAB$이고 $\angle APB = \angle EBA = 60°$이므로

$\triangle APB \backsim \triangle ABE \rightarrow \dfrac{\overline{AP}}{\overline{AB}} = \dfrac{\overline{AB}}{\overline{AE}}$ $\therefore \overline{AB}^2 = \overline{AP} \cdot \overline{AE}$

마찬가지로 $\triangle ACP \backsim \triangle BEP$에서 $\dfrac{\overline{PA}}{\overline{PC}} = \dfrac{\overline{PB}}{\overline{PE}}$ $\therefore \overline{PA} \cdot \overline{PE} = \overline{PB} \cdot \overline{PC}$

6 조금 색다른 방법을 이용해서 증명해 보자. 이 책의 제**32**장에서 배우는 방멱의 원리를 이용하여 풀어 보겠다. 네 점 EFBP를 지나는 한 원 O_1을 그릴 수 있다. 그리고 세 점 BPD를 지나는 또다른 한 원 O_2를 그릴 수 있다. 그러면 선분 AD는 원 O_2의 한 접선이다.

이제 원 O_1, O_2에 방멱의 원리를 적용하면 다음과 같다.

$$\overline{AD}^2 = \overline{AP} \cdot \overline{AB} = \overline{AE} \cdot \overline{AF}$$

따라서 $\overline{AD}^2 = \overline{AE} \cdot \overline{AF}$가 성립한다.

[별해]

$\overline{DF}$를 그린다.

$\overset{\frown}{CA} \backsim \overset{\frown}{AD}$이므로 $\angle CDA = \angle AFD$이다. 따라서

$\triangle AED \backsim \triangle AFD$

그러므로 $\dfrac{\overline{AF}}{\overline{AD}} = \dfrac{\overline{AD}}{\overline{AE}}$ $\therefore \overline{AD}^2 = \overline{AE} \cdot \overline{AF}$

7 [별해]

E를 그린 후 $\overline{BE}$를 그리면 $\triangle ABE$는 직각삼각형이고

D는 꼭짓점 B에서의 수선의 발이므로 직각삼각형의 닮음을 이용한다.

$\dfrac{\overline{AB}}{\overline{AD}} = \dfrac{9}{\overline{AB}} \rightarrow \overline{AB}^2 = 9\overline{AD}$, 그런데 $\overline{AD} = 10 - \overline{AB}$이므로

$\overline{AB}^2 = 9(10 - \overline{AB}) \rightarrow \overline{AB}^2 + 9\overline{AB} - 90 = 0$ $\therefore \overline{AB} = 6 (>0)$

따라서 $\overline{AD} = 4$ ($\overline{BC}$에 대한 높이)

$\overline{BC} = 2\overline{BD} = 2\sqrt{6^2 - 4^2} = 4\sqrt{5}$,

h를 밑변을 $\overline{AB}$ 또는 $\overline{AC}$로 할 때의 높이라고 하면

$S_{\triangle ABC} = \dfrac{1}{2} \times 4 \times 4\sqrt{5} = \dfrac{1}{2} \times 6 \times h$ $\therefore h = \dfrac{8\sqrt{5}}{3}$

8 조금 색다른 방법을 이용해서 증명해 보자. 이 책의 제32장에서 배우는 방멱의 원리를 이용하여 풀어 보겠다. △ABC의 외접원을 보조원으로 그려서 생각해 보자. 다음 그림처럼 선분 AD의 D쪽 연장과 △ABC의 외접원이 만나는 점을 P라 하자.

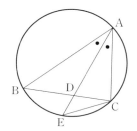

그러면 $\angle ABD = \angle APC$, $\angle BAD = \angle PAC$이다.

$$\therefore \triangle ABD \backsim \triangle APC \therefore \frac{\overline{AB}}{\overline{AD}} = \frac{\overline{AP}}{\overline{AC}}$$

$$\therefore \overline{AB} \cdot \overline{AC} = \overline{AD} \cdot \overline{AP}$$
$$= \overline{AD} \cdot (\overline{AP} + \overline{DP})$$
$$= \overline{AD}^2 + \overline{AD} \cdot \overline{DP}$$

한편, 방멱의 정리에 의하여 $\overline{AD} \cdot \overline{DP} = \overline{BD} \cdot \overline{CD}$이다.
따라서 $\overline{AD}^2 = \overline{AB} \cdot \overline{AC} - \overline{BD} \cdot \overline{CD}$가 성립한다.

[별해]

$\overline{BE}$를 그린다.

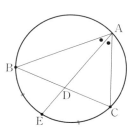

$\angle BAE = \angle CAD$, $\angle BEA = \angle DCA$이므로
$\triangle ABE \backsim \triangle ADC \rightarrow \overline{AB} \cdot \overline{AC} = \overline{AD} \cdot \overline{AE}$
$= \overline{AD}(\overline{AD} + \overline{DE}) = \overline{AD}^2 + \overline{AD} \cdot \overline{DE}$
또 $\triangle ADC \backsim \triangle BDE$이므로 $\overline{AD} \cdot \overline{DE} = \overline{BD} \cdot \overline{CD}$
$\overline{AD} \cdot \overline{AE} = \overline{AD}^2 + \overline{BD} \cdot \overline{CD} = \overline{AB} \cdot \overline{AC}$
$\therefore \overline{AD}^2 = \overline{AB} \cdot \overline{AC} - \overline{BD} \cdot \overline{CD}$

9 AC가 원 O의 지름이므로 $\angle ADC = 90°$
△ABC는 정삼각형이고 $\overline{AD} \perp \overline{BC}$이므로
$\angle CAD = 30°$, $\angle ACD = 60° = \angle DEA = \angle ADE$
$\overline{AC}$는 지름이므로 $\overline{AC} \perp \overline{DE}$이고 $\overline{DO} = \overline{OE}$이므로 △ADE는 이등변삼각형
따라서 $\angle OAE = 30°$ $\therefore \angle ADE = \angle DAE = 60°$

10 $\overline{AB} = 5$, □CBNM이 내접사각형이므로
$\angle AMN = \angle ABC$, $\angle MNA = \angle ACB = 90°$
$\therefore \triangle AMN \backsim \triangle ABC$이고 $1 : 2$닮음

$$\overline{AM} = \frac{1}{2}\overline{AB} = \frac{5}{2} \quad \therefore \overline{MC} = \frac{3}{2}$$

$$\overline{BM}^2 = \overline{BC}^2 + \overline{MC}^2 = 3^2 + \left(\frac{3}{2}\right)^2 = \frac{45}{4} \quad \therefore \overline{BM} = \frac{3\sqrt{5}}{2}$$

11 직선 AC가 점 T를 지나감을 보이면 된다. $\overline{BC}$는 원 O_2의 지름이므로

$\angle BTC = 90°$

그러므로 $\angle ATB = 90°$임을 보이면 된다. 그림에서 공통 접선의 교점을 D라 하면

$\overline{AD} = \overline{TD} = \overline{BD}$이므로,

$\angle DAT = \angle DTA (= \theta_1)$

$\angle DBT = \angle DTB (= \theta_2)$에서

$\angle ATB = \theta_1 + \theta_2$이다.

그런데 $\angle ATB$에서 세 내각은

각각 $\theta_1, \theta_2, \theta_1 + \theta_2$이므로

$\theta_1 + \theta_2 = 90°$이다.

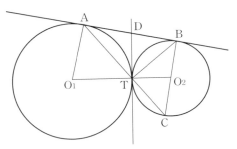

연습문제 31

1 다음 그림에서 $\angle FED + \angle FOB = 90° + 90° = 180°$

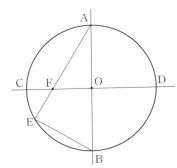

$\therefore$ 점 O, B, E, F는 한 원 위에 있다.

$\overline{AE} \cdot \overline{AF} = \overline{AO} \cdot \overline{AB}$

$\overline{AO} = \dfrac{\overline{AB}}{2}$이므로,

$\therefore \overline{AE} \cdot \overline{AF} = \dfrac{\overline{AB}^2}{2}$

2 A, B, C, D는 같은 원 위의 점이므로

$\angle ABD = \angle ACD$

또 $\overrightarrow{PT}$가 접선이므로 접현의 정리에 의해,

$\angle ABD = \angle APT$

$\therefore \angle ACD = \angle APT$ $\xrightarrow{\text{(동위각)}}$ $PT /\!/ CD$

3 접선의 성질─반지름과 직교

$\angle PBO = 90° = \angle PCO$ $\therefore$ PBOC는 내접사각형

$\angle PAO = 90° = \angle PCO$ $\therefore$ PAOC는 내접사각형

$\therefore$ P, A, B, O, C는 같은 원 위의 점

그런데 현 $\overline{OB} = \overline{OC}$이므로 원주각 $\angle BAO = \angle CAO$

4 △ABM이 직각삼각형이므로
F가 $\overline{AB}$의 중점이면 △ABM의
외심이 된다.
따라서
$\angle FAM = \angle FMA = \angle CME$
$= \angle MDE$
따라서 A, B, C, D는 같은 원 위의 점
이다.

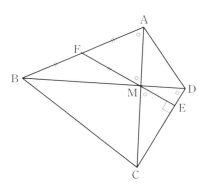

5 $\overline{OD}$를 그린다.

$\angle EBO = \angle EDO = 90°$이고 $EB = ED$이므로 △EBO ≡ △EDO

$\angle EOB = \angle EOD$인데 $\angle BAD$는 $\overset{\frown}{BD}$의 원주각이므로

$\angle BAD = \dfrac{1}{2} \angle BOD = \angle EOB$ $\quad \therefore OE // AC$

6 $\overline{AD}$, $\overline{FD}$를 그린다.

$\overline{AD} \perp \overline{BC}$ (△ABC는 직각이등변 삼각형이고 D가 $\overline{BC}$의 중점이므로)

$\rightarrow \angle BAD = \angle C = \angle BFD$

□CEFD가 내접사각형이므로 내대각=외각

$\therefore$ A, B, D, F는 같은 원 위의 점

$\rightarrow \angle AFB = \angle ADB = 90°$ $\quad \therefore AF \perp BE$

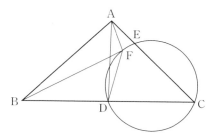

7 $\angle ABD + \angle BAD = 90°$, $\angle ADE + \angle BAD = 90°$

$\therefore \angle ABD = \angle ADE$

$\angle ADE = \angle AFE$(∵ 현 $\overset{\frown}{AE}$에 대한 원주각)

$\therefore \angle ADE = \angle AFE$

$\therefore$ E, B, C, F는 한 원 위에 있다.

점 A는 점 E, B, C, F를 지나는 원 밖의 점이므로 $\overline{AE} \cdot \overline{AB} = \overline{AF} \cdot \overline{AC}$

∠B＝∠EDA＝∠EFA   ∴ B, C, F, E는 공점원

따라서 할선에 대한 방멱정리에 의해

문제의 식이 성립한다.

8 ∠1＝∠4 원주각

∠PFC＝∠PGC＝90°이므로 □GPFC는 내접사각형 ∴ ∠1＝∠2

∠PFB＝∠PEB＝90°이므로 □EPFB는 내접사각형 ∴ ∠3＝4

∴ ∠2＝∠3 따라서 $\overline{PF}$는 ∠GFE의 이등분선

다른 각에 대해서도 같은 원리로 증명된다.

9 ∠PEA＝∠PHA＝90° ∴ A, E, P, H는 같은 원 위의 점

→ ∠1＝∠2

∠PGC＝∠PFC＝90° ∴ G, P, F, C는 같은 원 위의 점

→ ∠3＝∠4

AB∥CD이므로 ∠1＝∠4 → ∠2＝∠3 (엇각) ∴ $\overline{HE}$∥$\overline{GF}$

10 H, M, D, P는 같은 원 위의 점 (∠DMH＝∠DPH＝90°)이고

$\overline{HD}$는 외접원의 지름이다. $\overline{MP}$를 그린다.

∠HDM＝∠HPM(원주각)

$\overline{QD}$∥$\overline{BE}$, $\overline{DM}$⊥$\overline{BE}$이므로

∴ ∠QDC＝∠HBD＝∠HDM (직각삼각형의 닮음)

따라서 D, P, Q, C도 같은 원 위의 점이므로 ∠CDQ＝∠CPQ＝∠HPM

Q와 M은 $\overline{EF}$의 양쪽에 있으므로 M, P, Q는 일직선상에 있다.

같은 원리로 L, M, P도 일직선 위에 있다.(맞꼭지각에 의해)

따라서 L, M, P, Q는 일직선상에 있다.

연습문제 32

1 A와 E를 연결하면 □ADFE에서 ∠AEB＋∠ADF＝90°＋90°＝180°이므로

점 A, D, F, E는 한 원 위에 있다.

점 B는 점 A, D, F, E를 지나는 원 밖의 점이므로

∴ $\overline{BE}\cdot\overline{BF}＝\overline{BD}\cdot\overline{BA}$

2 A와 E를 연결하면

∠PEB＝∠EAB, ∠AEB＋∠AMF＝180°이므로

∴ A, E, F, M은 한 원 위에 있다.

∠PEB＝∠EAB＝∠PFE이므로

△PEB는 이등변삼각형이다.　　∴ $\overline{PE}=\overline{PF}$

$\overline{PE}^2=\overline{PD}\cdot\overline{PC}$

∴ $\overline{PF}^2=\overline{PD}\cdot\overline{PC}$

3~8 생략

연습문제 34

1 (1) ① 역 : sinA＝sinC이면 사각형 ABCD는 원에 내접한다.

　　　　거짓이다. ∠A＝30°, ∠C＝30°인 경우가 그렇다.

　　② 이 : 사각형 ABCD가 원에 내접하지 못하면 sinA≠sinC이다.

　　　거짓이다. 역이 거짓이므로 그 대우인 이도 거짓이다.

　　③ 대우 : sinA≠sinC이면 사각형 ABCD는 원에 내접하지 못한다.

　　　참이다. 원에 내접하려면 ∠A＋∠C＝180°이어야 한다.

(2) ① 역 : 사각형의 대각선이 서로 수직으로 만나면 마름모이다.

　　　거짓이다. 예컨대 다음 그림과 같은 사각형의 경

　　　우가 그렇다.

　　② 이 : 마름모가 아닌 사각형의 대각선은 수직으로

　　　만나지 않는다.

　　　거짓이다. 역이 거짓이므로 그 대우인 이도 거짓이다.

　　③ 대우 : 사각형의 대각선이 수직으로 만나지 않으면 마름모가 아니다.

　　　참이다. 마름모가 되기 위해서는 사각형의 대각선이 수직으로 만나야 한다.

(3) 생략　　(4) 생략

2

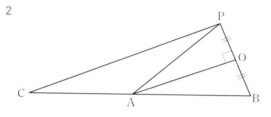

$\overline{PB}$와 직선 l과 만나는 점을 O라 한다.

$\overline{AB}=\overline{AC}$인 점 C를 직선 위에 잡아 P와 연결한다.

$\overline{AP}=\overline{AB}$이므로 $\overline{AP}=\overline{AC}$이다.

$\triangle$ACP는 이등변삼각형이므로 $\angle$ACP = $\angle$APC = $\angle$PAO = $\angle$BAO

$\angle$APO + $\angle$PAO = 90°이므로

$\angle$CPA + $\angle$PAO = 90°이다.

∴ $\overline{AB}$를 반지름으로 하고 A를 중심으로 하는 원 위에 점 P가 존재한다.

3 원의 중심을 O라 하고 일정한 반지름을 r이라 하자. 그리고 동점을 P라 하자. 또한 동점 P에서 주어진 원에 그은 접선의 길이를 l(상수)라 하자. 또한 접점을 T라 하자. 그러면 $\triangle$PTO는 $\angle$T가 직각인 직각삼각형이다. 그러므로 다음과 같이 피타고라스 정리가 적용된다.

$$\overline{PO}^2 = \overline{PT}^2 + \overline{TO}^2 = l^2 + r^2 = (\text{일정})$$

따라서 점 P의 자취는 점 O를 중심으로 하며 반지름이 $\sqrt{l^2+r^2}$인 원이다.

4

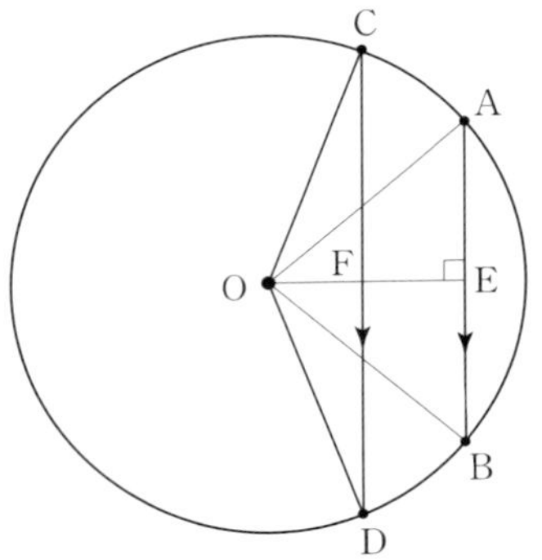

원 위에 임의의 현 $\overline{AB}$를 긋는다.

$\overline{AB} /\!/ \overline{CD}$인 현 $\overline{CD}$를 긋는다.

$\overline{AB}$의 중점을 E라고 하고 $\overline{CD}$의 중점을 F라 하면

$\triangle$OCD와 $\triangle$OAB는 이등변삼각형이므로 원의 중심에서 E를 연결한 $\overline{OE}$는 $\triangle$OAB의 수직이등분선이 된다.

∴ $\angle$AEO = $\angle$CFO = 90° (동위각)

∴ F도 $\triangle$CDO의 수직이등분선이 된다.

이렇게 한 현과 평행한 현들의 중점의 자취를 연결하면 현 $\overline{AB}$의 수직인 지름이 된다.

5~6 생략

7 문제에서 말하는 동점 P에서 문제의 정해진 각의 두 변까지 수선의 발을 각각 내려 그 발을 차례로 Q, R이라 하자(다음 그림을 참조하자). 그러면 다음 그림과 같이 각의 내부에 있는 임의의 한 점 P에서 각을 이루는 두 변 또는 그 연장 위에 내린 수선의 길이 합인 $(\overline{PQ}+\overline{PR})$이 일정하다는 조건을 이용하여 점 P의 자취를 구하면 된다. 이제 조건을 만족시키는 점들 중 어느 특정한 한 점을 지나는 선을 그어서 각을 이루는 두 변과 교차하는 점을 B, C라 하자. 단, $\overline{AB}=\overline{BC}$이어야 한다. 그리고 여기서 점 A는 각을 이루는 두 변의 교차점을 말한다.

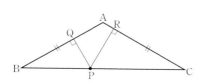 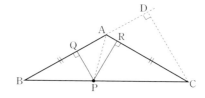

이제 위 오른쪽 그림과 같이 보조선을 몇 개 그어 두자.

그러면 조각 넓이의 합은 전체와 같으므로 다음이 성립한다.

$$(\triangle APB)+(\triangle APC)=(\triangle ABC)$$

$$\therefore \frac{1}{2}\overline{AB}\cdot\overline{PQ}+\frac{1}{2}\overline{AC}\cdot\overline{PR}=\frac{1}{2}\overline{AB}\cdot\overline{CD}$$

그런데 이등변삼각형이므로 $\overline{AB}=\overline{AC}$이니까,

$$\therefore \frac{1}{2}\overline{AB}\cdot(\overline{PQ}+\overline{PR})=\frac{1}{2}\overline{AB}\cdot\overline{CD}$$

즉 $(\overline{PQ}+\overline{PR})=\overline{CD}=$(일정)이다. 또한 여기서는 생략하겠지만, 점 Q, R이 $\overline{BA}$, $\overline{CA}$의 연장 위에 있다 하더라도 증명은 위와 마찬가지로 된다. 따라서 구하는 자취는 선분 BC이다.

8 그림은 생략하고 대략 설명하자면 다음과 같다. ∠A의 이등분선에 수직인 선을 그어서 그것이 변 BC와 만나는 점들 중에서 그러한 점을 고를 수 있다. 왜냐하면 ∠A의 이등분선과 직교하는 선 중에서도 그러한 점을 지나는 선과 $\overline{AB}$, $\overline{AC}$ 또는 그 연장들이 만나는 두 점과 점 A를 세 꼭짓점으로 하는 삼각형은 이등변삼각형이 되기 때문이다. 그러므로 그러한 점들 가운데 $\overline{AB}$, $\overline{AC}$까지의 거리의 합이 정해진 길이 a가 되는 점을 고르면 그것이 바로 구하는 점 P가 된다.

9~11 생략

1

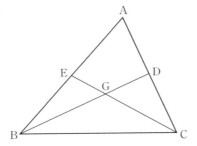

$\triangle BCD = \triangle BCE = \dfrac{1}{2}\triangle ABC = \triangle ABD$

$\triangle BCD$와 $\triangle ABD$에서 $\triangle BCG$가 공통이므로

$\triangle BEG = \triangle CDG$

$\square AEGD = \triangle ABD - \triangle BEG = \dfrac{1}{2}\triangle ABC - \triangle BEG$

$\triangle BCG = \triangle BCD - \triangle CDG = \dfrac{1}{2}\triangle ABC - \triangle CDG$

$\therefore \square AEGD = \triangle BCG$

2

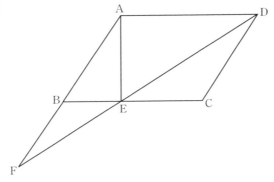

$\triangle ABE + \triangle CDE = \dfrac{1}{2}\square ABCD$

$\triangle CFD = \triangle CDE + \triangle CEF = \dfrac{1}{2}\square ABCD$

$\therefore \triangle ABE = \triangle EFC$

3

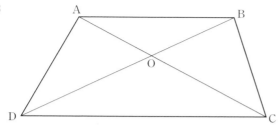

$\triangle ABO \backsim \triangle CDO$

$\overline{OA} : \overline{OC} = \overline{OB} : \overline{OD} = \sqrt{S_2} : \sqrt{S_1}$

$\therefore \triangle ADO = \sqrt{S_1 S_2},\ \triangle BOC = \sqrt{S_1 S_2}$

$\therefore S = \triangle ABO + \triangle CDO + \triangle ADO + \triangle CBO = S_2 + S_1 + \sqrt{S_1 S_2} + \sqrt{S_1 S_2}$

$\qquad = (\sqrt{S_1} + \sqrt{S_2})^2$

4 물론 닮음이나 벡터를 이용한 풀이법이 있지만 여기서는 간단한 풀이를 소개하고자 한다. 즉 다음 그림처럼 선분 FE 와 평행한 선들을 계속 긋다 보면 모두 13칸으로 나뉘는 줄이 비스듬하게 그어진다.

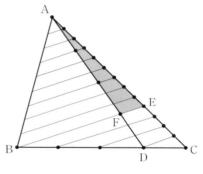

그러면 $\overline{AF} = \dfrac{3}{4}\overline{AD}$, $\overline{AE} = \dfrac{9}{13}\overline{AC}$임을 알 수 있다.

그러므로 구하는 삼각형의 넓이는 다음과 같다.

$(\triangle AFE) = \dfrac{3}{4} \times \dfrac{9}{13} \times (\triangle ADC)$

$\qquad = \dfrac{3}{4} \times \dfrac{9}{13} \times \dfrac{1}{4}(\triangle ABC) = \dfrac{27}{208}(\triangle ABC)$

따라서 $(\triangle AFE)$의 넓이는 $(\triangle ABC)$의 넓이의 $\dfrac{27}{208}$배이다.

5 문제의 뜻을 그림으로 설명하면 다음과 같다.

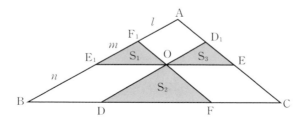

이제 $\overline{AB}$의 길이를 1로 보자. 그리고 $\overline{AF_1}=l$, $\overline{F_1E_1}=m$, $\overline{E_1B}=n$이라 하자.

$$\therefore l+m+n=1$$

그러면 $\triangle ABC \backsim \triangle F_1E_1O \backsim \triangle ODF \backsim \triangle D_1OE$이다. 일반적으로 두 닮은꼴 도형의 넓이의 비는 대응변의 길이 제곱비와 같으므로 다음이 성립한다.

$$S_1=\left(\frac{m}{l+m+n}\right)^2 S=m^2 S \quad \therefore \sqrt{S_1}=m\sqrt{S} \quad \cdots\cdots ㉮$$

마찬가지 원리로 다음이 성립한다.

$$\sqrt{S_2}=n\sqrt{S} \quad \cdots\cdots ㉯ \qquad \sqrt{S_3}=l\sqrt{S} \quad \cdots\cdots ㉰$$

이제 (㉮+㉯+㉰)하면 $l+m+n=1$이므로 다음이 성립한다.

$$\sqrt{S_1}+\sqrt{S_2}+\sqrt{S_3}=(m+n+l)\sqrt{S}=\sqrt{S}$$

따라서 $(\sqrt{S_1}+\sqrt{S_2}+\sqrt{S_3})^2=S$이다.

6 다음 그림처럼 문제에서 말하는 직각삼각형의 직각을 낀 두 변의 길이를 각각 a, b라 하자. 그리고 빗변의 길이를 c라 하자. 그림에서 $\angle C$는 직각이다.

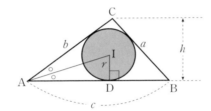

그러면 피타고라스 정리와 절대부등식에 의하여 다음이 성립한다.

$$c^2=a^2+b^2 \geq 2ab \quad \therefore ab \leq \frac{1}{2}c^2 \quad \cdots\cdots ㉮$$

한편 이 삼각형의 밑변의 길이를 c로 볼 때 그 높이를 h라 하자. 그러면 이 삼각형의 넓이를 구하는 방법을 달리 해도 넓이는 변함이 없으므로 다음 식이 성립한다.

$$\frac{1}{2}ab=\frac{1}{2}ch \quad \therefore h=\frac{ab}{c}$$

한편 이 삼각형의 내접원의 지름 $2r$은 이 삼각형의 높이 h보다 명백히 작다.

즉 $2r<h=\dfrac{ab}{c}$이다. 이제 ㉮에 의하여 다음이 성립한다.

$$\therefore 2r<\frac{ab}{c} \leq \frac{\frac{1}{2}c^2}{c}=\frac{1}{2}c \quad \therefore r<\frac{1}{4}c$$

따라서 직각삼각형의 내접원의 반지름은 빗변의 길이의 $\dfrac{1}{4}$을 넘지 못함이 증명되었다.

7 다음 그림과 같이 각 변의 중점을 L, M, N이라 하자. 그리고 세 중선의 교점인 무게중심을 G라 하자.

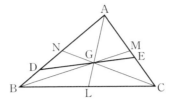

그러면 점 G가 무게중심이므로 점 G는 선분 BM을 2 : 1로 내분한다.

$$\therefore \overline{DG} \leq \overline{BG} = 2\overline{GM} \leq 2\overline{GE}$$

따라서 $\overline{DG} \leq 2\overline{EG}$가 성립한다.

8 문제의 뜻을 그림으로 옮기면 다음과 같다. 편의상 다음 그림과 같이 각 선분의 길이를 정하기로 하자. 그리고 $\triangle ABC$의 넓이를 S라 하자.

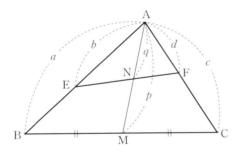

그러면 다음 관계와 같은 넓이 관계가 성립한다.

$$(\triangle AEN) = \frac{b}{a} \times \frac{q}{p} \times (\triangle ABM) = \frac{b}{a} \times \frac{q}{p} \times \frac{1}{2}(\triangle ABC)$$

$$\therefore (\triangle AEN) = \frac{bq}{2ap}S \quad \cdots\cdots ㉮$$

$$(\triangle AFN) = \frac{d}{c} \times \frac{q}{p} \times (\triangle ACM) = \frac{d}{c} \times \frac{q}{p} \times \frac{1}{2}(\triangle ABC)$$

$$\therefore (\triangle AFN) = \frac{dq}{2cp}S \quad \cdots\cdots ㉯$$

$$(\triangle AEF) = \frac{b}{a} \times \frac{d}{c} \times (\triangle ABC)$$

$$\therefore (\triangle AFN) = \frac{bd}{ac}S \quad \cdots\cdots ㉰$$

한편 $(\triangle AEN) + (\triangle AFN) = (\triangle AEF)$이므로 위 ㉮, ㉯, ㉰에 의하여 다음

이 성립한다.

$$\frac{bq}{2ap}S + \frac{dq}{2cp}S = \frac{bd}{ac}S$$

위 식의 양변에 $\dfrac{2acp}{bdqS}$ 를 곱하자.

$$\frac{c}{d} + \frac{a}{b} = \frac{2p}{q} \quad \therefore \frac{a}{b} + \frac{c}{d} = \frac{2p}{q}$$

따라서 $\dfrac{\overline{AB}}{\overline{AE}} + \dfrac{\overline{AC}}{\overline{AF}} = \dfrac{2\overline{AM}}{\overline{AN}}$ 이 성립한다.

9~10 생략

연습문제 36

1 $\angle B > 0$, $\angle C > 60°$ 라고 하자

$\cos B < \dfrac{1}{2}$ 이므로 코사인 제2법칙에서 $b^2 = a^2 + c^2 - 2ac\cos B > a^2 + c^2 - ac$ 가 된다.

$b = \dfrac{a+c}{2}$ 를 대입하면

$\dfrac{3}{4}(a^2 + c^2 - 2ac) = \dfrac{3}{4}(a-c)^2 < 0$ 이 되어서 모순

$\therefore$ 두 각이 모두 $60°$ 를 넘지 않는다.

2 생략

3 $\overline{AD}$ 와 $\overline{BC}$ 가 평행하지 않다고 하자.

대각선 $\overline{AC}$ 의 중점을 G라 하고 G와 E, G와 F를 연결하면

$$\overline{AD} /\!/ \overline{GF}, \ \frac{\overline{AD}}{2} = \overline{GF}$$

$$\overline{GF} + \overline{EG} = \left(\frac{\overline{AD} + \overline{BC}}{2}\right) > \overline{EF}$$ 이므로 모순

$$\therefore \overline{AD} /\!/ \overline{BC}$$

4 $m \neq n$ 이라고 하자.

$n = m + r (r \neq 0)$ 이라고 하면

$a^m = a^{m+r}$, 양변을 a^m 으로 나누면

$1 = a^r$

$r \neq 0$ 이므로 $a = 1$ 이 되어 모순이다.

$\therefore m = n$

5~6 생략

연습문제 37

1 방정식 $x^2-2mx+m+2=0$은 두 실근을 가지므로 판별식이 음이 아니다.

$(D/4)=m^2-(m+2)\geq 0$ $\therefore m\leq -1$ 또는 $m\geq 2$

한편 문제의 뜻에 의하여 다음과 같다.

$y=\alpha^2+\beta^2=(\alpha+\beta)^2-2\alpha\beta$

$\therefore y=4m^2-2(m+2)=4\left(m-\dfrac{1}{4}\right)^2-\dfrac{17}{4}$

그런데 범위 $m\leq -1$ 또는 $m\geq 2$에서 위 y의 값이 최소가 되는 경우는 $m=-1$일 때이다. 따라서 구하는 답은 (D)이다.

2 p, q 모두 홀수이므로 $p=2m-1$, $q=2n-1$이라 하자.

그러면 주어진 방정식 $x^2+2px+2q=0$은 다음과 같이 된다.

$$x^2+2(2m-1)x+2(2n-1)=0$$

이제 근의 공식에 의하여 위 방정식의 해는 다음과 같다.

$$x=-(2m-1)\pm\sqrt{(2m-1)^2-2(2n-1)}$$

만약 위에서 근호($\sqrt{}$) 안의 식이 완전제곱수가 된다면 주어진 방정식의 해는 정수근을 갖게 되고 그렇게 되면 홀·짝을 논의할 수 있겠지만 위 식에서 보듯이 근호($\sqrt{}$) 안의 식이 완전제곱수가 되리란 보장은 없다. 따라서 답은 (D)이다.

3 볼록 n각형 중에서 $n\geq 6$인 경우에는 대각선의 길이가 2종류 이상이다. 따라서 정답은 (C)이다.

4 (A)의 경우 : $n^2-n+1=3$인 경우를 만족시키는 $n=2$이다.

(C)의 경우 : $n^2-n-1=5$인 경우를 만족시키는 $n=3$이다.

(D)의 경우 : $n^2-n+1=7$인 경우를 만족시키는 $n=3$이다.

그러나 (B)의 경우 n^2+n+1이 스스로 완전제곱수가 되어야 하는데 그렇게 되도록 만드는 자연수 n은 없다. 왜 그런지 이유를 생각해 보자.

$n^2+n+1=k^2$이 된다고 하자. 여기서 k는 자연수이다.

$\therefore n(n+1)=(k-1)(k+1)$ ······ ㉮

그런데 ㉮의 좌변은 연속된 두 정수의 곱이고, 우변은 두 수의 차가 2인 두 정수의 곱이다.

(i) $k\leq n$일 경우

$k-1\leq n-1<n$, $k+1\leq n+1$이다.

그러므로 $(k-1)(k+1)<n(n+1)$이 되어 ㉮는 모순

(ii) $n < k$일 경우

$n \leq k-1$, $n+1 < k+1$이다.

그러므로 $n(n+1) < (k-1)(k+1)$이 되어 ㉮는 모순

따라서 $4(n^2+n+1)$은 완전제곱수가 될 수 없으니까 정답은 (B)이다.

5 선택형 문제의 특징을 살려보자. 예컨대 $x=1$, $y=-1$을 주어진 식에 대입하여 계산하면 그 값은 -4이다. 그리고 4개의 보기에도 대입해 보면 (D)만이 유일하게 -4가 된다. 따라서 정답은 (D)라고 볼 수 있다.

6 주어진 방정식에서 y를 좌변에 놓고 정수를 분리해내면 다음과 같다.

$$y = \frac{143-3x}{5} = 28 + \frac{3-3x}{5} = 28 + \frac{3(1-x)}{5} \quad \cdots\cdots ㉮$$

그런데 y는 양의 정수이어야 하므로 $(x-4)$는 16의 약수가 되어야 한다. 자연수 y가 되게 만드는 5의 적당한 배수 $(1-x)$를 생각해내야 한다. 그것을 구체적으로 실현시켜 보면 다음과 같다.

$\therefore x=1$, 4, 6, 16, 21, 26, 31, 36, 41, 46 $\cdots\cdots ㉯$

따라서 구하는 해의 쌍은 모두 10쌍이 있으니까 정답은 (A)이다.

7 보기에 나온 해의 후보들을 직접 주어진 식에 대입해 보면 구하는 해가 $x=1$임을 알 수 있다. 따라서 정답은 (D)이다.

8 앞의 문제와 같은 방식으로 풀 수 있다. 따라서 정답은 (B)이다.

9 $\begin{cases} y = |2x-1| + |x-2| \\ y = |x+1| \end{cases}$ 의 두 그래프를 그려보면 다음과 같다.

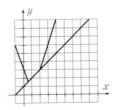

따라서 범위 $\frac{1}{2} \leq x \leq 2$에 속하는 모든 실수가 구하는 해이니까 정답은 (D)이다.

10 이중근호를 풀면 다음과 같다.

$$x = \sqrt{7-2\sqrt{12}} = \sqrt{(2-\sqrt{3})^2} = 2 - \sqrt{3}$$

$\therefore x-2 = -\sqrt{3} \quad \therefore x^2 = 4x-1$

그러므로 주어진 식은 다음과 같이 계산된다.

$$x^3-2x^2+x-3$$
$$=x(4x-1)-2(4x-1)+x-3$$
$$=4x^2-8x-1$$
$$=4(4x-1)-8x-1$$
$$=8x-5$$
$$=8(2-\sqrt{3})-5=11-8\sqrt{3}$$

따라서 구하는 정답은 (D)이다.

11 사인법칙에 의하면 삼각형의 각 변과 마주보는 각의 사인값의 비는 각 변의 길이에 비례한다. 그러므로 주어진 식은 다음과 같이 바뀐다.

$$(b+c) : (c+a) : (a+b)=4 : 5 : 6$$
$$\therefore \begin{cases} b+c=8k \\ c+a=10k \qquad \therefore a+b+c=15k \\ a+b=12k \end{cases}$$
$$\therefore a=7k, \ b=5k, \ c=3k$$

이제 코사인 제2법칙에 의하여 다음과 같이 된다.

$$\cos A=\frac{b^2+c^2-a^2}{2bc}=\frac{25k^2+9k^2-49k^2}{30k^2}=-\frac{1}{2}$$

따라서 가장 큰 각은 120°이니까 정답은 (D)이다.

12 다음 그림에서 보듯이 2종류의 둔각삼각형 또는 1종류의 직각삼각형이 된다.

따라서 정답은 (D)이다.

13 $a<0$, $-1<b<0$이다. 그리고 $-1<b<0$인 수 b를 어떤 수에 곱하면 곱할수록 절댓값이 작아진다. 그런데 음수의 경우 절댓값이 작으면 작을수록 큰 수가 된다. 즉 음수 a보다는 음수 ab^2이 더 크다. 한편 a와 b는 모두 음수이므로 ab는 양수이다. 따라서 구하는 답은 (D)이다.

14 (ⅰ) $x-|2x+1|=3$일 경우

$-|2x+1|=3-x$의 양변을 제곱하자.

$\therefore 4x^2+4x+1=x^2-6x+9 \quad \therefore 3x^2+10x-8=0$

$$\therefore (3x-2)(x+4)=0 \quad \therefore x=\frac{2}{3} \ \text{또는} \ -4$$

그런데 $x=\dfrac{2}{3}$와 -4는 모두 주어진 방정식을 만족시키지 못한다.

그러므로 근이 아니다.

(ii) $x-|2x+1|=-3$일 경우

$-|2x+1|=-3-x$의 양변을 제곱하자.

$$\therefore 4x^2+4x+1=x^2+6x+9 \quad \therefore 3x^2-2x-8=0$$

$$\therefore (3x+4)(x-2)=0 \quad \therefore x=-\frac{4}{3} \ \text{or} \ 2$$

이들은 모두 주어진 방정식을 만족시키므로 근이다.

따라서 위 (i), (ii)에 의하여 구하는 답은 (C)이다.

15 다음 그림처럼 항상 4곳의 위치를 정할 수 있다.

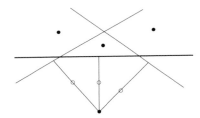

따라서 답은 (B)이다.